普通高等教育农业部“十二五”规划教材
全国高等农林院校“十二五”规划教材
全 国 高 等 农 业 院 校 优 秀 教 材

线 性 代 数

第二版

周志坚　甄苓　主编

U0416912

中 国 农 业 出 版 社

内容提要

线性代数课程在大学的基础课教学中占有重要的地位，并广泛应用于科学技术的各个领域。由于线性代数具有较强的逻辑性、抽象性，因此本书在编写的过程中注重使所述内容通俗易懂，具有较强的可读性。

全书主要内容包括：行列式，矩阵及其运算，向量组的线性相关性与线性方程组，特征值、特征向量与相似矩阵，二次型，线性空间与线性变换及 MATLAB 在线性代数中的应用等。各章均配有一定数量的习题，并附有习题参考答案。其中一至五章教学时数约 48 学时，打“*”号部分及其他部分可供对数学要求较高的专业选用。

本教材可供高等院校各专业师生使用，也可供自学者和相关人员学习和参考。

第二版编写人员名单

主　编　周志坚　甄　苓
副主编　刘加妹

第一版编写人员名单

主　编　周志坚　甄　苓

副主编　刘加妹　介跃建

第二版前言

本书第一版自2009年出版以来，已经历了6年的教学实践。在此期间，使用本教材的师生们对该教材提出了宝贵的意见和建议。按照农业部“十二五”规划教材的编写精神，我们在保留了第一版的体系和风格的同时，对部分内容进行了修订。

新版教材在进一步加强基础知识、基本技能培养的同时，淡化了部分内容的理论性，如对向量组的线性相关性中的定理、命题、性质进行了整合；对矩阵的对角化及二次型的部分内容进行了调整，使新版的结构更加严谨、逻辑更加清晰。为了注重应用性，各章增加了应用例题和应用习题；为了加强学生的逻辑推理能力，对部分例题进行了调整，并在各章习题中增加了思考题。

本版修订工作由刘加妹、甄苓、周志坚完成，其中，第一、六章由刘加妹编写；第二、三章、附录二、附录三由甄苓编写；第四、五章、附录一由周志坚编写。

在新版的修订过程中，得到了我系广大教师的帮助和支持，对此表示衷心感谢！

限于编者水平，新版一定存在不足之处，恳请广大读者批评指正。

编　者

2014年10月

第一版前言

本教材是根据全国高等学校工科线性代数课程教学基本要求，并兼顾经济类、农学类等专业对该课程的教学基本要求而编写的。在编写的过程中注重读者的认知心理，遵循深入浅出、循序渐进的原则，由实际存在的问题引出相应的概念，再进行理论分析，进而使读者掌握代数学中重要的理论、方法。

本教材的前五章内容包括行列式、矩阵、向量与线性方程组、相似矩阵、二次型；第六章介绍了线性空间与线性变换，并在附录一中介绍了MATLAB在线性代数中的应用。各章均配有一定数量的习题，并附有习题参考答案。其中一至五章教学时数约48学时，打“*”号部分及其他部分可供对数学要求较高的专业选用。本教材的第一章、第二章的一至四节由刘加妹编写，第二章的五、六节、第三章、附录三由甄苓编写，第四章、附录一由周志坚编写，第五、六章由介跃建编写，附录二由周志坚和甄苓编写，全书由王来生主审。本教材在编写过程中得到了中国农业大学教务处、应用数学系领导和教师的大力支持，在此一并表示感谢。

本教材可供高等院校各专业师生使用，也可供自学者、工程技术专业工作者和有关专业人员学习和参考。限于作者的水平和经验，错误和不当之处在所难免，恳请广大读者批评指正。

编　者

2009年5月

目录

第二版前言
第一版前言

第一章　行列式 …… 1
第一节　二阶与三阶行列式 …… 1
一、二阶行列式 …… 1
二、三阶行列式 …… 2
第二节　n 阶行列式 …… 2
一、全排列及其逆序 …… 2
二、n 阶行列式的定义 …… 3
第三节　行列式的性质 …… 6
一、对换 …… 6
二、行列式的性质 …… 8
第四节　行列式按行(列)展开 …… 13
第五节　克莱姆法则 …… 20
习题一 …… 22
第二章　矩阵 …… 27
第一节　矩阵的概念 …… 27
第二节　矩阵的运算 …… 29
一、矩阵的加法 …… 29
二、数与矩阵相乘 …… 30
三、矩阵与矩阵相乘(矩阵乘法) …… 30
四、矩阵的转置 …… 34
五、方阵的行列式 …… 35
六、共轭矩阵 …… 37
七、矩阵的应用 …… 38
第三节　逆矩阵 …… 39
第四节　分块矩阵 …… 44

第五节 矩阵的初等变换 …… 49
一、矩阵的初等变换 …… 49
二、初等矩阵 …… 54
第六节 矩阵的秩 …… 59
习题二 …… 64
第三章 向量与线性方程组 …… 70
第一节 线性方程组的解 …… 70
第二节 n 维向量 …… 77
一、n 维向量的定义 …… 77
二、向量的运算 …… 78
第三节 向量组的线性相关性 …… 79
一、向量组的线性组合 …… 79
二、向量组的线性相关性 …… 82
第四节 向量组的秩 …… 88
一、向量组的等价 …… 89
二、向量组的最大无关组与向量组的秩 …… 90
三、向量组的秩与矩阵的秩 …… 93
第五节 向量空间 …… 96
一、向量空间定义 …… 96
二、向量空间的基、维数与坐标 …… 97
第六节 线性方程组解的结构 …… 100
一、齐次线性方程组解的结构 …… 100
二、非齐次线性方程组解的结构 …… 106
习题三 …… 115
第四章 相似矩阵 …… 124
第一节 向量的内积与正交性 …… 124
一、向量的内积与性质 …… 124
二、向量的长度与夹角 …… 126
三、向量的正交性 …… 127
四、施密特正交化 …… 128
五、正交矩阵 …… 130
六、正交变换 …… 133
第二节 方阵的特征值与特征向量 …… 133
一、基本概念 …… 133

二、特征值与特征向量的性质 …… 138
第三节　方阵的相似与对角化 …… 142
一、相似矩阵的概念与性质 …… 142
二、方阵的对角化 …… 146
第四节　实对称矩阵的对角化 …… 151
习题四 …… 158
第五章　二次型 …… 162
第一节　二次型及其矩阵表示 …… 162
一、二次型的概念与表示形式 …… 162
二、矩阵的合同 …… 164
第二节　化二次型为标准形 …… 165
一、用正交变换化二次型为标准形 …… 166
二、用配方法化二次型为标准形 …… 170
第三节　二次型的规范形 …… 173
第四节　正定二次型 …… 174
习题五 …… 178
第六章　线性空间与线性变换 …… 180
第一节　线性空间 …… 180
第二节　基变换与坐标变换 …… 184
习题六 …… 192
附录一　数学实验 …… 195
第一节　MATLAB 简介 …… 195
一、MATLAB 的启动与退出 …… 195
二、MATLAB 中相关的基本操作及命令函数 …… 196
第二节　用 MATLAB 求解线性代数中的问题 …… 199
实验一　行列式与矩阵的基本运算 …… 199
实验二　向量组的线性相关性与线性方程组的求解 …… 206
实验三　相似矩阵及其应用 …… 216
附录二　补充证明 …… 224
附录三　英文索引 …… 226

习题参考答案 …… 233
参考文献 …… 247

第一章 行列式

本章首先介绍二阶行列式和三阶行列式的概念，然后将二阶和三阶行列式的定义推广到 n 阶行列式，最后介绍求解线性方程组的克莱姆法则.

第一节 二阶与三阶行列式

一、二阶行列式

设二元线性方程组

$$\begin{cases} a_{11}x_1+a_{12}x_2=b_1, \\ a_{21}x_1+a_{22}x_2=b_2. \end{cases} \tag{1}$$

当 $a_{11}a_{22}-a_{12}a_{21}\neq 0$ 时，用消元法解得

$$x_1=\frac{b_1a_{22}-a_{12}b_2}{a_{11}a_{22}-a_{12}a_{21}},\quad x_2=\frac{a_{11}b_2-b_1a_{21}}{a_{11}a_{22}-a_{12}a_{21}}. \tag{2}$$

方程组(1)的四个系数按它们在方程组(1)中的位置形成一个数表

$$\begin{matrix} a_{11} & a_{12} \\ a_{21} & a_{22} \end{matrix} \tag{3}$$

表达式 $a_{11}a_{22}-a_{12}a_{21}$ 称为数表(3)所确定的**二阶行列式**，并记作

$$\begin{vmatrix} a_{11} & a_{12} \\ a_{21} & a_{22} \end{vmatrix}.$$

数 a_{ij}($i=1$，2；$j=1$，2)称为行列式(3)的元素．元素 a_{ij} 的第一个下标 i 称为行标，表示该元素位于第 i 行，第二个下标 j 称为列标，表示该元素位于第 j 列. 位于第 i 行第 j 列的元素称为行列式(3)的(i，j)元．

有了二阶行列式，二元线性方程组(1)的解可以表示为

$$x_1=\frac{\begin{vmatrix} b_1 & a_{12} \\ b_2 & a_{22} \end{vmatrix}}{\begin{vmatrix} a_{11} & a_{12} \\ a_{21} & a_{22} \end{vmatrix}},\quad x_2=\frac{\begin{vmatrix} a_{11} & b_1 \\ a_{21} & b_2 \end{vmatrix}}{\begin{vmatrix} a_{11} & a_{12} \\ a_{21} & a_{22} \end{vmatrix}}.$$

二、三阶行列式

定义 1 设有 9 个数排成 3 行 3 列的数表

$$\begin{matrix} a_{11} & a_{12} & a_{13} \\ a_{21} & a_{22} & a_{23} \\ a_{31} & a_{32} & a_{33} \end{matrix} \qquad (4)$$

记

$$\begin{vmatrix} a_{11} & a_{12} & a_{13} \\ a_{21} & a_{22} & a_{23} \\ a_{31} & a_{32} & a_{33} \end{vmatrix} = a_{11}a_{22}a_{33} + a_{12}a_{23}a_{31} + a_{13}a_{21}a_{32} - a_{11}a_{23}a_{32} - a_{12}a_{21}a_{33} - a_{13}a_{22}a_{31}, \qquad (5)$$

则(5)式称为数表(4)所确定的**三阶行列式**.

(5)式等号右端是 6 项的代数和，每一项是来自不同行不同列的 3 个元素的乘积，再前置正负号．如图 1.1 所示的对角线法则，前带正号的三项用实线连接起来，前带负号的三项用虚线连接起来.

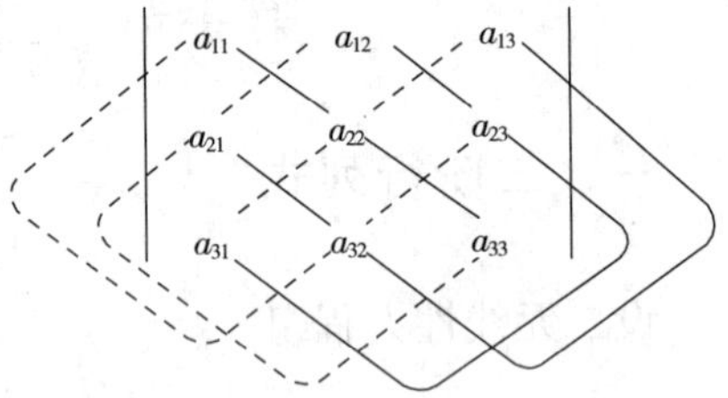

图 1.1

例 1 计算三阶行列式

$$D = \begin{vmatrix} 2 & -3 & 3 \\ 1 & 2 & 7 \\ 4 & 0 & -5 \end{vmatrix}.$$

解 依对角线法则，有

$$D = 2\cdot 2\cdot(-5) + 1\cdot 0\cdot 3 + 4\cdot 7\cdot(-3) - 4\cdot 2\cdot 3 - 2\cdot 0\cdot 7 - (-3)\cdot 1\cdot(-5) = -143.$$

第二节 n 阶行列式

首先引进全排列及其逆序的概念，然后给出 n 阶行列式的定义．

一、全排列及其逆序

n 个不同的元素按照一定的次序排成一列，叫作这 n 个元素的一个**全排列**，简称为**排列**．n 个不同元素的所有排列的个数用 P_n 表示．容易验证，$P_n = n!$，即 n 个元素共有 $n!$ 个全排列．

例如，用 1，2，3 这三个数字，可以组成 $P_3=3!=6$ 个全排列，即可以组成 6 个没有重复数字的三位数．

对于 n 个不同元素的任一排列，我们要考虑排列中各元素之间的次序．通常规定元素间有一个**标准次序**，它对应的排列称为**标准排列**(也称**自然排列**)．对自然数 1，2，…，n，规定从小到大的次序为标准次序，因此自然数 1，2，…，n 的标准排列是 $12\cdots n$.

在 n 个不同元素的任一排列中，如果其中两个元素的先后次序和标准次序不同，那么就称这两个元素构成一个**逆序**．一个排列中所有逆序的总数，叫作这个排列的**逆序数**．

显然，标准排列的逆序数等于零．

为方便讨论，不妨设排列的 n 个元素为自然数 1，2，…，n，将它们的任意一个排列记成 $p_1p_2\cdots p_n$.

下面讨论排列逆序数的求法．

设 $p_1p_2\cdots p_n$ 是自然数 1 到 n 的一个排列，对于元素 $p_i(i=1, 2, \cdots, n)$，排在它前面比它小的元素，和 p_i 不构成逆序；排在它前面比它大的元素，和 p_i 构成逆序．设这样的逆序的数对个数为 $t_i(i=1, 2, \cdots, n)$，称 t_i 为元素 p_i 的逆序数．容易看出，全体元素 p_1，p_2，…，p_n 的逆序数之和

$$t=t_1+t_2+\cdots+t_n$$

就是排列 $p_1p_2\cdots p_n$ 的逆序数．

例 2　求五阶排列 43152 的逆序数．

解　排列 43152 中共有 5 个元素，各元素的逆序数为

4 排在首位，其逆序数为 0；

3 前面比 3 大的数有 4，故逆序数为 1；

1 前面比 1 大的数有 4、3，故逆序数为 2；

5 是最大数，它的逆序数总为 0；

2 前面比 2 大的数有 4、3、5，故逆序数为 3，

因此排列 43152 的逆序数为

$$t=0+1+2+0+3=6.$$

逆序数为偶数的排列称为**偶排列**，逆序数为奇数的排列称为**奇排列**．例如，排列43152的逆序数为 6，所以它是偶排列；排列 321 的逆序数为 3，所以它是奇排列．

二、n 阶行列式的定义

我们来观察(5)式等号右端中每一项构成的规律．

三阶行列式中每一项都是位于不同行、不同列的三个元素的乘积．除了正负号外，每一项都可以写成 $a_{1p_1}a_{2p_2}a_{3p_3}$，其中，$p_1p_2p_3$ 是 1，2，3 的某个排列，这样的排列共有 3!＝6 个，所以三阶行列式中共有 6 项，即三阶行列式等于所有取自不同行、不同列的三个元素的乘积的代数和．

再来考察三阶行列式中每一项的正负号．(5)式等号右端前三项取正号，它们的列标排列依次是 123，231，312，这些都是偶排列；后三项取负号，它们的列标排列依次是 132，213，321，这些都是奇排列．因此各项所取的符号可写成$(-1)^t$，其中 t 是列标排列 $p_1p_2p_3$ 的逆序数．于是三阶行列式可写成

$$\begin{vmatrix} a_{11} & a_{12} & a_{13} \\ a_{21} & a_{22} & a_{23} \\ a_{31} & a_{32} & a_{33} \end{vmatrix} = \sum (-1)^t a_{1p_1}a_{2p_2}a_{3p_3},$$

其中和号 $\sum$ 表示对 1，2，3 这三个数的所有排列 $p_1p_2p_3$ 求和，把三阶行列式这一定义形式推广到 n 阶行列式．

定义 2　设有 n^2 个数排成 n 行 n 列的数表：

$$\begin{matrix} a_{11} & a_{12} & \cdots & a_{1n} \\ a_{21} & a_{22} & \cdots & a_{2n} \\ \vdots & \vdots & & \vdots \\ a_{n1} & a_{n2} & \cdots & a_{nn} \end{matrix}$$

作出表中位于不同行不同列的 n 个数的乘积 $a_{1p_1}a_{2p_2}\cdots a_{np_n}$，并冠以符号$(-1)^t$，得到形如

$$(-1)^t a_{1p_1}a_{2p_2}\cdots a_{np_n} \tag{6}$$

的项，其中 $p_1p_2\cdots p_n$ 为自然数 1，2，…，n 的一个排列，t 是这个排列的逆序数，形如(6)式的项共有 $n!$个，所有这些项的和

$$\sum (-1)^t a_{1p_1}a_{2p_2}\cdots a_{np_n}$$

称为 n **阶行列式**，记作

$$D=\begin{vmatrix} a_{11} & a_{12} & \cdots & a_{1n} \\ a_{21} & a_{22} & \cdots & a_{2n} \\ \vdots & \vdots & & \vdots \\ a_{n1} & a_{n2} & \cdots & a_{nn} \end{vmatrix},$$

简记为 $\det(a_{ij})$，其中数 a_{ij} 是行列式 D 的$(i,\ j)$元．

用定义 2 所得到的二阶和三阶行列式，与第一节给出的二阶和三阶行列式的定义是一致的．当 $n=1$ 时，一阶行列式$|a|=a$. 注意与 a 的绝对值区分开，需要时加以说明．

利用行列式的定义计算 n 阶行列式，当 n 较大时是十分复杂的．只有一些特殊的行列式可以利用定义计算．

例 3　计算四阶行列式

$$D=\begin{vmatrix} 0 & 0 & 0 & 1 \\ 0 & 0 & 2 & 0 \\ 0 & 3 & 0 & 0 \\ 4 & 0 & 0 & 0 \end{vmatrix}.$$

解　展开式中项的一般形式是 $a_{1p_1}a_{2p_2}a_{3p_3}a_{4p_4}$，若 $p_1\neq 4$，则 $a_{1p_1}=0$，所以 p_1 只能等于 4．同理可得 $p_2=3$，$p_3=2$，$p_4=1$，即行列式中不为零的项为 $a_{14}a_{23}a_{32}a_{41}$．所以

$$D=(-1)^{t(4321)}1\cdot 2\cdot 3\cdot 4=24.$$

主对角线以下(上)的元素都为 0 的行列式叫作**上(下)三角行列式**．主对角线以外的元素都为 0 的行列式叫作**对角行列式**．

例 4　(1) 计算上三角行列式

$$D=\begin{vmatrix} a_{11} & a_{12} & \cdots & a_{1n} \\ & a_{22} & \cdots & a_{2n} \\ & & \ddots & \vdots \\ 0 & & & a_{nn} \end{vmatrix};$$

(2) 计算 n 阶行列式

$$D_n=\begin{vmatrix} 0 & 0 & 0 & \cdots & 0 & a_{1n} \\ 0 & 0 & 0 & \cdots & a_{2,n-1} & a_{2n} \\ \vdots & \vdots & \vdots & & \vdots & \vdots \\ 0 & 0 & a_{n-2,3} & \cdots & a_{n-2,n-1} & a_{n-2,n} \\ 0 & a_{n-1,2} & a_{n-1,3} & \cdots & a_{n-1,n-1} & a_{n-1,n} \\ a_{n1} & a_{n2} & a_{n3} & \cdots & a_{n,n-1} & a_{nn} \end{vmatrix}.$$

解　(1) 展开式中项的一般形式是 $a_{1p_1}a_{2p_2}\cdots a_{np_n}$，若 $p_n\neq n$，则 $a_{np_n}=0$，所以只有 $p_n=n$. 同理可得

$$p_{n-1}=n-1,\ p_{n-2}=n-2,\ \cdots,\ p_2=2,\ p_1=1,$$

展开式中不为零的项只有 $a_{11}a_{22}\cdots a_{nn}$，所以

$$D=(-1)^{t(12\cdots n)}a_{11}a_{22}\cdots a_{nn}=a_{11}a_{22}\cdots a_{nn}.$$

(2) 从通项 $a_{1p_1}a_{2p_2}\cdots a_{np_n}$ 中 a_{1p_1} 着手，仿照上例从 p_1 开始逐一分析 p_2，…，p_n 的取值，可得 D_n 展开式的 $n!$ 项中，除去为零的项外，仅剩一项为

$$a_{1n}a_{2,n-1}\cdots a_{n-1,2}a_{n1},$$

这项列指标排列的逆序数为

$$t(n(n-1)\cdots 21)=\frac{n(n-1)}{2},$$

故 $$D_n=(-1)^{\frac{n(n-1)}{2}}a_{1n}a_{2,n-1}\cdots a_{n-1,2}a_{n1}.$$

由例 4 得对角行列式

$$\begin{vmatrix} \lambda_1 & & & \\ & \lambda_2 & & \\ & & \ddots & \\ & & & \lambda_n \end{vmatrix}=\lambda_1\lambda_2\cdots\lambda_n.$$

例 5 求函数 $f(x)=\begin{vmatrix} 2x & 1 & -1 \\ -x & -x & x \\ 1 & 2 & x \end{vmatrix}$ 中 x^3 的系数．

解 按行列式的定义，行列式展开后只有主对角线上三个元素的乘积才能出现 x^3 项，其系数为 $2\times(-1)\times1=-2$.

第三节　行列式的性质

本节讨论对换以及它与排列的奇偶性的关系，利用对换研究行列式的一些运算性质，然后利用行列式的性质给出简便计算行列式的方法．

一、对换

定义 3 在一个排列中，把两个元素的位置对调，而其他元素不动，得到一个新的排列，这种作出新排列的过程叫作**对换**．将相邻的两个元素对换，叫作**相邻对换**．

例如，在四阶排列 3124 中，将元素 3 和 4 对换，变成新排列 4123. 在对换下，排列的奇偶性会发生变化，即经过一次对换，奇排列变成偶排列，偶排列变成奇排列．

定理 1 对换改变排列的奇偶性．

证 先证相邻对换的情形．

设有排列 $p_1p_2\cdots p_tpqq_1q_2\cdots q_m$，对换 p 与 q 得到排列 $p_1p_2\cdots p_tqpq_1q_2\cdots q_m$. 可以看出，经相邻对换后，元素 p_1，p_2，…，p_t 和 q_1，q_2，…，q_m 的逆序数没有改变，而元素 p，q 的逆序数可能改变．当 $p<q$ 时，p 的逆序数增加 1，q 的逆序数不变；当 $p>q$ 时，p 的逆序数不变，q 的逆序数减少 1. 所以相邻对换后的新排列的逆序数与原来排列的逆序数相差 1，它们的奇偶性相反．

再证一般对换的情形．

设有排列 $p_1p_2\cdots p_tpq_1q_2\cdots q_mqr_1r_2\cdots r_n$，对换 p 与 q，变成 $p_1p_2\cdots p_t qq_1q_2\cdots q_mpr_1r_2\cdots r_n$.

这一对换可以看成是经若干次相邻对换得到的．先将元素 p 与 q_1，q_2，…，q_m 依次作相邻对换，经 m 次相邻对换以后，变成 $p_1p_2\cdots p_tq_1q_2\cdots q_mpqr_1r_2\cdots r_n$；然后再将元素 q 与 p，q_m，…，q_1 依次作相邻对换，经 $m+1$ 次相邻对换后，变成 $p_1p_2\cdots p_tqq_1q_2\cdots q_mpr_1r_2\cdots r_n$，即为上述的新排列．这就是说，经过 $2m+1$ 次相邻对换，把原来的排列变成新排列．所以原排列与新排列的奇偶性不相同．

根据定理 1，经过奇数次对换后，排列改变其奇偶性；经过偶数次对换后，排列不改变其奇偶性，而标准排列是偶排列，于是有如下推论．

推论 奇排列变成标准排列的对换次数是奇数，偶排列变成标准排列的对换次数是偶数．

由定理 1 可以证明，n 阶排列中奇、偶排列各占一半．所以 n 阶行列式的 $n!$ 项中，带正号和带负号的项各占一半．

利用定理 1 讨论行列式的另一定义形式．

对于行列式的任一项 $(-1)^ta_{1p_1}\cdots a_{ip_i}\cdots a_{jp_j}\cdots a_{np_n}$，其中 $p_1\cdots p_i\cdots p_j\cdots p_n$ 为自然数 1，2，…，n 的一个排列，t 是它的逆序数，对换元素 a_{ip_i} 与 a_{jp_j} 变成 $(-1)^ta_{1p_1}\cdots a_{jp_j}\cdots a_{ip_i}\cdots a_{np_n}$，这时，这一项的值不变，而行标排列与列标排列同时作了一次相应的对换．设新的行标排列 $1\cdots j\cdots i\cdots n$ 的逆序数为 r，则 r 为奇数；设新的列标排列 $p_1\cdots p_j\cdots p_i\cdots p_n$ 的逆序数为 t_1，则 $(-1)^{t_1}=-(-1)^t$，故 $(-1)^t=(-1)^{r+t_1}$，于是

$$(-1)^ta_{1p_1}\cdots a_{ip_i}\cdots a_{jp_j}\cdots a_{np_n}=(-1)^{r+t_1}a_{1p_1}\cdots a_{jp_j}\cdots a_{ip_i}\cdots a_{np_n}.$$

这就表明，对换乘积中两元素的次序，从而行标排列与列标排列同时作了相应的对换，则行标排列与列标排列的逆序数之和并不改变奇偶性．经一次对换是如此，经多次对换也是如此．于是，经若干次对换，使列标排列 $p_1p_2\cdots p_n$ 变换为自然排列；行标排列则相应地从自然排列变换为某个新排列，设此新排列为 $q_1q_2\cdots q_n$，其逆序数为 s，则有

$$(-1)^ta_{1p_1}a_{2p_2}\cdots a_{np_n}=(-1)^sa_{q_11}a_{q_22}\cdots a_{q_nn}.$$

若 $p_i=j$，则 $q_j=i$(即 $a_{ip_i}=a_{ij}=a_{q_jj}$)．所以，排列 $q_1q_2\cdots q_n$ 由排列 $p_1p_2\cdots p_n$ 惟一确定．

定理 2 n 阶行列式也可定义为

$$D=\sum(-1)^ta_{p_11}a_{p_22}\cdots a_{p_nn},$$

其中 t 为行标排列 $p_1p_2\cdots p_n$ 的逆序数．

二、行列式的性质

定义 4 设 n 阶行列式

$$D=\begin{vmatrix} a_{11} & a_{12} & \cdots & a_{1n} \\ a_{21} & a_{22} & \cdots & a_{2n} \\ \vdots & \vdots & & \vdots \\ a_{n1} & a_{n2} & \cdots & a_{nn} \end{vmatrix},$$

把 D 的各行换成同序号的列，得到一个行列式

$$\begin{vmatrix} a_{11} & a_{21} & \cdots & a_{n1} \\ a_{12} & a_{22} & \cdots & a_{n2} \\ \vdots & \vdots & & \vdots \\ a_{1n} & a_{2n} & \cdots & a_{nn} \end{vmatrix},$$

称它为行列式 D 的**转置行列式**，记作 D^{T}.

显然，D 与 D^{T} 互为转置行列式 .

性质 1 行列式与它的转置行列式的值相等，即 $D=D^{\mathrm{T}}$.

证 记 $D=\det(a_{ij})$的转置行列式为

$$D^{\mathrm{T}}=\begin{vmatrix} b_{11} & b_{12} & \cdots & b_{1n} \\ b_{21} & b_{22} & \cdots & b_{2n} \\ \vdots & \vdots & & \vdots \\ b_{n1} & b_{n2} & \cdots & b_{nn} \end{vmatrix},$$

则有元素 $b_{ij}=a_{ji}(i,\ j=1,\ 2,\ \cdots,\ n)$.

由定义，

$$D^{\mathrm{T}}=\sum(-1)^t b_{1p_1}b_{2p_2}\cdots b_{np_n}=\sum(-1)^t a_{p_1 1}a_{p_2 2}\cdots a_{p_n n},$$

其中 t 为排列 $p_1p_2\cdots p_n$ 的逆序数 .

由定理 2，$D=\sum(-1)^t a_{p_1 1}a_{p_2 2}\cdots a_{p_n n}$，所以 $D=D^{\mathrm{T}}$.

由性质 1 知，行列式中“行”与“列”的地位是相同的，因此行列式中行与列具有相同的性质 .

性质 2 互换行列式的其中两行(列)，行列式改变符号 .

证 设 n 阶行列式

$$D_1=\begin{vmatrix} b_{11} & b_{12} & \cdots & b_{1n} \\ b_{21} & b_{22} & \cdots & b_{2n} \\ \vdots & \vdots & & \vdots \\ b_{n1} & b_{n2} & \cdots & b_{nn} \end{vmatrix}$$

是由 n 阶行列式 $D=\det(a_{ij})$ 交换 i，$j(i<j)$ 两行得到的，那么有

$$b_{ip}=a_{jp}，\ b_{jp}=a_{ip}(p=1，2，\cdots，n).$$

当 $k\neq i$，j 时，$b_{kp}=a_{kp}(p=1，2，\cdots，n)$，于是

$$\begin{aligned} D_1 &= \sum(-1)^{t(p_1\cdots p_i\cdots p_j\cdots p_n)}b_{1p_1}\cdots b_{ip_i}\cdots b_{jp_j}\cdots b_{np_n} \\ &= \sum(-1)^{t(p_1\cdots p_i\cdots p_j\cdots p_n)}a_{1p_1}\cdots a_{jp_i}\cdots a_{ip_j}\cdots a_{np_n} \\ &= \sum(-1)^{t(p_1\cdots p_i\cdots p_j\cdots p_n)}a_{1p_1}\cdots a_{ip_j}\cdots a_{jp_i}\cdots a_{np_n}\ , \end{aligned}$$

上式中的行标排列 $1\cdots i\cdots j\cdots n$ 是自然排列，列标排列 $p_1\cdots p_j\cdots p_i\cdots p_n$ 是由排列 $p_1\cdots p_i\cdots p_j\cdots p_n$ 经一次对换得到的．设排列 $p_1\cdots p_j\cdots p_i\cdots p_n$ 的逆序数为 s，则由对换性质有 $(-1)^t=-(-1)^s$，从而

$$D_1=-\sum(-1)^s a_{1p_1}\cdots a_{ip_j}\cdots a_{jp_i}\cdots a_{np_n}=-D\,.$$

用 r_i 表示行列式的第 i 行，用 c_i 表示行列式的第 i 列．交换行列式的第 i 行与第 j 行，记作 $r_i\leftrightarrow r_j$. 类似地，交换第 i 列与第 j 列，记作 $c_i\leftrightarrow c_j$.

推论 如果行列式中有两行(列)完全相同，那么行列式等于零．

证 交换相同的两行，由性质 2 得 $D=-D$，于是 $D=0$.

性质 3 将行列式的某一行(列)中所有的元素都乘以数 k，等于用数 k 乘此行列式．

证 记 $D=\det(a_{ij})$，用数 k 乘以 D 的第 i 行，得行列式

$$D_1=\begin{vmatrix} a_{11} & a_{12} & \cdots & a_{1n} \\ \vdots & \vdots & & \vdots \\ ka_{i1} & ka_{i2} & \cdots & ka_{in} \\ \vdots & \vdots & & \vdots \\ a_{n1} & a_{n2} & \cdots & a_{nn} \end{vmatrix},$$

由行列式定义

$$\begin{aligned} D_1 &= \sum(-1)^t a_{1p_1}a_{2p_2}\cdots(ka_{ip_i})\cdots a_{np_n} \\ &= k\sum(-1)^t a_{1p_1}a_{2p_2}\cdots(a_{ip_i})\cdots a_{np_n} \\ &= kD\,. \end{aligned}$$

第 i 行元素乘以数 k，记作 $r_i\times k$. 类似地，第 i 列元素乘以数 k，记作 $c_i\times k$.

此性质表明行列式中某一行(列)所有元素的公因子可以提到行列式外面．第 i 行(列)提出公因子 k，记作 $r_i\div k(c_i\div k)$.

由性质 2 和性质 3 易得性质 4.

性质 4 如果行列式中有两行(列)的元素对应成比例，那么该行列式等于零．

性质 5 如果行列式的某一行(列)元素都是两个数之和，那么可以把行列式表示成两个行列式的和，即

$$\begin{vmatrix} a_{11} & a_{12} & \cdots & a_{1n} \\ \vdots & \vdots & & \vdots \\ b_{i1}+c_{i1} & b_{i2}+c_{i2} & \cdots & b_{in}+c_{in} \\ \vdots & \vdots & & \vdots \\ a_{n1} & a_{n2} & \cdots & a_{nn} \end{vmatrix} = \begin{vmatrix} a_{11} & a_{12} & \cdots & a_{1n} \\ \vdots & \vdots & & \vdots \\ b_{i1} & b_{i2} & \cdots & b_{in} \\ \vdots & \vdots & & \vdots \\ a_{n1} & a_{n2} & \cdots & a_{nn} \end{vmatrix} + \begin{vmatrix} a_{11} & a_{12} & \cdots & a_{1n} \\ \vdots & \vdots & & \vdots \\ c_{i1} & c_{i2} & \cdots & c_{in} \\ \vdots & \vdots & & \vdots \\ a_{n1} & a_{n2} & \cdots & a_{nn} \end{vmatrix}.$$

性质 6 把行列式某一行(列)的元素同乘以数 k，加到另一行(列)对应元素上去，行列式的值不变，即

$$\begin{vmatrix} a_{11} & a_{12} & \cdots & a_{1n} \\ \vdots & \vdots & & \vdots \\ a_{i1} & a_{i2} & \cdots & a_{in} \\ \vdots & \vdots & & \vdots \\ a_{j1} & a_{j2} & \cdots & a_{jn} \\ \vdots & \vdots & & \vdots \\ a_{n1} & a_{n2} & \cdots & a_{nn} \end{vmatrix} = \begin{vmatrix} a_{11} & a_{12} & \cdots & a_{1n} \\ \vdots & \vdots & & \vdots \\ a_{i1}+ka_{j1} & a_{i2}+ka_{j2} & \cdots & a_{in}+ka_{jn} \\ \vdots & \vdots & & \vdots \\ a_{j1} & a_{j2} & \cdots & a_{jn} \\ \vdots & \vdots & & \vdots \\ a_{n1} & a_{n2} & \cdots & a_{nn} \end{vmatrix}.$$

证 设上式等号左边行列式为 D，等号右边行列式为 D_1，由性质 5 和性质 4 得

$$D_1 = \begin{vmatrix} a_{11} & a_{12} & \cdots & a_{1n} \\ \vdots & \vdots & & \vdots \\ a_{i1} & a_{i2} & \cdots & a_{in} \\ \vdots & \vdots & & \vdots \\ a_{j1} & a_{j2} & \cdots & a_{jn} \\ \vdots & \vdots & & \vdots \\ a_{n1} & a_{n2} & \cdots & a_{nn} \end{vmatrix} + \begin{vmatrix} a_{11} & a_{12} & \cdots & a_{1n} \\ \vdots & \vdots & & \vdots \\ ka_{j1} & ka_{j2} & \cdots & ka_{jn} \\ \vdots & \vdots & & \vdots \\ a_{j1} & a_{j2} & \cdots & a_{jn} \\ \vdots & \vdots & & \vdots \\ a_{n1} & a_{n2} & \cdots & a_{nn} \end{vmatrix} = D+0=D.$$

用数 k 乘以第 j 行(列)加到第 i 行(列)上去，记作 $r_i+kr_j(c_i+kc_j)$.

利用行列式性质化行列式为上(下)三角行列式，可以方便地求出行列式的值. 要使计算简便，首先应将首行首列元素化为 1.

例 6 (1) 计算四阶行列式

$$D_4 = \begin{vmatrix} 1 & 2 & -1 & 0 \\ 2 & 4 & 1 & 2 \\ -1 & 0 & 2 & 1 \\ -3 & -4 & 2 & 3 \end{vmatrix};$$

（2）计算三阶行列式

$$D_3=\begin{vmatrix}1+a & 1 & 1\\ 1 & 1+a & 1\\ 1 & 1 & 1+a\end{vmatrix}.$$

解　（1）$D_4=\begin{vmatrix}1 & 2 & -1 & 0\\ 2 & 4 & 1 & 2\\ -1 & 0 & 2 & 1\\ -3 & -4 & 2 & 3\end{vmatrix}\xlongequal[r_4+3r_1]{\substack{r_2-2r_1\\ r_3+r_1}}\begin{vmatrix}1 & 2 & -1 & 0\\ 0 & 0 & 3 & 2\\ 0 & 2 & 1 & 1\\ 0 & 2 & -1 & 3\end{vmatrix}$

$$\xlongequal{r_3\leftrightarrow r_2}-\begin{vmatrix}1 & 2 & -1 & 0\\ 0 & 2 & 1 & 1\\ 0 & 0 & 3 & 2\\ 0 & 2 & -1 & 3\end{vmatrix}\xlongequal{r_4-r_2}-\begin{vmatrix}1 & 2 & -1 & 0\\ 0 & 2 & 1 & 1\\ 0 & 0 & 3 & 2\\ 0 & 0 & -2 & 2\end{vmatrix}$$

$$\xlongequal{r_4+\frac{2}{3}r_3}-\begin{vmatrix}1 & 2 & -1 & 0\\ 0 & 2 & 1 & 1\\ 0 & 0 & 3 & 2\\ 0 & 0 & 0 & \frac{10}{3}\end{vmatrix}=-1\times2\times3\times\frac{10}{3}=-20.$$

（2）将第 2、3 行加到第 1 行上，得

$$D_3=\begin{vmatrix}1+a & 1 & 1\\ 1 & 1+a & 1\\ 1 & 1 & 1+a\end{vmatrix}=\begin{vmatrix}3+a & 3+a & 3+a\\ 1 & 1+a & 1\\ 1 & 1 & 1+a\end{vmatrix}$$

$$=(3+a)\begin{vmatrix}1 & 1 & 1\\ 1 & 1+a & 1\\ 1 & 1 & 1+a\end{vmatrix}\xlongequal{\substack{c_2-c_1\\ c_3-c_1}}(3+a)\begin{vmatrix}1 & 0 & 0\\ 1 & a & 0\\ 1 & 0 & a\end{vmatrix}=(3+a)a^2.$$

例 7　计算 n 阶行列式

$$D=\begin{vmatrix}a & b & b & \cdots & b\\ b & a & b & \cdots & b\\ b & b & a & \cdots & b\\ \vdots & \vdots & \vdots & & \vdots\\ b & b & b & \cdots & a\end{vmatrix}.$$

解　此行列式的特点是它的各列(行)n 个元素的和均相等．根据这一特点，依次将第 2，3，…，n 列同时加到第 1 列，提出第 1 列的公因子 $a+(n-1)b$，然后将第一行的(-1)倍分别加到第 2，3，…，n 行，有

$$D=\begin{vmatrix} a+(n-1)b & b & b & \cdots & b \\ a+(n-1)b & a & b & \cdots & b \\ a+(n-1)b & b & a & \cdots & b \\ \vdots & \vdots & \vdots & & \vdots \\ a+(n-1)b & b & b & \cdots & a \end{vmatrix}=[a+(n-1)b]\begin{vmatrix} 1 & b & b & \cdots & b \\ 1 & a & b & \cdots & b \\ 1 & b & a & \cdots & b \\ \vdots & \vdots & \vdots & & \vdots \\ 1 & b & b & \cdots & a \end{vmatrix}$$

$$=[a+(n-1)b]\begin{vmatrix} 1 & b & b & \cdots & b & b \\ 0 & a-b & 0 & \cdots & 0 & 0 \\ 0 & 0 & a-b & \cdots & 0 & 0 \\ \vdots & \vdots & \vdots & & \vdots & \vdots \\ 0 & 0 & 0 & \cdots & a-b & 0 \\ 0 & 0 & 0 & \cdots & 0 & a-b \end{vmatrix}$$

$$=[a+(n-1)b](a-b)^{n-1}.$$

各行(列)n 个元素的和均相等的行列式，通常用例 7 的方法处理．

例 8 证明：

$$D=\begin{vmatrix} a^2 & (a+1)^2 & (a+2)^2 & (a+3)^2 \\ b^2 & (b+1)^2 & (b+2)^2 & (b+3)^2 \\ c^2 & (c+1)^2 & (c+2)^2 & (c+3)^2 \\ d^2 & (d+1)^2 & (d+2)^2 & (d+3)^2 \end{vmatrix}=0.$$

证 先把 D 的第一列的(−1)倍分别加到后面各列，再将得到的行列式的第二列的(−2)倍加到第三列，第二列的(−3)倍加到第四列，得

$$D=\begin{vmatrix} a^2 & 2a+1 & 4a+4 & 6a+9 \\ b^2 & 2b+1 & 4b+4 & 6b+9 \\ c^2 & 2c+1 & 4c+4 & 6c+9 \\ d^2 & 2d+1 & 4d+4 & 6d+9 \end{vmatrix}=\begin{vmatrix} a^2 & 2a+1 & 2 & 6 \\ b^2 & 2b+1 & 2 & 6 \\ c^2 & 2c+1 & 2 & 6 \\ d^2 & 2d+1 & 2 & 6 \end{vmatrix}=0.$$

例 9 设

$$D=\begin{vmatrix} a_{11} & \cdots & a_{1k} & & & \\ \vdots & & \vdots & & \boldsymbol{O} & \\ a_{k1} & \cdots & a_{kk} & & & \\ c_{11} & \cdots & c_{1k} & b_{11} & \cdots & b_{1n} \\ \vdots & & \vdots & \vdots & & \vdots \\ c_{n1} & \cdots & c_{nk} & b_{n1} & \cdots & b_{nn} \end{vmatrix},$$

$$D_1=\det(a_{ij})=\begin{vmatrix} a_{11} & \cdots & a_{1k} \\ \vdots & & \vdots \\ a_{k1} & \cdots & a_{kk} \end{vmatrix},\ D_2=\det(b_{ij})=\begin{vmatrix} b_{11} & \cdots & b_{1n} \\ \vdots & & \vdots \\ b_{n1} & \cdots & b_{nn} \end{vmatrix},$$

试证：$D=D_1D_2$.

证　对行列式 D_1 作行运算，将 D_1 化为下三角行列式，记为

$$D_1=\begin{vmatrix} p_{11} & & 0 \\ \vdots & \ddots & \\ p_{k1} & \cdots & p_{kk} \end{vmatrix}=p_{11}\cdots p_{kk},$$

对行列式 D_2 作列运算，把 D_2 化为下三角形行列式，记为

$$D_2=\begin{vmatrix} q_{11} & & 0 \\ \vdots & \ddots & \\ q_{n1} & \cdots & q_{nn} \end{vmatrix}=q_{11}\cdots q_{nn},$$

所以，能对行列式 D 的前 k 行作行运算，对后 n 列作列运算，把 D 化为下三角行列式，即

$$D=\begin{vmatrix} p_{11} & & & & & 0 \\ \vdots & \ddots & & & & \\ p_{k1} & \cdots & p_{kk} & & & \\ c_{11} & \cdots & c_{1k} & q_{11} & & \\ \vdots & & \vdots & \vdots & \ddots & \\ c_{n1} & \cdots & c_{nk} & q_{n1} & \cdots & q_{nn} \end{vmatrix},$$

所以
$$D=p_{11}\cdots p_{kk}\cdot q_{11}\cdots q_{nn}=D_1D_2.$$

第四节　行列式按行(列)展开

本节继续讨论行列式的计算．一般来说，低阶行列式比高阶行列式的计算要简单，因此，我们考虑用低阶行列式来表示高阶行列式，从而将高阶行列式的计算化为低阶行列式来计算．为此，先介绍余子式和代数余子式的概念．

定义 5　在 n 阶行列式 $D=\det(a_{ij})$ 中，把元素 a_{ij} 所在的第 i 行和第 j 列去掉，留下的元素按原来的排列次序形成的 $n-1$ 阶行列式，称为元素 a_{ij} 的**余子式**，记作 M_{ij}；对 M_{ij} 冠以符号 $(-1)^{i+j}$，记作 $A_{ij}=(-1)^{i+j}M_{ij}$，A_{ij} 称为元素 a_{ij} 的**代数余子式**．

例如，四阶行列式 $D=\begin{vmatrix} a_{11} & a_{12} & a_{13} & a_{14} \\ a_{21} & a_{22} & a_{23} & a_{24} \\ a_{31} & a_{32} & a_{33} & a_{34} \\ a_{41} & a_{42} & a_{43} & a_{44} \end{vmatrix}$，元素 a_{23} 的余子式

$$M_{23}=\begin{vmatrix} a_{11} & a_{12} & a_{14} \\ a_{31} & a_{32} & a_{34} \\ a_{41} & a_{42} & a_{44} \end{vmatrix},$$

元素 a_{23} 的代数余子式 $A_{23}=(-1)^{2+3}M_{23}=-M_{23}$.

引理 如果 n 阶行列式 $D=\det(a_{ij})$ 中第 i 行元素除 a_{ij} 外其他都为零，那么行列式 D 等于 a_{ij} 与它的代数余子式 A_{ij} 的乘积，即

$$D=a_{ij}A_{ij}.$$

证 先证 $a_{ij}=a_{11}$ 的情形，此时

$$D=\begin{vmatrix} a_{11} & 0 & \cdots & 0 \\ a_{21} & a_{22} & \cdots & a_{2n} \\ \vdots & \vdots & & \vdots \\ a_{n1} & a_{n2} & \cdots & a_{nn} \end{vmatrix},$$

由第三节例 9，有

$$D=a_{11}M_{11},$$

因为 $A_{11}=(-1)^{1+1}M_{11}$，所以 $D=a_{11}A_{11}$.

再证一般情形，此时

$$D=\begin{vmatrix} a_{11} & \cdots & a_{1j} & \cdots & a_{1n} \\ \vdots & & \vdots & & \vdots \\ 0 & \cdots & a_{ij} & \cdots & 0 \\ \vdots & & \vdots & & \vdots \\ a_{n1} & \cdots & a_{nj} & \cdots & a_{nn} \end{vmatrix},$$

将 D 的第 i 行依次与第 $i-1$ 行，第 $i-2$ 行，…，第 1 行作交换，把第 i 行换到第 1 行位置上．然后再将得到的行列式的第 j 列依次与第 $j-1$ 列，第 $j-2$ 列，…，第 1 列作交换，把第 j 列换到第 1 列位置上．这样得到的行列式记为 D_1，则有

$$D=(-1)^{i-1+j-1}D_1=(-1)^{i+j}D_1.$$

由上述交换过程可知，元素 a_{ij} 在 D_1 中的余子式和在 D 中的余子式是一样的，根据前面的结果有

$$D_1=a_{ij}M_{ij},$$

从而

$$D=(-1)^{i+j}D_1=a_{ij}(-1)^{i+j}M_{ij}=a_{ij}A_{ij}.$$

定理 3 行列式等于它的任一行(列)的各元素与其对应的代数余子式乘积之和，即

$$D=a_{i1}A_{i1}+a_{i2}A_{i2}+\cdots+a_{in}A_{in}\ (i=1,\ 2,\ \cdots,\ n),$$

或

$$D=a_{1j}A_{1j}+a_{2j}A_{2j}+\cdots+a_{nj}A_{nj}\ (j=1,\ 2,\ \cdots,\ n).$$

证 由行列式性质及引理，得

$$D=\begin{vmatrix} a_{11} & a_{12} & \cdots & a_{1n} \\ \vdots & \vdots & & \vdots \\ a_{i1} & a_{i2} & \cdots & a_{in} \\ \vdots & \vdots & & \vdots \\ a_{n1} & a_{n2} & \cdots & a_{nn} \end{vmatrix}$$

$$=\begin{vmatrix} a_{11} & a_{12} & \cdots & a_{1n} \\ \vdots & \vdots & & \vdots \\ a_{i1}+0+\cdots+0 & 0+a_{i2}+0+\cdots+0 & \cdots & 0+\cdots+0+a_{in} \\ \vdots & \vdots & & \vdots \\ a_{n1} & a_{n2} & \cdots & a_{nn} \end{vmatrix}$$

$$=\begin{vmatrix} a_{11} & a_{12} & \cdots & a_{1n} \\ \vdots & \vdots & & \vdots \\ a_{i1} & 0 & \cdots & 0 \\ \vdots & \vdots & & \vdots \\ a_{n1} & a_{n2} & \cdots & a_{nn} \end{vmatrix}+\begin{vmatrix} a_{11} & a_{12} & \cdots & a_{1n} \\ \vdots & \vdots & & \vdots \\ 0 & a_{i2} & \cdots & 0 \\ \vdots & \vdots & & \vdots \\ a_{n1} & a_{n2} & \cdots & a_{nn} \end{vmatrix}+\cdots+\begin{vmatrix} a_{11} & a_{12} & \cdots & a_{1n} \\ \vdots & \vdots & & \vdots \\ 0 & 0 & \cdots & a_{in} \\ \vdots & \vdots & & \vdots \\ a_{n1} & a_{n2} & \cdots & a_{nn} \end{vmatrix}$$

$=a_{i1}A_{i1}+a_{i2}A_{i2}+\cdots+a_{in}A_{in}\ (i=1,\ 2,\ \cdots,\ n).$

类似地，若按列证明，可得

$$D=a_{1j}A_{1j}+a_{2j}A_{2j}+\cdots+a_{nj}A_{nj}\ (j=1,\ 2,\ \cdots,\ n).$$

根据定理 3，可以把 n 阶行列式用 $n-1$ 阶行列式来表示．利用定理 3 时，通常是把它与行列式的性质结合使用，先将行列式的某一行或某一列中的元素尽可能地化为 0，然后再展开降阶，这样便可以简化行列式的计算．

例 10　计算行列式

$$D=\begin{vmatrix} -3 & -5 & 3 \\ 0 & -1 & 0 \\ 7 & 7 & 2 \end{vmatrix}.$$

解　按第二行展开，得

$$D=a_{21}A_{21}+a_{22}A_{22}+a_{23}A_{23}$$
$$=-0\begin{vmatrix} -5 & 3 \\ 7 & 2 \end{vmatrix}-\begin{vmatrix} -3 & 3 \\ 7 & 2 \end{vmatrix}-0\begin{vmatrix} -3 & -5 \\ 7 & 7 \end{vmatrix}=27.$$

例 11　计算行列式

$$D=\begin{vmatrix} 5 & 3 & -1 & 2 & 0 \\ 1 & 7 & 2 & 5 & 2 \\ 0 & -2 & 3 & 1 & 0 \\ 0 & -4 & -1 & 4 & 0 \\ 0 & 2 & 3 & 5 & 0 \end{vmatrix}.$$

解 按第五列展开，得

$$D=\begin{vmatrix}5&3&-1&2&0\\1&7&2&5&2\\0&-2&3&1&0\\0&-4&-1&4&0\\0&2&3&5&0\end{vmatrix}=(-1)^{2+5}2\begin{vmatrix}5&3&-1&2\\0&-2&3&1\\0&-4&-1&4\\0&2&3&5\end{vmatrix}$$

$$=-2\cdot5\begin{vmatrix}-2&3&1\\-4&-1&4\\2&3&5\end{vmatrix}\xlongequal[r_2+(-2)r_1]{r_3+r_1}-10\begin{vmatrix}-2&3&1\\0&-7&2\\0&6&6\end{vmatrix}$$

$$=-10\cdot(-2)\begin{vmatrix}-7&2\\6&6\end{vmatrix}$$

$$=20(-42-12)=-1080.$$

例 12 证明 n 阶范德蒙行列式

$$D_n=\begin{vmatrix}1&1&\cdots&1\\x_1&x_2&\cdots&x_n\\x_1^2&x_2^2&\cdots&x_n^2\\\vdots&\vdots&&\vdots\\x_1^{n-1}&x_2^{n-1}&\cdots&x_n^{n-1}\end{vmatrix}=\prod_{1\leqslant j<i\leqslant n}(x_i-x_j).$$

证 用数学归纳法.

当 $n=2$ 时，

$$D_2=\begin{vmatrix}1&1\\x_1&x_2\end{vmatrix}=x_2-x_1=\prod_{1\leqslant j<i\leqslant 2}(x_i-x_j).$$

假设对 $n-1$阶范德蒙行列式结论成立，下面证明对 n 阶范德蒙行列式结论也成立.

在 D_n 中先依次作 $r_n-x_1r_{n-1}$，$r_{n-1}-x_1r_{n-2}$，…，$r_2-x_1r_1$，得

$$D_n=\begin{vmatrix}1&1&\cdots&1\\0&x_2-x_1&\cdots&x_n-x_1\\0&x_2(x_2-x_1)&\cdots&x_n(x_n-x_1)\\\vdots&\vdots&&\vdots\\0&x_2^{n-2}(x_2-x_1)&\cdots&x_n^{n-2}(x_n-x_1)\end{vmatrix}$$

$$=\begin{vmatrix}x_2-x_1&x_3-x_1&\cdots&x_n-x_1\\x_2(x_2-x_1)&x_3(x_3-x_1)&\cdots&x_n(x_n-x_1)\\\vdots&\vdots&&\vdots\\x_2^{n-2}(x_2-x_1)&x_3^{n-2}(x_3-x_1)&\cdots&x_n^{n-2}(x_n-x_1)\end{vmatrix},$$

然后作 $c_1 \div (x_2-x_1)$，$c_2 \div (x_3-x_1)$，…，$c_{n-1} \div (x_n-x_1)$，得

$$D_n=(x_2-x_1)(x_3-x_1)\cdots(x_n-x_1)\begin{vmatrix} 1 & 1 & \cdots & 1 \\ x_2 & x_3 & \cdots & x_n \\ \vdots & \vdots & & \vdots \\ x_2^{n-2} & x_3^{n-2} & \cdots & x_n^{n-2} \end{vmatrix},$$

上述行列式是 $n-1$ 阶范德蒙行列式，由归纳假设，

$$\begin{vmatrix} 1 & 1 & \cdots & 1 \\ x_2 & x_3 & \cdots & x_n \\ \vdots & \vdots & & \vdots \\ x_2^{n-2} & x_3^{n-2} & \cdots & x_n^{n-2} \end{vmatrix}=\prod_{2\leqslant j<i\leqslant n}(x_i-x_j),$$

于是

$$\begin{aligned} D_n &= (x_2-x_1)(x_3-x_1)\cdots(x_n-x_1)\prod_{2\leqslant j<i\leqslant n}(x_i-x_j) \\ &= \prod_{1\leqslant j<i\leqslant n}(x_i-x_j). \end{aligned}$$

例 13 计算行列式

$$D=\begin{vmatrix} 1 & 2 & -3 & 4 \\ -1 & 4 & 9 & 16 \\ 1 & 8 & -27 & 64 \\ -1 & 16 & 81 & 256 \end{vmatrix}.$$

解 在 D 中依次作 $c_2 \div 2$，$c_3 \div (-3)$，$c_4 \div 4$ 后，变成了由数 -1，2，-3，4 构成的四阶范德蒙行列式，即

$$\begin{aligned} D &= 2\times(-3)\times 4\begin{vmatrix} 1 & 1 & 1 & 1 \\ -1 & 2 & -3 & 4 \\ 1 & 4 & 9 & 16 \\ -1 & 8 & -27 & 64 \end{vmatrix} \\ &= -24(4+1)(4-2)(4+3)(-3+1)(-3-2)(2+1) \\ &= -50400. \end{aligned}$$

例 14 计算 n 阶行列式

$$D_n=\begin{vmatrix} 1+a_1 & 1 & \cdots & 1 \\ 1 & 1+a_2 & \cdots & 1 \\ \vdots & \vdots & & \vdots \\ 1 & 1 & \cdots & 1+a_n \end{vmatrix}，其中\ a_1a_2\cdots a_n\neq 0.$$

解 由行列式性质得

$$D_n=\begin{vmatrix}1+a_1 & 1 & \cdots & 1 & 1\\ 1 & 1+a_2 & \cdots & 1 & 1\\ \vdots & \vdots & & \vdots & \vdots\\ 1 & 1 & \cdots & 1+a_{n-1} & 1\\ 1 & 1 & \cdots & 1 & 1\end{vmatrix}+\begin{vmatrix}1+a_1 & 1 & \cdots & 1 & 0\\ 1 & 1+a_2 & \cdots & 1 & 0\\ \vdots & \vdots & & \vdots & \vdots\\ 1 & 1 & \cdots & 1+a_{n-1} & 0\\ 1 & 1 & \cdots & 1 & a_n\end{vmatrix},$$

第一个行列式作 c_1-c_n，c_2-c_n，…，$c_{n-1}-c_n$，第二个行列式按第 n 列展开，有

$$\begin{aligned}D_n &=\begin{vmatrix}a_1 & 0 & \cdots & 0 & 1\\ 0 & a_2 & \cdots & 0 & 1\\ \vdots & \vdots & & \vdots & \vdots\\ 0 & 0 & \cdots & a_{n-1} & 1\\ 0 & 0 & \cdots & 0 & 1\end{vmatrix}+a_n\begin{vmatrix}1+a_1 & 1 & \cdots & 1\\ 1 & 1+a_2 & \cdots & 1\\ \vdots & \vdots & & \vdots\\ 1 & 1 & \cdots & 1+a_{n-1}\end{vmatrix}\\ &=a_1a_2\cdots a_{n-1}+a_nD_{n-1},\end{aligned}$$

以此作递推公式，可得

$$\begin{aligned}D_n &= a_1a_2\cdots a_{n-1}+a_n(a_1a_2\cdots a_{n-2}+a_{n-1}D_{n-2})\\ &= a_1a_2\cdots a_{n-1}+a_1a_2\cdots a_{n-2}a_n+a_{n-1}a_nD_{n-2}\\ &= a_1a_2\cdots a_{n-1}+a_1a_2\cdots a_{n-2}a_n+\cdots+a_1a_3\cdots a_n+a_2a_3\cdots a_nD_1\\ &= a_1a_2\cdots a_{n-1}+a_1a_2\cdots a_{n-2}a_n+\cdots+a_1a_3\cdots a_n+a_2a_3\cdots a_n(1+a_1)\\ &= a_1a_2\cdots a_{n-1}+a_1a_2\cdots a_{n-2}a_n+\cdots+a_1a_3\cdots a_n+a_2a_3\cdots a_n+a_1a_2\cdots a_{n-1}a_n\\ &= a_1a_2\cdots a_{n-1}a_n\left(1+\sum_{i=1}^{n}\frac{1}{a_i}\right).\end{aligned}$$

定理 4 行列式任一行(列)的所有元素与另一行(列)对应元素的代数余子式的乘积之和等于零，即

$$a_{i1}A_{j1}+a_{i2}A_{j2}+\cdots+a_{in}A_{jn}=0\,(i\neq j),$$

或

$$a_{1i}A_{1j}+a_{2i}A_{2j}+\cdots+a_{ni}A_{nj}=0\,(i\neq j).$$

证 设 $D=\det(a_{ij})$，它的第 j 行元素 a_{j1}，a_{j2}，…，a_{jn} 的代数余子式为 A_{j1}，A_{j2}，…，A_{jn}.

把 D 的第 j 行元素换成第 i 行元素，其余行不变，得

$$D_1=\begin{vmatrix}a_{11} & a_{12} & \cdots & a_{1n}\\ \vdots & \vdots & & \vdots\\ a_{i1} & a_{i2} & \cdots & a_{in}\\ \vdots & \vdots & & \vdots\\ a_{i1} & a_{i2} & \cdots & a_{in}\\ \vdots & \vdots & & \vdots\\ a_{n1} & a_{n2} & \cdots & a_{nn}\end{vmatrix}\begin{matrix}\\ \\ \text{第}\,i\,\text{行}\\ \\ \text{第}\,j\,\text{行}\\ \\ \\ \end{matrix}.$$

当 $i \neq j$ 时，$D_1 = 0$，把 D_1 按第 j 行展开，有

$$a_{i1}A_{j1} + a_{i2}A_{j2} + \cdots + a_{in}A_{jn} = 0 (i \neq j),$$

同理可证

$$a_{1i}A_{1j} + a_{2i}A_{2j} + \cdots + a_{ni}A_{nj} = 0 (i \neq j).$$

例 15　设行列式 $D = \begin{vmatrix} 1 & 0 & 1 & 2 \\ -1 & 1 & 0 & 3 \\ 1 & 1 & 1 & 0 \\ -1 & 2 & 3 & 4 \end{vmatrix}$，求：

(1) $A_{12} - A_{22} + A_{32} - A_{42}$；

(2) $A_{41} + A_{42} + A_{43} + A_{44}$.

解　(1) 由于 $a_{11} = 1$，$a_{21} = -1$，$a_{31} = 1$，$a_{41} = -1$，所以

$$A_{12} - A_{22} + A_{32} - A_{42} = a_{11}A_{12} + a_{21}A_{22} + a_{31}A_{32} + a_{41}A_{42} = 0,$$

或

$$A_{12} - A_{22} + A_{32} - A_{42} = \begin{vmatrix} 1 & 1 & 1 & 2 \\ -1 & -1 & 0 & 3 \\ 1 & 1 & 1 & 0 \\ -1 & -1 & 3 & 4 \end{vmatrix} = 0.$$

(2) 由于 A_{ij} 与元素 a_{ij} 取值无关，所以构造新的行列式

$$\begin{vmatrix} 1 & 0 & 1 & 2 \\ -1 & 1 & 0 & 3 \\ 1 & 1 & 1 & 0 \\ 1 & 1 & 1 & 1 \end{vmatrix},$$

该行列式与原行列式的第四行不同，但与原行列式的第四行元素对应的代数余子式相同，所以

$$A_{41} + A_{42} + A_{43} + A_{44} = \begin{vmatrix} 1 & 0 & 1 & 2 \\ -1 & 1 & 0 & 3 \\ 1 & 1 & 1 & 0 \\ 1 & 1 & 1 & 1 \end{vmatrix} = -1.$$

行列式的计算是这一章的重点，也是必须掌握的基本技能．常用计算行列式的方法有以下三种：

(1) 直接用行列式定义计算；

(2) 利用行列式性质化行列式为上(下)三角行列式；

(3) 利用行列式性质和展开式定理降阶．

在计算一个行列式时，应根据实际情况灵活选择计算方法．

第五节 克莱姆法则

行列式的应用之一是，当含有 n 个未知数 n 个方程的线性方程组

$$\begin{cases} a_{11}x_1+a_{12}x_2+\cdots+a_{1n}x_n=b_1, \\ a_{21}x_1+a_{22}x_2+\cdots+a_{2n}x_n=b_2, \\ \cdots\cdots\cdots\cdots\cdots\cdots\cdots\cdots\cdots \\ a_{n1}x_1+a_{n2}x_2+\cdots+a_{nn}x_n=b_n \end{cases} \tag{7}$$

的系数行列式不等于零时，给出了它的求解公式.

定理 5(克莱姆法则) 如果线性方程组(7)的系数行列式不等于零，即

$$D=\begin{vmatrix} a_{11} & a_{12} & \cdots & a_{1n} \\ a_{21} & a_{22} & \cdots & a_{2n} \\ \vdots & \vdots & & \vdots \\ a_{n1} & a_{n2} & \cdots & a_{nn} \end{vmatrix}\neq 0,$$

那么，方程组(7)有惟一解：

$$x_1=\frac{D_1}{D},\ x_2=\frac{D_2}{D},\ x_3=\frac{D_3}{D},\ \cdots,\ x_n=\frac{D_n}{D}, \tag{8}$$

其中行列式 D_j 是把 D 的第 j 列元素用方程组右端的常数项代替后得到的 n 阶行列式，即

$$D_j=\begin{vmatrix} a_{11} & \cdots & a_{1,j-1} & b_1 & a_{1,j+1} & \cdots & a_{1n} \\ \vdots & & \vdots & \vdots & \vdots & & \vdots \\ a_{n1} & \cdots & a_{n,j-1} & b_n & a_{n,j+1} & \cdots & a_{nn} \end{vmatrix}.$$

证 用 D 中第 j 列元素的代数余子式 A_{1j}，A_{2j}，…，A_{nj} 依次乘方程组(7)的 n 个方程，得

$$\begin{cases} (a_{11}x_1+a_{12}x_2+\cdots+a_{1n}x_n)A_{1j}=b_1A_{1j}, \\ (a_{21}x_1+a_{22}x_2+\cdots+a_{2n}x_n)A_{2j}=b_2A_{2j}, \\ \cdots\cdots\cdots\cdots\cdots\cdots\cdots\cdots\cdots\cdots \\ (a_{n1}x_1+a_{n2}x_2+\cdots+a_{nn}x_n)A_{nj}=b_nA_{nj}, \end{cases}$$

再把它们相加，得

$$\left(\sum_{k=1}^{n}a_{k1}A_{kj}\right)x_1+\cdots+\left(\sum_{k=1}^{n}a_{kj}A_{kj}\right)x_j+\cdots+\left(\sum_{k=1}^{n}a_{kn}A_{kj}\right)x_n=\sum_{k=1}^{n}b_kA_{kj},$$

即

$$Dx_j=D_j\ (j=1,\ 2,\ \cdots,\ n), \tag{9}$$

因 $D\neq 0$，所以方程组(9)有惟一解

$$x_1=\frac{D_1}{D},\ x_2=\frac{D_2}{D},\ x_3=\frac{D_3}{D},\ \cdots,\ x_n=\frac{D_n}{D}.$$

由于方程组(7)与方程组(9)等价，所以

$$x_1=\frac{D_1}{D},\ x_2=\frac{D_2}{D},\ x_3=\frac{D_3}{D},\ \cdots,\ x_n=\frac{D_n}{D}$$

也是方程组(7)的惟一解.

例 16 用克莱姆法则解线性方程组

$$\begin{cases}2x_1+x_2-5x_3+x_4=8,\\ x_1-3x_2-6x_4=9,\\ 2x_2-x_3+2x_4=-5,\\ x_1+4x_2-7x_3+6x_4=0.\end{cases}$$

解 方程组的系数行列式

$$D=\begin{vmatrix}2&1&-5&1\\1&-3&0&-6\\0&2&-1&2\\1&4&-7&6\end{vmatrix}=27,$$

由克莱姆法则知，此方程组有惟一解，经计算

$$D_1=\begin{vmatrix}8&1&-5&1\\9&-3&0&-6\\-5&2&-1&2\\0&4&-7&6\end{vmatrix}=81,\ D_2=\begin{vmatrix}2&8&-5&1\\1&9&0&-6\\0&-5&-1&2\\1&0&-7&6\end{vmatrix}=-108,$$

$$D_3=\begin{vmatrix}2&1&8&1\\1&-3&9&-6\\0&2&-5&2\\1&4&0&6\end{vmatrix}=-27,\ D_4=\begin{vmatrix}2&1&-5&8\\1&-3&0&9\\0&2&-1&-5\\1&4&-7&0\end{vmatrix}=27,$$

所以

$$x_1=\frac{D_1}{D}=\frac{81}{27}=3,\ x_2=\frac{D_2}{D}=\frac{-108}{27}=-4,$$

$$x_3=\frac{D_3}{D}=\frac{-27}{27}=-1,\ x_4=\frac{D_4}{D}=\frac{27}{27}=1.$$

克莱姆法则给出的结论很完美，讨论了方程组(7)解的存在性、惟一性和求解公式，在理论上有重大价值.

线性方程组(7)右端的常数项 b_1，b_2，…，b_n 不全为零时，方程组(7)称为**非齐次线性方程组**；当 b_1，b_2，…，b_n 全为零时，方程组(7)称为**齐次线性方程组**.

齐次线性方程组

$$\begin{cases} a_{11}x_1+a_{12}x_2+\cdots+a_{1n}x_n=0, \\ a_{21}x_1+a_{22}x_2+\cdots+a_{2n}x_n=0, \\ \cdots\cdots\cdots\cdots\cdots\cdots\cdots\cdots \\ a_{n1}x_1+a_{n2}x_2+\cdots+a_{nn}x_n=0 \end{cases} \tag{10}$$

一定有解 $x_1=x_2=\cdots=x_n=0$. 如果有一组不全为零的数 x_1，x_2，…，x_n 是(10)的解，则它叫作齐次线性方程组(10)的**非零解**.

齐次线性方程组(10)一定有零解，但不一定有非零解.

对于齐次线性方程组(10)应用定理5，可以得到如下定理.

定理 6 如果齐次线性方程组(10)的系数行列式 $D\neq0$，则方程组(10)只有零解.

根据定理6，如果齐次线性方程组(10)有非零解，则它的系数行列式必为0. 即 $D=0$ 是齐次线性方程组(10)有非零解的必要条件，在第三章中将证明这一条件也是充分条件.

例 17 问 λ 取何值时，齐次线性方程组

$$\begin{cases} (1-\lambda)x_1-2x_2+4x_3=0, \\ 2x_1+(3-\lambda)x_2+x_3=0, \\ x_1+x_2+(1-\lambda)x_3=0 \end{cases}$$

有非零解?

解 $$D=\begin{vmatrix} 1-\lambda & -2 & 4 \\ 2 & 3-\lambda & 1 \\ 1 & 1 & 1-\lambda \end{vmatrix}=\begin{vmatrix} 1-\lambda & -3+\lambda & 4 \\ 2 & 1-\lambda & 1 \\ 1 & 0 & 1-\lambda \end{vmatrix}$$

$$=(1-\lambda)^3+(\lambda-3)-4(1-\lambda)-2(1-\lambda)(-3+\lambda)$$

$$=(1-\lambda)^3+2(1-\lambda)^2+\lambda-3,$$

根据定理6，如果齐次线性方程组有非零解，则 $D=0$，所以 $\lambda=0$，$\lambda=2$ 或 $\lambda=3$时齐次线性方程组有非零解.

用克莱姆法则求解线性方程组时，要计算 $n+1$ 个 n 阶行列式，计算量是相当大的，因此在具体求解线性方程组时，很少用克莱姆法则. 另外，当线性方程组中方程的个数与未知数的个数不等时，就不能用克莱姆法则求解.

习 题 一

1. 利用对角线法则计算三阶行列式:

(1) $\begin{vmatrix} 2 & 0 & 1 \\ 1 & -4 & -1 \\ -1 & 8 & 3 \end{vmatrix}$；　　(2) $\begin{vmatrix} a & b & c \\ b & c & a \\ c & a & b \end{vmatrix}$；

(3) $\begin{vmatrix} 1 & 1 & 1 \\ a & b & c \\ a^2 & b^2 & c^2 \end{vmatrix}$；　　(4) $\begin{vmatrix} x & y & x+y \\ y & x+y & x \\ x+y & x & y \end{vmatrix}$.

2. 当λ、μ取何值时，行列式

$$\begin{vmatrix} \lambda & 1 & 1 \\ 1 & \mu & 1 \\ 1 & 2\mu & 1 \end{vmatrix}=0.$$

3. 按自然数从小到大为标准次序，求下列各排列的逆序数：

(1) 134782695；　　(2) 987654321；

(3) $13\cdots(2n-1)24\cdots(2n)$.

4. 在五阶行列式中，下列各项之前应取什么符号？

(1) $a_{13}a_{24}a_{32}a_{41}a_{55}$；　　(2) $a_{21}a_{13}a_{34}a_{55}a_{42}$.

5. 写出四阶行列式中含有因子$a_{11}a_{23}$的项.

6. 如果$\begin{vmatrix} x & y & z \\ 3 & 0 & 2 \\ 1 & 1 & 1 \end{vmatrix}=1$，计算下列各行列式的值.

(1) $\begin{vmatrix} 2x & 2y & 2z \\ \frac{3}{2} & 0 & 1 \\ 1 & 1 & 1 \end{vmatrix}$；　　(2) $\begin{vmatrix} x & y & z \\ 3x+3 & 3y & 3z+2 \\ x+1 & y+1 & z+1 \end{vmatrix}$；

(3) $\begin{vmatrix} x-1 & y-1 & z-1 \\ 4 & 1 & 3 \\ 1 & 1 & 1 \end{vmatrix}$.

7. 设行列式 $D=\begin{vmatrix} 3 & 0 & 4 & 0 \\ 2 & 2 & 2 & 2 \\ 0 & -7 & 0 & 0 \\ 5 & 3 & -2 & 2 \end{vmatrix}$，求第四行各元素余子式之和.

8. 设行列式 $D=\begin{vmatrix} 1 & 2 & 3 & 4 & 5 \\ 1 & 1 & 1 & 3 & 3 \\ 3 & 2 & 5 & 4 & 2 \\ 2 & 2 & 2 & 1 & 1 \\ 4 & 6 & 5 & 2 & 3 \end{vmatrix}$，求：

(1) $A_{31}+A_{32}+A_{33}$；　　(2) $A_{33}+A_{35}$.

9. 计算下列各行列式：

(1) $\begin{vmatrix} 1 & 2 & 3 & 2 \\ 3 & -1 & 2 & 1 \\ 2 & 1 & 4 & 0 \\ 0 & 2 & 1 & 3 \end{vmatrix}$；　　(2) $\begin{vmatrix} 4 & 1 & 2 & 4 \\ 1 & 2 & 0 & 2 \\ 10 & 5 & 2 & 0 \\ 0 & 1 & 1 & 7 \end{vmatrix}$；

(3) $\begin{vmatrix} 1 & 1 & 2 & 3 & 1 \\ 3 & -1 & -1 & 2 & 2 \\ 2 & 3 & -1 & -1 & 0 \\ 1 & 2 & 3 & 0 & 1 \\ -2 & 2 & 1 & 1 & 0 \end{vmatrix}$；(4) $\begin{vmatrix} a & 0 & 0 & 1 \\ 0 & a & 0 & 0 \\ 0 & 0 & a & 0 \\ 1 & 0 & 0 & a \end{vmatrix}$；

(5) $\begin{vmatrix} a & b & b & b \\ a & b & a & b \\ b & a & b & a \\ b & b & b & a \end{vmatrix}$；　　(6) $\begin{vmatrix} a_1 & 0 & 0 & b_1 \\ 0 & a_2 & b_2 & 0 \\ 0 & b_3 & a_3 & 0 \\ b_4 & 0 & 0 & a_4 \end{vmatrix}$.

10. 利用行列式的性质，证明：

$$\begin{vmatrix} ax+by & ay+bz & az+bx \\ ay+bz & az+bx & ax+by \\ az+bx & ax+by & ay+bz \end{vmatrix}=(a^3+b^3)\begin{vmatrix} x & y & z \\ y & z & x \\ z & x & y \end{vmatrix}.$$

11. 试计算 n 阶行列式：

(1) $f(x)=\begin{vmatrix} 1 & 1 & \cdots & 1 & 1 \\ 1 & 2 & \cdots & (n-1) & x \\ 1 & 2^2 & \cdots & (n-1)^2 & x^2 \\ \vdots & \vdots & & \vdots & \vdots \\ 1 & 2^{n-1} & \cdots & (n-1)^{n-1} & x^{n-1} \end{vmatrix}$；

(2) $D_n=\begin{vmatrix} x+1 & x & x & \cdots & x \\ x & x+2 & x & \cdots & x \\ x & x & x+3 & \cdots & x \\ \vdots & \vdots & \vdots & & \vdots \\ x & x & x & \cdots & x+n \end{vmatrix}$；

(3) $D_n=\begin{vmatrix} 2 & 1 & 0 & \cdots & 0 & 0 \\ 1 & 2 & 1 & \cdots & 0 & 0 \\ 0 & 1 & 2 & \cdots & 0 & 0 \\ \vdots & \vdots & \vdots & & \vdots & \vdots \\ 0 & 0 & 0 & \cdots & 2 & 1 \\ 0 & 0 & 0 & \cdots & 1 & 2 \end{vmatrix}$.

12. 证明下列等式：

(1) $D_n=\begin{vmatrix} a & 0 & \cdots & 0 & 1 \\ 0 & a & \cdots & 0 & 0 \\ \vdots & \vdots & & \vdots & \vdots \\ 0 & 0 & \cdots & a & 0 \\ 1 & 0 & \cdots & 0 & a \end{vmatrix}=a^n-a^{n-2}$；

(2) $D_n=\begin{vmatrix} a & a & \cdots & a & 0 \\ a & a & \cdots & 0 & a \\ \vdots & \vdots & & \vdots & \vdots \\ a & 0 & \cdots & a & a \\ 0 & a & \cdots & a & a \end{vmatrix}=(-1)^{\frac{(n-1)(n-2)}{2}}(n-1)a^n$；

(3) $D_5=\begin{vmatrix} 1-a & a & 0 & 0 & 0 \\ -1 & 1-a & a & 0 & 0 \\ 0 & -1 & 1-a & a & 0 \\ 0 & 0 & -1 & 1-a & a \\ 0 & 0 & 0 & -1 & 1-a \end{vmatrix}=1-a+a^2-a^3+a^4-a^5$；

(4) $D_n=\begin{vmatrix} x & -1 & & & 0 \\ & x & \ddots & & \\ & & \ddots & -1 & \\ 0 & & & x & -1 \\ a_0 & a_1 & \cdots & a_{n-2} & x+a_{n-1} \end{vmatrix}=a_0+a_1x+\cdots+a_{n-1}x^{n-1}+x^n$.

13. 用克莱姆法则解线性方程组：

(1) $\begin{cases} x_1+2x_2+3x_3=1, \\ 2x_1+2x_2+x_3=1, \\ 3x_1+4x_2+3x_3=1; \end{cases}$ (2) $\begin{cases} x_1+x_2+x_3+x_4=5, \\ x_1+2x_2-x_3+4x_4=-2, \\ 2x_1-3x_2-x_3-5x_4=-2, \\ 3x_1+x_2+2x_3+11x_4=0. \end{cases}$

14. 求经过 $A(1,\ 1,\ 2)$，$B(3,\ -2,\ 0)$，$C(0,\ 5,\ -5)$ 三点的平面方程.

15. 证明：存在惟一的二次多项式 $f(x)$，使得 $f(1)=1$，$f(-1)=9$，$f(2)=3$.

16. 问 λ 取何值时，齐次线性方程组

$$\begin{cases} (5-\lambda)x_1-4x_2-7x_3=0, \\ -6x_1+(7-\lambda)x_2+11x_3=0, \\ 6x_1-6x_2-(10+\lambda)x_3=0 \end{cases}$$

有非零解？

思考题：

(1) 用本书以外的方法证明：

$$\begin{vmatrix} 1+a_1 & 1 & \cdots & 1 \\ 1 & 1+a_2 & \cdots & 1 \\ \vdots & \vdots & & \vdots \\ 1 & 1 & \cdots & 1+a_n \end{vmatrix} = a_1a_2\cdots a_n\left(1+\sum_{i=1}^{n}\frac{1}{a_i}\right)(a_i\neq 0, i=1,2,\cdots,n).$$

(2) 如何计算行列式 $\begin{vmatrix} 1 & 1 & 1 & 1 \\ a_1 & a_2 & a_3 & a_4 \\ a_1^2 & a_2^2 & a_3^2 & a_4^2 \\ a_1^4 & a_2^4 & a_3^4 & a_4^4 \end{vmatrix}$？

应用题：

设在 xOy 平面上有一个平行四边形 OACB，如图 1.2 所示．A、B 两点的坐标分别为(a_1，b_1)、(a_2，b_2)，请将平行四边形 OACB 的面积用行列式的形式表示出来．

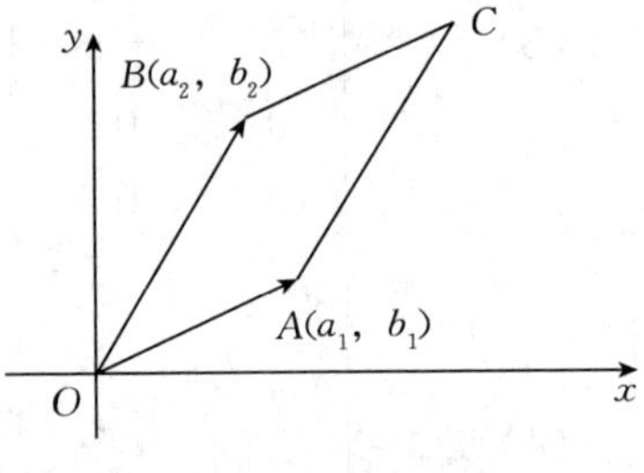

图 1.2

第二章

矩　阵

在自然科学、工程技术及其他领域中有很多问题与矩阵有关，并且这些背景不同的问题，可以归结成相同的矩阵问题，这就使矩阵成为应用广泛的重要的数学工具，因而也是线性代数的主要研究内容．矩阵贯穿于线性代数的各个方面，因此学好矩阵的相关知识，对全面地掌握线性代数知识极为重要．同时，矩阵知识已成为现代科技人员必备的数学基础知识．

第一节　矩阵的概念

在物资调运中，某物资有 3 个产地，5 个经销地，其调运方案可在表 2.1 中体现．

表 2.1

单位：t

调运数　产地＼经销地	Ⅰ	Ⅱ	Ⅲ	Ⅳ	Ⅴ
Ⅰ	1	4	3	5	0
Ⅱ	7	5	4	3	5
Ⅲ	3	6	8	4	2

如果我们用 a_{ij} ($i=1, 2, 3$；$j=1, 2, 3, 4, 5$)表示从第 i 个产地运往第 j 个经销地的运量(如 $a_{13}=3$ 表示从第 1 个产地运往第 3 个经销地的运量是 3 t)，这样就能把调运方案用一个 3 行 5 列的数表

$$\begin{matrix} 1 & 4 & 3 & 5 & 0 \\ 7 & 5 & 4 & 3 & 5 \\ 3 & 6 & 8 & 4 & 2 \end{matrix}$$

表示．用这种数表来表示某种状态或数量关系，在人们所从事的很多活动中都会遇到．我们称这种数表为矩阵．

定义 1 $m\times n$ 个数 $a_{ij}(i=1, 2, \cdots, m; j=1, 2, \cdots, n)$ 排成的一个 m 行 n 列的矩形数表

$$\begin{matrix} a_{11} & a_{12} & \cdots & a_{1n} \\ a_{21} & a_{22} & \cdots & a_{2n} \\ \vdots & \vdots & & \vdots \\ a_{m1} & a_{m2} & \cdots & a_{mn} \end{matrix}$$

称为 m **行** n **列矩阵**或 $m\times n$ **矩阵**，简称为**矩阵**．为表示它是一个整体，总是加一个括号，并用大写黑体字母表示，记作

$$\boldsymbol{A}=\begin{pmatrix} a_{11} & a_{12} & \cdots & a_{1n} \\ a_{21} & a_{22} & \cdots & a_{2n} \\ \vdots & \vdots & & \vdots \\ a_{m1} & a_{m2} & \cdots & a_{mn} \end{pmatrix}. \tag{1}$$

这 $m\times n$ 个数称为矩阵 $\boldsymbol{A}$ 的**元素**，简称为**元**，数 a_{ij} 位于矩阵 $\boldsymbol{A}$ 的第 i 行第 j 列，称为矩阵 $\boldsymbol{A}$ 的 (i, j) **元**．以数 a_{ij} 为 (i, j) 元的矩阵可简记为 $(a_{ij})_{m\times n}$ 或 (a_{ij})，$m\times n$ 矩阵 $\boldsymbol{A}$ 也可记为 $\boldsymbol{A}_{m\times n}$.

元素为实数的矩阵称为**实矩阵**，元素为复数的矩阵称为**复矩阵**．本书中的矩阵一般指实矩阵．

矩阵与行列式是不同的，行列式需要行数与列数相同，对矩阵不要求行数 m 与列数 n 相同．另外，行列式表示一个数，即行列式的值，而矩阵是 $m\times n$ 个数所排成的 m 行 n 列的数表．

以下是几种典型矩阵：

$n\times n$ 矩阵称为 n **阶矩阵**(或 n 阶方阵)．

$1\times n$ 矩阵 $\boldsymbol{A}=(a_1, a_2, \cdots, a_n)$ 称为**行矩阵**(又称行向量)．

$m\times 1$ 矩阵 $\boldsymbol{B}=\begin{pmatrix} b_1 \\ b_2 \\ \vdots \\ b_m \end{pmatrix}$ 称为**列矩阵**(又称列向量)．

所有元素全为 0 的矩阵称为零矩阵，记为 $\boldsymbol{O}_{m\times n}$ 或记为 $\boldsymbol{O}$.

主对角线下(上)方全为零的方阵

$$\begin{pmatrix} a_{11} & a_{12} & \cdots & a_{1n} \\ & a_{22} & \cdots & a_{2n} \\ & & \ddots & \vdots \\ 0 & & & a_{nn} \end{pmatrix} \left(\begin{pmatrix} a_{11} & & & 0 \\ a_{21} & a_{22} & & \\ \vdots & \vdots & \ddots & \\ a_{n1} & a_{n2} & \cdots & a_{nn} \end{pmatrix} \right)$$

称为**上(下)三角形矩阵**.

主对角线元素为 λ_1，λ_2，…，λ_n，其余元素全为 0 的方阵称为**对角阵**，记为

$$\boldsymbol{A}=\begin{pmatrix}\lambda_1 & & & \\ & \lambda_2 & & \\ & & \ddots & \\ & & & \lambda_n\end{pmatrix}=\mathrm{diag}(\lambda_1, \lambda_2, \cdots, \lambda_n).$$

主对角线元素全为 1，其余元素全为 0 的 n 阶方阵称为 **n 阶单位阵**，记为 $\boldsymbol{E}$ 或 $\boldsymbol{E}_n$.

第二节 矩阵的运算

矩阵运算是线性代数中重要的基本运算，本节介绍矩阵的几种运算.

一、矩阵的加法

如果两个矩阵的行数相等、列数也相等，则称它们是**同型矩阵**.

两个矩阵 $\boldsymbol{A}=(a_{ij})$，$\boldsymbol{B}=(b_{ij})$都是 $m\times n$ 矩阵，如果

$$a_{ij}=b_{ij}\ (i=1, 2, \cdots, m;\ j=1, 2, \cdots, n),$$

则称矩阵 $\boldsymbol{A}$ 与 $\boldsymbol{B}$ **相等**，记作 $\boldsymbol{A}=\boldsymbol{B}$.

定义 2 设 $\boldsymbol{A}=(a_{ij})$和 $\boldsymbol{B}=(b_{ij})$都是 $m\times n$ 矩阵，称 $m\times n$ 矩阵

$$\begin{pmatrix}a_{11}+b_{11} & a_{12}+b_{12} & \cdots & a_{1n}+b_{1n} \\ a_{21}+b_{21} & a_{22}+b_{22} & \cdots & a_{2n}+b_{2n} \\ \vdots & \vdots & & \vdots \\ a_{m1}+b_{m1} & a_{m2}+b_{m2} & \cdots & a_{mn}+b_{mn}\end{pmatrix}$$

为矩阵 $\boldsymbol{A}$ 与 $\boldsymbol{B}$ **的和**，记为 $\boldsymbol{A}+\boldsymbol{B}$.

设 $\boldsymbol{A}=(a_{ij})_{m\times n}$，称矩阵

$$\begin{pmatrix}-a_{11} & -a_{12} & \cdots & -a_{1n} \\ -a_{21} & -a_{22} & \cdots & -a_{2n} \\ \vdots & \vdots & & \vdots \\ -a_{m1} & -a_{m2} & \cdots & -a_{mn}\end{pmatrix}$$

为矩阵 $\boldsymbol{A}=(a_{ij})_{m\times n}$的**负矩阵**，记作 $-\boldsymbol{A}$.

矩阵 $\boldsymbol{A}$ 与 $\boldsymbol{B}$ 的**差**规定为 $\boldsymbol{A}+(-\boldsymbol{B})$，记为 $\boldsymbol{A}-\boldsymbol{B}$.

二、数与矩阵相乘

定义 3 设 λ 是数，$\boldsymbol{A}=(a_{ij})$ 是 $m\times n$ 矩阵，称矩阵

$$\begin{pmatrix} \lambda a_{11} & \lambda a_{12} & \cdots & \lambda a_{1n} \\ \lambda a_{21} & \lambda a_{22} & \cdots & \lambda a_{2n} \\ \vdots & \vdots & & \vdots \\ \lambda a_{m1} & \lambda a_{m2} & \cdots & \lambda a_{mn} \end{pmatrix}$$

为**数 λ 与矩阵 A 的乘积**，简称**数乘**，记为 $\lambda\boldsymbol{A}$ 或 $\boldsymbol{A}\lambda$.

矩阵的加减法和数乘运算称为**矩阵的线性运算**，它们的运算规律与数的运算律类似．但并非任意两个矩阵都可以相加减，只有同型矩阵才能相加减．

容易证明，设 $\boldsymbol{A}$、$\boldsymbol{B}$、$\boldsymbol{C}$ 是同型矩阵，λ、μ 是数，则矩阵的线性运算满足下列八条运算律：

(1) $\boldsymbol{A}+\boldsymbol{B}=\boldsymbol{B}+\boldsymbol{A}$；

(2) $(\boldsymbol{A}+\boldsymbol{B})+\boldsymbol{C}=\boldsymbol{A}+(\boldsymbol{B}+\boldsymbol{C})$；

(3) $\boldsymbol{A}+\boldsymbol{O}=\boldsymbol{A}$；

(4) $\boldsymbol{A}+(-\boldsymbol{A})=\boldsymbol{O}$；

(5) $1\boldsymbol{A}=\boldsymbol{A}$；

(6) $(\lambda\mu)\boldsymbol{A}=\lambda(\mu\boldsymbol{A})$；

(7) $(\lambda+\mu)\boldsymbol{A}=\lambda\boldsymbol{A}+\mu\boldsymbol{A}$；

(8) $\lambda(\boldsymbol{A}+\boldsymbol{B})=\lambda\boldsymbol{A}+\lambda\boldsymbol{B}$.

例 1 设矩阵

$$\boldsymbol{A}=\begin{pmatrix} 1 & -1 & 2 \\ 2 & 3 & 4 \end{pmatrix},\ \boldsymbol{B}=\begin{pmatrix} 3 & -3 & 2 \\ 4 & -3 & -2 \end{pmatrix},$$

$\boldsymbol{X}$ 与 $\boldsymbol{A}$、$\boldsymbol{B}$ 是同型矩阵，且 $\boldsymbol{A}+2\boldsymbol{X}=\boldsymbol{B}$，求矩阵 $\boldsymbol{X}$.

解 由 $\boldsymbol{A}+2\boldsymbol{X}=\boldsymbol{B}$，得

$$\boldsymbol{X}=\frac{1}{2}(\boldsymbol{B}-\boldsymbol{A})=\begin{pmatrix} 1 & -1 & 0 \\ 1 & -3 & -3 \end{pmatrix}.$$

三、矩阵与矩阵相乘(矩阵乘法)

矩阵乘法运算比较复杂，先看一个例子．

设变量 t_1，t_2 到变量 x_1，x_2，x_3 的线性变换为

$$(\text{Ⅰ})\quad\begin{cases}x_1=b_{11}t_1+b_{12}t_2,\\x_2=b_{21}t_1+b_{22}t_2,\\x_3=b_{31}t_1+b_{32}t_2,\end{cases}$$

变量 x_1，x_2，x_3 到变量 y_1，y_2 的线性变换为

$$(\text{Ⅱ})\quad\begin{cases}y_1=a_{11}x_1+a_{12}x_2+a_{13}x_3,\\y_2=a_{21}x_1+a_{22}x_2+a_{23}x_3,\end{cases}$$

那么，变量 t_1，t_2 到变量 y_1，y_2 的线性变换应为

$$(\text{Ⅲ})\quad\begin{cases}y_1=a_{11}(b_{11}t_1+b_{12}t_2)+a_{12}(b_{21}t_1+b_{22}t_2)+a_{13}(b_{31}t_1+b_{32}t_2),\\y_2=a_{21}(b_{11}t_1+b_{12}t_2)+a_{22}(b_{21}t_1+b_{22}t_2)+a_{23}(b_{31}t_1+b_{32}t_2),\end{cases}$$

即
$$\begin{cases}y_1=(a_{11}b_{11}+a_{12}b_{21}+a_{13}b_{31})t_1+(a_{11}b_{12}+a_{12}b_{22}+a_{13}b_{32})t_2,\\y_2=(a_{21}b_{11}+a_{22}b_{21}+a_{23}b_{31})t_1+(a_{21}b_{12}+a_{22}b_{22}+a_{23}b_{32})t_2.\end{cases}$$

令
$$\boldsymbol{A}=\begin{pmatrix}a_{11}&a_{12}&a_{13}\\a_{21}&a_{22}&a_{23}\end{pmatrix},\ \boldsymbol{B}=\begin{pmatrix}b_{11}&b_{12}\\b_{21}&b_{22}\\b_{31}&b_{32}\end{pmatrix},$$

$$\boldsymbol{C}=\begin{pmatrix}a_{11}b_{11}+a_{12}b_{21}+a_{13}b_{31}&a_{11}b_{12}+a_{12}b_{22}+a_{13}b_{32}\\a_{21}b_{11}+a_{22}b_{21}+a_{23}b_{31}&a_{21}b_{12}+a_{22}b_{22}+a_{23}b_{32}\end{pmatrix},$$

矩阵 $\boldsymbol{C}$ 是由矩阵 $\boldsymbol{A}$ 与 $\boldsymbol{B}$ 按照某种运算规则得到的，这就是我们下面要给出的矩阵的乘法.

定义 4 设 $\boldsymbol{A}=(a_{ij})$ 是一个 $m\times s$ 矩阵，$\boldsymbol{B}=(b_{ij})$ 是一个 $s\times n$ 矩阵，则规定矩阵 $\boldsymbol{A}$ 与 $\boldsymbol{B}$ 的乘积是一个 $m\times n$ 矩阵 $\boldsymbol{C}=(c_{ij})$，其中

$$\begin{aligned}c_{ij}&=a_{i1}b_{1j}+a_{i2}b_{2j}+\cdots+a_{is}b_{sj}\\&=\sum_{k=1}^{s}a_{ik}b_{kj}\ (i=1,\ 2,\ \cdots,\ m;\ j=1,\ 2,\ \cdots,\ n),\end{aligned}$$

并把此乘积记为 $\boldsymbol{C}=\boldsymbol{AB}$.

两个矩阵相乘要求左边矩阵的列数等于右边矩阵的行数．乘积矩阵的行数为左边矩阵的行数，乘积矩阵的列数为右边矩阵的列数．乘积矩阵的 $(i,\ j)$ 元为左边矩阵的第 i 行元素与右边矩阵的第 j 列元素对应相乘再相加的和．

例 2 设 $\boldsymbol{A}=\begin{pmatrix}1&0&3&-1\\2&1&0&2\end{pmatrix}$，$\boldsymbol{B}=\begin{pmatrix}4&1&0\\-1&1&3\\2&0&1\\1&3&4\end{pmatrix}$，求 $\boldsymbol{AB}$.

解 $\boldsymbol{AB}=\begin{pmatrix}1&0&3&-1\\2&1&0&2\end{pmatrix}\begin{pmatrix}4&1&0\\-1&1&3\\2&0&1\\1&3&4\end{pmatrix}$

$$=\begin{pmatrix} c_{11} & c_{12} & c_{13} \\ c_{21} & c_{22} & c_{23} \end{pmatrix}=\begin{pmatrix} 9 & -2 & -1 \\ 9 & 9 & 11 \end{pmatrix},$$

其中，

$c_{11}=1\times4+0\times(-1)+3\times2+(-1)\times1$，$c_{12}=1\times1+0\times1+3\times0+(-1)\times3$，

$c_{13}=1\times0+0\times3+3\times1+(-1)\times4$，$c_{21}=2\times4+1\times(-1)+0\times2+2\times1$，

$c_{22}=2\times1+1\times1+0\times0+2\times3$，$c_{23}=2\times0+1\times3+0\times1+2\times4$.

矩阵乘法满足下列运算律(假设运算都是可行的)：

(1) $(\boldsymbol{AB})\boldsymbol{C}=\boldsymbol{A}(\boldsymbol{BC})$.

(2) $\lambda(\boldsymbol{AB})=(\lambda\boldsymbol{A})\boldsymbol{B}=\boldsymbol{A}(\lambda\boldsymbol{B})$.

(3) $\boldsymbol{A}(\boldsymbol{B}+\boldsymbol{C})=\boldsymbol{AB}+\boldsymbol{AC}$；$(\boldsymbol{B}+\boldsymbol{C})\boldsymbol{A}=\boldsymbol{BA}+\boldsymbol{CA}$.

例 3 设矩阵

$$\boldsymbol{A}=(a_1, a_2, \cdots, a_n),\ \boldsymbol{B}=\begin{pmatrix} b_1 \\ b_2 \\ \vdots \\ b_n \end{pmatrix},$$

求 $\boldsymbol{AB}$ 和 $\boldsymbol{BA}$.

解 $\boldsymbol{AB}=(a_1, a_2, \cdots, a_n)\begin{pmatrix} b_1 \\ b_2 \\ \vdots \\ b_n \end{pmatrix}=(a_1b_1+a_2b_2+\cdots+a_nb_n)$，

$$\boldsymbol{BA}=\begin{pmatrix} b_1 \\ b_2 \\ \vdots \\ b_n \end{pmatrix}(a_1, a_2, \cdots, a_n)=\begin{pmatrix} b_1a_1 & b_1a_2 & \cdots & b_1a_n \\ b_2a_1 & b_2a_2 & \cdots & b_2a_n \\ \vdots & \vdots & & \vdots \\ b_na_1 & b_na_2 & \cdots & b_na_n \end{pmatrix}.$$

应该注意，若有矩阵 $\boldsymbol{A}_{m\times n}$，$\boldsymbol{B}_{n\times m}$，则 $\boldsymbol{AB}$ 是 m 阶方阵，而 $\boldsymbol{BA}$ 是 n 阶方阵.

例 4 设矩阵

$$\boldsymbol{A}=\begin{pmatrix} -1 & 2 \\ 1 & -2 \end{pmatrix},\ \boldsymbol{B}=\begin{pmatrix} 4 \\ 2 \end{pmatrix},\ \boldsymbol{C}=\begin{pmatrix} -4 \\ -2 \end{pmatrix},$$

求 $\boldsymbol{AB}$ 和 $\boldsymbol{AC}$.

解 $\boldsymbol{AB}=\begin{pmatrix} -1 & 2 \\ 1 & -2 \end{pmatrix}\begin{pmatrix} 4 \\ 2 \end{pmatrix}=\begin{pmatrix} 0 \\ 0 \end{pmatrix}$，$\boldsymbol{AC}=\begin{pmatrix} -1 & 2 \\ 1 & -2 \end{pmatrix}\begin{pmatrix} -4 \\ -2 \end{pmatrix}=\begin{pmatrix} 0 \\ 0 \end{pmatrix}$.

例 5 设 $\boldsymbol{A}=\begin{pmatrix} 2 & 1 \\ -4 & -2 \end{pmatrix}$，$\boldsymbol{B}=\begin{pmatrix} 3 & -1 \\ -6 & 2 \end{pmatrix}$，求 $\boldsymbol{AB}$，$\boldsymbol{BA}$.

解 $\boldsymbol{AB}=\begin{pmatrix}2 & 1\\-4 & -2\end{pmatrix}\begin{pmatrix}3 & -1\\-6 & 2\end{pmatrix}=\begin{pmatrix}0 & 0\\0 & 0\end{pmatrix}$,

$$\boldsymbol{BA}=\begin{pmatrix}3 & -1\\-6 & 2\end{pmatrix}\begin{pmatrix}2 & 1\\-4 & -2\end{pmatrix}=\begin{pmatrix}10 & 5\\-20 & -10\end{pmatrix}.$$

由例 4 看出矩阵乘法不满足消去律，即当 $\boldsymbol{A}\neq\boldsymbol{O}$ 时，由 $\boldsymbol{AB}=\boldsymbol{AC}$，不能推出 $\boldsymbol{B}=\boldsymbol{C}$.

由例 5 看出矩阵乘法不满足交换律，即一般情况下，$\boldsymbol{AB}\neq\boldsymbol{BA}$.

当 $\boldsymbol{AB}\neq\boldsymbol{BA}$ 时，称 $\boldsymbol{A}$ 与 $\boldsymbol{B}$ 不可交换；当 $\boldsymbol{AB}=\boldsymbol{BA}$ 时，称 $\boldsymbol{A}$ 与 $\boldsymbol{B}$ 可交换．

矩阵的乘法一般不满足交换律，但是我们可以得到以下常用的结果：

$$\boldsymbol{E}_m\boldsymbol{A}_{m\times n}=\boldsymbol{A}_{m\times n}，\ \boldsymbol{A}_{m\times n}\boldsymbol{E}_n=\boldsymbol{A}_{m\times n}.$$

可见，单位矩阵在矩阵乘法中的作用类似于数 1 在数的乘法中的作用．

利用矩阵乘法，可以定义方阵的幂．设 $\boldsymbol{A}$ 是 n 阶方阵，定义

$$\boldsymbol{A}^0=\boldsymbol{E}，\boldsymbol{A}^1=\boldsymbol{A}，\boldsymbol{A}^2=\boldsymbol{A}^1\boldsymbol{A}^1，\cdots，\boldsymbol{A}^{k+1}=\boldsymbol{A}^k\boldsymbol{A}^1，$$

其中 k 为正整数．

利用矩阵乘法的结合律，易证方阵的幂满足：

$$\boldsymbol{A}^k\boldsymbol{A}^l=\boldsymbol{A}^{k+l}，(\boldsymbol{A}^k)^l=\boldsymbol{A}^{kl}，$$

其中 k、l 为正整数．

由于矩阵乘法不适合交换律，所以一般情况下，

$$(\boldsymbol{AB})^k\neq\boldsymbol{A}^k\boldsymbol{B}^k，$$

$$(\boldsymbol{A}+\boldsymbol{B})^2\neq\boldsymbol{A}^2+2\boldsymbol{AB}+\boldsymbol{B}^2，$$

$$(\boldsymbol{A}+\boldsymbol{B})(\boldsymbol{A}-\boldsymbol{B})\neq(\boldsymbol{A}-\boldsymbol{B})(\boldsymbol{A}+\boldsymbol{B})\neq\boldsymbol{A}^2-\boldsymbol{B}^2.$$

设
$$f(\lambda)=a_m\lambda^m+a_{m-1}\lambda^{m-1}+\cdots+a_0$$
是 λ 的 m 次多项式，$\boldsymbol{A}$ 是一个 n 阶方阵．记

$$f(\boldsymbol{A})=a_m\boldsymbol{A}^m+a_{m-1}\boldsymbol{A}^{m-1}+\cdots+a_0\boldsymbol{E}，$$

$f(\boldsymbol{A})$称为矩阵 $\boldsymbol{A}$ 的 m 次多项式．

例 6 设矩阵 $\boldsymbol{A}=\begin{pmatrix}1 & 1\\0 & 1\end{pmatrix}$，求 $\boldsymbol{A}^n$.

解 $\boldsymbol{A}^2=\begin{pmatrix}1 & 1\\0 & 1\end{pmatrix}\begin{pmatrix}1 & 1\\0 & 1\end{pmatrix}=\begin{pmatrix}1 & 2\\0 & 1\end{pmatrix}$，$\boldsymbol{A}^3=\boldsymbol{A}^2\boldsymbol{A}=\begin{pmatrix}1 & 2\\0 & 1\end{pmatrix}\begin{pmatrix}1 & 1\\0 & 1\end{pmatrix}=\begin{pmatrix}1 & 3\\0 & 1\end{pmatrix}$，

$$\boldsymbol{A}^4=\boldsymbol{A}^3\boldsymbol{A}=\begin{pmatrix}1 & 3\\0 & 1\end{pmatrix}\begin{pmatrix}1 & 1\\0 & 1\end{pmatrix}=\begin{pmatrix}1 & 4\\0 & 1\end{pmatrix}，$$

可用数学归纳法证明，$\boldsymbol{A}^n=\begin{pmatrix}1 & n\\0 & 1\end{pmatrix}$.

例 7 设$\boldsymbol{A}=\begin{pmatrix}1&0&1\\0&2&0\\1&0&1\end{pmatrix}$，$n$为大于等于 2 的正整数，求$\boldsymbol{A}^n-2\boldsymbol{A}^{n-1}$.

解 $\boldsymbol{A}^n-2\boldsymbol{A}^{n-1}=\boldsymbol{A}^{n-1}(\boldsymbol{A}-2\boldsymbol{E})=\boldsymbol{A}^{n-2}\boldsymbol{A}(\boldsymbol{A}-2\boldsymbol{E})$,

而
$$\boldsymbol{A}(\boldsymbol{A}-2\boldsymbol{E})=\begin{pmatrix}1&0&1\\0&2&0\\1&0&1\end{pmatrix}\begin{pmatrix}-1&0&1\\0&0&0\\1&0&-1\end{pmatrix}=\begin{pmatrix}0&0&0\\0&0&0\\0&0&0\end{pmatrix},$$

所以
$$\boldsymbol{A}^n-2\boldsymbol{A}^{n-1}=\boldsymbol{A}^{n-2}\boldsymbol{A}(\boldsymbol{A}-2\boldsymbol{E})=\boldsymbol{A}^{n-2}\boldsymbol{O}=\boldsymbol{O}.$$

例 8 设$\boldsymbol{A}$、$\boldsymbol{B}$都是n阶方阵，且满足$\boldsymbol{A}^2=\boldsymbol{A}$，$\boldsymbol{B}^2=\boldsymbol{B}$及$(\boldsymbol{A}+\boldsymbol{B})^2=\boldsymbol{A}+\boldsymbol{B}$，试证：$\boldsymbol{AB}=\boldsymbol{BA}$.

证 由已知$\boldsymbol{A}^2=\boldsymbol{A}$，$\boldsymbol{B}^2=\boldsymbol{B}$，有
$$(\boldsymbol{A}+\boldsymbol{B})^2=\boldsymbol{A}^2+\boldsymbol{AB}+\boldsymbol{BA}+\boldsymbol{B}^2=\boldsymbol{A}+\boldsymbol{AB}+\boldsymbol{BA}+\boldsymbol{B},$$
而已知$(\boldsymbol{A}+\boldsymbol{B})^2=\boldsymbol{A}+\boldsymbol{B}$，所以
$$\boldsymbol{A}+\boldsymbol{AB}+\boldsymbol{BA}+\boldsymbol{B}=\boldsymbol{A}+\boldsymbol{B},$$
即
$$\boldsymbol{AB}+\boldsymbol{BA}=\boldsymbol{O}.$$

用$\boldsymbol{A}$分别左乘、右乘上式，得
$$\boldsymbol{A}^2\boldsymbol{B}+\boldsymbol{ABA}=\boldsymbol{AB}+\boldsymbol{ABA}=\boldsymbol{O},$$
$$\boldsymbol{ABA}+\boldsymbol{BA}^2=\boldsymbol{ABA}+\boldsymbol{BA}=\boldsymbol{O},$$
所以有
$$\boldsymbol{AB}=-\boldsymbol{ABA}=\boldsymbol{BA}.$$

四、矩阵的转置

定义 5 设$\boldsymbol{A}=(a_{ij})$是$m\times n$矩阵，称矩阵
$$\begin{pmatrix}a_{11}&a_{21}&\cdots&a_{m1}\\a_{12}&a_{22}&\cdots&a_{m2}\\\vdots&\vdots&&\vdots\\a_{1n}&a_{2n}&\cdots&a_{mn}\end{pmatrix}$$
为矩阵$\boldsymbol{A}$的**转置矩阵**，记为$\boldsymbol{A}^{\mathrm{T}}$.

由定义知，$m\times n$矩阵$\boldsymbol{A}$的转置矩阵$\boldsymbol{A}^{\mathrm{T}}$是一个$n\times m$矩阵，$\boldsymbol{A}$中$(i,j)$位置的元素是$\boldsymbol{A}^{\mathrm{T}}$中$(j,i)$位置的元素.

转置矩阵满足下列运算律：

(1) $(\boldsymbol{A}^{\mathrm{T}})^{\mathrm{T}}=\boldsymbol{A}$;

(2) $(\boldsymbol{A}+\boldsymbol{B})^{\mathrm{T}}=\boldsymbol{A}^{\mathrm{T}}+\boldsymbol{B}^{\mathrm{T}}$;

(3) $(\lambda\boldsymbol{A})^{\mathrm{T}}=\lambda\boldsymbol{A}^{\mathrm{T}}$;

(4) $(\boldsymbol{AB})^{\mathrm{T}}=\boldsymbol{B}^{\mathrm{T}}\boldsymbol{A}^{\mathrm{T}}$.

证 (4) 设 $\boldsymbol{A}=(a_{ij})$ 是一个 $m\times s$ 矩阵，$\boldsymbol{B}=(b_{ij})$ 是一个 $s\times n$ 矩阵，记

$$\boldsymbol{AB}=\boldsymbol{C}=(c_{ij})_{m\times n},\quad \boldsymbol{B}^{\mathrm{T}}\boldsymbol{A}^{\mathrm{T}}=\boldsymbol{D}=(d_{ij})_{n\times m},$$

由于 $(\boldsymbol{AB})^{\mathrm{T}}$ 的第 i 行，第 j 列的元素为 c_{ji}，由矩阵乘法的定义，有

$$c_{ji}=\sum_{k=1}^{s}a_{jk}b_{ki},$$

而 $\boldsymbol{B}^{\mathrm{T}}$ 的第 i 行为 $(b_{1i},\ \cdots,\ b_{si})$，$\boldsymbol{A}^{\mathrm{T}}$ 的第 j 列为 $(a_{j1},\ \cdots,\ a_{js})^{\mathrm{T}}$，所以

$$d_{ij}=\sum_{k=1}^{s}b_{ki}a_{jk}=\sum_{k=1}^{s}a_{jk}b_{ki}=c_{ji}\ (i=1,\ 2,\ \cdots,\ n;\ j=1,\ 2,\ \cdots,\ m),$$

即 $\boldsymbol{D}=\boldsymbol{C}^{\mathrm{T}}$，亦即

$$(\boldsymbol{AB})^{\mathrm{T}}=\boldsymbol{B}^{\mathrm{T}}\boldsymbol{A}^{\mathrm{T}}.$$

若 n 阶矩阵 $\boldsymbol{A}$ 满足 $\boldsymbol{A}^{\mathrm{T}}=\boldsymbol{A}$（即 $a_{ij}=a_{ji}$），则称 $\boldsymbol{A}$ 是**对称阵**. 对称阵的元素以对角线为对称轴对应相等.

若 n 阶矩阵 $\boldsymbol{A}$ 满足 $\boldsymbol{A}^{\mathrm{T}}=-\boldsymbol{A}$（即 $a_{ij}=-a_{ji}$），则称 $\boldsymbol{A}$ 是**反对称阵**.

例 9 设 $\boldsymbol{A}$ 是 $m\times n$ 矩阵，证明：$\boldsymbol{A}^{\mathrm{T}}\boldsymbol{A}$ 是 n 阶对称阵，$\boldsymbol{AA}^{\mathrm{T}}$ 是 m 阶对称阵.

证 由于 $\boldsymbol{A}$ 是 $m\times n$ 矩阵，所以 $\boldsymbol{A}^{\mathrm{T}}$ 是 $n\times m$ 矩阵，由矩阵乘法知，$\boldsymbol{A}^{\mathrm{T}}\boldsymbol{A}$ 是 n 阶方阵，$\boldsymbol{AA}^{\mathrm{T}}$ 是 m 阶方阵.

因为 $(\boldsymbol{A}^{\mathrm{T}}\boldsymbol{A})^{\mathrm{T}}=\boldsymbol{A}^{\mathrm{T}}(\boldsymbol{A}^{\mathrm{T}})^{\mathrm{T}}=\boldsymbol{A}^{\mathrm{T}}\boldsymbol{A}$，$(\boldsymbol{AA}^{\mathrm{T}})^{\mathrm{T}}=(\boldsymbol{A}^{\mathrm{T}})^{\mathrm{T}}\boldsymbol{A}^{\mathrm{T}}=\boldsymbol{AA}^{\mathrm{T}}$，

所以 $\boldsymbol{A}^{\mathrm{T}}\boldsymbol{A}$ 和 $\boldsymbol{AA}^{\mathrm{T}}$ 都是对称阵.

例 10 设 $n\times 1$ 矩阵 $\boldsymbol{x}=(x_1,\ x_2,\ \cdots,\ x_n)^{\mathrm{T}}$，且 $\boldsymbol{x}^{\mathrm{T}}\boldsymbol{x}=1$，$\boldsymbol{E}$ 为 n 阶单位阵，$\boldsymbol{H}=\boldsymbol{E}-2\boldsymbol{xx}^{\mathrm{T}}$，证明：(1) $\boldsymbol{H}$ 是对称阵；(2) $\boldsymbol{H}^2=\boldsymbol{E}$.

证 (1) $\boldsymbol{H}^{\mathrm{T}}=(\boldsymbol{E}-2\boldsymbol{xx}^{\mathrm{T}})^{\mathrm{T}}=\boldsymbol{E}^{\mathrm{T}}-2(\boldsymbol{xx}^{\mathrm{T}})^{\mathrm{T}}=\boldsymbol{E}-2\boldsymbol{xx}^{\mathrm{T}}=\boldsymbol{H}$,

故 $\boldsymbol{H}$ 是对称阵.

(2)
$$\begin{aligned}\boldsymbol{H}^2&=(\boldsymbol{E}-2\boldsymbol{xx}^{\mathrm{T}})^2=\boldsymbol{E}-4\boldsymbol{xx}^{\mathrm{T}}+4\boldsymbol{xx}^{\mathrm{T}}\boldsymbol{xx}^{\mathrm{T}}=\boldsymbol{E}-4\boldsymbol{xx}^{\mathrm{T}}+4\boldsymbol{x}(\boldsymbol{x}^{\mathrm{T}}\boldsymbol{x})\boldsymbol{x}^{\mathrm{T}}\\&=\boldsymbol{E}-4\boldsymbol{xx}^{\mathrm{T}}+4\boldsymbol{xx}^{\mathrm{T}}=\boldsymbol{E}.\end{aligned}$$

五、方阵的行列式

定义 6 设 $\boldsymbol{A}$ 为 n 阶方阵，其元素构成的 n 阶行列式称为方阵 $\boldsymbol{A}$ 的行列式，记为 $|\boldsymbol{A}|$ 或 $\det\boldsymbol{A}$.

方阵 $\boldsymbol{A}$ 的行列式 $|\boldsymbol{A}|$ 运算满足下列运算律（设 $\boldsymbol{A}$、$\boldsymbol{B}$ 为 n 阶方阵，λ 为数）：

(1) $|\boldsymbol{A}^{\mathrm{T}}|=|\boldsymbol{A}|$；

(2) $|\lambda\boldsymbol{A}|=\lambda^n|\boldsymbol{A}|$；

(3) $|\boldsymbol{AB}|=|\boldsymbol{A}||\boldsymbol{B}|$.

证 (1) 由行列式的性质即得.

(2) 多次利用行列式的性质 3，有

$$|\lambda \boldsymbol{A}|=\begin{vmatrix}\lambda a_{11} & \lambda a_{12} & \cdots & \lambda a_{1n}\\ \lambda a_{21} & \lambda a_{22} & \cdots & \lambda a_{2n}\\ \vdots & \vdots & & \vdots\\ \lambda a_{n1} & \lambda a_{n2} & \cdots & \lambda a_{nn}\end{vmatrix}=\lambda^n\begin{vmatrix}a_{11} & a_{12} & \cdots & a_{1n}\\ a_{21} & a_{22} & \cdots & a_{2n}\\ \vdots & \vdots & & \vdots\\ a_{n1} & a_{n2} & \cdots & a_{nn}\end{vmatrix}=\lambda^n|\boldsymbol{A}|.$$

(3) 设 $2n$ 阶行列式

$$D=\begin{vmatrix}a_{11} & \cdots & a_{1n} & & & \\ \vdots & & \vdots & & \boldsymbol{O} & \\ a_{n1} & \cdots & a_{nn} & & & \\ -1 & & & b_{11} & \cdots & b_{1n}\\ & \ddots & & \vdots & & \vdots\\ & & -1 & b_{n1} & \cdots & b_{nn}\end{vmatrix}=\begin{vmatrix}\boldsymbol{A} & \boldsymbol{O}\\ -\boldsymbol{E} & \boldsymbol{B}\end{vmatrix},$$

由第一章例 9 得 $D=|\boldsymbol{A}||\boldsymbol{B}|$.

将 D 中所有的(i, j)元都化为零，这里 $i, j=n+1, n+2, \cdots, 2n$. 分别将 D 中第 1 列的 b_{11} 倍，第 2 列的 b_{21} 倍，…，第 n 列的 b_{n1} 倍加到第 $n+1$ 列上，使 D 中 $b_{11}, b_{21}, \cdots, b_{n1}$ 所在位置的元素都化为零. 同样可使 D 中其他 b_{ij} 所在位置的元素也都化为零. 最后得到

$$D=\begin{vmatrix}a_{11} & \cdots & a_{1n} & c_{11} & \cdots & c_{1n}\\ \vdots & & \vdots & \vdots & & \vdots\\ a_{n1} & \cdots & a_{nn} & c_{n1} & \cdots & c_{nn}\\ -1 & & & & & \\ & \ddots & & & \boldsymbol{O}_{n\times n} & \\ & & -1 & & & \end{vmatrix},$$

这里 $c_{ij}=\sum\limits_{k=1}^{n}a_{ik}b_{kj}$，记 $\boldsymbol{C}=(c_{ij})_{n\times n}$，显然 $\boldsymbol{C}=\boldsymbol{AB}$.

对 $D=\begin{vmatrix}\boldsymbol{A} & \boldsymbol{C}\\ -\boldsymbol{E} & \boldsymbol{O}\end{vmatrix}$ 作行运算 $r_i\leftrightarrow r_{i+n}(i=1, 2, \cdots, n)$，有

$$D=(-1)^n\begin{vmatrix}-\boldsymbol{E} & \boldsymbol{O}\\ \boldsymbol{A} & \boldsymbol{C}\end{vmatrix}=(-1)^n|-\boldsymbol{E}||\boldsymbol{C}|=(-1)^n(-1)^n|\boldsymbol{C}|=|\boldsymbol{C}|=|\boldsymbol{AB}|,$$

所以
$$|\boldsymbol{AB}|=|\boldsymbol{A}||\boldsymbol{B}|.$$

定义 7 设 $\boldsymbol{A}=(a_{ij})$ 是 n 阶方阵，行列式 $|\boldsymbol{A}|$ 的元素 $a_{ij}(i, j=1, 2, \cdots, n)$ 的代数余子式 $A_{ij}(i, j=1, 2, \cdots, n)$ 构成的 n 阶方阵

$$\begin{pmatrix} A_{11} & A_{21} & \cdots & A_{n1} \\ A_{12} & A_{22} & \cdots & A_{n2} \\ \vdots & \vdots & & \vdots \\ A_{1n} & A_{2n} & \cdots & A_{nn} \end{pmatrix}$$

称为矩阵 $\boldsymbol{A}$ 的**伴随矩阵**，简称**伴随阵**，记为 $\boldsymbol{A}^*$.

应该注意 A_{ij} 在伴随阵 $\boldsymbol{A}^*$ 中的位置，在第 j 行，第 i 列.

例 11 设 $\boldsymbol{A}=(a_{ij})$ 是 n 阶方阵，试证：$\boldsymbol{AA}^*=\boldsymbol{A}^*\boldsymbol{A}=|\boldsymbol{A}|\boldsymbol{E}$.

证 由第一章的定理 3 和定理 4，得

$$\boldsymbol{AA}^*=\begin{pmatrix} a_{11} & a_{12} & \cdots & a_{1n} \\ a_{21} & a_{22} & \cdots & a_{2n} \\ \vdots & \vdots & & \vdots \\ a_{n1} & a_{n2} & \cdots & a_{nn} \end{pmatrix}\begin{pmatrix} A_{11} & A_{21} & \cdots & A_{n1} \\ A_{12} & A_{22} & \cdots & A_{n2} \\ \vdots & \vdots & & \vdots \\ A_{1n} & A_{2n} & \cdots & A_{nn} \end{pmatrix}$$

$$=\begin{pmatrix} \sum_{k=1}^{n} a_{1k}A_{1k} & 0 & \cdots & 0 \\ 0 & \sum_{k=1}^{n} a_{2k}A_{2k} & \cdots & 0 \\ \vdots & \vdots & & \vdots \\ 0 & 0 & \cdots & \sum_{k=1}^{n} a_{nk}A_{nk} \end{pmatrix}$$

$$=\begin{pmatrix} |\boldsymbol{A}| & 0 & \cdots & 0 \\ 0 & |\boldsymbol{A}| & \cdots & 0 \\ \vdots & \vdots & & \vdots \\ 0 & 0 & \cdots & |\boldsymbol{A}| \end{pmatrix}=|\boldsymbol{A}|\boldsymbol{E}.$$

同理可证 $\boldsymbol{A}^*\boldsymbol{A}=|\boldsymbol{A}|\boldsymbol{E}$.

六、共轭矩阵

定义 8 设 $\boldsymbol{A}=(a_{ij})$ 为复矩阵，$\overline{a_{ij}}$ 为 a_{ij} 的共轭复数，则称矩阵 $(\overline{a_{ij}})$ 为矩阵 $\boldsymbol{A}$ 的**共轭矩阵**，记为 $\overline{\boldsymbol{A}}$.

共轭矩阵满足如下运算律(设 $\boldsymbol{A}$、$\boldsymbol{B}$ 是复矩阵，λ 是复数，且运算都是可行的)：

(1) $\overline{\boldsymbol{A}+\boldsymbol{B}}=\overline{\boldsymbol{A}}+\overline{\boldsymbol{B}}$；

(2) $\overline{\lambda\boldsymbol{A}}=\overline{\lambda}\,\overline{\boldsymbol{A}}$；

(3) $\overline{\boldsymbol{AB}}=\overline{\boldsymbol{A}}\,\overline{\boldsymbol{B}}$.

七、矩阵的应用

有了矩阵的运算，很多问题可用矩阵表示，并通过对矩阵的研究加以解决.

线性方程组的一般形式是

$$\begin{cases} a_{11}x_1+a_{12}x_2+\cdots+a_{1n}x_n=b_1, \\ a_{21}x_1+a_{22}x_2+\cdots+a_{2n}x_n=b_2, \\ \cdots\cdots\cdots\cdots\cdots\cdots\cdots\cdots \\ a_{m1}x_1+a_{m2}x_2+\cdots+a_{mn}x_n=b_m. \end{cases} \tag{2}$$

引进矩阵记号，令

$$\boldsymbol{A}=\begin{pmatrix} a_{11} & a_{12} & \cdots & a_{1n} \\ a_{21} & a_{22} & \cdots & a_{2n} \\ \vdots & \vdots & & \vdots \\ a_{m1} & a_{m2} & \cdots & a_{mn} \end{pmatrix}, \ \boldsymbol{x}=\begin{pmatrix} x_1 \\ x_2 \\ \vdots \\ x_n \end{pmatrix}, \ \boldsymbol{b}=\begin{pmatrix} b_1 \\ b_2 \\ \vdots \\ b_m \end{pmatrix},$$

方程组(2)可以表示为矩阵形式

$$\boldsymbol{Ax}=\boldsymbol{b}, \tag{3}$$

其中 $\boldsymbol{A}$ 称为方程组(2)的系数矩阵，$\boldsymbol{x}$ 称为方程组(2)的未知数向量，$\boldsymbol{b}$ 称为方程组(2)的常数项向量.

设 $\boldsymbol{a}_j$ 表示系数矩阵 $\boldsymbol{A}$ 的第 j 个列向量，即

$$\boldsymbol{a}_j=\begin{pmatrix} a_{1j} \\ a_{2j} \\ \vdots \\ a_{mj} \end{pmatrix} \ (j=1, 2, \cdots, n), \tag{4}$$

方程组(2)又可以表示为向量形式

$$x_1\boldsymbol{a}_1+x_2\boldsymbol{a}_2+\cdots+x_n\boldsymbol{a}_n=\boldsymbol{b}.$$

变量 x_1，x_2，…，x_n 到变量 y_1，y_2，…，y_m 的线性变换

$$\begin{cases} y_1=a_{11}x_1+a_{12}x_2+\cdots+a_{1n}x_n, \\ y_2=a_{21}x_1+a_{22}x_2+\cdots+a_{2n}x_n, \\ \cdots\cdots\cdots\cdots\cdots\cdots\cdots\cdots \\ y_m=a_{m1}x_1+a_{m2}x_2+\cdots+a_{mn}x_n \end{cases} \tag{5}$$

的矩阵形式是

$$\boldsymbol{y}=\boldsymbol{Ax},$$

其中
$$\boldsymbol{A}=(a_{ij})_{m\times n},\ \boldsymbol{x}=\begin{pmatrix}x_1\\x_2\\\vdots\\x_n\end{pmatrix},\ \boldsymbol{y}=\begin{pmatrix}y_1\\y_2\\\vdots\\y_m\end{pmatrix},$$
$\boldsymbol{A}$ 称为线性变换(5)的系数矩阵．

变量 t_1，t_2 到变量 x_1，x_2，x_3 的线性变换
$$\begin{cases}x_1=b_{11}t_1+b_{12}t_2,\\x_2=b_{21}t_1+b_{22}t_2,\\x_3=b_{31}t_1+b_{32}t_2\end{cases}$$
可以表示为矩阵形式
$$\boldsymbol{x}=\boldsymbol{B}\boldsymbol{t},$$
这里
$$\boldsymbol{B}=\begin{pmatrix}b_{11}&b_{12}\\b_{21}&b_{22}\\b_{31}&b_{32}\end{pmatrix},\ \boldsymbol{x}=\begin{pmatrix}x_1\\x_2\\x_3\end{pmatrix},\ \boldsymbol{t}=\begin{pmatrix}t_1\\t_2\end{pmatrix}.$$

变量 x_1，x_2，x_3 到变量 y_1，y_2 的线性变换
$$\begin{cases}y_1=a_{11}x_1+a_{12}x_2+a_{13}x_3,\\y_2=a_{21}x_1+a_{22}x_2+a_{23}x_3\end{cases}$$
可以表示为矩阵形式
$$\boldsymbol{y}=\boldsymbol{A}\boldsymbol{x},$$
这里
$$\boldsymbol{A}=\begin{pmatrix}a_{11}&a_{12}&a_{13}\\a_{21}&a_{22}&a_{23}\end{pmatrix},\ \boldsymbol{y}=\begin{pmatrix}y_1\\y_2\end{pmatrix},\ \boldsymbol{x}=\begin{pmatrix}x_1\\x_2\\x_3\end{pmatrix}.$$
那么，变量 t_1，t_2 到变量 y_1，y_2 的线性变换为
$$\boldsymbol{y}=(\boldsymbol{A}\boldsymbol{B})\boldsymbol{t},$$
即
$$\begin{cases}y_1=(a_{11}b_{11}+a_{12}b_{21}+a_{13}b_{31})t_1+(a_{11}b_{12}+a_{12}b_{22}+a_{13}b_{32})t_2,\\y_2=(a_{21}b_{11}+a_{22}b_{21}+a_{23}b_{31})t_1+(a_{21}b_{12}+a_{22}b_{22}+a_{23}b_{32})t_2.\end{cases}$$

第三节 逆 矩 阵

我们在前一节定义了矩阵的加法、减法和乘法等运算．自然地，欲在矩阵中引入类似于数的除法的运算，其关键是要定义类似于数的倒数．

由于对任意方阵 $\boldsymbol{A}$，有
$$\boldsymbol{A}\boldsymbol{E}=\boldsymbol{E}\boldsymbol{A}=\boldsymbol{A},$$

则单位矩阵 $\boldsymbol{E}$ 类似于数 1 的作用．一个数 $a\neq0$ 和它的倒数 a^{-1}，可以用

$$aa^{-1}=1$$

来刻画．在矩阵中我们用类似的关系，引入逆矩阵的概念．先看下面的问题：

设有线性变换

$$\begin{cases} y_1=2x_1+x_2+0x_3, \\ y_2=x_1+2x_2+x_3, \\ y_3=x_1+x_2+x_3, \end{cases} \tag{6}$$

它的系数矩阵记为 $\boldsymbol{A}$，

$$\boldsymbol{A}=\begin{pmatrix} 2 & 1 & 0 \\ 1 & 2 & 1 \\ 1 & 1 & 1 \end{pmatrix}.$$

线性变换(6)的逆变换是

$$\begin{cases} x_1=\frac{1}{2}y_1-\frac{1}{2}y_2+\frac{1}{2}y_3, \\ x_2=0y_1+y_2-y_3, \\ x_3=-\frac{1}{2}y_1-\frac{1}{2}y_2+\frac{3}{2}y_3, \end{cases}$$

它的系数矩阵记为 $\boldsymbol{B}$，

$$\boldsymbol{B}=\begin{pmatrix} \frac{1}{2} & -\frac{1}{2} & \frac{1}{2} \\ 0 & 1 & -1 \\ -\frac{1}{2} & -\frac{1}{2} & \frac{3}{2} \end{pmatrix}.$$

这里，矩阵 $\boldsymbol{A}$ 与 $\boldsymbol{B}$ 有关系

$$\boldsymbol{BA}=\boldsymbol{E},\ \boldsymbol{AB}=\boldsymbol{E}.$$

由此我们得到如下定义：

定义 9 设 $\boldsymbol{A}$ 为矩阵，如果存在 n 阶方阵 $\boldsymbol{B}$ 使得

$$\boldsymbol{AB}=\boldsymbol{BA}=\boldsymbol{E},$$

则称 $\boldsymbol{A}$ 是**可逆矩阵**，$\boldsymbol{B}$ 是 $\boldsymbol{A}$ 的一个**逆矩阵**，简称**逆阵**．

定理 1 如果 $\boldsymbol{A}$ 是一个 n 阶可逆矩阵，则 $\boldsymbol{A}$ 的逆矩阵是惟一的．

证 设 $\boldsymbol{A}$ 有逆矩阵 $\boldsymbol{B}$ 和 $\boldsymbol{C}$，即

$$\boldsymbol{AB}=\boldsymbol{BA}=\boldsymbol{E},\ \boldsymbol{AC}=\boldsymbol{CA}=\boldsymbol{E},$$

于是

$$\boldsymbol{B}=\boldsymbol{BE}=\boldsymbol{B}(\boldsymbol{AC})=(\boldsymbol{BA})\boldsymbol{C}=\boldsymbol{EC}=\boldsymbol{C},$$

所以 $\boldsymbol{A}$ 的逆矩阵是惟一的．

若 $\boldsymbol{A}$ 是一个可逆矩阵，它的惟一的逆矩阵记为 $\boldsymbol{A}^{-1}$，从而 $\boldsymbol{AA}^{-1}=\boldsymbol{A}^{-1}\boldsymbol{A}=$

$\boldsymbol{E}$. 显然 $\boldsymbol{A}^{-1}$ 也是一个可逆矩阵，且 $(\boldsymbol{A}^{-1})^{-1}=\boldsymbol{A}$.

例如，$\boldsymbol{A}=\begin{pmatrix}3 & 1\\ 4 & 2\end{pmatrix}$，$\boldsymbol{A}^{-1}=\begin{pmatrix}1 & -\frac{1}{2}\\ -2 & \frac{3}{2}\end{pmatrix}$.

显然，$\boldsymbol{E}^{-1}=\boldsymbol{E}$.

推论 1 如果 $\boldsymbol{A}$ 是 n 阶可逆矩阵，$\boldsymbol{B}$ 是任意一个 $n\times m$ 矩阵，则矩阵方程

$$\boldsymbol{AX}=\boldsymbol{B}$$

有惟一解

$$\boldsymbol{X}=\boldsymbol{A}^{-1}\boldsymbol{B}.$$

推论 2 如果 $\boldsymbol{A}$ 是 n 阶可逆矩阵，$\boldsymbol{C}$ 是任意一个 $m\times n$ 矩阵，则矩阵方程

$$\boldsymbol{YA}=\boldsymbol{C}$$

有惟一解

$$\boldsymbol{Y}=\boldsymbol{CA}^{-1}.$$

定理 2 n 阶方阵 $\boldsymbol{A}$ 可逆的充分必要条件是 $|\boldsymbol{A}|\neq 0$.

证 必要性

若 $\boldsymbol{A}$ 可逆，即存在 $\boldsymbol{A}^{-1}$，使得

$$\boldsymbol{AA}^{-1}=\boldsymbol{A}^{-1}\boldsymbol{A}=\boldsymbol{E},$$

所以
$$|\boldsymbol{A}|\,|\boldsymbol{A}^{-1}|=|\boldsymbol{A}^{-1}|\,|\boldsymbol{A}|=1,$$

即
$$|\boldsymbol{A}|\neq 0.$$

充分性

若 $|\boldsymbol{A}|\neq 0$，则由 $\boldsymbol{AA}^*=\boldsymbol{A}^*\boldsymbol{A}=|\boldsymbol{A}|\boldsymbol{E}$，得

$$\boldsymbol{A}\left(\frac{1}{|\boldsymbol{A}|}\boldsymbol{A}^*\right)=\left(\frac{1}{|\boldsymbol{A}|}\boldsymbol{A}^*\right)\boldsymbol{A}=\boldsymbol{E},$$

所以 $\boldsymbol{A}$ 可逆．

由此得到，当 $|\boldsymbol{A}|\neq 0$ 时，

$$\boldsymbol{A}^{-1}=\frac{1}{|\boldsymbol{A}|}\boldsymbol{A}^*=\frac{1}{|\boldsymbol{A}|}\begin{pmatrix}A_{11} & A_{21} & \cdots & A_{n1}\\ A_{12} & A_{22} & \cdots & A_{n2}\\ \vdots & \vdots & & \vdots\\ A_{1n} & A_{2n} & \cdots & A_{nn}\end{pmatrix},$$

这是 $\boldsymbol{A}^{-1}$ 的计算公式，其中 $\boldsymbol{A}^*$ 是 $\boldsymbol{A}$ 的伴随阵．

推论 设 $\boldsymbol{A}$，$\boldsymbol{B}$ 是 n 阶方阵，且 $\boldsymbol{AB}=\boldsymbol{E}$，则 $\boldsymbol{B}^{-1}=\boldsymbol{A}$.

证 由 $\boldsymbol{AB}=\boldsymbol{E}$，得到 $|\boldsymbol{A}|\,|\boldsymbol{B}|=|\boldsymbol{AB}|=|\boldsymbol{E}|=1$，从而 $|\boldsymbol{B}|\neq 0$，于是 $\boldsymbol{B}$ 可逆．

在等式 $\boldsymbol{AB}=\boldsymbol{E}$ 两边同时右乘以 $\boldsymbol{B}^{-1}$，得到 $\boldsymbol{B}^{-1}=\boldsymbol{A}$.

由此推论可知，若要验证 $\boldsymbol{A}$ 是 $\boldsymbol{B}$ 的逆阵，只要验证 $\boldsymbol{AB}=\boldsymbol{E}$ 就可以了（或只要验证 $\boldsymbol{BA}=\boldsymbol{E}$），而不必验证 $\boldsymbol{AB}=\boldsymbol{BA}=\boldsymbol{E}$.

例 12 设 $\boldsymbol{A}=\begin{pmatrix}1&2&3\\2&2&1\\3&4&3\end{pmatrix}$，求 $\boldsymbol{A}^{-1}$.

解 $|\boldsymbol{A}|=\begin{vmatrix}1&2&3\\2&2&1\\3&4&3\end{vmatrix}=2$，

$$A_{11}=\begin{vmatrix}2&1\\4&3\end{vmatrix}=2,\ A_{21}=-\begin{vmatrix}2&3\\4&3\end{vmatrix}=6,\ A_{31}=\begin{vmatrix}2&3\\2&1\end{vmatrix}=-4,$$

$$A_{12}=-\begin{vmatrix}2&1\\3&3\end{vmatrix}=-3,\ A_{22}=\begin{vmatrix}1&3\\3&3\end{vmatrix}=-6,\ A_{32}=-\begin{vmatrix}1&3\\2&1\end{vmatrix}=5,$$

$$A_{13}=\begin{vmatrix}2&2\\3&4\end{vmatrix}=2,\ A_{23}=-\begin{vmatrix}1&2\\3&4\end{vmatrix}=2,\ A_{33}=\begin{vmatrix}1&2\\2&2\end{vmatrix}=-2,$$

所以 $$\boldsymbol{A}^{-1}=\frac{1}{|\boldsymbol{A}|}\boldsymbol{A}^*=\frac{1}{|\boldsymbol{A}|}\begin{pmatrix}A_{11}&A_{21}&A_{31}\\A_{12}&A_{22}&A_{32}\\A_{13}&A_{23}&A_{33}\end{pmatrix}=\begin{pmatrix}1&3&-2\\-\frac{3}{2}&-3&\frac{5}{2}\\1&1&-1\end{pmatrix}.$$

例 13 设 $\boldsymbol{A}=\begin{pmatrix}a&b\\c&d\end{pmatrix}$，且 $ad-bc\neq0$，求 $\boldsymbol{A}^{-1}$.

解 $|\boldsymbol{A}|=ad-bc\neq0$，

$$A_{11}=d,\ A_{21}=-b,\ A_{12}=-c,\ A_{22}=a,$$

所以 $$\boldsymbol{A}^{-1}=\frac{1}{|\boldsymbol{A}|}\boldsymbol{A}^*=\frac{1}{ad-bc}\begin{pmatrix}d&-b\\-c&a\end{pmatrix}.$$

例 14 求解线性方程组 $\boldsymbol{Ax}=\boldsymbol{b}$，其中 $\boldsymbol{A}$ 是 n 阶可逆方阵，$\boldsymbol{x}$ 为未知数向量，$\boldsymbol{b}$ 为常数项向量.

解 由于 $\boldsymbol{A}$ 可逆，在等式 $\boldsymbol{Ax}=\boldsymbol{b}$ 两边同时左乘以 $\boldsymbol{A}^{-1}$，得到 $\boldsymbol{x}=\boldsymbol{A}^{-1}\boldsymbol{b}$.

上例中得到线性方程组 $\boldsymbol{Ax}=\boldsymbol{b}$ 的解 $\boldsymbol{x}=\boldsymbol{A}^{-1}\boldsymbol{b}$，即

$$\begin{pmatrix}x_1\\x_2\\\vdots\\x_n\end{pmatrix}=\frac{1}{|\boldsymbol{A}|}\begin{pmatrix}A_{11}&A_{21}&\cdots&A_{n1}\\A_{12}&A_{22}&\cdots&A_{n2}\\\vdots&\vdots&&\vdots\\A_{1n}&A_{2n}&\cdots&A_{nn}\end{pmatrix}\begin{pmatrix}b_1\\b_2\\\vdots\\b_n\end{pmatrix},$$

由此得到，对任意 $1\leqslant j\leqslant n$，

$$x_j=\frac{1}{|\boldsymbol{A}|}\sum_{i=1}^{n}A_{ij}b_i,$$

这就是第一章所讲的克莱姆法则.

可逆矩阵满足如下性质:

(1) 如果方阵 $\boldsymbol{A}$ 可逆，则 $\boldsymbol{A}^{-1}$ 也可逆，且 $(\boldsymbol{A}^{-1})^{-1}=\boldsymbol{A}$.

(2) 如果方阵 $\boldsymbol{A}$ 可逆，且 $\lambda\neq0$，则 $\lambda\boldsymbol{A}$ 也可逆，且 $(\lambda\boldsymbol{A})^{-1}=\frac{1}{\lambda}\boldsymbol{A}^{-1}$.

(3) 如果 n 阶方阵 $\boldsymbol{A}$、$\boldsymbol{B}$ 均可逆，则 $\boldsymbol{AB}$ 也可逆，且 $(\boldsymbol{AB})^{-1}=\boldsymbol{B}^{-1}\boldsymbol{A}^{-1}$.

(4) 如果方阵 $\boldsymbol{A}$ 可逆，则 $\boldsymbol{A}^{\mathrm{T}}$ 也可逆，且 $(\boldsymbol{A}^{\mathrm{T}})^{-1}=(\boldsymbol{A}^{-1})^{\mathrm{T}}$.

证 只证(3)，其余的证明留给读者自己完成.

因为 $\boldsymbol{A}$、$\boldsymbol{B}$ 可逆，所以 $|\boldsymbol{A}|\neq0$，$|\boldsymbol{B}|\neq0$，而

$$|\boldsymbol{AB}|=|\boldsymbol{A}|\,|\boldsymbol{B}|,$$

所以 $\boldsymbol{AB}$ 可逆，由矩阵运算

$$(\boldsymbol{B}^{-1}\boldsymbol{A}^{-1})(\boldsymbol{AB})=\boldsymbol{B}^{-1}(\boldsymbol{A}^{-1}\boldsymbol{A})\boldsymbol{B}=\boldsymbol{B}^{-1}\boldsymbol{EB}=\boldsymbol{E},$$

由定理 2 的推论有

$$(\boldsymbol{AB})^{-1}=\boldsymbol{B}^{-1}\boldsymbol{A}^{-1}.$$

例 15 设三阶方阵 $\boldsymbol{A}$ 的伴随矩阵为 $\boldsymbol{A}^*$，且 $|\boldsymbol{A}|=\frac{1}{2}$，求行列式 $|(3\boldsymbol{A})^{-1}-2\boldsymbol{A}^*|$.

解 由 $\boldsymbol{AA}^*=\boldsymbol{A}^*\boldsymbol{A}=|\boldsymbol{A}|\boldsymbol{E}$ 和 $|\boldsymbol{A}|=\frac{1}{2}$，有

$$\begin{aligned}|(3\boldsymbol{A})^{-1}-2\boldsymbol{A}^*|&=2|\boldsymbol{A}|\,|(3\boldsymbol{A})^{-1}-2\boldsymbol{A}^*|=2\left|\frac{1}{3}\boldsymbol{E}-2\cdot\frac{1}{2}\boldsymbol{E}\right|\\&=2\left|-\frac{2}{3}\boldsymbol{E}\right|=2\left(-\frac{2}{3}\right)^3=-\frac{16}{27}.\end{aligned}$$

有了逆阵，可定义矩阵的负幂次方：设 $\boldsymbol{A}$ 可逆，定义

$$\boldsymbol{A}^{-k}=(\boldsymbol{A}^{-1})^k,$$

其中 k 为正整数.

例 16 设 $\boldsymbol{AXB}=\boldsymbol{C}$，求 $\boldsymbol{X}$，其中

$$\boldsymbol{A}=\begin{pmatrix}1&2&3\\2&2&1\\3&4&3\end{pmatrix},\ \boldsymbol{B}=\begin{pmatrix}2&1\\5&3\end{pmatrix},\ \boldsymbol{C}=\begin{pmatrix}1&3\\2&0\\3&1\end{pmatrix}.$$

解 由 $|\boldsymbol{A}|=2\neq0$，$|\boldsymbol{B}|=1\neq0$，知 $\boldsymbol{A}$、$\boldsymbol{B}$ 可逆，求得

$$\boldsymbol{A}^{-1}=\begin{pmatrix}1&3&-2\\-\frac{3}{2}&-3&\frac{5}{2}\\1&1&-1\end{pmatrix},\ \boldsymbol{B}^{-1}=\begin{pmatrix}3&-1\\-5&2\end{pmatrix},$$

在 $\boldsymbol{AXB}=\boldsymbol{C}$ 两边同时左乘 $\boldsymbol{A}^{-1}$，右乘 $\boldsymbol{B}^{-1}$，得

$$\boldsymbol{X}=\boldsymbol{A}^{-1}\boldsymbol{C}\boldsymbol{B}^{-1}=\begin{pmatrix}-2 & 1\\ 10 & -4\\ -10 & 4\end{pmatrix}.$$

例 17 设方阵 $\boldsymbol{A}$ 满足 $\boldsymbol{A}^2+5\boldsymbol{A}-4\boldsymbol{E}=\boldsymbol{O}$，证明 $\boldsymbol{A}-3\boldsymbol{E}$ 可逆，并求 $(\boldsymbol{A}-3\boldsymbol{E})^{-1}$.

证 由 $\boldsymbol{A}^2+5\boldsymbol{A}-4\boldsymbol{E}=\boldsymbol{O}$，有

$$(\boldsymbol{A}-3\boldsymbol{E})(\boldsymbol{A}+8\boldsymbol{E})+20\boldsymbol{E}=\boldsymbol{O},$$

即

$$(\boldsymbol{A}-3\boldsymbol{E})(\boldsymbol{A}+8\boldsymbol{E})=-20\boldsymbol{E},$$

所以

$$|\boldsymbol{A}-3\boldsymbol{E}|\,|\boldsymbol{A}+8\boldsymbol{E}|=|-20\boldsymbol{E}|\neq 0,$$

故 $\boldsymbol{A}-3\boldsymbol{E}$ 可逆，且

$$(\boldsymbol{A}-3\boldsymbol{E})^{-1}=-\frac{1}{20}(\boldsymbol{A}+8\boldsymbol{E}).$$

第四节 分块矩阵

当矩阵的规模比较大时，我们用一组横线和纵线将矩阵分成一些小矩阵，每个小矩阵称为子块，这种以子块为元素的形式上的矩阵称为**分块矩阵**．从而把大型矩阵的运算化为若干小型矩阵的运算，这样可以使矩阵得到简化．

例如，矩阵

$$\boldsymbol{A}=\left(\begin{array}{cc:cc}a_{11} & a_{12} & a_{13} & a_{14}\\ a_{21} & a_{22} & a_{23} & a_{24}\\ \hdashline a_{31} & a_{32} & a_{33} & a_{34}\end{array}\right)$$

可按以下方式分块，每块均为小矩阵：

$$\boldsymbol{A}_{11}=\begin{pmatrix}a_{11} & a_{12}\\ a_{21} & a_{22}\end{pmatrix},\ \boldsymbol{A}_{12}=\begin{pmatrix}a_{13} & a_{14}\\ a_{23} & a_{24}\end{pmatrix},$$

$$\boldsymbol{A}_{21}=(a_{31}\quad a_{32}),\ \boldsymbol{A}_{22}=(a_{33}\quad a_{34}),$$

则矩阵 $\boldsymbol{A}$ 可表示为

$$\boldsymbol{A}=\begin{pmatrix}\boldsymbol{A}_{11} & \boldsymbol{A}_{12}\\ \boldsymbol{A}_{21} & \boldsymbol{A}_{22}\end{pmatrix}.$$

一个矩阵分块的基本原则是，使分块后的子矩阵中有一些特殊的矩阵，如单位矩阵、零矩阵、对角矩阵等，这样可简化矩阵的运算．

下面是几种特殊形式的分块矩阵．

将 $m\times n$ 矩阵 $\boldsymbol{A}=(a_{ij})_{m\times n}$ 按行分块为 $m\times 1$ 分块矩阵

$$A=\begin{pmatrix}\boldsymbol{\alpha}_1\\ \boldsymbol{\alpha}_2\\ \vdots\\ \boldsymbol{\alpha}_m\end{pmatrix},$$

其中 $\boldsymbol{\alpha}_i=(a_{i1}, a_{i2}, \cdots, a_{in})(i=1, 2, \cdots, m)$.

将 $m\times n$ 矩阵 $\boldsymbol{A}=(a_{ij})_{m\times n}$ 按列分块为 $1\times n$ 分块矩阵

$$\boldsymbol{A}=(\boldsymbol{\beta}_1, \boldsymbol{\beta}_2, \cdots, \boldsymbol{\beta}_n),$$

其中 $\boldsymbol{\beta}_j=(a_{1j}, a_{2j}, \cdots, a_{mj})^{\mathrm{T}}(j=1, 2, \cdots, n)$.

当矩阵 $\boldsymbol{A}=(a_{ij})_{n\times n}$ 中非零元素集中在对角线附近时，可将 $\boldsymbol{A}$ 分块成下面的分块对角矩阵(也称为准对角矩阵)：

$$\boldsymbol{A}=\mathrm{diag}(\boldsymbol{A}_1, \boldsymbol{A}_2, \cdots, \boldsymbol{A}_s)=\begin{pmatrix}\boldsymbol{A}_1 & & & \\ & \boldsymbol{A}_2 & & \\ & & \ddots & \\ & & & \boldsymbol{A}_s\end{pmatrix},$$

其中 $\boldsymbol{A}_i(i=1, 2, \cdots, s)$ 是 r_i 阶方阵，且 $\sum\limits_{i=1}^{s} r_i = n$.

下面讨论分块矩阵的运算.

1. 加法

设分块矩阵

$$\boldsymbol{A}=\begin{pmatrix}\boldsymbol{A}_{11} & \cdots & \boldsymbol{A}_{1r}\\ \vdots & & \vdots\\ \boldsymbol{A}_{s1} & \cdots & \boldsymbol{A}_{sr}\end{pmatrix}, \boldsymbol{B}=\begin{pmatrix}\boldsymbol{B}_{11} & \cdots & \boldsymbol{B}_{1r}\\ \vdots & & \vdots\\ \boldsymbol{B}_{s1} & \cdots & \boldsymbol{B}_{sr}\end{pmatrix},$$

在运算可行的条件下，

$$\boldsymbol{A}\pm\boldsymbol{B}=\begin{pmatrix}\boldsymbol{A}_{11}\pm\boldsymbol{B}_{11} & \cdots & \boldsymbol{A}_{1r}\pm\boldsymbol{B}_{1r}\\ \vdots & & \vdots\\ \boldsymbol{A}_{s1}\pm\boldsymbol{B}_{s1} & \cdots & \boldsymbol{A}_{sr}\pm\boldsymbol{B}_{sr}\end{pmatrix},$$

$\boldsymbol{A}\pm\boldsymbol{B}$ 要求 $\boldsymbol{A}$ 与 $\boldsymbol{B}$ 同型且分块方式相同.

2. 数乘

设 $\boldsymbol{A}=\begin{pmatrix}\boldsymbol{A}_{11} & \cdots & \boldsymbol{A}_{1r}\\ \vdots & & \vdots\\ \boldsymbol{A}_{s1} & \cdots & \boldsymbol{A}_{sr}\end{pmatrix}$，$\lambda$ 是数，则

$$\lambda\boldsymbol{A}=\begin{pmatrix}\lambda\boldsymbol{A}_{11} & \cdots & \lambda\boldsymbol{A}_{1r}\\ \vdots & & \vdots\\ \lambda\boldsymbol{A}_{s1} & \cdots & \lambda\boldsymbol{A}_{sr}\end{pmatrix}.$$

3. 乘法

设 $$\boldsymbol{A}_{m\times l}=\begin{pmatrix}\boldsymbol{A}_{11} & \cdots & \boldsymbol{A}_{1t}\\ \vdots & & \vdots\\ \boldsymbol{A}_{s1} & \cdots & \boldsymbol{A}_{st}\end{pmatrix},\ \boldsymbol{B}_{l\times n}=\begin{pmatrix}\boldsymbol{B}_{11} & \cdots & \boldsymbol{B}_{1r}\\ \vdots & & \vdots\\ \boldsymbol{B}_{t1} & \cdots & \boldsymbol{B}_{tr}\end{pmatrix},$$

在运算可行的条件下，

$$\boldsymbol{A}_{m\times l}\boldsymbol{B}_{l\times n}=\boldsymbol{C}_{m\times n},$$

其中 $\boldsymbol{C}=\begin{pmatrix}\boldsymbol{C}_{11} & \cdots & \boldsymbol{C}_{1r}\\ \vdots & & \vdots\\ \boldsymbol{C}_{s1} & \cdots & \boldsymbol{C}_{sr}\end{pmatrix}$，$\boldsymbol{C}_{ij}=\sum\limits_{k=1}^{t}\boldsymbol{A}_{ik}\boldsymbol{B}_{kj}$，$i=1, 2, \cdots, s$；$j=1, 2, \cdots, r$.

分块矩阵 $\boldsymbol{A}_{m\times l}$ 与 $\boldsymbol{B}_{l\times n}$ 相乘要求 $\boldsymbol{A}$ 的列分块方式与 $\boldsymbol{B}$ 的行分块方式相同.

4. 转置

设 $\boldsymbol{A}=\begin{pmatrix}\boldsymbol{A}_{11} & \cdots & \boldsymbol{A}_{1r}\\ \vdots & & \vdots\\ \boldsymbol{A}_{s1} & \cdots & \boldsymbol{A}_{sr}\end{pmatrix}$，则

$$\boldsymbol{A}^{\mathrm{T}}=\begin{pmatrix}\boldsymbol{A}_{11}^{\mathrm{T}} & \cdots & \boldsymbol{A}_{s1}^{\mathrm{T}}\\ \vdots & & \vdots\\ \boldsymbol{A}_{1r}^{\mathrm{T}} & \cdots & \boldsymbol{A}_{sr}^{\mathrm{T}}\end{pmatrix}.$$

设 n 阶分块对角阵

$$\boldsymbol{A}=\begin{pmatrix}\boldsymbol{A}_1 & & & \\ & \boldsymbol{A}_2 & & \\ & & \ddots & \\ & & & \boldsymbol{A}_s\end{pmatrix} \text{和} \boldsymbol{B}=\begin{pmatrix}\boldsymbol{B}_1 & & & \\ & \boldsymbol{B}_2 & & \\ & & \ddots & \\ & & & \boldsymbol{B}_s\end{pmatrix},$$

其中分块矩阵 $\boldsymbol{A}_i$ 与 $\boldsymbol{B}_i$ 是同阶矩阵($i=1, 2, \cdots, s$)，则

$$\boldsymbol{AB}=\begin{pmatrix}\boldsymbol{A}_1\boldsymbol{B}_1 & & & \\ & \boldsymbol{A}_2\boldsymbol{B}_2 & & \\ & & \ddots & \\ & & & \boldsymbol{A}_s\boldsymbol{B}_s\end{pmatrix}.$$

设分块对角矩阵 $\boldsymbol{A}=\begin{pmatrix}\boldsymbol{A}_1 & & & \\ & \boldsymbol{A}_2 & & \\ & & \ddots & \\ & & & \boldsymbol{A}_s\end{pmatrix}$，则

$$|\boldsymbol{A}|=|\boldsymbol{A}_1||\boldsymbol{A}_2|\cdots|\boldsymbol{A}_s|.$$

若 $\boldsymbol{A}$ 可逆，则

$$A^{-1}=\begin{pmatrix} A_1^{-1} & & & \\ & A_2^{-1} & & \\ & & \ddots & \\ & & & A_s^{-1} \end{pmatrix}.$$

例 18　设 $A=\begin{pmatrix} 5 & 0 & 0 \\ 0 & 3 & 2 \\ 0 & 2 & 2 \end{pmatrix}$，求 A^{-1}.

解　设 $A_1=(5)$，$A_2=\begin{pmatrix} 3 & 2 \\ 2 & 2 \end{pmatrix}$，则

$$A=\begin{pmatrix} A_1 & \\ & A_2 \end{pmatrix},$$

求得　　$A_1^{-1}=\left(\frac{1}{5}\right)$，$A_2^{-1}=\frac{1}{2}\begin{pmatrix} 2 & -2 \\ -2 & 3 \end{pmatrix}=\begin{pmatrix} 1 & -1 \\ -1 & \frac{3}{2} \end{pmatrix}$，

所以　　$A^{-1}=\begin{pmatrix} A_1^{-1} & \\ & A_2^{-1} \end{pmatrix}=\begin{pmatrix} \frac{1}{5} & 0 & 0 \\ 0 & 1 & -1 \\ 0 & -1 & \frac{3}{2} \end{pmatrix}$.

例 19　设 $D=\begin{pmatrix} O & A \\ B & O \end{pmatrix}$，其中 A、B 分别是 m 阶、n 阶可逆矩阵，求 D^{-1}.

解　因为　　$\begin{pmatrix} O & E_n \\ E_m & O \end{pmatrix}\begin{pmatrix} O & A \\ B & O \end{pmatrix}=\begin{pmatrix} B & O \\ O & A \end{pmatrix}$，

两边取逆得

$$\begin{pmatrix} O & A \\ B & O \end{pmatrix}^{-1}\begin{pmatrix} O & E_n \\ E_m & O \end{pmatrix}^{-1}=\begin{pmatrix} B & O \\ O & A \end{pmatrix}^{-1}=\begin{pmatrix} B^{-1} & O \\ O & A^{-1} \end{pmatrix},$$

所以　　$\begin{pmatrix} O & A \\ B & O \end{pmatrix}^{-1}=\begin{pmatrix} B^{-1} & O \\ O & A^{-1} \end{pmatrix}\begin{pmatrix} O & E_n \\ E_m & O \end{pmatrix}=\begin{pmatrix} O & B^{-1} \\ A^{-1} & O \end{pmatrix}$.

例 20　求 AB，其中

$$A=\begin{pmatrix} 1 & 0 & 0 & 0 \\ 0 & 1 & 0 & 0 \\ -1 & 2 & 1 & 0 \\ 1 & -3 & 0 & 1 \end{pmatrix},\ B=\begin{pmatrix} 1 & -2 & -1 & 0 \\ -1 & 1 & 0 & -1 \\ 1 & 0 & 0 & 0 \\ 0 & 1 & 0 & 0 \end{pmatrix}.$$

解 将 $\boldsymbol{A}$、$\boldsymbol{B}$ 分块成

$$\boldsymbol{A}=\left(\begin{array}{cc:cc}1 & 0 & 0 & 0\\ 0 & 1 & 0 & 0\\ \hdashline -1 & 2 & 1 & 0\\ 1 & -3 & 0 & 1\end{array}\right)=\begin{pmatrix}\boldsymbol{E}_2 & \boldsymbol{O}\\ \boldsymbol{A}_1 & \boldsymbol{E}_2\end{pmatrix},$$

$$\boldsymbol{B}=\left(\begin{array}{cc:cc}1 & -2 & -1 & 0\\ -1 & 1 & 0 & -1\\ \hdashline 1 & 0 & 0 & 0\\ 0 & 1 & 0 & 0\end{array}\right)=\begin{pmatrix}\boldsymbol{B}_1 & -\boldsymbol{E}_2\\ \boldsymbol{E}_2 & \boldsymbol{O}\end{pmatrix},$$

其中 $\boldsymbol{A}_1=\begin{pmatrix}-1 & 2\\ 1 & -3\end{pmatrix}$，$\boldsymbol{B}_1=\begin{pmatrix}1 & -2\\ -1 & 1\end{pmatrix}$，则

$$\boldsymbol{AB}=\begin{pmatrix}\boldsymbol{E}_2 & \boldsymbol{O}\\ \boldsymbol{A}_1 & \boldsymbol{E}_2\end{pmatrix}\begin{pmatrix}\boldsymbol{B}_1 & -\boldsymbol{E}_2\\ \boldsymbol{E}_2 & \boldsymbol{O}\end{pmatrix}=\begin{pmatrix}\boldsymbol{B}_1 & -\boldsymbol{E}_2\\ \boldsymbol{A}_1\boldsymbol{B}_1+\boldsymbol{E}_2 & -\boldsymbol{A}_1\end{pmatrix}.$$

而

$$\boldsymbol{A}_1\boldsymbol{B}_1+\boldsymbol{E}_2=\begin{pmatrix}-2 & 4\\ 4 & -4\end{pmatrix},$$

所以

$$\boldsymbol{AB}=\begin{pmatrix}1 & -2 & -1 & 0\\ -1 & 1 & 0 & -1\\ -2 & 4 & 1 & -2\\ 4 & -4 & -1 & 3\end{pmatrix}.$$

例 21 设 $\boldsymbol{X}=\begin{pmatrix}\boldsymbol{A} & \boldsymbol{O}\\ \boldsymbol{B} & \boldsymbol{C}\end{pmatrix}$，$\boldsymbol{A}$、$\boldsymbol{C}$ 均为 m 阶可逆矩阵，求 $\boldsymbol{X}^{-1}$.

解 因为 $|\boldsymbol{X}|=|\boldsymbol{A}||\boldsymbol{C}|\neq 0$，所以矩阵 $\boldsymbol{X}$ 可逆.

设 $\boldsymbol{X}^{-1}=\begin{pmatrix}\boldsymbol{X}_{11} & \boldsymbol{X}_{12}\\ \boldsymbol{X}_{21} & \boldsymbol{X}_{22}\end{pmatrix}$，其中 $\boldsymbol{X}^{-1}$ 与 $\boldsymbol{X}$ 的分块方式相同，则由 $\boldsymbol{XX}^{-1}=\boldsymbol{E}$，得

$$\begin{pmatrix}\boldsymbol{A} & \boldsymbol{O}\\ \boldsymbol{B} & \boldsymbol{C}\end{pmatrix}\begin{pmatrix}\boldsymbol{X}_{11} & \boldsymbol{X}_{12}\\ \boldsymbol{X}_{21} & \boldsymbol{X}_{22}\end{pmatrix}=\begin{pmatrix}\boldsymbol{E}_m & \boldsymbol{O}\\ \boldsymbol{O} & \boldsymbol{E}_m\end{pmatrix},$$

按乘法规则和矩阵相等的定义，得

$$\begin{cases}\boldsymbol{AX}_{11}=\boldsymbol{E}_m,\\ \boldsymbol{AX}_{12}=\boldsymbol{O},\\ \boldsymbol{BX}_{11}+\boldsymbol{CX}_{21}=\boldsymbol{O},\\ \boldsymbol{BX}_{12}+\boldsymbol{CX}_{22}=\boldsymbol{E}_m,\end{cases}$$

解得 $\boldsymbol{X}_{11}=\boldsymbol{A}^{-1}$，$\boldsymbol{X}_{12}=\boldsymbol{O}$，$\boldsymbol{X}_{21}=-\boldsymbol{C}^{-1}\boldsymbol{BA}^{-1}$，$\boldsymbol{X}_{22}=\boldsymbol{C}^{-1}$，

故 $$X^{-1}=\begin{pmatrix}A^{-1} & O\\ -C^{-1}BA^{-1} & C^{-1}\end{pmatrix}.$$

应用实例 某公司未来技术更新，计划对职工实行分批脱产轮训．现在职工中不脱产职工 8000 人，脱产轮训职工 2000 人．若每年从不脱产职工中抽调 30％的人脱产轮训，同时又有 60％脱产轮训职工结业回到生产岗位．若职工总数保持不变，一年后不脱产职工及脱产职工各有多少？两年后又怎样？

解 令 $$A=\begin{pmatrix}0.70 & 0.60\\ 0.30 & 0.40\end{pmatrix},\ X=\begin{pmatrix}8000\\ 2000\end{pmatrix},$$

则一年后不脱产职工及脱产轮训职工人数可用 AX 表示：

$$AX=\begin{pmatrix}0.70 & 0.60\\ 0.30 & 0.40\end{pmatrix}\begin{pmatrix}8000\\ 2000\end{pmatrix}=\begin{pmatrix}6800\\ 3200\end{pmatrix}.$$

两年后不脱产职工及脱产轮训工人数可用 A^2X 表示：

$$A^2X=A(AX)=\begin{pmatrix}0.70 & 0.60\\ 0.30 & 0.40\end{pmatrix}\begin{pmatrix}6800\\ 3200\end{pmatrix}=\begin{pmatrix}6680\\ 3320\end{pmatrix},$$

故两年后脱产职工人数约占不脱产职工人数的一半．

第五节　矩阵的初等变换

一、矩阵的初等变换

矩阵的初等变换是矩阵的一种十分重要的运算，它在解线性方程组、求逆矩阵以及矩阵的有关理论研究中都起到了很重要的作用．下面，我们由消元法解线性方程组，来引入矩阵的初等变换．

引例 求解线性方程组

$$\begin{cases}3x_1+3x_2+x_3+7x_4=-1, & ①\\ x_1+2x_2+x_3+3x_4=2, & ②\\ 4x_1-2x_3+8x_4=-14, & ③\\ 3x_1+2x_2+7x_4=-5. & ④\end{cases}\qquad(7)$$

解 $$(7)\xrightarrow[③\div 2]{①\leftrightarrow②}\begin{cases}x_1+2x_2+x_3+3x_4=2, & ①\\ 3x_1+3x_2+x_3+7x_4=-1, & ②\\ 2x_1-x_3+4x_4=-7, & ③\\ 3x_1+2x_2+7x_4=-5, & ④\end{cases}\qquad(B_1)$$

$$\xrightarrow[\text{③}-2\times\text{①}]{\substack{\text{④}-\text{②}\\ \text{②}-3\times\text{①}}}\begin{cases} x_1+2x_2+x_3+3x_4=2, & \text{①}\\ \quad -3x_2-2x_3-2x_4=-7, & \text{②}\\ \quad -4x_2-3x_3-2x_4=-11, & \text{③}\\ \quad -x_2-x_3=-4, & \text{④}\end{cases}\qquad (B_2)$$

$$\xrightarrow[\substack{\text{③}+4\times\text{②}\\ \text{④}+3\times\text{②}}]{\substack{\text{④}\times(-1)\\ \text{②}\leftrightarrow\text{④}}}\begin{cases} x_1+2x_2+x_3+3x_4=2, & \text{①}\\ \quad x_2+x_3=4, & \text{②}\\ \quad x_3-2x_4=5, & \text{③}\\ \quad x_3-2x_4=5, & \text{④}\end{cases}\qquad (B_3)$$

$$\xrightarrow{\text{④}-\text{③}}\begin{cases} x_1+2x_2+x_3+3x_4=2, & \text{①}\\ \quad x_2+x_3=4, & \text{②}\\ \quad x_3-2x_4=5, & \text{③}\\ \quad 0=0. & \text{④}\end{cases}\qquad (B_4)$$

方程组(7)→(B_4)是消元过程：(7)→(B_1)是为消 x_1 作准备；(B_1)→(B_2)保留了①中的 x_1，消去了②，③，④中的 x_1；(B_2)→(B_3)保留了②中的 x_2 并把它的系数变为 1，然后消去了③，④中的 x_2；(B_3)→(B_4)是消去④中的 x_3，但同时把 x_4 和常数项也消去了，得到了恒等式 0=0.

然后根据(B_4)，利用回代的方法求解 .(B_4)是 4 个未知数 3 个有效方程的方程组，应有一个自由未知数，由于方程组(B_4)每个方程中系数不为零的第一个未知数的下标是严格增大的，即呈阶梯形，可把每个阶梯的第一个未知数(x_1，x_2，x_3)选为非自由未知数，剩下的 x_4 选为自由未知数 . 这样，把后面的方程依次代入前面的方程，便能求出解：由③得 $x_3=2x_4+5$；将$x_3=2x_4+5$ 代入②，得 $x_2=-2x_4-1$；以 $x_3=2x_4+5$，$x_2=-2x_4-1$ 代入①，得 $x_1=-x_4-1$. 于是解得

$$\begin{cases} x_1=-x_4-1,\\ x_2=-2x_4-1,\\ x_3=2x_4+5,\end{cases}$$

其中 x_4 可以任意取值 . 令 $x_4=c$，方程组的解可记作

$$\boldsymbol{x}=\begin{pmatrix}x_1\\x_2\\x_3\\x_4\end{pmatrix}=\begin{pmatrix}-c-1\\-2c-1\\2c+5\\c\end{pmatrix}，\text{即}\boldsymbol{x}=c\begin{pmatrix}-1\\-2\\2\\1\end{pmatrix}+\begin{pmatrix}-1\\-1\\5\\0\end{pmatrix}，\qquad (8)$$

其中 c 为任意常数 .

在上述消元过程中，对方程组用到了三种变换，即(1) 交换两个方程的次

序；(2) 以不等于 0 的数乘某个方程；(3) 一个方程加上另一个方程的 k 倍．这三种变换称为方程组的初等变换．由于三种变换均为可逆变换，因此变换前的方程组与变换后的方程组是同解的，所以最后求得的解(8)就是方程组(7)的全部解．

在上述消元的过程中，实际上方程组的初等变换只是改变了未知数的系数和常数项，而未知数并未参与运算．这就促使人们去寻找一种消元过程的简便表示方法，使之既能反映消元的过程，同时又不含与变换无本质关系的成分．

对于线性方程组(7)可由矩阵

$$\boldsymbol{B}=\begin{pmatrix}3 & 3 & 1 & 7 & -1\\ 1 & 2 & 1 & 3 & 2\\ 4 & 0 & -2 & 8 & -14\\ 3 & 2 & 0 & 7 & -5\end{pmatrix}$$

惟一确定，只要约定 $\boldsymbol{B}$ 的每一行对应一个方程，最后一列表示常数项，其余列表示相应未知数的系数，则 $\boldsymbol{B}$ 完全可表示方程组(7)．

那么上述对方程组(7)的变换完全可以转换为对矩阵 $\boldsymbol{B}$ 的变换，称 $\boldsymbol{B}$ 为方程组(7)的增广矩阵．把方程组的上述三种同解变换用到矩阵上，就得到矩阵的三种初等变换．

定义 10 以下三种变换称为矩阵的**初等行(列)变换**：

(1) 对调两行(列)(对调 i，j 两行(列)，记作 $r_i \leftrightarrow r_j$ ($c_i \leftrightarrow c_j$))；

(2) 以数 $k\neq 0$ 乘某一行(列)中的所有元素(第 i 行(列)乘 k，记作 $r_i\times k$ ($c_i\times k$))；

(3) 把某一行(列)所有元素的 k 倍加到另一行(列)对应的元素上(第 j 行(列)的 k 倍加到第 i 行(列)上，记作 r_i+kr_j (c_i+kc_j))．

矩阵的初等行变换与初等列变换，统称为矩阵的**初等变换**．

矩阵的三种初等变换都是可逆的，且每一种初等变换的逆变换都是同一类型的初等变换．如：变换 $r_i\leftrightarrow r_j$ 的逆变换就是其本身；变换 $r_i\times k$ 的逆变换为 $r_i\times\left(\frac{1}{k}\right)$(或记作 $r_i\div k$)；变换 r_i+kr_j 的逆变换为 $r_i+(-k)r_j$(或记作 r_i-kr_j)．

如果矩阵 $\boldsymbol{A}$ 经过有限次初等行变换变为 $\boldsymbol{B}$，就称**矩阵 $\boldsymbol{A}$ 与 $\boldsymbol{B}$ 行等价**，记作 $\boldsymbol{A}\overset{r}{\sim}\boldsymbol{B}$；如果矩阵 $\boldsymbol{A}$ 经过有限次初等列变换变为 $\boldsymbol{B}$，就称**矩阵 $\boldsymbol{A}$ 与 $\boldsymbol{B}$ 列等价**，记作 $\boldsymbol{A}\overset{c}{\sim}\boldsymbol{B}$；如果矩阵 $\boldsymbol{A}$ 经过有限次初等变换变为 $\boldsymbol{B}$，就称**矩阵 $\boldsymbol{A}$ 与 $\boldsymbol{B}$ 等价**，记作 $\boldsymbol{A}\sim\boldsymbol{B}$．

矩阵间的等价关系具有下列性质：

(1) **反身性** $\boldsymbol{A}\sim\boldsymbol{A}$；

(2) **对称性** 若$\boldsymbol{A}\sim\boldsymbol{B}$，则$\boldsymbol{B}\sim\boldsymbol{A}$；

(3) **传递性** 若$\boldsymbol{A}\sim\boldsymbol{B}$，$\boldsymbol{B}\sim\boldsymbol{C}$，则$\boldsymbol{A}\sim\boldsymbol{C}$.

有了矩阵的初等变换，上述利用方程组的三种变换把方程组(7)变换为与其同解的阶梯形方程组的过程，完全可以由对方程组(7)的增广矩阵 $\boldsymbol{B}$ 施行矩阵的初等行变换来实现，其过程如下：

$$\boldsymbol{B}=\begin{pmatrix}3&3&1&7&-1\\1&2&1&3&2\\4&0&-2&8&-14\\3&2&0&7&-5\end{pmatrix}\underset{r_3\div 2}{\overset{r_1\leftrightarrow r_2}{\sim}}\begin{pmatrix}1&2&1&3&2\\3&3&1&7&-1\\2&0&-1&4&-7\\3&2&0&7&-5\end{pmatrix}=\boldsymbol{B}_1$$

$$\underset{r_3-2r_1}{\overset{\substack{r_4-r_2\\r_2-3r_1}}{\sim}}\begin{pmatrix}1&2&1&3&2\\0&-3&-2&-2&-7\\0&-4&-3&-2&-11\\0&-1&-1&0&-4\end{pmatrix}=\boldsymbol{B}_2$$

$$\underset{\substack{r_3+4r_2\\r_4+3r_2}}{\overset{\substack{r_4\times(-1)\\r_2\leftrightarrow r_4}}{\sim}}\begin{pmatrix}1&2&1&3&2\\0&1&1&0&4\\0&0&1&-2&5\\0&0&1&-2&5\end{pmatrix}=\boldsymbol{B}_3$$

$$\overset{r_4-r_3}{\sim}\begin{pmatrix}1&2&1&3&2\\0&1&1&0&4\\0&0&1&-2&5\\0&0&0&0&0\end{pmatrix}=\boldsymbol{B}_4.$$

以 $\boldsymbol{B}_4$ 为增广矩阵的方程组是阶梯形方程组，而阶梯形方程组的增广矩阵也有阶梯特征：

(1) 零行(元素全为零的行)在所有非零行(含有非零元素的行)的下面；

(2) 随着行标的增大，每个非零行的首非零元(行中列标最小的非零元素)的列标严格增大.

满足上述两个条件的矩阵称为**行阶梯形矩阵**，$\boldsymbol{B}_4$ 为行阶梯形矩阵. 行阶梯形矩阵的直观特点为：可画出一条阶梯线，线的下方元素全为 0；每个台阶只有一行，台阶数即是非零行的行数，阶梯线的竖线(每段竖线的长度为一行)后面的第一个元素为非零元，也就是非零行的第一个非零元.

由方程组(B_4)得到解(8)的回代过程，也可用矩阵的初等行变换来实现，即

$$B_4 \underset{r_2-r_3}{\overset{r_1-r_3}{\sim}} \begin{pmatrix} 1 & 2 & 0 & 5 & -3 \\ 0 & 1 & 0 & 2 & -1 \\ 0 & 0 & 1 & -2 & 5 \\ 0 & 0 & 0 & 0 & 0 \end{pmatrix} \overset{r_1-2r_2}{\sim} \begin{pmatrix} 1 & 0 & 0 & 1 & -1 \\ 0 & 1 & 0 & 2 & -1 \\ 0 & 0 & 1 & -2 & 5 \\ 0 & 0 & 0 & 0 & 0 \end{pmatrix} = B_5.$$

B_5 对应的方程组为

$$\begin{cases} x_1 + x_4 = -1, \\ x_2 + 2x_4 = -1, \\ x_3 - 2x_4 = 5, \end{cases}$$

取 x_4 为自由变量，并令 $x_4=c$，得方程组的解

$$\boldsymbol{x} = \begin{pmatrix} x_1 \\ x_2 \\ x_3 \\ x_4 \end{pmatrix} = \begin{pmatrix} -c-1 \\ -2c-1 \\ 2c+5 \\ c \end{pmatrix} = c\begin{pmatrix} -1 \\ -2 \\ 2 \\ 1 \end{pmatrix} + \begin{pmatrix} -1 \\ -1 \\ 5 \\ 0 \end{pmatrix}, \tag{9}$$

其中 c 为任意常数.

B_5 不但是行阶梯形矩阵，而且还满足：

(1) 每个非零行的第一个非零元素为 1；

(2) 每个非零行的第一个非零元素所在列的其他元素全为 0，

称 B_5 为行最简形矩阵. 若方程组的增广矩阵为行最简形矩阵，则方程组的解就可以直接求出.

由归纳法不难证明，对于任何矩阵 $A_{m\times n}$ 总可以经过有限次初等行变换，把它变为行阶梯形矩阵和行最简形矩阵. 一般情况下，一个矩阵的行阶梯形矩阵不惟一，但行最简形矩阵是惟一的.

利用初等行变换，把一个矩阵化为行阶梯形矩阵和行最简形矩阵，是矩阵的一种十分重要的运算. 同时，由引例可知，要解线性方程组只需把增广矩阵化为行最简形矩阵，便可得出方程组的解.

对于行最简形矩阵再施行初等列变换，可变成一种形状最简单的矩阵，如：

$$B_5 = \begin{pmatrix} 1 & 0 & 0 & 1 & -1 \\ 0 & 1 & 0 & 2 & -1 \\ 0 & 0 & 1 & -2 & 5 \\ 0 & 0 & 0 & 0 & 0 \end{pmatrix} \underset{c_5+c_1+c_2-5c_3}{\overset{c_4-c_1-2c_2+2c_3}{\sim}} \begin{pmatrix} 1 & 0 & 0 & 0 & 0 \\ 0 & 1 & 0 & 0 & 0 \\ 0 & 0 & 1 & 0 & 0 \\ 0 & 0 & 0 & 0 & 0 \end{pmatrix} = F,$$

称矩阵 F 为矩阵 B 的**标准形矩阵**，其特点是：F 的左上角是一个单位矩阵，其余元素全为零.

任意一个 $m\times n$ 矩阵 $\boldsymbol{A}$，总可以经过有限次的初等变换(行变换和列变换)把它化为标准形矩阵

$$\boldsymbol{F}=\begin{pmatrix}\boldsymbol{E}_r & \boldsymbol{O}\\ \boldsymbol{O} & \boldsymbol{O}\end{pmatrix}_{m\times n},$$

此标准形矩阵由 m，n，r 三个数完全确定，其中 r 就是行阶梯形矩阵中非零行的行数．

例 22 设
$$\boldsymbol{A}=\begin{pmatrix}4 & 2 & 3\\ 3 & 1 & 2\\ 2 & 1 & 1\end{pmatrix},$$

把$(\boldsymbol{A}\mid\boldsymbol{E})$化成行最简形．

解 对$(\boldsymbol{A}\mid\boldsymbol{E})$作初等行变换有

$$(\boldsymbol{A}\mid\boldsymbol{E})=\left(\begin{array}{ccc:ccc}4 & 2 & 3 & 1 & 0 & 0\\ 3 & 1 & 2 & 0 & 1 & 0\\ 2 & 1 & 1 & 0 & 0 & 1\end{array}\right)\overset{r_1-r_2}{\sim}\left(\begin{array}{ccc:ccc}1 & 1 & 1 & 1 & -1 & 0\\ 3 & 1 & 2 & 0 & 1 & 0\\ 2 & 1 & 1 & 0 & 0 & 1\end{array}\right)$$

$$\underset{r_3-2r_1}{\overset{r_2-3r_1}{\sim}}\left(\begin{array}{ccc:ccc}1 & 1 & 1 & 1 & -1 & 0\\ 0 & -2 & -1 & -3 & 4 & 0\\ 0 & -1 & -1 & -2 & 2 & 1\end{array}\right)\overset{r_2\leftrightarrow r_3}{\sim}\left(\begin{array}{ccc:ccc}1 & 1 & 1 & 1 & -1 & 0\\ 0 & -1 & -1 & -2 & 2 & 1\\ 0 & -2 & -1 & -3 & 4 & 0\end{array}\right)$$

$$\underset{r_1+r_2}{\overset{r_3-2r_2}{\sim}}\left(\begin{array}{ccc:ccc}1 & 0 & 0 & -1 & 1 & 1\\ 0 & -1 & -1 & -2 & 2 & 1\\ 0 & 0 & 1 & 1 & 0 & -2\end{array}\right)\underset{r_2\times(-1)}{\overset{r_2+r_3}{\sim}}\left(\begin{array}{ccc:ccc}1 & 0 & 0 & -1 & 1 & 1\\ 0 & 1 & 0 & 1 & -2 & 1\\ 0 & 0 & 1 & 1 & 0 & -2\end{array}\right).$$

上式最后一个矩阵即为矩阵$(\boldsymbol{A}\mid\boldsymbol{E})$的行最简形．

在上例中，若把$(\boldsymbol{A}\mid\boldsymbol{E})$的行最简形记作$(\boldsymbol{E}\mid\boldsymbol{X})$，则 $\boldsymbol{A}$ 的行最简形为 $\boldsymbol{E}$，即 $\boldsymbol{A}\overset{r}{\sim}\boldsymbol{E}$；并可以验证 $\boldsymbol{AX}=\boldsymbol{E}$，即 $\boldsymbol{X}=\boldsymbol{A}^{-1}$，也就是说：若利用矩阵的初等行变换把矩阵$(\boldsymbol{A}\mid\boldsymbol{E})$化为$(\boldsymbol{E}\mid\boldsymbol{X})$，则可以得到 $\boldsymbol{X}=\boldsymbol{A}^{-1}$．这样给出了求矩阵 $\boldsymbol{A}$ 的逆矩阵的一种新的方法，这种方法具有一般性，我们将在下一节加以验证．

二、初等矩阵

矩阵的初等变换是研究矩阵的一种最基本的手段，它有着广泛的应用．根据矩阵乘法运算的定义，我们可以把矩阵的初等变换表示为矩阵的乘法运算，这样可以更好地应用初等变换．为此，我们需要先介绍有关初等矩阵的知识．

定义 11 由单位阵 $\boldsymbol{E}$ 经过一次初等变换而得到的矩阵，称为**初等矩阵**．

三种初等变换对应着三种初等矩阵．

1. 对调两行或对调两列

把单位阵 $\boldsymbol{E}$ 中第 i、j 两行(或第 i、j 两列)对调，得初等矩阵

$$\boldsymbol{E}(i,\ j)=\begin{pmatrix}1&&&&&&&&\\&\ddots&&&&&&&\\&&1&&&&&&\\&&&0&\cdots&1&&&\\&&&&1&&&&\\&&&\vdots&\ddots&\vdots&&&\\&&&&&1&&&\\&&&1&\cdots&0&&&\\&&&&&&1&&\\&&&&&&&\ddots&\\&&&&&&&&1\end{pmatrix}\begin{matrix}\\\\\\\text{第 } i \text{ 行}\\\\\\\\\text{第 } j \text{ 行}\\\\\\\\\end{matrix}.$$

用 m 阶初等矩阵 $\boldsymbol{E}_m(i,\ j)$左乘矩阵 $\boldsymbol{A}=(a_{ij})_{m\times n}$，得

$$\boldsymbol{E}_m(i,\ j)\boldsymbol{A}=\begin{pmatrix}a_{11}&a_{12}&\cdots&a_{1n}\\\vdots&\vdots&&\vdots\\a_{j1}&a_{j2}&\cdots&a_{jn}\\\vdots&\vdots&&\vdots\\a_{i1}&a_{i2}&\cdots&a_{in}\\\vdots&\vdots&&\vdots\\a_{m1}&a_{m2}&\cdots&a_{mn}\end{pmatrix}\begin{matrix}\\\\\text{第 } i \text{ 行}\\\\\text{第 } j \text{ 行}\\\\\\\end{matrix},$$

其结果相当于对矩阵 $\boldsymbol{A}$ 施行第一种初等行变换：把 $\boldsymbol{A}$ 的第 i 行与第 j 行对调($r_i\leftrightarrow r_j$)．类似地，以 n 阶初等矩阵 $\boldsymbol{E}_n(i,\ j)$右乘矩阵 $\boldsymbol{A}$，其结果相当于对矩阵 $\boldsymbol{A}$ 施行第一种初等列变换：把 $\boldsymbol{A}$ 的第 i 列与第 j 列对调($c_i\leftrightarrow c_j$)．

2. 以数 $k\neq 0$ 乘某行或某列

以数 $k\neq 0$ 乘单位阵 $\boldsymbol{E}$ 的第 i 行(或第 i 列)，得初等矩阵

$$\boldsymbol{E}(i(k))=\begin{pmatrix}1&&&&&\\&\ddots&&&&\\&&1&&&\\&&&k&&\\&&&&1&\\&&&&&\ddots&\\&&&&&&1\end{pmatrix}\text{第 } i \text{ 行}.$$

可验证：以 $\boldsymbol{E}_m(i(k))$ 左乘矩阵 $\boldsymbol{A}$，其结果相当于以数 k 乘 $\boldsymbol{A}$ 的第 i 行 $(r_i\times k)$；以 $\boldsymbol{E}_n(i(k))$ 右乘矩阵 $\boldsymbol{A}$，其结果相当于以数 k 乘 $\boldsymbol{A}$ 的第 i 列 $(c_i\times k)$.

3. 以数 k 乘某行(列)加到另一行(列)上去

以数 k 乘 $\boldsymbol{E}$ 的第 j 行加到第 i 行上 (r_i+kr_j)，或以 k 乘 $\boldsymbol{E}$ 的第 i 列加到第 j 列上 (c_j+kc_i)，得初等矩阵

$$\boldsymbol{E}(j(k),\ i)=\begin{pmatrix}1 &&&&&& \\ &\ddots&&&&& \\ &&1&\cdots&k&& \\ &&&\ddots&\vdots&& \\ &&&&1&& \\ &&&&&\ddots& \\ &&&&&&1\end{pmatrix}\begin{matrix} \\ \\ 第\ i\ 行 \\ \\ 第\ j\ 行 \\ \\ \\ \end{matrix}.$$

可验证：以 $\boldsymbol{E}_m(j(k),\ i)$ 左乘矩阵 $\boldsymbol{A}$，其结果相当于把 $\boldsymbol{A}$ 的第 j 行乘 k 加到第 i 行上 (r_i+kr_j)；以 $\boldsymbol{E}_n(j(k),\ i)$ 右乘矩阵 $\boldsymbol{A}$，其结果相当于把 $\boldsymbol{A}$ 的第 i 列乘 k 加到第 j 列上 (c_j+kc_i).

由以上讨论，可得：

性质 1 设 $\boldsymbol{A}$ 是一个 $m\times n$ 矩阵，对 $\boldsymbol{A}$ 施行一次初等行变换，相当于在 $\boldsymbol{A}$ 的左边乘以相应的 m 阶初等矩阵；对 $\boldsymbol{A}$ 施行一次初等列变换，相当于在 $\boldsymbol{A}$ 的右边乘以相应的 n 阶初等矩阵.

由初等矩阵的定义容易验证，初等矩阵都是可逆的，且其逆矩阵是同一类型的初等矩阵，即

$$\boldsymbol{E}(i,\ j)^{-1}=\boldsymbol{E}(i,\ j)；\ \boldsymbol{E}(i(k))^{-1}=\boldsymbol{E}\left(i\left(\frac{1}{k}\right)\right)；\ \boldsymbol{E}(j(k),\ i)^{-1}=\boldsymbol{E}(j(-k),\ i).$$

性质 2 方阵 $\boldsymbol{A}$ 可逆的充分必要条件是存在有限个初等方阵 $\boldsymbol{P}_1$，$\boldsymbol{P}_2$，…，$\boldsymbol{P}_l$，使得 $\boldsymbol{A}=\boldsymbol{P}_1\boldsymbol{P}_2\cdots\boldsymbol{P}_l$.

证　充分性

设 $\boldsymbol{A}=\boldsymbol{P}_1\boldsymbol{P}_2\cdots\boldsymbol{P}_l$，因为初等矩阵可逆，有限个可逆矩阵的乘积仍可逆，则 $\boldsymbol{A}$ 可逆.

必要性

设 n 阶方阵 $\boldsymbol{A}$ 可逆，且 $\boldsymbol{A}$ 的标准形为 $\boldsymbol{F}$，由于 $\boldsymbol{F}\sim\boldsymbol{A}$，则 $\boldsymbol{F}$ 经过有限次初等变换可化为 $\boldsymbol{A}$，即存在初等矩阵 $\boldsymbol{P}_1$，$\boldsymbol{P}_2$，…，$\boldsymbol{P}_l$，使

$$\boldsymbol{P}_1\boldsymbol{P}_2\cdots\boldsymbol{P}_s\boldsymbol{F}\boldsymbol{P}_{s+1}\cdots\boldsymbol{P}_l=\boldsymbol{A}.$$

由于 $\boldsymbol{A}$ 可逆，$\boldsymbol{P}_1$，$\boldsymbol{P}_2$，…，$\boldsymbol{P}_l$ 也都可逆，故 $\boldsymbol{F}$ 可逆．否则，若

$$\boldsymbol{F}=\begin{pmatrix}\boldsymbol{E}_r & \boldsymbol{O}\\ \boldsymbol{O} & \boldsymbol{O}\end{pmatrix}$$

中的 $r<n$，则 $|F|=0$，这样与 F 可逆矛盾，因此必有 $r=n$，即 $F=E$，从而

$$A=P_1P_2\cdots P_l.$$

定理 3 设 A 为 $m\times n$ 矩阵，则

(1) $A\overset{r}{\sim}B$ 的充分必要条件是存在 m 阶可逆矩阵 P，使 $PA=B$；

(2) $A\overset{c}{\sim}B$ 的充分必要条件是存在 n 阶可逆矩阵 Q，使 $AQ=B$；

(3) $A\sim B$ 的充分必要条件是存在 m 阶可逆矩阵 P 和 n 阶可逆矩阵 Q，使 $PAQ=B$.

证 (1) 由于 $A\overset{r}{\sim}B$ 当且仅当 A 经过有限次的初等行变换变成 B；

当且仅当存在有限个 m 阶初等矩阵 P_1，P_2，…，P_l，使 $P_1P_2\cdots P_lA=B$；

当且仅当存在 m 阶可逆矩阵 $P=P_1P_2\cdots P_l$，使 $PA=B$.

类似可以证明(2)和(3).

定理 3 建立了矩阵的初等变换与矩阵乘积的联系，从而可以把矩阵的初等变换与矩阵的乘积运算相互转换.

推论 方阵 A 可逆的充分必要条件是 $A\overset{r}{\sim}E$.

由性质 2，可以得到利用矩阵的初等行变换求可逆矩阵的逆矩阵的初等行变换方法.

设 n 阶方阵 A 可逆，则由 $A=P_1P_2\cdots P_l$ 可知

$$P_l^{-1}P_{l-1}^{-1}\cdots P_1^{-1}A=E,\tag{10}$$

$$P_l^{-1}P_{l-1}^{-1}\cdots P_1^{-1}E=A^{-1}.\tag{11}$$

(10)式表明 A 经一系列初等行变换可变成 E，(11)式表明 E 经这同一系列初等行变换即可变成 A^{-1}. 用分块矩阵的形式，(10)、(11)两式合并为

$$P_l^{-1}P_{l-1}^{-1}\cdots P_1^{-1}(A\mid E)=(E\mid A^{-1}),$$

即对 $n\times 2n$ 矩阵 $(A\mid E)$ 施行初等行变换，当把 A 变成 E 时，原来的 E 就变成了 A^{-1}.

例 23 设 $A=\begin{pmatrix}1&2&3\\2&2&1\\3&4&3\end{pmatrix}$，求 A^{-1}.

解 构造 3×6 矩阵 $(A\mid E)$，并作初等行变换.

$$(A\mid E)=\left(\begin{array}{ccc:ccc}1&2&3&1&0&0\\2&2&1&0&1&0\\3&4&3&0&0&1\end{array}\right)\overset{r_2-2r_1}{\underset{r_3-3r_1}{\sim}}\left(\begin{array}{ccc:ccc}1&2&3&1&0&0\\0&-2&-5&-2&1&0\\0&-2&-6&-3&0&1\end{array}\right)$$

$$\overset{r_3-r_2}{\sim}\left(\begin{array}{ccc:ccc}1&2&3&1&0&0\\0&-2&-5&-2&1&0\\0&0&-1&-1&-1&1\end{array}\right)\overset{r_1+r_2}{\sim}\left(\begin{array}{ccc:ccc}1&0&-2&-1&1&0\\0&-2&-5&-2&1&0\\0&0&-1&-1&-1&1\end{array}\right)$$

$$\underset{r_2-5r_3}{\overset{r_1-2r_3}{\sim}}\left(\begin{array}{ccc:ccc}1&0&0&1&3&-2\\0&-2&0&3&6&-5\\0&0&-1&-1&-1&1\end{array}\right)\underset{r_3\div(-1)}{\overset{r_2\div(-2)}{\sim}}\left(\begin{array}{ccc:ccc}1&0&0&1&3&-2\\0&1&0&-\frac{3}{2}&-3&\frac{5}{2}\\0&0&1&1&1&-1\end{array}\right),$$

所以
$$A^{-1}=\begin{pmatrix}1&3&-2\\-\frac{3}{2}&-3&\frac{5}{2}\\1&1&-1\end{pmatrix}.$$

类似地，可以用初等行变换的方法求解矩阵方程，如

$$AX=B,$$

其中 A 为 n 阶方阵，且 A 可逆，B 为 $n\times m$ 矩阵．可构造 $n\times(n+m)$ 的矩阵 $(A\mid B)$，对 $(A\mid B)$ 作初等行变换，当 $(A\mid B)$ 中的 A 变为单位矩阵，则矩阵 B 在同样的初等行变换下就变为 $A^{-1}B$，即

$$(A\mid B)\overset{r}{\sim}(E\mid A^{-1}B),$$

则 $X=A^{-1}B$.

例 24 求解矩阵方程 $AX=B$，其中，

$$A=\begin{pmatrix}1&2&1\\2&1&2\\3&2&1\end{pmatrix},\quad B=\begin{pmatrix}1&2\\2&3\\1&4\end{pmatrix}.$$

解 利用矩阵的初等行变换，把 $(A\mid B)$ 化成行最简形有

$$(A\mid B)=\left(\begin{array}{ccc:cc}1&2&1&1&2\\2&1&2&2&3\\3&2&1&1&4\end{array}\right)\underset{r_3-3r_1}{\overset{r_2-2r_1}{\sim}}\left(\begin{array}{ccc:cc}1&2&1&1&2\\0&-3&0&0&-1\\0&-4&-2&-2&-2\end{array}\right)$$

$$\underset{r_3+4r_2}{\overset{r_2\div(-3)}{\sim}}\left(\begin{array}{ccc:cc}1&2&1&1&2\\0&1&0&0&\frac{1}{3}\\0&0&-2&-2&-\frac{2}{3}\end{array}\right)\underset{r_1-2r_2-r_3}{\overset{r_3\div(-2)}{\sim}}\left(\begin{array}{ccc:cc}1&0&0&0&1\\0&1&0&0&\frac{1}{3}\\0&0&1&1&\frac{1}{3}\end{array}\right).$$

由于 $A\overset{r}{\sim}E$，则 A 可逆，故

$$X=A^{-1}B=\begin{pmatrix}0&1\\0&\frac{1}{3}\\1&\frac{1}{3}\end{pmatrix}.$$

读者可以考虑，若 n 阶方阵 $\boldsymbol{A}$ 可逆，矩阵方程 $\boldsymbol{YA}=\boldsymbol{C}$ 的求解问题．

我们可以对矩阵 $\begin{pmatrix}\boldsymbol{A}\\ \hdashline \boldsymbol{C}\end{pmatrix}$ 作初等列变换，使 $\begin{pmatrix}\boldsymbol{A}\\ \hdashline \boldsymbol{C}\end{pmatrix}\overset{c}{\sim}\begin{pmatrix}\boldsymbol{E}\\ \hdashline \boldsymbol{CA}^{-1}\end{pmatrix}$，即可得 $\boldsymbol{Y}=\boldsymbol{CA}^{-1}$．一般习惯作初等行变换，由 $\boldsymbol{YA}=\boldsymbol{C}$ 得，$\boldsymbol{A}^{\mathrm{T}}\boldsymbol{Y}^{\mathrm{T}}=\boldsymbol{C}^{\mathrm{T}}$．对 $(\boldsymbol{A}^{\mathrm{T}} \mid \boldsymbol{C}^{\mathrm{T}})$ 作初等行变换，使

$$(\boldsymbol{A}^{\mathrm{T}} \mid \boldsymbol{C}^{\mathrm{T}})\overset{r}{\sim}(\boldsymbol{E} \mid (\boldsymbol{A}^{\mathrm{T}})^{-1}\boldsymbol{C}^{\mathrm{T}}),$$

即可得 $\boldsymbol{Y}^{\mathrm{T}}=(\boldsymbol{A}^{\mathrm{T}})^{-1}\boldsymbol{C}^{\mathrm{T}}$，从而得到 $\boldsymbol{Y}$.

第六节　矩阵的秩

在上一节中，我们知道，给定一个 $m\times n$ 矩阵 $\boldsymbol{A}$，它的标准形

$$\boldsymbol{F}=\begin{pmatrix}\boldsymbol{E}_r & \boldsymbol{O}\\ \boldsymbol{O} & \boldsymbol{O}\end{pmatrix}$$

由 $\boldsymbol{F}$ 中左上角的单位矩阵 $\boldsymbol{E}_r$ 的阶数 r 完全确定．这个数也就是 $\boldsymbol{A}$ 的行阶梯形和行最简形中非零行的行数，这就反映了矩阵的一个属性，即矩阵的秩．为了建立矩阵秩的概念，我们先给出矩阵子式的定义．

定义 12　在 $m\times n$ 矩阵 $\boldsymbol{A}$ 中，任取 k 行 k 列（$k\leqslant m$，$k\leqslant n$），由这些位于行列交叉处的 k^2 个元素，不改变它们在 $\boldsymbol{A}$ 中所处的位置次序而得到的 k 阶行列式，称为矩阵 $\boldsymbol{A}$ 的 k **阶子式**．

$m\times n$ 矩阵 $\boldsymbol{A}$ 的 k 阶子式共有 $C_m^k\cdot C_n^k$ 个．

定义 13　设在矩阵 $\boldsymbol{A}$ 中有一个不等于零的 r 阶子式 D，且所有 $r+1$ 阶子式（如果存在的话）全等于零，则称 D 为矩阵 $\boldsymbol{A}$ 的**最高阶非零子式**，数 r 称为**矩阵 $\boldsymbol{A}$ 的秩**，记作 $R(\boldsymbol{A})$.

也就是说，矩阵 $\boldsymbol{A}$ 的秩等于 $\boldsymbol{A}$ 中最高阶非零子式的阶数．

规定零矩阵的秩为 0.

由矩阵秩的定义，可以得出矩阵的秩有下述简单的性质：

性质 3　(1) 一个矩阵的秩是惟一的；

(2) 设 $\boldsymbol{A}$ 为 $m\times n$ 矩阵，则 $0\leqslant R(\boldsymbol{A})\leqslant\min\{m, n\}$；

(3) 若在矩阵 $\boldsymbol{A}$ 中有一个 r 阶子式不为零，则 $R(\boldsymbol{A})\geqslant r$，若矩阵中所有 r 阶子式全为零，则 $R(\boldsymbol{A})<r$；

(4) $R(\boldsymbol{A}^{\mathrm{T}})=R(\boldsymbol{A})$.

如果 $R(\boldsymbol{A})=m$（或 $R(\boldsymbol{A})=n$），则称 $\boldsymbol{A}$ 为行（列）满秩矩阵．

对于 n 阶方阵 $\boldsymbol{A}$，当 $|\boldsymbol{A}|\neq 0$ 时，则 $R(\boldsymbol{A})=n$；当 $|\boldsymbol{A}|=0$ 时，则 $R(\boldsymbol{A})<n$.

因此，可逆矩阵又称满秩矩阵，不可逆矩阵又称降秩矩阵．

例 25 求矩阵 $\boldsymbol{A}$ 和 $\boldsymbol{B}$ 的秩，其中，

$$\boldsymbol{A}=\begin{pmatrix}1&2&3\\2&4&6\\4&7&1\end{pmatrix},\ \boldsymbol{B}=\begin{pmatrix}1&-1&0&3&-2\\0&1&1&-3&5\\0&0&0&1&0\\0&0&0&0&0\end{pmatrix}.$$

解 容易看出，$\boldsymbol{A}$ 的二阶子式 $\begin{vmatrix}2&4\\4&7\end{vmatrix}\neq 0$，$\boldsymbol{A}$ 的三阶子式只有一个，即 $|\boldsymbol{A}|=0$，所以 $R(\boldsymbol{A})=2$.

$\boldsymbol{B}$ 是一个行阶梯形矩阵，其非零行有 3 行，则知 $\boldsymbol{B}$ 的所有四阶子式全为零，而 $\boldsymbol{B}$ 中以三个非零行的第一个非零元素为对角元的三阶子式

$$\begin{vmatrix}1&-1&3\\0&1&-3\\0&0&1\end{vmatrix}\neq 0,$$

因此 $R(\boldsymbol{B})=3$.

从上例可知，当矩阵的行数与列数较大时，若按定义求矩阵的秩，计算量一般很大．但对行阶梯形矩阵来说，它的秩就等于非零行的行数，可以直接求出．我们知道，任何一个矩阵都可以通过初等行变换化为行阶梯形，那么初等变换和矩阵的秩之间关系如何？我们有如下定理．

定理 4 若 $\boldsymbol{A}\sim\boldsymbol{B}$，则 $R(\boldsymbol{A})=R(\boldsymbol{B})$.

证 先证明 $\boldsymbol{A}$ 经过一次初等行变换变为 $\boldsymbol{B}$，有 $R(\boldsymbol{A})\leqslant R(\boldsymbol{B})$.

设 $R(\boldsymbol{A})=r$，且 $D_r\neq 0$ 是 $\boldsymbol{A}$ 的一个 r 阶子式．

当 $\boldsymbol{A}\overset{r_i\leftrightarrow r_j}{\sim}\boldsymbol{B}$ 和 $\boldsymbol{A}\overset{r_i\times k}{\sim}\boldsymbol{B}$ 时，在 $\boldsymbol{B}$ 中总可以找到与 D_r 对应的 r 阶子式 $\overline{D}_r$，使 $\overline{D}_r=D_r$ 或 $\overline{D}_r=-D_r$ 或 $\overline{D}_r=kD_r$，故 $\boldsymbol{B}$ 中存在 r 阶子式 $\overline{D}_r\neq 0$，则 $R(\boldsymbol{B})\geqslant r$.

当 $\boldsymbol{A}\overset{r_i+kr_j}{\sim}\boldsymbol{B}$ 时，分三种情况：

(1) D_r 中不含第 i 行；

(2) D_r 中同时含第 i 行和第 j 行；

(3) D_r 中含第 i 行，但不含第 j 行．

对于(1)、(2)两种情形，在 $\boldsymbol{B}$ 中总可以找到与 D_r 对应的 r 阶子式 $\overline{D}_r$，使 $\overline{D}_r=D_r\neq 0$，则有 $R(\boldsymbol{B})\geqslant r$.

对于情形(3)，在 $\boldsymbol{B}$ 中总可以找到与 D_r 对应的 r 阶子式 $\overline{D}_r$，使

$$\overline{D}_r=\begin{vmatrix}\cdots\\r_i+kr_j\\\cdots\end{vmatrix}=\begin{vmatrix}\cdots\\r_i\\\cdots\end{vmatrix}+k\begin{vmatrix}\cdots\\r_j\\\cdots\end{vmatrix}=D_r+k\hat{D}_r,$$

若 $\hat{D}_r \neq 0$，则 $\boldsymbol{B}$ 中存在不含第 i 行的非零 r 阶子式，于是有 $R(\boldsymbol{B}) \geqslant r$.

若 $\hat{D}_r = 0$，则 $\overline{D}_r = D_r \neq 0$，这表明 $\overline{D}_r$ 是 $\boldsymbol{B}$ 中含第 i 行非零的 r 阶子式，于是有 $R(\boldsymbol{B}) \geqslant r$.

上述证明表明，$\boldsymbol{A}$ 经过一次初等行变换变为 $\boldsymbol{B}$，有 $R(\boldsymbol{A}) \leqslant R(\boldsymbol{B})$.

又由于 $\boldsymbol{B}$ 经过一次初等行变换可变为 $\boldsymbol{A}$，有 $R(\boldsymbol{B}) \leqslant R(\boldsymbol{A})$，于是 $R(\boldsymbol{A}) = R(\boldsymbol{B})$. 所以，经一次初等行变换，矩阵的秩不变，即可知经过有限次初等行变换，矩阵的秩仍不变.

设 $\boldsymbol{A}$ 经初等列变换变为 $\boldsymbol{B}$，则 $\boldsymbol{A}^{\mathrm{T}}$ 经初等行变换变为 $\boldsymbol{B}^{\mathrm{T}}$，由上述证明知

$$R(\boldsymbol{A}^{\mathrm{T}}) = R(\boldsymbol{B}^{\mathrm{T}}),$$

又

$$R(\boldsymbol{A}) = R(\boldsymbol{A}^{\mathrm{T}}),\ R(\boldsymbol{B}) = R(\boldsymbol{B}^{\mathrm{T}}),$$

故

$$R(\boldsymbol{A}) = R(\boldsymbol{B}).$$

综上所述，$\boldsymbol{A}$ 经过有限次的初等变换变为 $\boldsymbol{B}$，即 $\boldsymbol{A} \sim \boldsymbol{B}$，则 $R(\boldsymbol{A}) = R(\boldsymbol{B})$.

推论 设 $\boldsymbol{A}$ 为 $m \times n$ 矩阵，则

$$R(\boldsymbol{PA}) = R(\boldsymbol{AQ}) = R(\boldsymbol{PAQ}) = R(\boldsymbol{A}),$$

其中 $\boldsymbol{P}$，$\boldsymbol{Q}$ 分别为 m 阶和 n 阶可逆矩阵.

我们还可以得到，对任意矩阵 $\boldsymbol{A}_{m \times n}$，若 $R(\boldsymbol{A}) = r$，都存在可逆矩阵 $\boldsymbol{P}_{m \times m}$，$\boldsymbol{Q}_{n \times n}$，使得

$$\boldsymbol{PAQ} = \begin{pmatrix} \boldsymbol{E}_r & \boldsymbol{O} \\ \boldsymbol{O} & \boldsymbol{O} \end{pmatrix},$$

其中 $\begin{pmatrix} \boldsymbol{E}_r & \boldsymbol{O} \\ \boldsymbol{O} & \boldsymbol{O} \end{pmatrix}$ 为矩阵 $\boldsymbol{A}$ 的标准形.

同时我们还可以得到，对任意矩阵 $\boldsymbol{A}_{m \times n}$，若 $R(\boldsymbol{A}) = r$，都存在可逆矩阵 $\boldsymbol{S}_{m \times m}$，$\boldsymbol{K}_{n \times n}$，使得

$$\boldsymbol{A} = \boldsymbol{S} \begin{pmatrix} \boldsymbol{E}_r & \boldsymbol{O} \\ \boldsymbol{O} & \boldsymbol{O} \end{pmatrix} \boldsymbol{K}.$$

例 26 设

$$\boldsymbol{A} = \begin{pmatrix} 0 & -1 & 1 & -1 \\ 1 & 3 & 0 & 5 \\ 1 & 1 & 2 & 3 \\ 1 & 0 & 3 & 3 \\ 1 & -3 & 6 & -1 \end{pmatrix},$$

求矩阵 $\boldsymbol{A}$ 的秩，并求 $\boldsymbol{A}$ 的一个最高阶非零子式.

解 对 $\boldsymbol{A}$ 作初等行变换，化成行阶梯形矩阵有

$$A=\begin{pmatrix}0&-1&1&-1\\1&3&0&5\\1&1&2&3\\1&0&3&3\\1&-3&6&-1\end{pmatrix}\overset{r_1\leftrightarrow r_2}{\sim}\begin{pmatrix}1&3&0&5\\0&-1&1&-1\\1&1&2&3\\1&0&3&3\\1&-3&6&-1\end{pmatrix}$$

$$\underset{r_5-r_1}{\overset{\substack{r_3-r_1\\r_4-r_1}}{\sim}}\begin{pmatrix}1&3&0&5\\0&-1&1&-1\\0&-2&2&-2\\0&-3&3&-2\\0&-6&6&-6\end{pmatrix}\underset{\substack{r_5-6r_2\\r_3\leftrightarrow r_4}}{\overset{\substack{r_3-2r_2\\r_4-3r_2}}{\sim}}\begin{pmatrix}1&3&0&5\\0&-1&1&-1\\0&0&0&1\\0&0&0&0\\0&0&0&0\end{pmatrix},$$

因为行阶梯形矩阵有 3 个非零行，所以 $R(\boldsymbol{A})=3$.

由 $R(\boldsymbol{A})=3$，知 $\boldsymbol{A}$ 的最高阶非零子式的阶数为三阶．而 $\boldsymbol{A}$ 的三阶子式共有 $C_4^3\cdot C_5^3=40$ 个，因此直接从 $\boldsymbol{A}$ 中找出一个非零三阶子式，计算量会很大．通过观察 $\boldsymbol{A}$ 的行阶梯形矩阵，可知 $\boldsymbol{A}$ 的第 1，2，4 列构成的矩阵 $\boldsymbol{B}=(\boldsymbol{a}_1,\ \boldsymbol{a}_2,\ \boldsymbol{a}_4)$ 的行阶梯形矩阵为

$$\begin{pmatrix}1&3&5\\0&-1&-1\\0&0&1\\0&0&0\\0&0&0\end{pmatrix},$$

知 $R(\boldsymbol{B})=3$，故 $\boldsymbol{B}$ 中一定有非零三阶子式．$\boldsymbol{B}$ 共有 10 个三阶子式，经计算 $\boldsymbol{B}$ 的第 2，3，4 行构成的子式

$$\begin{vmatrix}1&3&5\\1&1&3\\1&0&3\end{vmatrix}\neq0,$$

因此这个子式就是 $\boldsymbol{A}$ 的一个最高阶非零子式．

在本列中，我们是在 $\boldsymbol{B}$ 的 10 个三阶子式中找出一个非零子式，这样要比在 $\boldsymbol{A}$ 的 40 个三阶子式中找出一个非零子式容易很多，使问题得到了简化．

例 27 设 $\boldsymbol{A}=\begin{pmatrix}1&2&-1&1\\3&2&\lambda&-1\\5&6&3&\mu\end{pmatrix}$，已知 $R(\boldsymbol{A})=2$，求 λ 与 μ.

解 对 $\boldsymbol{A}$ 作初等行变换

$$\boldsymbol{A}\underset{r_3-5r_1}{\overset{r_2-3r_1}{\sim}}\begin{pmatrix}1&2&-1&1\\0&-4&\lambda+3&-4\\0&-4&8&\mu-5\end{pmatrix}\overset{r_3-r_2}{\sim}\begin{pmatrix}1&2&-1&1\\0&-4&\lambda+3&-4\\0&0&5-\lambda&\mu-1\end{pmatrix},$$

由 $R(\boldsymbol{A})=2$，得

$$\begin{cases}5-\lambda=0,\\ \mu-1=0,\end{cases} \text{即} \begin{cases}\lambda=5,\\ \mu=1.\end{cases}$$

例 28 设 $\boldsymbol{A}$ 为 $m\times n$ 矩阵，证明：$R(\boldsymbol{A})=1$ 的充分必要条件是存在非零的 $m\times 1$ 矩阵 $\boldsymbol{\alpha}$ 和 $n\times 1$ 矩阵 $\boldsymbol{\beta}$，使 $\boldsymbol{A}=\boldsymbol{\alpha}\boldsymbol{\beta}^{\mathrm{T}}$.

证 充分性

设 $\boldsymbol{A}=\boldsymbol{\alpha}\boldsymbol{\beta}^{\mathrm{T}}$，其中 $\boldsymbol{\alpha}$ 为非零的 $m\times 1$ 矩阵，$\boldsymbol{\beta}$ 为非零的 $n\times 1$ 矩阵，由于 $R(\boldsymbol{\alpha})=1$，$R(\boldsymbol{\beta})=1$，则存在 m 阶可逆矩阵 $\boldsymbol{P}$ 与 n 阶可逆矩阵 $\boldsymbol{Q}$，使得

$$\boldsymbol{P\alpha}=\begin{pmatrix}1\\0\\ \vdots\\0\end{pmatrix},\ \boldsymbol{\beta}^{\mathrm{T}}\boldsymbol{Q}=(1,\ 0,\ \cdots,\ 0),$$

于是
$$\boldsymbol{PAQ}=\boldsymbol{P\alpha\beta}^{\mathrm{T}}\boldsymbol{Q}=\begin{pmatrix}1&0&\cdots&0\\0&0&\cdots&0\\ \vdots&\vdots&&\vdots\\0&0&\cdots&0\end{pmatrix},$$

故 $R(\boldsymbol{A})=1$.

必要性

由于 $R(\boldsymbol{A})=1$，所以存在 m 阶可逆矩阵 $\boldsymbol{P}$ 与 n 阶可逆矩阵 $\boldsymbol{Q}$，使得

$$\boldsymbol{PAQ}=\begin{pmatrix}1&0&\cdots&0\\0&0&\cdots&0\\ \vdots&\vdots&&\vdots\\0&0&\cdots&0\end{pmatrix}=\begin{pmatrix}1\\0\\ \vdots\\0\end{pmatrix}(1,\ 0,\ \cdots,\ 0),$$

因此
$$\boldsymbol{A}=\boldsymbol{P}^{-1}\begin{pmatrix}1\\0\\ \vdots\\0\end{pmatrix}(1,\ 0,\ \cdots,\ 0)\boldsymbol{Q}^{-1},$$

令
$$\boldsymbol{\alpha}=\boldsymbol{P}^{-1}\begin{pmatrix}1\\0\\ \vdots\\0\end{pmatrix},\ \boldsymbol{\beta}^{\mathrm{T}}=(1,\ 0,\ \cdots,\ 0)\boldsymbol{Q}^{-1},$$

显然，$\boldsymbol{\alpha}\neq\boldsymbol{0}$，$\boldsymbol{\beta}\neq\boldsymbol{0}$，且 $\boldsymbol{A}=\boldsymbol{\alpha}\boldsymbol{\beta}^{\mathrm{T}}$.

前面我们已经提出了矩阵秩的一些最基本的性质，归纳起来有：设 $\boldsymbol{A}$、$\boldsymbol{B}$ 为 $m\times n$ 矩阵，则

(1) $0 \leqslant R(\boldsymbol{A}) \leqslant \min\{m, n\}$;

(2) $R(\boldsymbol{A})=R(\boldsymbol{A}^{\mathrm{T}})$;

(3) 若 $\boldsymbol{A} \sim \boldsymbol{B}$，则 $R(\boldsymbol{A})=R(\boldsymbol{B})$;

(4) 若 $\boldsymbol{P}$、$\boldsymbol{Q}$ 可逆，则 $R(\boldsymbol{PAQ})=R(\boldsymbol{A})$.

我们也可以得到有关矩阵秩的一些常用的性质：

(5) $\max\{R(\boldsymbol{A}), R(\boldsymbol{B})\} \leqslant R(\boldsymbol{A}, \boldsymbol{B}) \leqslant R(\boldsymbol{A})+R(\boldsymbol{B})$;（证明见附录二）

(6) $R(\boldsymbol{A}+\boldsymbol{B}) \leqslant R(\boldsymbol{A})+R(\boldsymbol{B})$;（证明见附录二）

(7) $R(\boldsymbol{AB}) \leqslant \min\{R(\boldsymbol{A}), R(\boldsymbol{B})\}$;（证明见附录二）

(8) $\boldsymbol{A}_{m\times n}\boldsymbol{B}_{n\times l}=\boldsymbol{O}$，则 $R(\boldsymbol{A})+R(\boldsymbol{B}) \leqslant n$.（证明见第三章例 26）

例 29 设 $\boldsymbol{A}$ 为 n 阶矩阵，证明 $R(\boldsymbol{A}+\boldsymbol{E})+R(\boldsymbol{A}-\boldsymbol{E}) \geqslant n$.

证 因 $(\boldsymbol{A}+\boldsymbol{E})+(\boldsymbol{E}-\boldsymbol{A})=2\boldsymbol{E}$，由性质(6)有

$$R(\boldsymbol{A}+\boldsymbol{E})+R(\boldsymbol{E}-\boldsymbol{A}) \geqslant R(2\boldsymbol{E})=n,$$

又 $R(\boldsymbol{E}-\boldsymbol{A})=R(\boldsymbol{A}-\boldsymbol{E})$，则有

$$R(\boldsymbol{A}+\boldsymbol{E})+R(\boldsymbol{A}-\boldsymbol{E}) \geqslant n.$$

习 题 二

1. 计算下列矩阵的乘积：

(1) $\begin{pmatrix} 1 \\ -1 \\ 2 \\ 3 \end{pmatrix}(3 \quad 2 \quad -1 \quad 0)$；(2) $\begin{pmatrix} 8 & 0 & -1 \\ 2 & 4 & 1 \\ -3 & -2 & 1 \end{pmatrix}\begin{pmatrix} 1 \\ -2 \\ 3 \end{pmatrix}$；

(3) $(x_1 \quad x_2 \quad x_3)\begin{pmatrix} a_{11} & a_{12} & a_{13} \\ a_{21} & a_{22} & a_{23} \\ a_{31} & a_{32} & a_{33} \end{pmatrix}\begin{pmatrix} x_1 \\ x_2 \\ x_3 \end{pmatrix}$（其中 $a_{ij}=a_{ji}$）；

(4) $\begin{pmatrix} 1 & 2 \\ 4 & 2 \end{pmatrix}\begin{pmatrix} 2 & -1 & 1 \\ 0 & 3 & 2 \end{pmatrix}$；(5) $\begin{pmatrix} 1 & 2 & 3 \\ 2 & 4 & 6 \\ 3 & 6 & 9 \end{pmatrix}\begin{pmatrix} -1 & -2 & -4 \\ -1 & -2 & -4 \\ 1 & 2 & 4 \end{pmatrix}$.

2. 设 $\boldsymbol{A}=\begin{pmatrix} 1 & 2 \\ 1 & 3 \end{pmatrix}$，$\boldsymbol{B}=\begin{pmatrix} 1 & 0 \\ 1 & 2 \end{pmatrix}$，通过计算回答下列问题：

(1) $\boldsymbol{AB}=\boldsymbol{BA}$ 吗？

(2) $(\boldsymbol{A}+\boldsymbol{B})(\boldsymbol{A}-\boldsymbol{B})=\boldsymbol{A}^2-\boldsymbol{B}^2$ 吗？

(3) $(\boldsymbol{A}+\boldsymbol{B})^2=\boldsymbol{A}^2+2\boldsymbol{AB}+\boldsymbol{B}^2$ 吗？

3. 设$\boldsymbol{A}=\begin{pmatrix}1&1&1\\-1&1&1\\1&-1&1\end{pmatrix}$，$\boldsymbol{B}=\begin{pmatrix}1&2&1\\1&3&-1\\2&1&4\end{pmatrix}$，求：

(1) $\boldsymbol{AB}-2\boldsymbol{A}$；

(2) $\boldsymbol{A}^2-\boldsymbol{B}^2$；

(3) $(\boldsymbol{A}-\boldsymbol{B})(\boldsymbol{A}+\boldsymbol{B})$；

(4) $\boldsymbol{AB}-\boldsymbol{BA}$.

4. 设$\boldsymbol{A}=\begin{pmatrix}\lambda&1&0\\0&\lambda&1\\0&0&\lambda\end{pmatrix}$，求$\boldsymbol{A}^2$，$\boldsymbol{A}^3$，并证明：

$$\boldsymbol{A}^k=\begin{pmatrix}\lambda^k&k\lambda^{k-1}&\dfrac{k(k-1)}{2}\lambda^{k-2}\\0&\lambda^k&k\lambda^{k-1}\\0&0&\lambda^k\end{pmatrix}.$$

5. (1) 设$f(\lambda)=\lambda^2+\lambda+1$，$\boldsymbol{A}=\begin{pmatrix}1&0&1\\1&3&0\\2&1&4\end{pmatrix}$，试求$f(\boldsymbol{A})$；

(2) 设$f(\lambda)=\lambda^2+2\lambda-3$，$\boldsymbol{A}=\begin{pmatrix}1&-1\\2&1\end{pmatrix}$，试求$f(\boldsymbol{A})$.

6. 设$\boldsymbol{A}=(1,\ 2)$，$\boldsymbol{B}=(-2,\ 3)$，求$\boldsymbol{AB}^{\mathrm{T}}$，$\boldsymbol{A}^{\mathrm{T}}\boldsymbol{B}$，$(\boldsymbol{A}^{\mathrm{T}}\boldsymbol{B})^{100}$.

7. 设$\boldsymbol{A}$是$m\times n$实矩阵，证明：$\boldsymbol{A}^{\mathrm{T}}\boldsymbol{A}=\boldsymbol{O}$的充分必要条件是$\boldsymbol{A}=\boldsymbol{O}$.

8. 求下列各矩阵的逆矩阵：

(1) $\begin{pmatrix}1&2\\2&5\end{pmatrix}$；(2) $\begin{pmatrix}1&2&-3\\0&1&2\\0&0&1\end{pmatrix}$；(3) $\begin{pmatrix}1&2&-1\\3&4&-2\\5&-4&1\end{pmatrix}$；

(4) $\begin{pmatrix}1&2&0\\-1&2&0\\0&0&3\end{pmatrix}$；(5) $\begin{pmatrix}0&0&4&1\\0&0&3&1\\-1&5&0&0\\1&-4&0&0\end{pmatrix}$.

9. 已知两个线性变换

$$\begin{cases}x_1=y_1+y_2,\\x_2=y_1-y_2,\\x_3=y_3\end{cases}\text{和}\begin{cases}y_1=z_1,\\y_2=z_1+z_2,\\y_3=z_1+z_2+z_3,\end{cases}$$

求从z_1，z_2，z_3到x_1，x_2，x_3的线性变换.

10. (1) 若 $\boldsymbol{A}$ 满足方程 $\boldsymbol{A}^2-\boldsymbol{A}+\boldsymbol{E}=\boldsymbol{O}$，证明 $\boldsymbol{A}$ 与 $\boldsymbol{E}-\boldsymbol{A}$ 都可逆，并求出其逆阵；

(2) 若 $\boldsymbol{A}$ 满足方程 $\boldsymbol{A}^2-2\boldsymbol{A}-4\boldsymbol{E}=\boldsymbol{O}$，证明 $\boldsymbol{A}+\boldsymbol{E}$ 与 $\boldsymbol{A}-3\boldsymbol{E}$ 都可逆，且互为逆阵；

(3) 若 $\boldsymbol{A}$ 满足方程 $\boldsymbol{A}^2+2\boldsymbol{A}+3\boldsymbol{E}=\boldsymbol{O}$，证明 $\boldsymbol{A}$ 可逆并求其逆阵.

11. 设 n 阶方阵 $\boldsymbol{A}$ 满足 $\boldsymbol{A}^k=\boldsymbol{O}$($k$ 为正整数)，试证 $\boldsymbol{E}-\boldsymbol{A}$ 可逆，并求其逆阵.

12. $f(\lambda)=a_m\lambda^m+a_{m-1}\lambda^{m-1}+\cdots+a_0$，$a_0\neq0$，$\boldsymbol{A}$ 为 n 阶矩阵，若 $f(\boldsymbol{A})=\boldsymbol{O}$，则 $\boldsymbol{A}$ 可逆，并求出 $\boldsymbol{A}^{-1}$.

13. 设 n 阶方阵 $\boldsymbol{A}$ 和 $\boldsymbol{B}$ 满足 $\boldsymbol{A}+\boldsymbol{B}=\boldsymbol{AB}$，

(1) 证明 $\boldsymbol{A}-\boldsymbol{E}$ 为可逆矩阵；

(2) 已知 $\boldsymbol{B}=\begin{pmatrix}1&-3&0\\2&1&0\\0&0&2\end{pmatrix}$，求 $\boldsymbol{A}$.

14. 设 $\boldsymbol{A}$ 为 n 阶方阵，

(1) 若 $\boldsymbol{A}^2=\boldsymbol{A}$，证明 $\boldsymbol{E}+\boldsymbol{A}$ 可逆，并求$(\boldsymbol{E}+\boldsymbol{A})^{-1}$；

(2) 若 $\boldsymbol{A}^3=3\boldsymbol{A}(\boldsymbol{A}-\boldsymbol{E})$，证明 $\boldsymbol{E}-\boldsymbol{A}$ 可逆，并求$(\boldsymbol{E}-\boldsymbol{A})^{-1}$.

15. 设 $\boldsymbol{B}$ 是元素都是 1 的 n 阶方阵，证明：

(1) $\boldsymbol{B}^k=n^{k-1}\boldsymbol{B}$($n\geqslant2$ 为整数)；

(2) $(\boldsymbol{E}-\boldsymbol{B})^{-1}=\boldsymbol{E}-\dfrac{1}{n-1}\boldsymbol{B}$.

16. 设 n 阶方阵 $\boldsymbol{A}$ 的伴随阵为 $\boldsymbol{A}^*$，证明：

(1) 若 $|\boldsymbol{A}|=0$，则 $|\boldsymbol{A}^*|=0$；

(2) $|\boldsymbol{A}^*|=|\boldsymbol{A}|^{n-1}$.

17. 设 $\boldsymbol{P}^{-1}\boldsymbol{AP}=\boldsymbol{\Lambda}$，其中 $\boldsymbol{P}=\begin{pmatrix}-1&-4\\1&1\end{pmatrix}$，$\boldsymbol{\Lambda}=\begin{pmatrix}-1&0\\0&2\end{pmatrix}$，求 $\boldsymbol{A}^{11}$.

18. 求所有与 $\boldsymbol{A}=\begin{pmatrix}1&1\\0&1\end{pmatrix}$ 可交换的矩阵 $\boldsymbol{B}$，即满足 $\boldsymbol{AB}=\boldsymbol{BA}$.

19. 解下列矩阵方程：

(1) $\begin{pmatrix}2&5\\1&3\end{pmatrix}\boldsymbol{X}=\begin{pmatrix}4&-6\\2&1\end{pmatrix}$；

(2) $\boldsymbol{X}\begin{pmatrix}2&1&-1\\2&1&0\\1&-1&1\end{pmatrix}=\begin{pmatrix}1&-1&3\\4&3&2\\1&-2&5\end{pmatrix}$；

(3) $\begin{pmatrix} 1 & 4 \\ -1 & 2 \end{pmatrix}\boldsymbol{X}\begin{pmatrix} 2 & 0 \\ -1 & 1 \end{pmatrix}=\begin{pmatrix} 3 & 1 \\ 0 & -1 \end{pmatrix}$;

(4) $\begin{pmatrix} 0 & 1 & 0 \\ 1 & 0 & 0 \\ 0 & 0 & 1 \end{pmatrix}\boldsymbol{X}\begin{pmatrix} 1 & 0 & 0 \\ 0 & 0 & 1 \\ 0 & 1 & 0 \end{pmatrix}=\begin{pmatrix} 1 & -4 & 3 \\ 2 & 0 & -1 \\ 1 & -2 & 0 \end{pmatrix}$.

20. 已知 $\boldsymbol{A}=\mathrm{diag}(a_1, a_2, \cdots, a_n)$，且 $a_1, a_2, \cdots, a_n$ 两两不相等，证明：与 $\boldsymbol{A}$ 可交换的矩阵只可能是对角阵．

21. 若 $\boldsymbol{A}$、$\boldsymbol{B}$ 都是 n 阶方阵，下列命题是否成立？若成立，给出证明；若不成立，举反例说明．

(1) 若 $\boldsymbol{A}$、$\boldsymbol{B}$ 都可逆，则 $\boldsymbol{A}+\boldsymbol{B}$ 也可逆；

(2) 若 $\boldsymbol{A}$、$\boldsymbol{B}$ 都可逆，则 $\boldsymbol{AB}$ 也可逆；

(3) 若 $\boldsymbol{AB}$ 可逆，则 $\boldsymbol{A}$、$\boldsymbol{B}$ 都可逆．

22. 设矩阵 $\boldsymbol{A}=\begin{pmatrix} 1 & 1 & -1 \\ -1 & 1 & 1 \\ 1 & -1 & 1 \end{pmatrix}$，矩阵 $\boldsymbol{X}$ 满足 $\boldsymbol{A}^*\boldsymbol{X}=\boldsymbol{A}^{-1}+2\boldsymbol{X}$，其中 $\boldsymbol{A}^*$ 是 $\boldsymbol{A}$ 的伴随矩阵，求矩阵 $\boldsymbol{X}$.

23. 设三阶方阵 $\boldsymbol{A}$、$\boldsymbol{B}$ 满足 $\boldsymbol{A}^{-1}\boldsymbol{BA}=6\boldsymbol{A}+\boldsymbol{BA}$，且 $\boldsymbol{A}=\mathrm{diag}\left(\frac{1}{3}, \frac{1}{4}, \frac{1}{7}\right)$，求 $\boldsymbol{B}$.

24. 设 $\boldsymbol{A}$ 为 n 阶可逆矩阵，且 $\boldsymbol{A}^2=|\boldsymbol{A}|\boldsymbol{E}$，试证明 $\boldsymbol{A}^*=\boldsymbol{A}$.

25. 设 n 阶矩阵 $\boldsymbol{A}$、$\boldsymbol{B}$、$\boldsymbol{A}+\boldsymbol{B}$ 均可逆，证明 $\boldsymbol{A}^{-1}+\boldsymbol{B}^{-1}$ 也可逆，并求其逆阵．

26. 设 $\boldsymbol{A}=\begin{pmatrix} 1 & 0 & 2 & 3 \\ 0 & 1 & 1 & 4 \\ 0 & 0 & 1 & 0 \\ 0 & 0 & 0 & -1 \end{pmatrix}$，$\boldsymbol{B}=\begin{pmatrix} 1 & 0 & 0 & 0 \\ 0 & 1 & 0 & 0 \\ 6 & 3 & 1 & 2 \\ 0 & -2 & 2 & 0 \end{pmatrix}$，利用分块矩阵求 $\boldsymbol{AB}$.

27. 设 $\boldsymbol{A}=\begin{pmatrix} 1 & 3 & 0 & 0 & 0 & 0 & 0 \\ -1 & 2 & 0 & 0 & 0 & 0 & 0 \\ 0 & 0 & 1 & 0 & 0 & 0 & 0 \\ 0 & 0 & 0 & 1 & 0 & 0 & 0 \\ 0 & 0 & 0 & 0 & 1 & 0 & 0 \\ 0 & 0 & 0 & 0 & 0 & 2 & 5 \\ 0 & 0 & 0 & 0 & 0 & 1 & 3 \end{pmatrix}$，利用分块矩阵求 $|\boldsymbol{A}|$，$\boldsymbol{A}^2$ 及 $\boldsymbol{A}^{-1}$.

28. 把下列矩阵化为行最简形矩阵：

(1) $\begin{pmatrix}1&0&2&1\\2&0&1&1\\4&0&3&3\end{pmatrix}$；(2) $\begin{pmatrix}1&2&-3&1\\0&3&-4&3\\1&4&3&1\end{pmatrix}$；

(3) $\begin{pmatrix}1&-1&3&-4&3\\3&-3&5&-4&1\\2&-2&3&-2&0\\3&-3&4&-2&-1\end{pmatrix}$；(4) $\begin{pmatrix}2&3&1&-3&-7\\1&2&0&-2&-4\\3&-2&8&3&0\\2&-3&7&4&3\end{pmatrix}$.

29. 利用矩阵的初等变换，求下列方阵的逆矩阵：

(1) $\begin{pmatrix}1&2&0\\0&2&3\\1&0&3\end{pmatrix}$；(2) $\begin{pmatrix}3&-2&0&-1\\0&2&2&1\\1&-2&-3&-2\\0&1&2&1\end{pmatrix}$.

30. (1) 设 $\boldsymbol{A}=\begin{pmatrix}1&1&-2\\3&2&1\\1&1&1\end{pmatrix}$，$\boldsymbol{B}=\begin{pmatrix}1&2\\2&1\\3&-1\end{pmatrix}$，求 $\boldsymbol{X}$ 使 $\boldsymbol{AX}=\boldsymbol{B}$；

(2) 设 $\boldsymbol{A}=\begin{pmatrix}1&2&3\\3&2&1\\1&1&0\end{pmatrix}$，$\boldsymbol{B}=\begin{pmatrix}1&-1&0\\3&2&-2\end{pmatrix}$，求 $\boldsymbol{X}$ 使 $\boldsymbol{XA}=\boldsymbol{B}$.

31. 设 $\boldsymbol{A}=\begin{pmatrix}3&0&1\\1&1&1\\1&1&4\end{pmatrix}$，$\boldsymbol{AX}=\boldsymbol{A}+2\boldsymbol{X}$，求 $\boldsymbol{X}$.

32. 求下列矩阵的秩，并求一个最高阶非零子式：

(1) $\begin{pmatrix}1&3&1&1\\1&-2&1&0\\3&-1&3&1\end{pmatrix}$；(2) $\begin{pmatrix}2&2&1&3&1\\3&-1&2&1&-3\\5&1&4&-2&-6\end{pmatrix}$；

(3) $\begin{pmatrix}2&1&0&3\\1&2&-1&0\\3&1&2&1\\4&-2&1&1\end{pmatrix}$；(4) $\begin{pmatrix}3&1&4&1&0\\2&3&-1&1&0\\0&2&1&3&2\\1&2&1&0&1\end{pmatrix}$.

33. 设矩阵 $\boldsymbol{A}=\begin{pmatrix}1&-2&3k&3\\-1&2k&-3&-3\\k&-2&3&3k\end{pmatrix}$，问 k 取何值时，

(1) $R(\boldsymbol{A})=1$；(2) $R(\boldsymbol{A})=2$；(3) $R(\boldsymbol{A})=3$.

34. 设矩阵$\boldsymbol{A}=\begin{pmatrix}a&1&1&1\\1&a&1&1\\1&1&a&1\\1&1&1&a\end{pmatrix}$，且$R(\boldsymbol{A})=3$，求$a$的值．

35. 判别下列各命题是否正确？若正确，则给出证明；若不正确，则举反例说明：

(1) 在秩为r的矩阵中，所有的r阶子式都不为0；

(2) 在秩为r的矩阵中，至少存在一个不为0的r阶子式；

(3) 在秩为r的矩阵中，所有的$r+1$阶子式都为0；

(4) 在秩为r的矩阵中，存在不为0的$r-1$阶子式；

36. 从矩阵$\boldsymbol{A}$中划去一行或一列得到矩阵$\boldsymbol{B}$，问$\boldsymbol{A}$、$\boldsymbol{B}$的秩的关系如何？

37. 求作一秩为3的四阶方阵，它的两个行向量为(1，0，1，1)，(1，1，0，0).

38. 设$\boldsymbol{A}$、$\boldsymbol{B}$都是$m\times n$矩阵，证明：$\boldsymbol{A}\sim\boldsymbol{B}$的充分必要条件是$R(\boldsymbol{A})=R(\boldsymbol{B})$.

39. 设$\boldsymbol{A}$是三阶矩阵，将$\boldsymbol{A}$的第1列与第2列交换得到矩阵$\boldsymbol{B}$，再把$\boldsymbol{B}$的第2列加到第3列得到矩阵$\boldsymbol{C}$，求矩阵$\boldsymbol{Q}$使得$\boldsymbol{AQ}=\boldsymbol{C}$.

思考题：

(1) 设$\boldsymbol{A}=\begin{pmatrix}a_1b_1&a_1b_2&\cdots&a_1b_n\\a_2b_1&a_2b_2&\cdots&a_2b_n\\\vdots&\vdots&&\vdots\\a_nb_1&a_nb_2&\cdots&a_nb_n\end{pmatrix}$，试求$\boldsymbol{A}^{50}$.

(2) n阶可逆上三角矩阵的逆矩阵是否仍是上三角矩阵？若是，给出证明.

应用题：

设四个城市之间的空运航线如图2.1所示．(1) 将四个城市之间的空运航线关系用矩阵$\boldsymbol{A}=(a_{ij})$表示出来；(2) 令$\boldsymbol{B}=\boldsymbol{A}^2$，请解释$b_{ij}$代表的含义；(3) 请给出由第$i$个城市经过2次转机能到达第$j$个城市的航线数的信息．

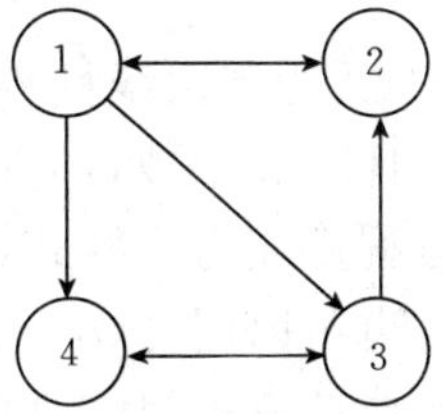

图2.1　空运航线示意图

第三章

向量与线性方程组

向量与线性方程组是线性代数的主要研究内容．本章首先讨论线性方程组的解的存在理论，然后介绍向量的概念及运算、向量组的线性相关性、向量组的秩．最后，利用向量的相关知识，讨论线性方程组解的结构问题．

第一节　线性方程组的解

设有 n 个未知数 m 个方程的线性方程组

$$\begin{cases} a_{11}x_1+a_{12}x_2+\cdots+a_{1n}x_n=b_1, \\ a_{21}x_1+a_{22}x_2+\cdots+a_{2n}x_n=b_2, \\ \cdots\cdots\cdots\cdots\cdots\cdots\cdots\cdots\cdots \\ a_{m1}x_1+a_{m2}x_2+\cdots+a_{mn}x_n=b_m, \end{cases} \tag{1}$$

其中，x_1，x_2，…，x_n 是未知数，$a_{ij}(i=1, 2, \cdots, m; j=1, 2, \cdots, n)$是系数，$b_1$，$b_2$，…，$b_m$ 是常数项．

若 b_1，b_2，…，b_m 不全为零，则称(1)为非齐次线性方程组；若 b_1，b_2，…，b_m 全为零，则(1)为

$$\begin{cases} a_{11}x_1+a_{12}x_2+\cdots+a_{1n}x_n=0, \\ a_{21}x_1+a_{22}x_2+\cdots+a_{2n}x_n=0, \\ \cdots\cdots\cdots\cdots\cdots\cdots\cdots\cdots\cdots \\ a_{m1}x_1+a_{m2}x_2+\cdots+a_{mn}x_n=0, \end{cases} \tag{2}$$

称(2)式为齐次线性方程组．

任取 n 个数 c_1，c_2，…，c_n，若分别代替 x_1，x_2，…，x_n，使(1)的每一个方程都成为恒等式，则称 $x_1=c_1$，$x_2=c_2$，…，$x_n=c_n$ 是方程组(1)的一个解，也可以记为$(c_1, c_2, \cdots, c_n)$．

线性方程组的全部解构成的集合称为解集合．若两个线性方程组有相同的解集合，则称它们是同解方程组．

设 S 表示方程组(1)的全部解的集合．若 S 为空集，方程组(1)无解，就称它是不相容的；若 S 不为空集，方程组(1)有解，就称它是相容的．此时，若 S 中只含一个元素，则方程组(1)有惟一解，若 S 中包含不止一个元素，则方程组(1)解不惟一．当方程组(1)解不惟一时，S 中的一个确定元素称为方程组(1)的一个特解；S 中全部元素的一个通项表达式称为方程组(1)的一个通解或一般解．对于一般的线性方程组，我们要解决的问题是：它在什么条件下有解？如果有解，有多少解？又如何求其全部解？

利用矩阵可以简化方程组的表示式．

记
$$\boldsymbol{A}=\begin{pmatrix} a_{11} & a_{12} & \cdots & a_{1n} \\ a_{21} & a_{22} & \cdots & a_{2n} \\ \vdots & \vdots & & \vdots \\ a_{m1} & a_{m2} & \cdots & a_{mn} \end{pmatrix},\ \boldsymbol{x}=\begin{pmatrix} x_1 \\ x_2 \\ \vdots \\ x_n \end{pmatrix},\ \boldsymbol{b}=\begin{pmatrix} b_1 \\ b_2 \\ \vdots \\ b_m \end{pmatrix},$$
则方程组(1)可以表示为
$$\boldsymbol{Ax}=\boldsymbol{b}.$$
称 $\boldsymbol{A}$ 为方程组(1)的系数矩阵，称
$$\boldsymbol{B}=\begin{pmatrix} a_{11} & a_{12} & \cdots & a_{1n} & b_1 \\ a_{21} & a_{22} & \cdots & a_{2n} & b_2 \\ \vdots & \vdots & & \vdots & \vdots \\ a_{m1} & a_{m2} & \cdots & a_{mn} & b_m \end{pmatrix}$$
为方程组(1)的增广矩阵，记 $\boldsymbol{B}=(\boldsymbol{A},\ \boldsymbol{b})$.

在矩阵形式下，若要验证$(c_1,\ c_2,\ \cdots,\ c_n)$是方程组(1)的解，则取
$$\boldsymbol{x}_0=(c_1,\ c_2,\ \cdots,\ c_n)^{\mathrm{T}},$$
只需利用矩阵的运算，验证矩阵等式 $\boldsymbol{Ax}_0=\boldsymbol{b}$ 是否成立．

下面我们利用系数矩阵 $\boldsymbol{A}$ 和增广矩阵 $\boldsymbol{B}=(\boldsymbol{A},\ \boldsymbol{b})$的秩来讨论线性方程组解的存在问题．

设 $R(\boldsymbol{A})=r$，不失一般性，设 $\boldsymbol{B}=(\boldsymbol{A},\ \boldsymbol{b})$的行最简形为
$$\widetilde{\boldsymbol{B}}=\begin{pmatrix} 1 & 0 & \cdots & 0 & b_{11} & \cdots & b_{1,n-r} & d_1 \\ 0 & 1 & \cdots & 0 & b_{21} & \cdots & b_{2,n-r} & d_2 \\ \vdots & \vdots & & \vdots & \vdots & & \vdots & \vdots \\ 0 & 0 & \cdots & 1 & b_{r1} & \cdots & b_{r,n-r} & d_r \\ 0 & 0 & \cdots & 0 & 0 & \cdots & 0 & d_{r+1} \\ 0 & 0 & \cdots & 0 & 0 & \cdots & 0 & 0 \\ \vdots & \vdots & & \vdots & \vdots & & \vdots & \vdots \\ 0 & 0 & \cdots & 0 & 0 & \cdots & 0 & 0 \end{pmatrix},$$
其中 d_{r+1} 可能为 0，也可能为 1，这里以 $\boldsymbol{B}$ 为增广矩阵的线性方程组和以 $\widetilde{\boldsymbol{B}}$ 为

增广矩阵的线性方程组是同解方程组．以 $\widetilde{\boldsymbol{B}}$ 为增广矩阵的线性方程组有下面几种情况：

(1) 若 $d_{r+1}=1$，则 $R(\boldsymbol{A})<R(\boldsymbol{B})$，此时 $\widetilde{\boldsymbol{B}}$ 的第 $r+1$ 行对应矛盾方程 $0=1$，故方程组无解；

(2) 若 $d_{r+1}=0$，且 $r=n$，则 $R(\boldsymbol{A})=R(\boldsymbol{B})=n$，此时 $\widetilde{\boldsymbol{B}}$ 对应的方程组为

$$\begin{cases} x_1=d_1, \\ x_2=d_2, \\ \cdots\cdots \\ x_r=d_r, \end{cases}$$

故方程组有惟一解；

(3) 若 $d_{r+1}=0$，但 $r<n$，则 $R(\boldsymbol{A})=R(\boldsymbol{B})<n$，此时 $\widetilde{\boldsymbol{B}}$ 对应的方程组为

$$\begin{cases} x_1=-b_{11}x_{r+1}-\cdots-b_{1,n-r}x_n+d_1, \\ x_2=-b_{21}x_{r+1}-\cdots-b_{2,n-r}x_n+d_2, \\ \cdots\cdots\cdots\cdots\cdots\cdots\cdots\cdots\cdots \\ x_r=-b_{r1}x_{r+1}-\cdots-b_{r,n-r}x_n+d_r, \end{cases} \tag{3}$$

由(3)可知，任意给定 x_{r+1}，…，x_n 的一组值 $x_{r+1}=k_1$，…，$x_n=k_{n-r}$，由(3)可惟一确定 x_1，x_2，…，x_r 的一组值，使

$$\begin{pmatrix} x_1 \\ \vdots \\ x_r \\ x_{r+1} \\ \vdots \\ x_n \end{pmatrix}=\begin{pmatrix} -b_{11}k_1-\cdots-b_{1,n-r}k_{n-r}+d_1 \\ \vdots \\ -b_{r1}k_1-\cdots-b_{r,n-r}k_{n-r}+d_r \\ k_1 \\ \vdots \\ k_{n-r} \end{pmatrix}$$

为(3)的解．由于 x_{r+1}，…，x_n 可以任意取值，因而方程组(3)有无穷多解，也即原方程组(1)有无穷多解．

由以上讨论我们可以得到如下结论：

定理 1 (1) n 元线性方程组 $\boldsymbol{Ax}=\boldsymbol{b}$ 有解的充分必要条件是 $R(\boldsymbol{A})=R(\boldsymbol{A},\boldsymbol{b})$，且① 当 $R(\boldsymbol{A})=R(\boldsymbol{A},\boldsymbol{b})=n$ 时，有惟一解；

② 当 $R(\boldsymbol{A})=R(\boldsymbol{A},\boldsymbol{b})<n$ 时，有无穷多解．

(2) n 元线性方程组 $\boldsymbol{Ax}=\boldsymbol{b}$ 无解的充分必要条件是 $R(\boldsymbol{A})<R(\boldsymbol{A},\boldsymbol{b})$.

推论 1 n 元齐次线性方程组 $\boldsymbol{Ax}=\boldsymbol{0}$ 总有解．有非零解的充分必要条件是 $R(\boldsymbol{A})<n$.

在上述讨论方程组解的情况时，也给出了求解线性方程组的方法：

(1) 对于非齐次线性方程组 $\boldsymbol{Ax}=\boldsymbol{b}$，把增广矩阵 $\boldsymbol{B}=(\boldsymbol{A},\boldsymbol{b})$ 化成行阶梯

形矩阵，从 $\boldsymbol{B}$ 的行阶梯形可以得出 $R(\boldsymbol{A})$，$R(\boldsymbol{B})$. 若 $R(\boldsymbol{A})<R(\boldsymbol{B})$，则方程组无解.

(2) 若 $R(\boldsymbol{A})=R(\boldsymbol{B})$，则进一步把 $\boldsymbol{B}$ 化成行最简形．而对于齐次线性方程组 $\boldsymbol{Ax}=\boldsymbol{0}$，则把系数矩阵 $\boldsymbol{A}$ 化成行最简形．

(3) 若 $R(\boldsymbol{A})=R(\boldsymbol{B})=r$，把行最简形中 r 个非零行的非零首元所对应的未知数取作非自由未知数，其余 $n-r$ 个未知数取作自由未知数，并令自由未知数分别等于 k_1，k_2，…，k_{n-r}，对于非齐次线性方程组 $\boldsymbol{Ax}=\boldsymbol{b}$，由 $\boldsymbol{B}$ 的行最简形，便可得到含 $n-r$ 个参数的非齐次线性方程组 $\boldsymbol{Ax}=\boldsymbol{b}$ 的通解．对于齐次线性方程组 $\boldsymbol{Ax}=\boldsymbol{0}$，由 $\boldsymbol{A}$ 的行最简形便可得到含 $n-r$ 个参数的齐次线性方程组 $\boldsymbol{Ax}=\boldsymbol{0}$ 的通解.

这里要注意的是，我们也可以把增广矩阵 $\boldsymbol{B}=(\boldsymbol{A},\ \boldsymbol{b})$ 化成行阶梯形矩阵，而不必化成行最简形，得出方程组的解．

例 1　求解齐次线性方程组

$$\begin{cases} x_1+2x_2+\ 5x_3+x_4=0, \\ 2x_1+5x_2+12x_3+x_4=0, \\ x_1+3x_2+\ 7x_3 \qquad =0. \end{cases}$$

解　对系数矩阵作初等行变换，化成行最简形矩阵：

$$\boldsymbol{A}=\begin{pmatrix} 1 & 2 & 5 & 1 \\ 2 & 5 & 12 & 1 \\ 1 & 3 & 7 & 0 \end{pmatrix} \overset{r_2-2r_1}{\underset{r_3-r_1}{\sim}} \begin{pmatrix} 1 & 2 & 5 & 1 \\ 0 & 1 & 2 & -1 \\ 0 & 1 & 2 & -1 \end{pmatrix}$$

$$\overset{r_3-r_2}{\sim} \begin{pmatrix} 1 & 2 & 5 & 1 \\ 0 & 1 & 2 & -1 \\ 0 & 0 & 0 & 0 \end{pmatrix} \overset{r_1-2r_2}{\sim} \begin{pmatrix} 1 & 0 & 1 & 3 \\ 0 & 1 & 2 & -1 \\ 0 & 0 & 0 & 0 \end{pmatrix},$$

即得与原方程组同解的方程组

$$\begin{cases} x_1+\ x_3+3x_4=0, \\ x_2+2x_3-\ x_4=0, \end{cases}$$

由此即得

$$\begin{cases} x_1=-\ x_3-3x_4, \\ x_2=-2x_3+\ x_4, \end{cases}$$

x_3，x_4 为自由未知数，令 $x_3=k_1$，$x_4=k_2$，得原方程组的通解为

$$\begin{cases} x_1=-\ k_1-3k_2, \\ x_2=-2k_1+\ k_2, \\ x_3=k_1, \\ x_4=k_2 \end{cases} \quad (k_1,\ k_2\in\mathbf{R}),$$

或
$$\begin{pmatrix}x_1\\x_2\\x_3\\x_4\end{pmatrix}=k_1\begin{pmatrix}-1\\-2\\1\\0\end{pmatrix}+k_2\begin{pmatrix}-3\\1\\0\\1\end{pmatrix}(k_1,\ k_2\in\mathbf{R}).$$

例 2 求解非齐次线性方程组
$$\begin{cases}x_1-2x_2+x_3+2x_4=1,\\x_1+2x_2+3x_3+4x_4=3,\\2x_1-2x_2+3x_3+5x_4=-1.\end{cases}$$

解 对增广矩阵 $\boldsymbol{B}$ 进行初等行变换：
$$\boldsymbol{B}=\begin{pmatrix}1&-2&1&2&1\\1&2&3&4&3\\2&-2&3&5&-1\end{pmatrix}\overset{r_2-r_1}{\underset{r_3-2r_1}{\sim}}\begin{pmatrix}1&-2&1&2&1\\0&4&2&2&2\\0&2&1&1&-3\end{pmatrix}$$
$$\overset{r_3-\frac{1}{2}r_2}{\sim}\begin{pmatrix}1&-2&1&2&1\\0&4&2&2&2\\0&0&0&0&-4\end{pmatrix},$$
可得 $R(\mathbf{A})=2$，$R(\boldsymbol{B})=3$，故方程组无解．

例 3 求解非齐次线性方程组
$$\begin{cases}x_1-x_2-x_3+x_4=0,\\x_1-x_2+x_3-3x_4=1,\\x_1-x_2-2x_3+3x_4=-\dfrac{1}{2}.\end{cases}$$

解 对增广矩阵 $\boldsymbol{B}$ 进行初等行变换得
$$\boldsymbol{B}=\begin{pmatrix}1&-1&-1&1&0\\1&-1&1&-3&1\\1&-1&-2&3&-\frac{1}{2}\end{pmatrix}\overset{r_2-r_1}{\underset{r_3-r_1}{\sim}}\begin{pmatrix}1&-1&-1&1&0\\0&0&2&-4&1\\0&0&-1&2&-\frac{1}{2}\end{pmatrix}$$
$$\overset{\substack{r_2\leftrightarrow r_3\\r_3+2r_2}}{\underset{\substack{r_1-r_2\\r_2\times(-1)}}{\sim}}\begin{pmatrix}1&-1&0&-1&\frac{1}{2}\\0&0&1&-2&\frac{1}{2}\\0&0&0&0&0\end{pmatrix},$$
由于 $R(\mathbf{A})=R(\boldsymbol{B})=2$，故方程组有解．即得与原方程组同解的方程组

$$\begin{cases} x_1 - x_2 - x_4 = \dfrac{1}{2}, \\ x_3 - 2x_4 = \dfrac{1}{2}, \end{cases}$$

由此即得
$$\begin{cases} x_1 = x_2 + x_4 + \dfrac{1}{2}, \\ x_3 = 2x_4 + \dfrac{1}{2}, \end{cases}$$

x_2，x_4 为自由未知数，$x_2 = k_1$，$x_4 = k_2$，得原方程组的通解为

$$\begin{cases} x_1 = \ k_1 + \ k_2 + \dfrac{1}{2}, \\ x_2 = \ k_1 + 0k_2, \\ x_3 = 0k_1 + 2k_2 + \dfrac{1}{2}, \\ x_4 = 0k_1 + \ k_2 \end{cases} (k_1,\ k_2 \in \mathbf{R}),$$

或
$$\begin{pmatrix} x_1 \\ x_2 \\ x_3 \\ x_4 \end{pmatrix} = k_1 \begin{pmatrix} 1 \\ 1 \\ 0 \\ 0 \end{pmatrix} + k_2 \begin{pmatrix} 1 \\ 0 \\ 2 \\ 1 \end{pmatrix} + \begin{pmatrix} \dfrac{1}{2} \\ 0 \\ \dfrac{1}{2} \\ 0 \end{pmatrix} (k_1,\ k_2 \in \mathbf{R}).$$

例 4　设有线性方程组

$$\begin{cases} \lambda x_1 + \ x_2 + \ x_3 = 1, \\ \ x_1 + \lambda x_2 + \ x_3 = \lambda, \\ \ x_1 + \ x_2 + \lambda x_3 = \lambda^2, \end{cases}$$

问 λ 取何值时，此方程组（1）无解；（2）有惟一解；（3）有无穷多解，在有无穷多解时求其通解．

解　**解法一**　对增广矩阵作初等行变换：

$$\boldsymbol{B} = \begin{pmatrix} \lambda & 1 & 1 & 1 \\ 1 & \lambda & 1 & \lambda \\ 1 & 1 & \lambda & \lambda^2 \end{pmatrix} \overset{r_1 \leftrightarrow r_3}{\sim} \begin{pmatrix} 1 & 1 & \lambda & \lambda^2 \\ 1 & \lambda & 1 & \lambda \\ \lambda & 1 & 1 & 1 \end{pmatrix}$$

$$\underset{r_3 - \lambda r_1}{\overset{r_2 - r_1}{\sim}} \begin{pmatrix} 1 & 1 & \lambda & \lambda^2 \\ 0 & \lambda - 1 & 1 - \lambda & \lambda - \lambda^2 \\ 0 & 1 - \lambda & 1 - \lambda^2 & 1 - \lambda^3 \end{pmatrix}$$

$$\overset{r_3+r_2}{\sim}\begin{pmatrix}1 & 1 & \lambda & \lambda^2\\0 & \lambda-1 & 1-\lambda & \lambda-\lambda^2\\0 & 0 & 2-\lambda-\lambda^2 & 1+\lambda-\lambda^2-\lambda^3\end{pmatrix}$$

$$=\begin{pmatrix}1 & 1 & \lambda & \lambda^2\\0 & \lambda-1 & 1-\lambda & \lambda(1-\lambda)\\0 & 0 & (1-\lambda)(2+\lambda) & (1-\lambda)(1+\lambda)^2\end{pmatrix}.$$

(1) 当 $\lambda=1$ 时，

$$\boldsymbol{B}\overset{r}{\sim}\begin{pmatrix}1 & 1 & 1 & 1\\0 & 0 & 0 & 0\\0 & 0 & 0 & 0\end{pmatrix},$$

$R(\boldsymbol{A})=R(\boldsymbol{B})=1<3$，方程组有无穷多解，通解为

$$\begin{cases}x_1=1-k_1-k_2,\\x_2=k_1, & (k_1,\ k_2\in\mathbf{R}).\\x_3=k_2\end{cases}$$

(2) 当 $\lambda=-2$ 时，

$$\boldsymbol{B}\overset{r}{\sim}\begin{pmatrix}1 & 1 & -2 & 4\\0 & -3 & 3 & -6\\0 & 0 & 0 & 3\end{pmatrix},$$

$R(\boldsymbol{A})\neq R(\boldsymbol{B})$，故方程组无解．

(3) 当 $\lambda\neq1$ 且 $\lambda\neq-2$ 时，

$$\boldsymbol{B}\overset{r}{\sim}\begin{pmatrix}1 & 1 & \lambda & \lambda^2\\0 & 1 & -1 & -\lambda\\0 & 0 & 2+\lambda & (1+\lambda)^2\end{pmatrix},$$

$R(\boldsymbol{A})=R(\boldsymbol{B})=3$，方程组有惟一解：

$$x_1=-\frac{\lambda+1}{\lambda+2},\ x_2=\frac{1}{\lambda+2},\ x_3=\frac{(\lambda+1)^2}{\lambda+2}.$$

解法二 由于系数矩阵 $\boldsymbol{A}$ 是方阵，则方程组有惟一解的充分必要条件是 $|\boldsymbol{A}|\neq0$.

$$|\boldsymbol{A}|=\begin{vmatrix}\lambda & 1 & 1\\1 & \lambda & 1\\1 & 1 & \lambda\end{vmatrix}=-\begin{vmatrix}1 & 1 & \lambda\\0 & \lambda-1 & 1-\lambda\\0 & 0 & (1-\lambda)(2+\lambda)\end{vmatrix}=(\lambda-1)^2(\lambda+2),$$

因此，当 $\lambda\neq1$ 且 $\lambda\neq-2$ 时，方程组有惟一解：

$$x_1=-\frac{\lambda+1}{\lambda+2},\ x_2=\frac{1}{\lambda+2},\ x_3=\frac{(\lambda+1)^2}{\lambda+2}.$$

当 $\lambda=1$ 时，

$$B=\begin{pmatrix}1&1&1&1\\1&1&1&1\\1&1&1&1\end{pmatrix}\overset{r}{\sim}\begin{pmatrix}1&1&1&1\\0&0&0&0\\0&0&0&0\end{pmatrix},$$

$R(\boldsymbol{A})=R(\boldsymbol{B})=1<3$，方程组有无穷多解，通解为

$$\begin{cases}x_1=1-k_1-k_2,\\x_2=k_1,\\x_3=k_2\end{cases}\quad(k_1,\ k_2\in\mathbf{R}).$$

当 $\lambda=-2$ 时，

$$B=\begin{pmatrix}-2&1&1&1\\1&-2&1&-2\\1&1&-2&4\end{pmatrix}\overset{r}{\sim}\begin{pmatrix}1&1&-2&4\\0&-3&3&-6\\0&0&0&3\end{pmatrix},$$

$R(\boldsymbol{A})\neq R(\boldsymbol{B})$，故方程组无解．

比较两种方法，方法二先确定参数，再对增广矩阵进行初等行变换，较为简单．但方法二只适用于系数矩阵为方阵的情况．

方法一是对含参数的增广矩阵进行变换，在变换时应注意不要作诸如 $r_3-\frac{1}{1+\lambda}r_1$，$r_3\times(\lambda+1)$，$r_3\div(\lambda+1)$ 这样的变换．如果作这样的变换，必须对参数进行讨论．

第二节　n 维向量

一、n 维向量的定义

在解析几何中，平面向量、空间向量分别与二元有序数组、三元有序数组建立了一一对应的关系，因此可以把平面向量、空间向量用 $(a_x,\ a_y)$、$(a_x,\ a_y,\ a_z)$ 来表示，此外在很多理论研究与实际应用中，也会涉及有序数组的问题．例如，一个矩阵的一行或一列对应着一个有序的数组，一个线性方程的系数与常数项对应着一个有序的数组，飞机在空中的状态对应着一个有序的数组，体育比赛名次的排定对应着一个有序的数组，诸如此类，不胜枚举，因此有必要把几何向量推广到 n 维向量．

定义 1　n 个有次序的数 a_1，a_2，…，a_n 构成的数组 $(a_1,\ a_2,\ \cdots,\ a_n)$ 称为 n **维向量**，这 n 个数称为该向量的 n 个分量，第 i 个数 a_i 称为第 i 个分量．

分量为实数的向量称为实向量，分量为复数的向量称为复向量．如无特别指明，本书涉及的向量均为实向量．

n 维向量可以写成一行$(a_1, a_2, \cdots, a_n)$，称为行向量，也可以写成一列$\begin{pmatrix} a_1 \\ a_2 \\ \vdots \\ a_n \end{pmatrix}$，称为列向量，就向量定义而言，行向量和列向量是没有区别的．从矩阵的角度看，行向量就是行矩阵，列向量就是列矩阵，本书把向量当作矩阵，因此行向量和列向量是不同的向量．

本书中通常用黑体小写字母 $\boldsymbol{a}$，$\boldsymbol{b}$，$\boldsymbol{\alpha}$，$\boldsymbol{\beta}$ 等表示列向量，用 $\boldsymbol{a}^{\mathrm{T}}$，$\boldsymbol{b}^{\mathrm{T}}$，$\boldsymbol{\alpha}^{\mathrm{T}}$，$\boldsymbol{\beta}^{\mathrm{T}}$ 等表示行向量．在没有指明是行向量还是列向量时，所涉及的向量都看作列向量．

当 $n\leqslant 3$ 时，n 维向量的几何形象为有向线段，但当 $n>3$ 时，n 维向量就不再有几何形象，然而也沿用一些几何术语．

二、向量的运算

设向量 $\boldsymbol{\alpha}=(a_1, a_2, \cdots, a_n)^{\mathrm{T}}$，$\boldsymbol{\beta}=(b_1, b_2, \cdots, b_n)^{\mathrm{T}}$ 都是 n 维向量，当且仅当它们的各个分量都相等，即 $a_i=b_i(i=1, 2, \cdots, n)$时，称**向量 $\boldsymbol{\alpha}$ 与 $\boldsymbol{\beta}$ 相等**，记作 $\boldsymbol{\alpha}=\boldsymbol{\beta}$.

分量全为零的向量称为**零向量**，记为 $\mathbf{0}$，即

$$\mathbf{0}=(0, 0, \cdots, 0)^{\mathrm{T}}.$$

若 $\boldsymbol{\alpha}=(a_1, a_2, \cdots, a_n)^{\mathrm{T}}$，则称

$$(-a_1, -a_2, \cdots, -a_n)^{\mathrm{T}}$$

为 $\boldsymbol{\alpha}$ 的**负向量**，记为 $-\boldsymbol{\alpha}$.

定义 2 设向量 $\boldsymbol{\alpha}=(a_1, a_2, \cdots, a_n)^{\mathrm{T}}$，$\boldsymbol{\beta}=(b_1, b_2, \cdots, b_n)^{\mathrm{T}}$都是 n 维向量，称向量

$$(a_1+b_1, a_2+b_2, \cdots, a_n+b_n)^{\mathrm{T}}$$

为**向量 $\boldsymbol{\alpha}$ 与 $\boldsymbol{\beta}$ 的和**，记作 $\boldsymbol{\alpha}+\boldsymbol{\beta}$，即

$$\boldsymbol{\alpha}+\boldsymbol{\beta}=(a_1+b_1, a_2+b_2, \cdots, a_n+b_n)^{\mathrm{T}}.$$

定义 3 设向量 $\boldsymbol{\alpha}=(a_1, a_2, \cdots, a_n)^{\mathrm{T}}$是 n 维向量，k 为实数，称向量

$$(ka_1, ka_2, \cdots, ka_n)^{\mathrm{T}}$$

为**数 k 与向量 $\boldsymbol{\alpha}$ 的数量乘积**，简称**数乘**，记作 $k\boldsymbol{\alpha}$，即

$$k\boldsymbol{\alpha}=(ka_1, ka_2, \cdots, ka_n)^{\mathrm{T}}.$$

有了向量的和，可以定义向量的差．n 维向量 $\boldsymbol{\alpha}=(a_1, a_2, \cdots, a_n)^{\mathrm{T}}$ 与 $\boldsymbol{\beta}=(b_1, b_2, \cdots, b_n)^{\mathrm{T}}$ 的差 $\boldsymbol{\alpha}-\boldsymbol{\beta}$ 定义为 $\boldsymbol{\alpha}+(-\boldsymbol{\beta})$，即

$$\boldsymbol{\alpha}-\boldsymbol{\beta}=(a_1-b_1, a_2-b_2, \cdots, a_n-b_n)^{\mathrm{T}}.$$

向量的加法与数乘统称为向量的线性运算，向量的线性运算满足以下的运算律：

设 $\boldsymbol{\alpha}$，$\boldsymbol{\beta}$，$\boldsymbol{\gamma}$ 为 n 维向量，k，l 为实数，则有

(1) $\boldsymbol{\alpha}+\boldsymbol{\beta}=\boldsymbol{\beta}+\boldsymbol{\alpha}$；

(2) $(\boldsymbol{\alpha}+\boldsymbol{\beta})+\boldsymbol{\gamma}=\boldsymbol{\alpha}+(\boldsymbol{\beta}+\boldsymbol{\gamma})$；

(3) $\boldsymbol{\alpha}+\boldsymbol{0}=\boldsymbol{\alpha}$；

(4) $\boldsymbol{\alpha}+(-\boldsymbol{\alpha})=\boldsymbol{0}$；

(5) $1\boldsymbol{\alpha}=\boldsymbol{\alpha}$；

(6) $(kl)\boldsymbol{\alpha}=k(l\boldsymbol{\alpha})=l(k\boldsymbol{\alpha})$；

(7) $(k+l)\boldsymbol{\alpha}=k\boldsymbol{\alpha}+l\boldsymbol{\alpha}$；

(8) $k(\boldsymbol{\alpha}+\boldsymbol{\beta})=k\boldsymbol{\alpha}+k\boldsymbol{\beta}$.

n 维向量的全体称为 n 维向量空间，记作 $\boldsymbol{R}^n$.

第三节　向量组的线性相关性

一、向量组的线性组合

若干个同维数的列向量(或同维数的行向量)所组成的集合称为向量组．例如，一个 $m\times n$ 矩阵的每一列可以构成一个 m 维的列向量，这 n 个列向量构成一个列向量组；同时该矩阵的每一行可以构成一个 n 维的行向量，这 m 个行向量构成一个行向量组．又如，n 维向量空间 $\boldsymbol{R}^n$ 是一个含有无限多个向量的向量组．

以下先讨论含有限个向量的向量组，然后再把讨论的相关结果推广到含有无限多个向量的向量组．

矩阵的列向量组和行向量组都是只含有限个向量的向量组；反之，一个含有限个向量的向量组也可以构成一个矩阵，例如：

由 m 个 n 维列向量所组成的向量组 A：$\boldsymbol{\alpha}_1$，$\boldsymbol{\alpha}_2$，$\cdots$，$\boldsymbol{\alpha}_m$ 构成一个 $n\times m$ 的矩阵

$$\boldsymbol{A}=(\boldsymbol{\alpha}_1, \boldsymbol{\alpha}_2, \cdots, \boldsymbol{\alpha}_m);$$

由 m 个 n 维行向量所组成的向量组 B：$\boldsymbol{\beta}_1^{\mathrm{T}}$，$\boldsymbol{\beta}_2^{\mathrm{T}}$，$\cdots$，$\boldsymbol{\beta}_m^{\mathrm{T}}$ 构成一个 $m\times n$ 的矩阵

$$B=\begin{pmatrix}\boldsymbol{\beta}_1^{\mathrm{T}}\\ \boldsymbol{\beta}_2^{\mathrm{T}}\\ \vdots\\ \boldsymbol{\beta}_m^{\mathrm{T}}\end{pmatrix}.$$

含有限个向量的向量组可以构成的矩阵不止一个，但含有限个向量的有序向量组与矩阵是一一对应的．因此，在以后的讨论中，矩阵与含有限个向量的有序向量组经常相互转化．

两个向量 $\boldsymbol{\alpha}$，$\boldsymbol{\beta}$ 之间最简单的关系是对应分量成比例，即存在数 k 使得 $\boldsymbol{\alpha}=k\boldsymbol{\beta}$. 在多个向量中，我们可以把这一关系推广为线性组合．

定义 4 给定向量组 A：$\boldsymbol{\alpha}_1$，$\boldsymbol{\alpha}_2$，…，$\boldsymbol{\alpha}_m$，对于任何一组实数 k_1，k_2，…，k_m，表达式

$$k_1\boldsymbol{\alpha}_1+k_2\boldsymbol{\alpha}_2+\cdots+k_m\boldsymbol{\alpha}_m$$

称为向量组 A 的一个**线性组合**，实数 k_1，k_2，…，k_m 称为这个线性组合的系数.

给定向量组 A：$\boldsymbol{\alpha}_1$，$\boldsymbol{\alpha}_2$，…，$\boldsymbol{\alpha}_m$ 和向量 $\boldsymbol{\beta}$，如果存在一组实数 k_1，k_2，…，k_m，使

$$\boldsymbol{\beta}=k_1\boldsymbol{\alpha}_1+k_2\boldsymbol{\alpha}_2+\cdots+k_m\boldsymbol{\alpha}_m, \tag{4}$$

则向量 $\boldsymbol{\beta}$ 是向量组 A 的线性组合，此时称向量 $\boldsymbol{\beta}$ 可以由向量组 A 线性表示．

例如，设 $\boldsymbol{\alpha}_1=(1,\ 2,\ -1)^{\mathrm{T}}$，$\boldsymbol{\alpha}_2=(2,\ -3,\ 1)^{\mathrm{T}}$，$\boldsymbol{\alpha}_3=(4,\ 1,\ -1)^{\mathrm{T}}$，不难验证 $\boldsymbol{\alpha}_3=2\boldsymbol{\alpha}_1+\boldsymbol{\alpha}_2$，$\boldsymbol{\alpha}_3$ 就是向量 $\boldsymbol{\alpha}_1$，$\boldsymbol{\alpha}_2$ 的一个线性组合，其中，线性组合的系数 $k_1=2$，$k_2=1$.

又如，任意一个 n 维向量 $\boldsymbol{\alpha}=(a_1,\ a_2,\ \cdots,\ a_n)^{\mathrm{T}}$都是向量组

$$\boldsymbol{\varepsilon}_1=\begin{pmatrix}1\\0\\ \vdots\\0\end{pmatrix},\ \boldsymbol{\varepsilon}_2=\begin{pmatrix}0\\1\\ \vdots\\0\end{pmatrix},\ \cdots,\ \boldsymbol{\varepsilon}_n=\begin{pmatrix}0\\0\\ \vdots\\1\end{pmatrix}$$

的一个线性组合，显然有

$$\boldsymbol{\alpha}=a_1\boldsymbol{\varepsilon}_1+a_2\boldsymbol{\varepsilon}_2+\cdots+a_n\boldsymbol{\varepsilon}_n,$$

即 $\boldsymbol{\alpha}$ 可以由 $\boldsymbol{\varepsilon}_1$，$\boldsymbol{\varepsilon}_2$，…，$\boldsymbol{\varepsilon}_n$ 线性表示，并且表示的系数就是向量 $\boldsymbol{\alpha}$ 的分量．向量 $\boldsymbol{\varepsilon}_1$，$\boldsymbol{\varepsilon}_2$，…，$\boldsymbol{\varepsilon}_n$ 称为 n **维单位坐标向量**．

引入了向量后，线性方程组

$$\begin{cases}a_{11}x_1+a_{12}x_2+\cdots+a_{1m}x_m=b_1,\\ a_{21}x_1+a_{22}x_2+\cdots+a_{2m}x_m=b_2,\\ \cdots\cdots\cdots\cdots\cdots\cdots\cdots\cdots\\ a_{n1}x_1+a_{n2}x_2+\cdots+a_{nm}x_m=b_n\end{cases}$$

有如下的向量表示法

$$x_1\boldsymbol{\alpha}_1+x_2\boldsymbol{\alpha}_2+\cdots+x_m\boldsymbol{\alpha}_m=\boldsymbol{\beta},$$

其中，
$$\boldsymbol{\alpha}_j=\begin{pmatrix}a_{1j}\\a_{2j}\\\vdots\\a_{nj}\end{pmatrix}(j=1, 2, \cdots, m),\ \boldsymbol{\beta}=\begin{pmatrix}b_1\\b_2\\\vdots\\b_n\end{pmatrix}.$$

因此，若向量$\boldsymbol{\beta}$可由向量组A：$\boldsymbol{\alpha}_1$，$\boldsymbol{\alpha}_2$，…，$\boldsymbol{\alpha}_m$ 线性表示，即

$$\boldsymbol{\beta}=x_1\boldsymbol{\alpha}_1+x_2\boldsymbol{\alpha}_2+\cdots+x_m\boldsymbol{\alpha}_m,$$

则表出系数 x_1，x_2，…，x_m 也就是线性方程组

$$x_1\boldsymbol{\alpha}_1+x_2\boldsymbol{\alpha}_2+\cdots+x_m\boldsymbol{\alpha}_m=\boldsymbol{\beta}$$

的解；反之，如果线性方程组

$$x_1\boldsymbol{\alpha}_1+x_2\boldsymbol{\alpha}_2+\cdots+x_m\boldsymbol{\alpha}_m=\boldsymbol{\beta}$$

有解
$$x_1=k_1,\ x_2=k_2,\ \cdots,\ x_m=k_m,$$
则有
$$k_1\boldsymbol{\alpha}_1+k_2\boldsymbol{\alpha}_2+\cdots+k_m\boldsymbol{\alpha}_m=\boldsymbol{\beta},$$
即向量$\boldsymbol{\beta}$可由向量组A：$\boldsymbol{\alpha}_1$，$\boldsymbol{\alpha}_2$，…，$\boldsymbol{\alpha}_m$ 线性表示．于是向量$\boldsymbol{\beta}$能由向量组A：$\boldsymbol{\alpha}_1$，$\boldsymbol{\alpha}_2$，…，$\boldsymbol{\alpha}_m$ 线性表示的充分必要条件是：线性方程组

$$x_1\boldsymbol{\alpha}_1+x_2\boldsymbol{\alpha}_2+\cdots+x_m\boldsymbol{\alpha}_m=\boldsymbol{\beta}$$

有解．结合定理 1 的结论，可以得到以下定理．

定理 2　向量$\boldsymbol{\beta}$可以由向量组A：$\boldsymbol{\alpha}_1$，$\boldsymbol{\alpha}_2$，…，$\boldsymbol{\alpha}_m$ 线性表示的充分必要条件是矩阵$\boldsymbol{A}=(\boldsymbol{\alpha}_1, \boldsymbol{\alpha}_2, \cdots, \boldsymbol{\alpha}_m)$的秩等于矩阵$\boldsymbol{B}=(\boldsymbol{\alpha}_1, \boldsymbol{\alpha}_2, \cdots, \boldsymbol{\alpha}_m, \boldsymbol{\beta})$的秩，即$R(\boldsymbol{A})=R(\boldsymbol{B})$.

例 5　设
$$\boldsymbol{\alpha}_1=\begin{pmatrix}1\\1\\2\\2\end{pmatrix},\ \boldsymbol{\alpha}_2=\begin{pmatrix}1\\2\\1\\3\end{pmatrix},\ \boldsymbol{\alpha}_3=\begin{pmatrix}1\\-1\\4\\0\end{pmatrix},\ \boldsymbol{\beta}=\begin{pmatrix}1\\0\\3\\1\end{pmatrix},$$

证明：向量$\boldsymbol{\beta}$可以由向量组$\boldsymbol{\alpha}_1$，$\boldsymbol{\alpha}_2$，$\boldsymbol{\alpha}_3$ 线性表示，并求出表示式．

证　根据定理 1，只要证矩阵$\boldsymbol{A}=(\boldsymbol{\alpha}_1, \boldsymbol{\alpha}_2, \boldsymbol{\alpha}_3)$的秩与矩阵$\boldsymbol{B}=(\boldsymbol{\alpha}_1, \boldsymbol{\alpha}_2, \boldsymbol{\alpha}_3, \boldsymbol{\beta})$的秩相等．由于

$$\boldsymbol{B}=\begin{pmatrix}1&1&1&1\\1&2&-1&0\\2&1&4&3\\2&3&0&1\end{pmatrix}\underset{r_4-2r_1}{\overset{r_2-r_1\atop r_3-2r_1}{\sim}}\begin{pmatrix}1&1&1&1\\0&1&-2&-1\\0&-1&2&1\\0&1&-2&-1\end{pmatrix}\underset{r_4-r_2}{\overset{r_1-r_2\atop r_3+r_2}{\sim}}\begin{pmatrix}1&0&3&2\\0&1&-2&-1\\0&0&0&0\\0&0&0&0\end{pmatrix},$$

由矩阵$\boldsymbol{B}$的行最简形，知$R(\boldsymbol{A})=R(\boldsymbol{B})$，则向量$\boldsymbol{\beta}$能由向量组$\boldsymbol{\alpha}_1$，$\boldsymbol{\alpha}_2$，$\boldsymbol{\alpha}_3$ 线性表示．

由 $\boldsymbol{B}$ 的行最简形，可得线性方程组 $x_1\boldsymbol{\alpha}_1+x_2\boldsymbol{\alpha}_2+x_3\boldsymbol{\alpha}_3=\boldsymbol{\beta}$ 的解为

$$\begin{cases}x_1=-3c+2,\\x_2=2c-1,\\x_3=c,\end{cases}$$

从而得到表示式

$$\boldsymbol{\beta}=(-3c+2)\boldsymbol{\alpha}_1+(2c-1)\boldsymbol{\alpha}_2+c\boldsymbol{\alpha}_3,$$

其中 c 可以任意取值．

二、向量组的线性相关性

对于向量组 $\boldsymbol{\alpha}_1=(1,\ 2,\ -1)^{\mathrm{T}}$，$\boldsymbol{\alpha}_2=(2,\ -3,\ 1)^{\mathrm{T}}$，$\boldsymbol{\alpha}_3=(4,\ 1,\ -1)^{\mathrm{T}}$，可以找到不全为零的数 2，1，－1，使向量组以这组数为系数的线性组合表示零向量，即

$$2\boldsymbol{\alpha}_1+\boldsymbol{\alpha}_2+(-1)\boldsymbol{\alpha}_3=\boldsymbol{0}.$$

而对于向量组

$$\boldsymbol{\varepsilon}_1=\begin{pmatrix}1\\0\\\vdots\\0\end{pmatrix},\ \boldsymbol{\varepsilon}_2=\begin{pmatrix}0\\1\\\vdots\\0\end{pmatrix},\ \cdots,\ \boldsymbol{\varepsilon}_n=\begin{pmatrix}0\\0\\\vdots\\1\end{pmatrix},$$

只有组合系数全为零时，它们的线性组合才能为零向量．这表明在向量组中，存在两种关系，由此，我们给出以下定义．

定义 5 给定 n 维向量组 A：$\boldsymbol{\alpha}_1$，$\boldsymbol{\alpha}_2$，…，$\boldsymbol{\alpha}_m$，如果存在不全为零的数 k_1，k_2，…，k_m，使

$$k_1\boldsymbol{\alpha}_1+k_2\boldsymbol{\alpha}_2+\cdots+k_m\boldsymbol{\alpha}_m=\boldsymbol{0},\tag{5}$$

则称向量组 A：$\boldsymbol{\alpha}_1$，$\boldsymbol{\alpha}_2$，…，$\boldsymbol{\alpha}_m$ **线性相关**；否则称其**线性无关**，即当 $k_1=k_2=\cdots=k_m=0$ 时，(5)式才成立．

一个向量组要么线性相关，要么线性无关，二者必居其一，向量组的这种性质称为向量组的线性相关性．研究向量组的线性相关性就是确定向量组是线性相关的，还是线性无关的．研究向量组 $\boldsymbol{\alpha}_1$，$\boldsymbol{\alpha}_2$，…，$\boldsymbol{\alpha}_m$ 的线性相关性，通常向量个数 $m\geqslant2$，但定义 5 也适用于 $m=1$ 的情形．当 $m=1$ 时，向量组只含有一个向量，对于只含一个向量 $\boldsymbol{\alpha}$ 的向量组，当 $\boldsymbol{\alpha}=\boldsymbol{0}$ 时是线性相关的，当 $\boldsymbol{\alpha}\neq\boldsymbol{0}$ 时是线性无关的．对于含 2 个向量 $\boldsymbol{\alpha}_1$，$\boldsymbol{\alpha}_2$ 的向量组，其线性相关的充分必要条件是 $\boldsymbol{\alpha}_1$，$\boldsymbol{\alpha}_2$ 的对应分量成比例，其几何意义是两向量共线．3 个向量线性相关的几何意义是三向量共面．

在确定向量组的线性相关性时，若能找到一组不全为零的系数，使(5)式成立，则该向量组线性相关；如果只有系数全为零时(5)式才成立，则该向量组线性无关.

例 6　证明向量组

$$\boldsymbol{\alpha}_1=(1,\ 2,\ 3)^{\mathrm{T}},\ \boldsymbol{\alpha}_2=(3,\ 2,\ 1)^{\mathrm{T}},\ \boldsymbol{\alpha}_3=(1,\ 1,\ 1)^{\mathrm{T}}$$

线性相关，并求一组不全为零的系数，使该向量组满足线性相关.

证　令

$$x_1\boldsymbol{\alpha}_1+x_2\boldsymbol{\alpha}_2+x_3\boldsymbol{\alpha}_3=\mathbf{0}, \tag{6}$$

由向量相等的定义，知(6)式等号两端向量的对应分量应相等，可得

$$\begin{cases} x_1+3x_2+x_3=0, \\ 2x_1+2x_2+x_3=0, \\ 3x_1+\ x_2+x_3=0, \end{cases} \tag{7}$$

由此知，使(6)式成立的系数就是齐次线性方程组(7)的解．由于(7)的系数行列式

$$\begin{vmatrix} 1 & 3 & 1 \\ 2 & 2 & 1 \\ 3 & 1 & 1 \end{vmatrix}=0,$$

因此方程组(7)有非零解，这样就存在不全为零的系数使(6)式成立，并且(7)的每一个非零解都是(6)式成立的一组不全为零的系数．取(7)的一个非零解 $x_1=-1$，$x_2=-1$，$x_3=4$，则有 $-\boldsymbol{\alpha}_1-\boldsymbol{\alpha}_2+4\boldsymbol{\alpha}_3=\mathbf{0}$.

在上例中，我们把向量组 $\boldsymbol{\alpha}_1$，$\boldsymbol{\alpha}_2$，$\boldsymbol{\alpha}_3$ 是否线性相关的问题转化为齐次线性方程组 $\mathbf{A}\boldsymbol{x}=\mathbf{0}$ 是否有非零解的问题，其中 $\mathbf{A}$ 是以 $\boldsymbol{\alpha}_1$，$\boldsymbol{\alpha}_2$，$\boldsymbol{\alpha}_3$ 为列向量的矩阵．这一方法具有普遍性，事实上，由向量组 A：$\boldsymbol{\alpha}_1$，$\boldsymbol{\alpha}_2$，…，$\boldsymbol{\alpha}_m$ 构成矩阵 $\mathbf{A}=(\boldsymbol{\alpha}_1,\ \boldsymbol{\alpha}_2,\ \cdots,\ \boldsymbol{\alpha}_m)$，向量组 A 线性相关，就等价于齐次线性方程组

$$x_1\boldsymbol{\alpha}_1+x_2\boldsymbol{\alpha}_2+\cdots+x_m\boldsymbol{\alpha}_m=\mathbf{0},$$

即

$$\mathbf{A}\boldsymbol{x}=\mathbf{0} \tag{8}$$

有非零解．于是可得以下定理.

定理 3　n 维向量组 $\boldsymbol{\alpha}_1$，$\boldsymbol{\alpha}_2$，…，$\boldsymbol{\alpha}_m$ 线性相关的充分必要条件是齐次线性方程组(8)有非零解；线性无关的充分必要条件是齐次方程组(8)只有零解.

推论 1　向量组 $\boldsymbol{\alpha}_1$，$\boldsymbol{\alpha}_2$，…，$\boldsymbol{\alpha}_m$ 线性相关的充分必要条件是 $R(\mathbf{A})<m$；线性无关的充分必要条件是 $R(\mathbf{A})=m$. 其中

$$\boldsymbol{\alpha}_1=\begin{pmatrix} a_{11} \\ a_{21} \\ \vdots \\ a_{n1} \end{pmatrix},\ \boldsymbol{\alpha}_2=\begin{pmatrix} a_{12} \\ a_{22} \\ \vdots \\ a_{n2} \end{pmatrix},\ \cdots,\ \boldsymbol{\alpha}_m=\begin{pmatrix} a_{1m} \\ a_{2m} \\ \vdots \\ a_{nm} \end{pmatrix},$$

$$A=(\boldsymbol{\alpha}_1, \boldsymbol{\alpha}_2, \cdots, \boldsymbol{\alpha}_m).$$

推论 2 n 个 n 维向量 $\boldsymbol{\alpha}_1, \boldsymbol{\alpha}_2, \cdots, \boldsymbol{\alpha}_n$ 线性相关的充分必要条件是

$$|A|=0,$$

其中 $A=(\boldsymbol{\alpha}_1, \boldsymbol{\alpha}_2, \cdots, \boldsymbol{\alpha}_n)$；换句话说，$n$ 个 n 维向量 $\boldsymbol{\alpha}_1, \boldsymbol{\alpha}_2, \cdots, \boldsymbol{\alpha}_n$ 线性无关的充分必要条件是 $|A|\neq 0$.

推论 3 m 个 n 维向量构成的向量组，当维数 n 小于向量个数 m 时一定线性相关．特别地，$n+1$ 个 n 维向量一定线性相关．

例 7 试讨论 n 维单位坐标向量组的线性相关性．

解 n 维单位坐标向量组构成的矩阵

$$E=(\boldsymbol{\varepsilon}_1, \boldsymbol{\varepsilon}_2, \cdots, \boldsymbol{\varepsilon}_n)$$

是 n 阶单位矩阵．由 $|E|\neq 0$，知 $R(E)=n$，故由推论 2 知此向量组是线性无关的．

例 8 已知 $\boldsymbol{\alpha}_1=\begin{pmatrix}1\\1\\1\end{pmatrix}$，$\boldsymbol{\alpha}_2=\begin{pmatrix}0\\2\\5\end{pmatrix}$，$\boldsymbol{\alpha}_3=\begin{pmatrix}2\\4\\7\end{pmatrix}$，

试讨论向量组 $\boldsymbol{\alpha}_1, \boldsymbol{\alpha}_2, \boldsymbol{\alpha}_3$ 及向量组 $\boldsymbol{\alpha}_1, \boldsymbol{\alpha}_2$ 的线性相关性．

解 由向量组 $\boldsymbol{\alpha}_1, \boldsymbol{\alpha}_2, \boldsymbol{\alpha}_3$ 构成矩阵 $(\boldsymbol{\alpha}_1, \boldsymbol{\alpha}_2, \boldsymbol{\alpha}_3)$，并对该矩阵施以初等行变换化成行阶梯形矩阵，便可以同时得到矩阵 $(\boldsymbol{\alpha}_1, \boldsymbol{\alpha}_2, \boldsymbol{\alpha}_3)$ 和矩阵 $(\boldsymbol{\alpha}_1, \boldsymbol{\alpha}_2)$ 的秩，利用定理 3 的推论 1 即可得出结论．

$$(\boldsymbol{\alpha}_1, \boldsymbol{\alpha}_2, \boldsymbol{\alpha}_3)=\begin{pmatrix}1&0&2\\1&2&4\\1&5&7\end{pmatrix}\underset{r_3-r_1}{\overset{r_2-r_1}{\sim}}\begin{pmatrix}1&0&2\\0&2&2\\0&5&5\end{pmatrix}\overset{r_3-\frac{5}{2}r_2}{\sim}\begin{pmatrix}1&0&2\\0&2&2\\0&0&0\end{pmatrix},$$

于是得 $R(\boldsymbol{\alpha}_1, \boldsymbol{\alpha}_2, \boldsymbol{\alpha}_3)=2<3$，故向量组 $\boldsymbol{\alpha}_1, \boldsymbol{\alpha}_2, \boldsymbol{\alpha}_3$ 线性相关；

同时可得 $R(\boldsymbol{\alpha}_1, \boldsymbol{\alpha}_2)=2$，故向量组 $\boldsymbol{\alpha}_1, \boldsymbol{\alpha}_2$ 线性无关．

例 9 设有向量组

$$\boldsymbol{\alpha}=\begin{pmatrix}2\\-1\\1\\3\end{pmatrix}, \boldsymbol{\beta}=\begin{pmatrix}1\\0\\4\\2\end{pmatrix}, \boldsymbol{\gamma}=\begin{pmatrix}-4\\2\\-2\\k\end{pmatrix},$$

讨论 k 取何值时 $\boldsymbol{\alpha}, \boldsymbol{\beta}, \boldsymbol{\gamma}$ 线性相关？k 取何值时 $\boldsymbol{\alpha}, \boldsymbol{\beta}, \boldsymbol{\gamma}$ 线性无关？

解 以 $\boldsymbol{\alpha}, \boldsymbol{\beta}, \boldsymbol{\gamma}$ 为列构造矩阵 $A=(\boldsymbol{\alpha}, \boldsymbol{\beta}, \boldsymbol{\gamma})$，并对该矩阵施以初等行变换化成行阶梯形矩阵得

$$A=(\boldsymbol{\alpha},\ \boldsymbol{\beta},\ \boldsymbol{\gamma})=\begin{pmatrix}2&1&-4\\-1&0&2\\1&4&-2\\3&2&k\end{pmatrix}\underset{r_3\leftrightarrow r_4}{\overset{r_1\leftrightarrow r_2}{\sim}}\begin{pmatrix}-1&0&2\\2&1&-4\\3&2&k\\1&4&-2\end{pmatrix}$$

$$\underset{r_4+r_1}{\overset{\substack{r_2+2r_1\\r_3+3r_1}}{\sim}}\begin{pmatrix}-1&0&2\\0&1&0\\0&2&k+6\\0&4&0\end{pmatrix}\underset{r_4-4r_2}{\overset{r_3-2r_2}{\sim}}\begin{pmatrix}-1&0&2\\0&1&0\\0&0&k+6\\0&0&0\end{pmatrix},$$

由上式右端的矩阵可知，当 $k=-6$ 时，$R(\boldsymbol{A})=2<3$，则 $\boldsymbol{\alpha}$，$\boldsymbol{\beta}$，$\boldsymbol{\gamma}$ 线性相关；当 $k\neq-6$ 时，$R(\boldsymbol{A})=3$，则 $\boldsymbol{\alpha}$，$\boldsymbol{\beta}$，$\boldsymbol{\gamma}$ 线性无关．

例 10　讨论下列向量组的线性相关性：

(1) $\boldsymbol{\alpha}_1=\begin{pmatrix}1\\1\\1\end{pmatrix}$，$\boldsymbol{\alpha}_2=\begin{pmatrix}9\\9\\0\end{pmatrix}$，$\boldsymbol{\alpha}_3=\begin{pmatrix}9\\5\\3\end{pmatrix}$，$\boldsymbol{\alpha}_4=\begin{pmatrix}9\\0\\1\end{pmatrix}$；

(2) $\boldsymbol{\beta}_1=\begin{pmatrix}2\\0\\1\\4\end{pmatrix}$，$\boldsymbol{\beta}_2=\begin{pmatrix}1\\0\\7\\6\end{pmatrix}$，$\boldsymbol{\beta}_3=\begin{pmatrix}-1\\0\\5\\2\end{pmatrix}$，$\boldsymbol{\beta}_4=\begin{pmatrix}3\\0\\-2\\8\end{pmatrix}$.

解　(1) $\boldsymbol{\alpha}_1$，$\boldsymbol{\alpha}_2$，$\boldsymbol{\alpha}_3$，$\boldsymbol{\alpha}_4$ 是 4 个 3 维向量，由定理 3 的推论 3，知向量组 $\boldsymbol{\alpha}_1$，$\boldsymbol{\alpha}_2$，$\boldsymbol{\alpha}_3$，$\boldsymbol{\alpha}_4$ 线性相关．

(2) 令
$$\boldsymbol{B}=(\boldsymbol{\beta}_1,\ \boldsymbol{\beta}_2,\ \boldsymbol{\beta}_3,\ \boldsymbol{\beta}_4)=\begin{pmatrix}2&1&-1&3\\0&0&0&0\\1&7&5&-2\\4&6&2&8\end{pmatrix},$$

因为 $|\boldsymbol{B}|=0$，由定理 3 的推论 2 知，向量组 $\boldsymbol{\beta}_1$，$\boldsymbol{\beta}_2$，$\boldsymbol{\beta}_3$，$\boldsymbol{\beta}_4$ 线性相关．

例 11　已知向量组 $\boldsymbol{\alpha}_1$，$\boldsymbol{\alpha}_2$，$\boldsymbol{\alpha}_3$ 线性无关，$\boldsymbol{\beta}_1=\boldsymbol{\alpha}_1+\boldsymbol{\alpha}_2$，$\boldsymbol{\beta}_2=\boldsymbol{\alpha}_2+\boldsymbol{\alpha}_3$，$\boldsymbol{\beta}_3=\boldsymbol{\alpha}_3+\boldsymbol{\alpha}_1$，试证向量组 $\boldsymbol{\beta}_1$，$\boldsymbol{\beta}_2$，$\boldsymbol{\beta}_3$ 线性无关．

证　**证法一**　设存在一组数 k_1，k_2，k_3 使
$$k_1\boldsymbol{\beta}_1+k_2\boldsymbol{\beta}_2+k_3\boldsymbol{\beta}_3=\boldsymbol{0},$$
即
$$(k_1+k_3)\boldsymbol{\alpha}_1+(k_1+k_2)\boldsymbol{\alpha}_2+(k_2+k_3)\boldsymbol{\alpha}_3=\boldsymbol{0}.$$
因为 $\boldsymbol{\alpha}_1$，$\boldsymbol{\alpha}_2$，$\boldsymbol{\alpha}_3$ 线性无关，所以有
$$\begin{cases}k_1+k_3=0,\\k_1+k_2=0,\\k_2+k_3=0,\end{cases}$$

上述方程组的系数行列式

$$\begin{vmatrix}1&0&1\\1&1&0\\0&1&1\end{vmatrix}=2\neq 0,$$

所以只有零解 $k_1=k_2=k_3=0$，因此向量组 $\boldsymbol{\beta}_1$，$\boldsymbol{\beta}_2$，$\boldsymbol{\beta}_3$ 线性无关．

证法二 $\boldsymbol{\beta}_1=\boldsymbol{\alpha}_1+\boldsymbol{\alpha}_2$，$\boldsymbol{\beta}_2=\boldsymbol{\alpha}_2+\boldsymbol{\alpha}_3$，$\boldsymbol{\beta}_3=\boldsymbol{\alpha}_3+\boldsymbol{\alpha}_1$ 可以表示为

$$(\boldsymbol{\beta}_1,\ \boldsymbol{\beta}_2,\ \boldsymbol{\beta}_3)=(\boldsymbol{\alpha}_1,\ \boldsymbol{\alpha}_2,\ \boldsymbol{\alpha}_3)\begin{pmatrix}1&0&1\\1&1&0\\0&1&1\end{pmatrix},$$

记 $\boldsymbol{B}=(\boldsymbol{\beta}_1,\ \boldsymbol{\beta}_2,\ \boldsymbol{\beta}_3)$，$\boldsymbol{A}=(\boldsymbol{\alpha}_1,\ \boldsymbol{\alpha}_2,\ \boldsymbol{\alpha}_3)$，$\boldsymbol{K}=\begin{pmatrix}1&0&1\\1&1&0\\0&1&1\end{pmatrix}$，于是有 $\boldsymbol{B}=\boldsymbol{AK}$. 由 $|\boldsymbol{K}|\neq 0$，知 $\boldsymbol{K}$ 可逆，由矩阵的性质知 $R(\boldsymbol{B})=R(\boldsymbol{A})$.

由 $\boldsymbol{\alpha}_1$，$\boldsymbol{\alpha}_2$，$\boldsymbol{\alpha}_3$ 线性无关，根据定理 3 的推论 1 知 $R(\boldsymbol{A})=3$，从而 $R(\boldsymbol{B})=3$，再由定理 3 的推论 1 知 $\boldsymbol{\beta}_1$，$\boldsymbol{\beta}_2$，$\boldsymbol{\beta}_3$ 线性无关．

例 12 已知向量组 $\boldsymbol{\alpha}_1$，$\boldsymbol{\alpha}_2$，$\boldsymbol{\alpha}_3$，$\boldsymbol{\alpha}_4$ 线性无关，$\boldsymbol{\beta}_1=\boldsymbol{\alpha}_1+\boldsymbol{\alpha}_2$，$\boldsymbol{\beta}_2=\boldsymbol{\alpha}_2+\boldsymbol{\alpha}_3$，$\boldsymbol{\beta}_3=\boldsymbol{\alpha}_3+\boldsymbol{\alpha}_4$，$\boldsymbol{\beta}_4=\boldsymbol{\alpha}_4+\boldsymbol{\alpha}_1$，试证向量组 $\boldsymbol{\beta}_1$，$\boldsymbol{\beta}_2$，$\boldsymbol{\beta}_3$，$\boldsymbol{\beta}_4$ 线性相关．

证 设存在一组数 k_1，k_2，k_3，k_4 使

$$k_1\boldsymbol{\beta}_1+k_2\boldsymbol{\beta}_2+k_3\boldsymbol{\beta}_3+k_4\boldsymbol{\beta}_4=\boldsymbol{0},$$

即

$$(k_1+k_4)\boldsymbol{\alpha}_1+(k_1+k_2)\boldsymbol{\alpha}_2+(k_2+k_3)\boldsymbol{\alpha}_3+(k_3+k_4)\boldsymbol{\alpha}_4=\boldsymbol{0}.$$

因为 $\boldsymbol{\alpha}_1$，$\boldsymbol{\alpha}_2$，$\boldsymbol{\alpha}_3$，$\boldsymbol{\alpha}_4$ 线性无关，所以有

$$\begin{cases}k_1+k_4=0,\\k_1+k_2=0,\\k_2+k_3=0,\\k_3+k_4=0.\end{cases}$$

上述方程组的系数行列式

$$\begin{vmatrix}1&0&0&1\\1&1&0&0\\0&1&1&0\\0&0&1&1\end{vmatrix}=0,$$

所以存在非零解 k_1，k_2，k_3，k_4，因此向量组 $\boldsymbol{\beta}_1$，$\boldsymbol{\beta}_2$，$\boldsymbol{\beta}_3$，$\boldsymbol{\beta}_4$ 线性相关．

由例 11 和例 12，读者可以考虑，若 $\boldsymbol{\alpha}_1$，$\boldsymbol{\alpha}_2$，…，$\boldsymbol{\alpha}_k$ 线性无关，$\boldsymbol{\beta}_1=\boldsymbol{\alpha}_1+\boldsymbol{\alpha}_2$，$\boldsymbol{\beta}_2=\boldsymbol{\alpha}_2+\boldsymbol{\alpha}_3$，…，$\boldsymbol{\beta}_k=\boldsymbol{\alpha}_k+\boldsymbol{\alpha}_1$，那么 $\boldsymbol{\beta}_1$，$\boldsymbol{\beta}_2$，…，$\boldsymbol{\beta}_k$ 的线性相关性如何？

向量组的线性相关性是向量组的一个重要性质，下面介绍一些与之相关的

结论．

定理 4　（1）向量组 $\boldsymbol{\alpha}_1$，$\boldsymbol{\alpha}_2$，…，$\boldsymbol{\alpha}_m$（$m\geqslant2$）线性相关的充分必要条件是至少有一个向量是其余向量的线性组合．

（2）设向量组 $\boldsymbol{\alpha}_1$，$\boldsymbol{\alpha}_2$，…，$\boldsymbol{\alpha}_m$ 线性无关，而向量组 $\boldsymbol{\alpha}_1$，$\boldsymbol{\alpha}_2$，…，$\boldsymbol{\alpha}_m$，$\boldsymbol{\beta}$ 线性相关，则向量 $\boldsymbol{\beta}$ 可以由向量组 $\boldsymbol{\alpha}_1$，$\boldsymbol{\alpha}_2$，…，$\boldsymbol{\alpha}_m$ 线性表示，并且表示式是惟一的．

证　（1）**必要性**

若 $\boldsymbol{\alpha}_1$，$\boldsymbol{\alpha}_2$，…，$\boldsymbol{\alpha}_m$ 线性相关，则存在一组不全为零的数 k_1，k_2，…，k_m 使

$$k_1\boldsymbol{\alpha}_1+k_2\boldsymbol{\alpha}_2+\cdots+k_m\boldsymbol{\alpha}_m=\mathbf{0}.$$

不失一般性，不妨设 $k_1\neq0$，于是有

$$\boldsymbol{\alpha}_1=-\frac{k_2}{k_1}\boldsymbol{\alpha}_2-\frac{k_3}{k_1}\boldsymbol{\alpha}_3-\cdots-\frac{k_m}{k_1}\boldsymbol{\alpha}_m,$$

即 $\boldsymbol{\alpha}_1$ 是 $\boldsymbol{\alpha}_2$，$\boldsymbol{\alpha}_3$，…，$\boldsymbol{\alpha}_m$ 的线性组合．

充分性

不妨设 $\boldsymbol{\alpha}_1$ 可由 $\boldsymbol{\alpha}_2$，$\boldsymbol{\alpha}_3$，…，$\boldsymbol{\alpha}_m$ 线性表示，即

$$\boldsymbol{\alpha}_1=l_2\boldsymbol{\alpha}_2+l_3\boldsymbol{\alpha}_3+\cdots+l_m\boldsymbol{\alpha}_m,$$

从而有

$$-\boldsymbol{\alpha}_1+l_2\boldsymbol{\alpha}_2+l_3\boldsymbol{\alpha}_3+\cdots+l_m\boldsymbol{\alpha}_m=\mathbf{0},$$

由于-1，l_2，l_3，…，l_m 不全为零，故 $\boldsymbol{\alpha}_1$，$\boldsymbol{\alpha}_2$，…，$\boldsymbol{\alpha}_m$ 线性相关．

（2）记矩阵 $\boldsymbol{A}=(\boldsymbol{\alpha}_1, \boldsymbol{\alpha}_2, \cdots, \boldsymbol{\alpha}_m)$，$\boldsymbol{B}=(\boldsymbol{\alpha}_1, \boldsymbol{\alpha}_2, \cdots, \boldsymbol{\alpha}_m, \boldsymbol{\beta})$，则有 $R(\boldsymbol{A})\leqslant R(\boldsymbol{B})$．因为 $\boldsymbol{A}$ 组线性无关，有 $R(\boldsymbol{A})=m$；因为 $\boldsymbol{B}$ 组线性相关，有 $R(\boldsymbol{B})<m+1$．由矩阵的性质知，$m=R(\boldsymbol{A})\leqslant R(\boldsymbol{B})<m+1$，故 $R(\boldsymbol{B})=m$.

由 $R(\boldsymbol{A})=R(\boldsymbol{B})=m$，知方程组

$$(\boldsymbol{\alpha}_1, \boldsymbol{\alpha}_2, \cdots, \boldsymbol{\alpha}_m)\boldsymbol{x}=\boldsymbol{\beta}$$

有惟一解，即向量 $\boldsymbol{\beta}$ 可以由向量组 $\boldsymbol{\alpha}_1$，$\boldsymbol{\alpha}_2$，…，$\boldsymbol{\alpha}_m$ 惟一的线性表示．

定理 4 建立了线性相关与线性组合这两个概念之间的联系．

定理 5　（1）若向量组 $\boldsymbol{\alpha}_1$，$\boldsymbol{\alpha}_2$，…，$\boldsymbol{\alpha}_m$ 线性相关，则向量组 $\boldsymbol{\alpha}_1$，$\boldsymbol{\alpha}_2$，…，$\boldsymbol{\alpha}_m$，$\boldsymbol{\alpha}_{m+1}$ 也线性相关；反之，若向量组 $\boldsymbol{\alpha}_1$，$\boldsymbol{\alpha}_2$，…，$\boldsymbol{\alpha}_m$，$\boldsymbol{\alpha}_{m+1}$ 线性无关，则向量组 $\boldsymbol{\alpha}_1$，$\boldsymbol{\alpha}_2$，…，$\boldsymbol{\alpha}_m$ 也线性无关．

（2）若 n 维向量组 $\boldsymbol{\alpha}_1$，$\boldsymbol{\alpha}_2$，…，$\boldsymbol{\alpha}_m$ 线性无关，则 $n+1$ 维向量组 $\boldsymbol{\beta}_1$，$\boldsymbol{\beta}_2$，…，$\boldsymbol{\beta}_m$ 也线性无关，其中，

$$\boldsymbol{\alpha}_i=\begin{pmatrix}a_{1i}\\a_{2i}\\\vdots\\a_{ni}\end{pmatrix}(i=1, 2, \cdots, m), \quad \boldsymbol{\beta}_i=\begin{pmatrix}a_{1i}\\a_{2i}\\\vdots\\a_{ni}\\a_{n+1,i}\end{pmatrix}(i=1, 2, \cdots, m).$$

证 (1) 由 $\boldsymbol{\alpha}_1$，$\boldsymbol{\alpha}_2$，…，$\boldsymbol{\alpha}_m$ 线性相关，知存在不全为零的数 k_1，k_2，…，k_m 使

$$k_1\boldsymbol{\alpha}_1+k_2\boldsymbol{\alpha}_2+\cdots+k_m\boldsymbol{\alpha}_m=\mathbf{0}$$

成立．从而存在不全为零的数 k_1，k_2，…，k_m，0 使

$$k_1\boldsymbol{\alpha}_1+k_2\boldsymbol{\alpha}_2+\cdots+k_m\boldsymbol{\alpha}_m+0\boldsymbol{\alpha}_{m+1}=\mathbf{0},$$

故 $\boldsymbol{\alpha}_1$，$\boldsymbol{\alpha}_2$，…，$\boldsymbol{\alpha}_m$，$\boldsymbol{\alpha}_{m+1}$ 线性相关．

(2) 记矩阵 $\boldsymbol{A}=(\boldsymbol{\alpha}_1, \boldsymbol{\alpha}_2, \cdots, \boldsymbol{\alpha}_m)$，$\boldsymbol{B}=(\boldsymbol{\beta}_1, \boldsymbol{\beta}_2, \cdots, \boldsymbol{\beta}_m)$，因为 $\boldsymbol{A}$ 组线性无关，有 $R(\boldsymbol{A})=m$. 由矩阵的性质知，$m=R(\boldsymbol{A})\leqslant R(\boldsymbol{B})\leqslant m$，故 $R(\boldsymbol{B})=m$. 由定理 3 推论 1 知向量组 $\boldsymbol{\beta}_1$，$\boldsymbol{\beta}_2$，…，$\boldsymbol{\beta}_m$ 也线性无关．

定理 5(1)中结论是对向量组增加 1 个向量而言的，如果增加多个向量结论依然成立．也就是说，向量组有部分向量组线性相关，则整体向量组必线性相关．特别地，含零向量的向量组一定线性相关．一个向量组若线性无关，则它的任何部分向量组也线性无关．

定理 5(2)中结论是对向量的维数增加 1 维而言的，如果增加多维结论仍然成立．通常称向量组 $\boldsymbol{\alpha}_1$，$\boldsymbol{\alpha}_2$，…，$\boldsymbol{\alpha}_m$ 为向量组 $\boldsymbol{\beta}_1$，$\boldsymbol{\beta}_2$，…，$\boldsymbol{\beta}_m$ 的截短向量组，或 $\boldsymbol{\beta}_1$，$\boldsymbol{\beta}_2$，…，$\boldsymbol{\beta}_m$ 为 $\boldsymbol{\alpha}_1$，$\boldsymbol{\alpha}_2$，…，$\boldsymbol{\alpha}_m$ 的接长向量组．也就是说向量组若线性无关，则其接长向量组也线性无关；换言之，向量组若线性相关，则其截短向量组也线性相关．

例 13 设向量组 $\boldsymbol{\alpha}_1$，$\boldsymbol{\alpha}_2$，$\boldsymbol{\alpha}_3$ 线性相关，向量组 $\boldsymbol{\alpha}_2$，$\boldsymbol{\alpha}_3$，$\boldsymbol{\alpha}_4$ 线性无关，证明：(1) $\boldsymbol{\alpha}_1$ 能由 $\boldsymbol{\alpha}_2$，$\boldsymbol{\alpha}_3$ 线性表示；(2) $\boldsymbol{\alpha}_4$ 不能由 $\boldsymbol{\alpha}_1$，$\boldsymbol{\alpha}_2$，$\boldsymbol{\alpha}_3$ 线性表示．

证 (1) 因为 $\boldsymbol{\alpha}_2$，$\boldsymbol{\alpha}_3$，$\boldsymbol{\alpha}_4$ 线性无关，由定理 5(1)知 $\boldsymbol{\alpha}_2$，$\boldsymbol{\alpha}_3$ 线性无关，而 $\boldsymbol{\alpha}_1$，$\boldsymbol{\alpha}_2$，$\boldsymbol{\alpha}_3$ 线性相关，由定理 4(2)知 $\boldsymbol{\alpha}_1$ 能由 $\boldsymbol{\alpha}_2$，$\boldsymbol{\alpha}_3$ 线性表示．

(2) 用反证法．假设 $\boldsymbol{\alpha}_4$ 能由 $\boldsymbol{\alpha}_1$，$\boldsymbol{\alpha}_2$，$\boldsymbol{\alpha}_3$ 线性表示，而由(1)知 $\boldsymbol{\alpha}_1$ 能由 $\boldsymbol{\alpha}_2$，$\boldsymbol{\alpha}_3$ 线性表示，因此 $\boldsymbol{\alpha}_4$ 能由 $\boldsymbol{\alpha}_2$，$\boldsymbol{\alpha}_3$ 线性表示，这与 $\boldsymbol{\alpha}_2$，$\boldsymbol{\alpha}_3$，$\boldsymbol{\alpha}_4$ 线性无关矛盾，故 $\boldsymbol{\alpha}_4$ 不能由 $\boldsymbol{\alpha}_1$，$\boldsymbol{\alpha}_2$，$\boldsymbol{\alpha}_3$ 线性表示．

第四节　向量组的秩

在向量组的线性相关性理论中，线性组合、线性表示以及线性相关与线性无关是基本概念，而向量组的线性相关性的判别则是一个核心问题．为了更好地解决这一问题，需要进一步研究向量组的其他两个概念，即向量组的最大线性无关组和向量组的秩．通过对它们的研究，可以进一步把向量组和矩阵联系起来，从而揭示出向量组的内在规律性．

一、向量组的等价

在有些情况下，需要研究向量组与向量组之间的关系，因此我们给出以下的概念和结论．

定义 6　设有两个向量组 A：$\boldsymbol{\alpha}_1$，$\boldsymbol{\alpha}_2$，…，$\boldsymbol{\alpha}_m$ 与 B：$\boldsymbol{\beta}_1$，$\boldsymbol{\beta}_2$，…，$\boldsymbol{\beta}_l$，若向量组 B 中的每个向量都能由向量组 A 线性表示，则称向量组 B 能由向量组 A 线性表示．若向量组 A 和向量组 B 能相互线性表示，则称这两个向量组**等价**.

显然，一个向量组可表示出它的任意一个部分组．

把向量组 A 和向量组 B 所构成的矩阵分别记作

$$\boldsymbol{A}=(\boldsymbol{\alpha}_1,\ \boldsymbol{\alpha}_2,\ \cdots,\ \boldsymbol{\alpha}_m)\text{和}\boldsymbol{B}=(\boldsymbol{\beta}_1,\ \boldsymbol{\beta}_2,\ \cdots,\ \boldsymbol{\beta}_l),$$

向量组 B 能由向量组 A 线性表示，也就是说对每个向量 $\boldsymbol{\beta}_j(j=1,\ 2,\ \cdots,\ l)$ 存在数 k_{1j}，k_{2j}，…，k_{mj}，使

$$\boldsymbol{\beta}_j=k_{1j}\boldsymbol{\alpha}_1+k_{2j}\boldsymbol{\alpha}_2+\cdots+k_{mj}\boldsymbol{\alpha}_m=(\boldsymbol{\alpha}_1,\ \boldsymbol{\alpha}_2,\ \cdots,\ \boldsymbol{\alpha}_m)\begin{pmatrix}k_{1j}\\k_{2j}\\\vdots\\k_{mj}\end{pmatrix},$$

从而有
$$(\boldsymbol{\beta}_1,\ \boldsymbol{\beta}_2,\ \cdots,\ \boldsymbol{\beta}_l)=(\boldsymbol{\alpha}_1,\ \boldsymbol{\alpha}_2,\ \cdots,\ \boldsymbol{\alpha}_m)\begin{pmatrix}k_{11}&k_{12}&\cdots&k_{1l}\\k_{21}&k_{22}&\cdots&k_{2l}\\\vdots&\vdots&&\vdots\\k_{m1}&k_{m2}&\cdots&k_{ml}\end{pmatrix},$$

即
$$\boldsymbol{B}=\boldsymbol{AK},$$

其中，矩阵 $\boldsymbol{K}=(k_{ij})_{m\times l}$ 称为这一线性表示的系数矩阵．

因此，若 $\boldsymbol{C}_{m\times n}=\boldsymbol{A}_{m\times l}\boldsymbol{B}_{l\times n}$，则矩阵的乘积用向量的语言表述为：矩阵 $\boldsymbol{C}$ 的列向量组能由矩阵 $\boldsymbol{A}$ 的列向量组线性表示，$\boldsymbol{B}$ 为这一表示的系数矩阵，即

$$(\boldsymbol{c}_1,\ \boldsymbol{c}_2,\ \cdots,\ \boldsymbol{c}_n)=(\boldsymbol{\alpha}_1,\ \boldsymbol{\alpha}_2,\ \cdots,\ \boldsymbol{\alpha}_l)\begin{pmatrix}b_{11}&b_{12}&\cdots&b_{1n}\\b_{21}&b_{22}&\cdots&b_{2n}\\\vdots&\vdots&&\vdots\\b_{l1}&b_{l2}&\cdots&b_{ln}\end{pmatrix};$$

同时，矩阵 $\boldsymbol{C}$ 的行向量组能由矩阵 $\boldsymbol{B}$ 的行向量组线性表示，$\boldsymbol{A}$ 为这一表示的系数矩阵，即

$$\begin{pmatrix}\boldsymbol{\gamma}_1^{\mathrm{T}}\\\boldsymbol{\gamma}_2^{\mathrm{T}}\\\vdots\\\boldsymbol{\gamma}_m^{\mathrm{T}}\end{pmatrix}=\begin{pmatrix}a_{11}&a_{12}&\cdots&a_{1l}\\a_{21}&a_{22}&\cdots&a_{2l}\\\vdots&\vdots&&\vdots\\a_{m1}&a_{m2}&\cdots&a_{ml}\end{pmatrix}\begin{pmatrix}\boldsymbol{b}_1^{\mathrm{T}}\\\boldsymbol{b}_2^{\mathrm{T}}\\\vdots\\\boldsymbol{b}_l^{\mathrm{T}}\end{pmatrix}.$$

若矩阵 $\boldsymbol{A}$ 与 $\boldsymbol{B}$ 行等价，即矩阵 $\boldsymbol{A}$ 经初等行变换变成矩阵 $\boldsymbol{B}$，则 $\boldsymbol{B}$ 的每个行向量都是 $\boldsymbol{A}$ 的行向量组的线性组合，即 $\boldsymbol{B}$ 的行向量组能由 $\boldsymbol{A}$ 的行向量组线性表示．由于初等变换是可逆的，则矩阵 $\boldsymbol{B}$ 经初等行变换变成矩阵 $\boldsymbol{A}$，从而 $\boldsymbol{A}$ 的行向量组也能由 $\boldsymbol{B}$ 的行向量组线性表示．即 $\boldsymbol{A}$ 的行向量组与 $\boldsymbol{B}$ 的行向量组等价．

这里要注意的是，若矩阵 $\boldsymbol{A}$ 与 $\boldsymbol{B}$ 等价，则 $\boldsymbol{A}$ 的行向量组和 $\boldsymbol{B}$ 的行向量组一般情况下是不等价的．同理，我们可以类似地讨论，若矩阵 $\boldsymbol{A}$ 与 $\boldsymbol{B}$ 列等价，$\boldsymbol{A}$ 的列向量组和 $\boldsymbol{B}$ 的列向量组的关系．

与矩阵的等价类似，向量组间的等价关系具有下列性质：

(1) 反身性；(2) 对称性；(3) 传递性．

二、向量组的最大无关组与向量组的秩

由前面的讨论可知，单位坐标向量组 $\boldsymbol{\varepsilon}_1$，$\boldsymbol{\varepsilon}_2$，…，$\boldsymbol{\varepsilon}_n$ 是线性无关的，$n+1$ 个 n 维向量一定线性相关，并且任意 n 维向量都可以由单位坐标向量组线性表示．因而设想，对任意一个向量组是否也能从中选出含向量个数最多的线性无关的部分向量组，使向量组中的任意向量都可以由这个部分组线性表示？如果是这样，就会便于研究含向量个数很多的向量组或含无穷多个向量的向量组．为此给出如下的概念与结论．

定义 7 设有向量组 A：$\boldsymbol{\alpha}_1$，$\boldsymbol{\alpha}_2$，…，$\boldsymbol{\alpha}_m$，如果能在 A 中选出 r 个向量 $\boldsymbol{\alpha}_1$，$\boldsymbol{\alpha}_2$，…，$\boldsymbol{\alpha}_r$，满足

(1) 向量组 A_0：$\boldsymbol{\alpha}_1$，$\boldsymbol{\alpha}_2$，…，$\boldsymbol{\alpha}_r$ 线性无关；

(2) 向量组 A 中的任意 $r+1$ 个向量(如果存在的话)线性相关，

则称向量组 A_0 是向量组 A 的一个**最大线性无关组**(简称**最大无关组**)，或者**极大线性无关组**；最大线性无关组所含向量的个数 r 称为向量组 A 的**秩**，记为 R_A.

由定义 7 知，一个向量组的最大无关组是该向量组中作为一个线性无关的部分向量组，所包含向量的个数达到了最多．一个向量组若线性无关，则其最大无关组就是它本身，秩就是向量组中向量的个数．从而，我们可以得到以下结论：

向量组线性无关(相关)$\Leftrightarrow$向量组的秩等于(小于)向量组所含向量的个数.

只含零向量的向量组没有最大线性无关组，并规定它的秩为 0.

由定义可以得到一个向量组与它的最大线性无关组的关系是：一个向量组

与它的最大线性无关组等价.

一般情形下，向量组的最大无关组是不惟一的. 如向量组

$$\boldsymbol{\alpha}_1=\begin{pmatrix}1\\2\\-1\end{pmatrix},\ \boldsymbol{\alpha}_2=\begin{pmatrix}2\\-3\\1\end{pmatrix},\ \boldsymbol{\alpha}_3=\begin{pmatrix}4\\1\\-1\end{pmatrix},$$

易知 $\boldsymbol{\alpha}_1$，$\boldsymbol{\alpha}_2$，$\boldsymbol{\alpha}_3$ 线性相关，而 $\boldsymbol{\alpha}_1$，$\boldsymbol{\alpha}_2$；$\boldsymbol{\alpha}_2$，$\boldsymbol{\alpha}_3$；$\boldsymbol{\alpha}_1$，$\boldsymbol{\alpha}_3$ 分别线性无关，均为该向量组的最大无关组. 显然，向量组 $\boldsymbol{\alpha}_1$，$\boldsymbol{\alpha}_2$，$\boldsymbol{\alpha}_3$ 与 $\boldsymbol{\alpha}_1$，$\boldsymbol{\alpha}_2$ 等价，最大无关组 $\boldsymbol{\alpha}_1$，$\boldsymbol{\alpha}_2$ 与 $\boldsymbol{\alpha}_2$，$\boldsymbol{\alpha}_3$ 及 $\boldsymbol{\alpha}_1$，$\boldsymbol{\alpha}_3$ 相互等价.

由此可见，尽管上述向量组的最大无关组是不惟一的，但向量组的各个最大无关组所含向量的个数相等. 这个结果具有一般性，为此，先证明以下定理.

定理 6　给定两个向量组 A：$\boldsymbol{\alpha}_1$，$\boldsymbol{\alpha}_2$，…，$\boldsymbol{\alpha}_s$ 和 B：$\boldsymbol{\beta}_1$，$\boldsymbol{\beta}_2$，…，$\boldsymbol{\beta}_t$，若向量组 A 能由向量组 B 线性表示，且 $s>t$，则向量组 A 线性相关.

证　只要证明存在不全为零的数 k_1，k_2，…，k_s，使

$$k_1\boldsymbol{\alpha}_1+k_2\boldsymbol{\alpha}_2+\cdots+k_s\boldsymbol{\alpha}_s=\mathbf{0}.$$

由已知条件，设

$$\boldsymbol{\alpha}_i=l_{1i}\boldsymbol{\beta}_1+l_{2i}\boldsymbol{\beta}_2+\cdots+l_{ti}\boldsymbol{\beta}_t\ (i=1,\ 2,\ \cdots,\ s),$$

即

$$\boldsymbol{\alpha}_i=(\boldsymbol{\beta}_1,\ \boldsymbol{\beta}_2,\ \cdots,\ \boldsymbol{\beta}_t)\begin{pmatrix}l_{1i}\\l_{2i}\\\vdots\\l_{ti}\end{pmatrix}(i=1,\ 2,\ \cdots,\ s),$$

将上述 s 个等式用矩阵表示为

$$(\boldsymbol{\alpha}_1,\ \boldsymbol{\alpha}_2,\ \cdots,\ \boldsymbol{\alpha}_s)=(\boldsymbol{\beta}_1,\ \boldsymbol{\beta}_2,\ \cdots,\ \boldsymbol{\beta}_t)\begin{pmatrix}l_{11}&l_{12}&\cdots&l_{1s}\\l_{21}&l_{22}&\cdots&l_{2s}\\\vdots&\vdots&&\vdots\\l_{t1}&l_{t2}&\cdots&l_{ts}\end{pmatrix},$$

记

$$\boldsymbol{C}=\begin{pmatrix}l_{11}&l_{12}&\cdots&l_{1s}\\l_{21}&l_{22}&\cdots&l_{2s}\\\vdots&\vdots&&\vdots\\l_{t1}&l_{t2}&\cdots&l_{ts}\end{pmatrix},$$

由于 $s>t$，故 $R(\boldsymbol{C})<s$，因而齐次线性方程组

$$\boldsymbol{Cx}=\mathbf{0}$$

有非零解，即存在不全为零的数 k_1，k_2，…，k_s，使

$$C\begin{pmatrix}k_1\\k_2\\\vdots\\k_s\end{pmatrix}=\mathbf{0},$$

则
$$k_1\boldsymbol{\alpha}_1+k_2\boldsymbol{\alpha}_2+\cdots+k_s\boldsymbol{\alpha}_s=(\boldsymbol{\alpha}_1,\ \boldsymbol{\alpha}_2,\ \cdots,\ \boldsymbol{\alpha}_s)\begin{pmatrix}k_1\\k_2\\\vdots\\k_s\end{pmatrix}$$

$$=(\boldsymbol{\beta}_1,\ \boldsymbol{\beta}_2,\ \cdots,\ \boldsymbol{\beta}_t)C\begin{pmatrix}k_1\\k_2\\\vdots\\k_s\end{pmatrix}=\mathbf{0},$$

故 $\boldsymbol{\alpha}_1$，$\boldsymbol{\alpha}_2$，…，$\boldsymbol{\alpha}_s$ 线性相关．

由定理 6 可以得到以下推论．

推论 1 $\boldsymbol{\alpha}_1$，$\boldsymbol{\alpha}_2$，…，$\boldsymbol{\alpha}_s$ 线性无关，且可由向量组 $\boldsymbol{\beta}_1$，$\boldsymbol{\beta}_2$，…，$\boldsymbol{\beta}_t$ 线性表示，则 $s\leqslant t$.

推论 2 两个线性无关的等价向量组必含相同个数的向量．

推论 3 一个向量组若有两个最大线性无关组，则它们所含向量的个数相等.

推论 3 表明，向量组的最大无关组所含向量的个数与最大无关组的选择无关，而是由向量组的秩决定的．秩是向量组的一个重要属性，下面给出有关向量组秩的一些结论：

1. 如果一个向量组的秩为 r，则向量组中任意 r 个线性无关的向量都是它的一个最大无关组．

2. 设向量组 A：$\boldsymbol{\alpha}_1$，$\boldsymbol{\alpha}_2$，…，$\boldsymbol{\alpha}_s$ 可由向量组 B：$\boldsymbol{\beta}_1$，$\boldsymbol{\beta}_2$，…，$\boldsymbol{\beta}_t$ 线性表示，则

$$R_A\leqslant R_B.$$

因此可以得出，等价的向量组必有相同的秩，但是有相同的秩的向量组，不一定等价．

我们可以得到如下最大无关组的等价定义．

定义 8（最大无关组等价定义） 设向量组 A_0：$\boldsymbol{\alpha}_1$，$\boldsymbol{\alpha}_2$，…，$\boldsymbol{\alpha}_r$ 是向量组 A 的一个部分组，且满足

（1）向量组 A_0 线性无关；

（2）向量组 A 中的向量都可以由 A_0 线性表示，

则称向量组 A_0 是向量组 A 的一个最大线性无关组(简称最大无关组)，或者极大线性无关组．

前面我们在讨论向量组的一些结论时，限制向量组只含有限个向量．有了向量组的最大线性无关组的相关理论体系，我们可以把前述一些定理的结论推广到向量组含无限个向量的情形．

三、向量组的秩与矩阵的秩

上一章讨论过矩阵的秩，由于只含有限个向量的向量组可以构成矩阵，于是得到以下定理．

定理 7　矩阵的秩等于它的列向量组的秩，也等于它的行向量组的秩．

证　仅就矩阵列向量组的情形加以证明，行向量组的情形类似．

设矩阵 $\boldsymbol{A}=(\boldsymbol{\alpha}_1, \boldsymbol{\alpha}_2, \cdots, \boldsymbol{\alpha}_m)$，且 $R(\boldsymbol{A})=r$，则 $\boldsymbol{A}$ 中存在一个 r 阶子式 $D_r\neq 0$，于是由定理 3 的推论 1 知，D_r 所在的 r 列线性无关；又 $\boldsymbol{A}$ 中所有 $r+1$ 阶子式都为零，再由定理 3 的推论 1 知，矩阵 $\boldsymbol{A}$ 的任意 $r+1$ 个列向量线性相关，所以矩阵 $\boldsymbol{A}$ 的列向量组的秩等于 r.

由矩阵的秩和向量组的秩的关系，向量组 $\boldsymbol{\alpha}_1, \boldsymbol{\alpha}_2, \cdots, \boldsymbol{\alpha}_m$ 的秩也可以用 $R(\boldsymbol{\alpha}_1, \boldsymbol{\alpha}_2, \cdots, \boldsymbol{\alpha}_m)$ 表示．也就是说 $R(\boldsymbol{A})$ 既表示矩阵 $\boldsymbol{A}$ 的秩，也表示矩阵 $\boldsymbol{A}$ 的列向量组或行向量组的秩．

同时，定理 7 的证明过程给出了求向量组的秩及最大无关组的方法．事实上，若 D_r 为矩阵 $\boldsymbol{A}$ 的一个最高阶非零子式，则矩阵 $\boldsymbol{A}$ 的列向量组的秩和行向量组的秩均为 r，且 D_r 所在的 r 列即是 $\boldsymbol{A}$ 的列向量组的一个最大无关组，D_r 所在的 r 行即是 $\boldsymbol{A}$ 的行向量组的一个最大无关组．

例 14　设有向量组

$$\boldsymbol{\alpha}_1=\begin{pmatrix}1\\-2\\1\end{pmatrix},\ \boldsymbol{\alpha}_2=\begin{pmatrix}2\\-4\\2\end{pmatrix},\ \boldsymbol{\alpha}_3=\begin{pmatrix}1\\0\\3\end{pmatrix},\ \boldsymbol{\alpha}_4=\begin{pmatrix}0\\-4\\-4\end{pmatrix},$$

求向量组的秩和它的一个最大线性无关组，并将其余向量用最大线性无关组表示.

解　由给定的向量组构造矩阵 $\boldsymbol{A}=(\boldsymbol{\alpha}_1, \boldsymbol{\alpha}_2, \boldsymbol{\alpha}_3, \boldsymbol{\alpha}_4)$，并对 $\boldsymbol{A}$ 作初等行变换，将其化为行阶梯形，即

$$\boldsymbol{A}=\begin{pmatrix}1&2&1&0\\-2&-4&0&-4\\1&2&3&-4\end{pmatrix}\overset{r}{\sim}\begin{pmatrix}1&2&1&0\\0&0&1&-2\\0&0&0&0\end{pmatrix},$$

知 $R(\boldsymbol{A})=2$，故向量组的最大无关组含两个向量．由于

$$(\boldsymbol{\alpha}_1, \boldsymbol{\alpha}_3) \overset{r}{\sim} \begin{pmatrix} 1 & 0 \\ 0 & 1 \\ 0 & 0 \end{pmatrix},$$

知 $R(\boldsymbol{\alpha}_1, \boldsymbol{\alpha}_3)=2$，故 $\boldsymbol{\alpha}_1$，$\boldsymbol{\alpha}_3$ 线性无关，因而是一个最大线性无关组．

为了把 $\boldsymbol{\alpha}_2$，$\boldsymbol{\alpha}_4$ 用 $\boldsymbol{\alpha}_1$，$\boldsymbol{\alpha}_3$ 线性表示，把 $\boldsymbol{A}$ 再变成行最简形矩阵

$$\boldsymbol{A} \overset{r}{\sim} \begin{pmatrix} 1 & 2 & 0 & 2 \\ 0 & 0 & 1 & -2 \\ 0 & 0 & 0 & 0 \end{pmatrix} = \boldsymbol{B}.$$

令 $\boldsymbol{\alpha}_2 = x_1\boldsymbol{\alpha}_1 + x_2\boldsymbol{\alpha}_3$，则 x_1，x_2 是以 $(\boldsymbol{\alpha}_1, \boldsymbol{\alpha}_3)$ 为系数矩阵，以 $\boldsymbol{\alpha}_2$ 为常数项的线性方程组的解．由上述 $\boldsymbol{A}$ 的行最简形矩阵知，$(\boldsymbol{\alpha}_1, \boldsymbol{\alpha}_3, \boldsymbol{\alpha}_2)$ 的行最简形为

$$(\boldsymbol{\alpha}_1, \boldsymbol{\alpha}_3, \boldsymbol{\alpha}_2) \overset{r}{\sim} \begin{pmatrix} 1 & 0 & 2 \\ 0 & 1 & 0 \\ 0 & 0 & 0 \end{pmatrix},$$

因此 $x_1=2$，$x_2=0$，即 $\boldsymbol{\alpha}_2=2\boldsymbol{\alpha}_1$．同理可以得出 $\boldsymbol{\alpha}_4=2\boldsymbol{\alpha}_1-2\boldsymbol{\alpha}_3$．

事实上，由于线性方程组 $\boldsymbol{Ax}=\boldsymbol{0}$ 与 $\boldsymbol{Bx}=\boldsymbol{0}$ 同解，则矩阵 $\boldsymbol{A}$ 的列向量组的线性关系和 $\boldsymbol{B}$ 的列向量组的线性关系相同．而 $\boldsymbol{B}$ 为行最简形矩阵，去掉它的零行，第一列与第三列构成了单位矩阵，则 $\boldsymbol{B}$ 的列向量组的线性关系可以直接得出．即 $\boldsymbol{B}$ 的第二列的前两个元素 2，0 就是 $\boldsymbol{\alpha}_2$ 用 $\boldsymbol{\alpha}_1$，$\boldsymbol{\alpha}_3$ 线性表示的系数，$\boldsymbol{B}$ 的第四列的前两个元素 2，-2 就是 $\boldsymbol{\alpha}_4$ 用 $\boldsymbol{\alpha}_1$，$\boldsymbol{\alpha}_3$ 线性表示的系数．

另外，向量组的最大无关组不惟一，只要在矩阵 $\boldsymbol{A}$ 的行阶梯形中，每个非零行取一个非零元素，这些非零元素所在的列就构成了矩阵 $\boldsymbol{A}$ 的列向量组的一个最大无关组．因此，$\boldsymbol{\alpha}_2$，$\boldsymbol{\alpha}_3$、$\boldsymbol{\alpha}_1$，$\boldsymbol{\alpha}_4$ 和 $\boldsymbol{\alpha}_2$，$\boldsymbol{\alpha}_4$ 均为最大无关组．

上例表明：如果只求向量组的秩和最大无关组，那么，只要用初等行变换将 $\boldsymbol{A}$ 化为行阶梯形矩阵即可．

例 15 设 $\boldsymbol{A}$ 是 $m\times n$ 矩阵，$\boldsymbol{B}$ 是 $n\times m$ 矩阵，并且 $\boldsymbol{AB}=\boldsymbol{E}$，则 $\boldsymbol{B}$ 的列向量组线性无关．

证法一 由于 $\boldsymbol{B}$ 的秩等于 $\boldsymbol{B}$ 的列向量组的秩，故只要证矩阵 $\boldsymbol{B}$ 的秩 $R(\boldsymbol{B})=m$.

由 $\boldsymbol{AB}=\boldsymbol{E}$，知 $\boldsymbol{E}$ 是 m 阶单位矩阵．根据矩阵的性质知

$$m=R(\boldsymbol{E})=R(\boldsymbol{AB})\leqslant R(\boldsymbol{B}).$$

又 $\boldsymbol{B}$ 是 $n\times m$ 矩阵，则 $R(\boldsymbol{B})\leqslant m$.

故 $R(\boldsymbol{B})=m$，所以 $\boldsymbol{B}$ 的列向量组线性无关．

证法二 设 $\boldsymbol{B}$ 的列向量组为 $\boldsymbol{\beta}_1$，$\boldsymbol{\beta}_2$，…，$\boldsymbol{\beta}_m$，则

$$\boldsymbol{B}=(\boldsymbol{\beta}_1, \boldsymbol{\beta}_2, \cdots, \boldsymbol{\beta}_m).$$

令 $$k_1\boldsymbol{\beta}_1+k_2\boldsymbol{\beta}_2+\cdots+k_m\boldsymbol{\beta}_m=\mathbf{0},$$
上式可以表示为

$$(\boldsymbol{\beta}_1,\ \boldsymbol{\beta}_2,\ \cdots,\ \boldsymbol{\beta}_m)\begin{pmatrix}k_1\\k_2\\\vdots\\k_m\end{pmatrix}=\mathbf{0},$$

即 $$\boldsymbol{B}\begin{pmatrix}k_1\\k_2\\\vdots\\k_m\end{pmatrix}=\mathbf{0}.$$

用 $\boldsymbol{A}$ 左乘上式两端得

$$\boldsymbol{AB}\begin{pmatrix}k_1\\k_2\\\vdots\\k_m\end{pmatrix}=\boldsymbol{A}\mathbf{0},$$

由 $\boldsymbol{AB}=\boldsymbol{E}$ 得

$$\begin{pmatrix}k_1\\k_2\\\vdots\\k_m\end{pmatrix}=\begin{pmatrix}0\\0\\\vdots\\0\end{pmatrix},$$

即 $k_1=k_2=\cdots=k_m=0$，所以 $\boldsymbol{\beta}_1$，$\boldsymbol{\beta}_2$，…，$\boldsymbol{\beta}_m$ 线性无关．

例 16　设向量组 B 能由向量组 A 线性表示，且它们的秩相等，证明向量组 A 与向量组 B 等价．

证　由向量组 A 与向量组 B 合并构成向量组 C：A、B，设 A_0 是 A 的最大线性无关组，B_0 是 B 的最大线性无关组，由已知得 $R_A=R_B=r$.

由于向量组 B 能由向量组 A 线性表示，则向量组 C 也可由向量组 A 线性表示．由 A 和它的最大无关组 A_0 等价知，A 可以由 A_0 线性表示，故 C 可由向量组 A_0 线性表示，由已知结论得 $R_C\leqslant R_{A_0}=r$.

由于 A 是 C 的部分向量组，则 $r=R_A\leqslant R_C$，因此 $R_C=r$. 由于 $R_C=r$，C 中任意 r 个线性无关的向量都是它的一个最大无关组，故 B_0 是 C 的最大线性无关组．因此 C 可由向量组 B_0 线性表示，从而 C 可由向量组 B 线性表示．因此向量组 A 可以由向量组 B 线性表示，又由已知，向量组 B 能由向量组 A 线性表示，故向量组 A 与向量组 B 等价．

第五节　向量空间

在第一节中，我们提及了向量空间这个名词，向量空间作为一种特定的向量集合，是本节要讨论的内容．

一、向量空间定义

定义 9　设 V 为 n 维向量的集合，若 V 满足如下性质：

（1）V 对向量的加法运算封闭，即若 $\boldsymbol{\alpha}\in V$，$\boldsymbol{\beta}\in V$，则 $\boldsymbol{\alpha}+\boldsymbol{\beta}\in V$；

（2）V 对向量的数乘运算封闭，即若 $\boldsymbol{\alpha}\in V$，$k\in\mathbf{R}$，则 $k\boldsymbol{\alpha}\in V$，

则称集合 V 为**向量空间**．

例 17　n 维向量的全体 $\boldsymbol{R}^n$ 就是一个向量空间．这是因为任意两个 n 维向量之和还是 n 维向量，数 $k\in\mathbf{R}$ 乘 n 维向量还是 n 维向量，因此 $\boldsymbol{R}^n$ 是一个向量空间．

例 18　n 维向量的集合

$$V=\{\boldsymbol{x}=(0,\ x_2,\ \cdots,\ x_n)^{\mathrm{T}}\mid x_2,\ \cdots,\ x_n\in\mathbf{R}\}$$

是一个向量空间．这是因为对于任意的 $\boldsymbol{\alpha}=(0,\ a_2,\ \cdots,\ a_n)^{\mathrm{T}}\in V$，$\boldsymbol{\beta}=(0,\ b_2,\ \cdots,\ b_n)^{\mathrm{T}}\in V$，$\boldsymbol{\alpha}+\boldsymbol{\beta}=(0,\ a_2+b_2,\ \cdots,\ a_n+b_n)^{\mathrm{T}}\in V$，$k\boldsymbol{\alpha}=(0,\ ka_2,\ \cdots,\ ka_n)^{\mathrm{T}}\in V$，因此该集合是一个向量空间．

例 19　n 维向量的集合

$$V=\{\boldsymbol{x}=(1,\ x_2,\ \cdots,\ x_n)^{\mathrm{T}}\mid x_2,\ \cdots,\ x_n\in\mathbf{R}\}$$

不是向量空间，因为若 $\boldsymbol{\alpha}=(1,\ a_2,\ \cdots,\ a_n)^{\mathrm{T}}\in V$，则

$$3\boldsymbol{\alpha}=(3,\ 3a_2,\ \cdots,\ 3a_n)^{\mathrm{T}}\notin V,$$

所以该集合不是向量空间．

例 20　3 维向量的集合

$$V=\{(x_1,\ x_2,\ x_3)^{\mathrm{T}}\mid x_1+x_2+x_3=0\}$$

是一个向量空间．

例 21　3 维向量的集合

$$V=\{(x_1,\ x_2,\ x_3)^{\mathrm{T}}\mid x_1+x_2+x_3=1\}$$

不是一个向量空间．

例 22　设 $\boldsymbol{\alpha}_1$，$\boldsymbol{\alpha}_2$，$\cdots$，$\boldsymbol{\alpha}_m$ 是 m 个已知的 n 维向量，集合

$$L=\{\boldsymbol{\alpha}=k_1\boldsymbol{\alpha}_1+k_2\boldsymbol{\alpha}_2+\cdots+k_m\boldsymbol{\alpha}_m\mid k_1,\ k_2,\ \cdots,\ k_m\in\mathbf{R}\}$$

是一个向量空间．这是因为若

$$\boldsymbol{\alpha}=k_1\boldsymbol{\alpha}_1+k_2\boldsymbol{\alpha}_2+\cdots+k_m\boldsymbol{\alpha}_m,\ \boldsymbol{\beta}=l_1\boldsymbol{\alpha}_1+l_2\boldsymbol{\alpha}_2+\cdots+l_m\boldsymbol{\alpha}_m,$$

则有

$$\boldsymbol{\alpha}+\boldsymbol{\beta}=(k_1+l_1)\boldsymbol{\alpha}_1+(k_2+l_2)\boldsymbol{\alpha}_2+\cdots+(k_m+l_m)\boldsymbol{\alpha}_m\in L,$$
$$k\boldsymbol{\alpha}=(kk_1)\boldsymbol{\alpha}_1+(kk_2)\boldsymbol{\alpha}_2+\cdots+(kk_m)\boldsymbol{\alpha}_m\in L,$$

所以 L 是向量空间 . L 称为由向量组 $\boldsymbol{\alpha}_1$，$\boldsymbol{\alpha}_2$，…，$\boldsymbol{\alpha}_m$ 所生成的向量空间，通常记作

$$L=\{\boldsymbol{\alpha}=k_1\boldsymbol{\alpha}_1+k_2\boldsymbol{\alpha}_2+\cdots+k_m\boldsymbol{\alpha}_m \mid k_1,\ k_2,\ \cdots,\ k_m\in\mathbf{R}\}.$$

二、向量空间的基、维数与坐标

向量空间是满足对向量线性运算封闭性质的特定向量集合，把向量组的最大无关组和向量组的秩用于向量空间，得到以下定义 .

定义 10　设 V 为向量空间，如果存在 r 个向量 $\boldsymbol{\alpha}_1$，$\boldsymbol{\alpha}_2$，…，$\boldsymbol{\alpha}_r\in V$，且满足：

（1）$\boldsymbol{\alpha}_1$，$\boldsymbol{\alpha}_2$，…，$\boldsymbol{\alpha}_r$ 线性无关；

（2）V 中任意向量都可由 $\boldsymbol{\alpha}_1$，$\boldsymbol{\alpha}_2$，…，$\boldsymbol{\alpha}_r$ 线性表示，

则向量组 $\boldsymbol{\alpha}_1$，$\boldsymbol{\alpha}_2$，…，$\boldsymbol{\alpha}_r$ 就称为向量空间 V 的一个**基**，r 称为**向量空间 V 的维数**，同时称 V 为 r **维向量空间** .

由上述定义可以得知，向量空间 V 的基就是 V 的最大无关组，V 的维数就是 V 的秩 .

如果向量空间 V 只含零向量，则没有基，那么 V 的维数为 0，即 0 维向量空间只含零向量 .

例如，任何 n 个线性无关的 n 维向量都是向量空间 $\boldsymbol{R}^n$ 的一个基，因此 $\boldsymbol{R}^n$ 的维数是 n. 故把 $\boldsymbol{R}^n$ 称为 n 维向量空间 .

对于向量空间

$$V=\{\boldsymbol{x}=(0,\ x_2,\ \cdots,\ x_n)^{\mathrm{T}} \mid x_2,\ \cdots,\ x_n\in\mathbf{R}\},$$

可以取一个基为

$$\boldsymbol{\varepsilon}_2=(0,\ 1,\ 0,\ \cdots,\ 0)^{\mathrm{T}},\ \boldsymbol{\varepsilon}_3=(0,\ 0,\ 1,\ \cdots,\ 0)^{\mathrm{T}},\ \cdots,\ \boldsymbol{\varepsilon}_n=(0,\ 0,\ 0,\ \cdots,\ 1)^{\mathrm{T}},$$

因此可知这是一个 $n-1$ 维空间 .

在由向量组 $\boldsymbol{\alpha}_1$，$\boldsymbol{\alpha}_2$，…，$\boldsymbol{\alpha}_m$ 所生成的向量空间

$$L=\{\boldsymbol{\alpha}=k_1\boldsymbol{\alpha}_1+k_2\boldsymbol{\alpha}_2+\cdots+k_m\boldsymbol{\alpha}_m \mid k_1,\ k_2,\ \cdots,\ k_m\in\mathbf{R}\}$$

中，向量组 $\boldsymbol{\alpha}_1$，$\boldsymbol{\alpha}_2$，…，$\boldsymbol{\alpha}_m$ 的一个最大无关组就是 L 的一个基，向量组 $\boldsymbol{\alpha}_1$，$\boldsymbol{\alpha}_2$，…，$\boldsymbol{\alpha}_m$ 的秩就是 L 的维数 .

若向量组 $\boldsymbol{\alpha}_1$，$\boldsymbol{\alpha}_2$，…，$\boldsymbol{\alpha}_r$ 是向量空间 V 的一个基，则 V 可表示为

$$L=\{\boldsymbol{\alpha}=k_1\boldsymbol{\alpha}_1+k_2\boldsymbol{\alpha}_2+\cdots+k_r\boldsymbol{\alpha}_r \mid k_1,\ k_2,\ \cdots,\ k_r\in\mathbf{R}\},$$

因此可知，V 就是由它的一个基所生成的向量空间，这样就可以表示出向量空间 V 的结构.

有了基和维数，向量空间中的任一向量都可以由这个基线性表示，并且表示系数是惟一的.为此，我们给出坐标的定义.

定义 11 如果在向量空间 V 中确定一个基 $\boldsymbol{\alpha}_1$，$\boldsymbol{\alpha}_2$，…，$\boldsymbol{\alpha}_r$，则 V 中的任何向量 $\boldsymbol{\alpha}$ 可惟一地表示为

$$\boldsymbol{\alpha}=k_1\boldsymbol{\alpha}_1+k_2\boldsymbol{\alpha}_2+\cdots+k_r\boldsymbol{\alpha}_r,$$

有序数组 k_1，k_2，…，k_r 称为向量 $\boldsymbol{\alpha}$ 在基 $\boldsymbol{\alpha}_1$，$\boldsymbol{\alpha}_2$，…，$\boldsymbol{\alpha}_r$ 下的**坐标**.

显然，同一个向量在不同基下的坐标一般是不同的，但是在一个确定的基下，坐标是惟一确定的.

特别地，在 n 维向量空间 $\boldsymbol{R}^n$ 中取单位坐标向量组 $\boldsymbol{\varepsilon}_1$，$\boldsymbol{\varepsilon}_2$，…，$\boldsymbol{\varepsilon}_n$ 为一个基，则向量 $\boldsymbol{\alpha}=(a_1, a_2, \cdots, a_n)^{\mathrm{T}}$ 可表示为

$$\boldsymbol{\alpha}=a_1\boldsymbol{\varepsilon}_1+a_2\boldsymbol{\varepsilon}_2+\cdots+a_n\boldsymbol{\varepsilon}_n,$$

可见向量 $\boldsymbol{\alpha}=(a_1, a_2, \cdots, a_n)^{\mathrm{T}}$ 在基 $\boldsymbol{\varepsilon}_1$，$\boldsymbol{\varepsilon}_2$，…，$\boldsymbol{\varepsilon}_n$ 下的坐标就是该向量的分量.因此，$\boldsymbol{\varepsilon}_1$，$\boldsymbol{\varepsilon}_2$，…，$\boldsymbol{\varepsilon}_n$ 叫作 $\boldsymbol{R}^n$ 中的自然基.

例 23 已知 $\boldsymbol{R}^3$ 中的三个向量：

$$\boldsymbol{\alpha}_1=\begin{pmatrix}1\\1\\1\end{pmatrix},\ \boldsymbol{\alpha}_2=\begin{pmatrix}1\\1\\0\end{pmatrix},\ \boldsymbol{\alpha}_3=\begin{pmatrix}1\\0\\0\end{pmatrix},$$

(1) 证明：$\boldsymbol{\alpha}_1$，$\boldsymbol{\alpha}_2$，$\boldsymbol{\alpha}_3$ 是 $\boldsymbol{R}^3$ 的一个基；

(2) 求向量 $\boldsymbol{\alpha}=\begin{pmatrix}1\\2\\3\end{pmatrix}$ 在基 $\boldsymbol{\alpha}_1$，$\boldsymbol{\alpha}_2$，$\boldsymbol{\alpha}_3$ 下的坐标.

解 (1) 要证 $\boldsymbol{\alpha}_1$，$\boldsymbol{\alpha}_2$，$\boldsymbol{\alpha}_3$ 是 $\boldsymbol{R}^3$ 的一个基，只要证 $\boldsymbol{\alpha}_1$，$\boldsymbol{\alpha}_2$，$\boldsymbol{\alpha}_3$ 线性无关.以 $\boldsymbol{\alpha}_1$，$\boldsymbol{\alpha}_2$，$\boldsymbol{\alpha}_3$ 为列构造矩阵 $\boldsymbol{A}=(\boldsymbol{\alpha}_1, \boldsymbol{\alpha}_2, \boldsymbol{\alpha}_3)$，并对 $\boldsymbol{A}$ 作行变换得

$$\boldsymbol{A}=(\boldsymbol{\alpha}_1, \boldsymbol{\alpha}_2, \boldsymbol{\alpha}_3)=\begin{pmatrix}1&1&1\\1&1&0\\1&0&0\end{pmatrix}\overset{r}{\sim}\begin{pmatrix}1&0&0\\0&1&0\\0&0&1\end{pmatrix},$$

由此得 $R(\boldsymbol{A})=3$，即 $\boldsymbol{\alpha}_1$，$\boldsymbol{\alpha}_2$，$\boldsymbol{\alpha}_3$ 线性无关.

(2) 设 $\boldsymbol{\alpha}=a_1\boldsymbol{\alpha}_1+a_2\boldsymbol{\alpha}_2+a_3\boldsymbol{\alpha}_3$，要求 a_1，a_2，a_3.

解法一 由 $\boldsymbol{\alpha}=x_1\boldsymbol{\alpha}_1+x_2\boldsymbol{\alpha}_2+x_3\boldsymbol{\alpha}_3$ 确定方程组

$$\begin{cases}x_1+x_2+x_3=1,\\x_1+x_2=2,\\x_1=3,\end{cases}$$

解得 $x_1=3$，$x_2=-1$，$x_3=-1$，则 $\boldsymbol{\alpha}$ 在基 $\boldsymbol{\alpha}_1$，$\boldsymbol{\alpha}_2$，$\boldsymbol{\alpha}_3$ 下的坐标为 3，-1，-1.

解法二　把 $\boldsymbol{\alpha}=a_1\boldsymbol{\alpha}_1+a_2\boldsymbol{\alpha}_2+a_3\boldsymbol{\alpha}_3$ 用矩阵表示为

$$\boldsymbol{\alpha}=(\boldsymbol{\alpha}_1,\ \boldsymbol{\alpha}_2,\ \boldsymbol{\alpha}_3)\begin{pmatrix}a_1\\a_2\\a_3\end{pmatrix},$$

由于$(\boldsymbol{\alpha}_1,\ \boldsymbol{\alpha}_2,\ \boldsymbol{\alpha}_3)$为可逆矩阵，于是

$$\begin{pmatrix}a_1\\a_2\\a_3\end{pmatrix}=\begin{pmatrix}1&1&1\\1&1&0\\1&0&0\end{pmatrix}^{-1}\begin{pmatrix}1\\2\\3\end{pmatrix}=\begin{pmatrix}0&0&1\\0&1&-1\\1&-1&0\end{pmatrix}\begin{pmatrix}1\\2\\3\end{pmatrix}=\begin{pmatrix}3\\-1\\-1\end{pmatrix},$$

于是 $\boldsymbol{\alpha}$ 在基 $\boldsymbol{\alpha}_1$，$\boldsymbol{\alpha}_2$，$\boldsymbol{\alpha}_3$ 下的坐标为 3，-1，-1.

例 24　在 $\boldsymbol{R}^3$ 中取定两个基 $\boldsymbol{\alpha}_1$，$\boldsymbol{\alpha}_2$，$\boldsymbol{\alpha}_3$ 和 $\boldsymbol{\beta}_1$，$\boldsymbol{\beta}_2$，$\boldsymbol{\beta}_3$，求用 $\boldsymbol{\alpha}_1$，$\boldsymbol{\alpha}_2$，$\boldsymbol{\alpha}_3$ 表示 $\boldsymbol{\beta}_1$，$\boldsymbol{\beta}_2$，$\boldsymbol{\beta}_3$ 的表示式(基变换公式)，并求向量在两个基中的坐标之间的关系式(坐标变换公式).

解　设 $\boldsymbol{A}=(\boldsymbol{\alpha}_1,\ \boldsymbol{\alpha}_2,\ \boldsymbol{\alpha}_3)$，$\boldsymbol{B}=(\boldsymbol{\beta}_1,\ \boldsymbol{\beta}_2,\ \boldsymbol{\beta}_3)$，$\boldsymbol{\varepsilon}_1$，$\boldsymbol{\varepsilon}_2$，$\boldsymbol{\varepsilon}_3$ 为 3 维单位坐标向量组，由$(\boldsymbol{\alpha}_1,\ \boldsymbol{\alpha}_2,\ \boldsymbol{\alpha}_3)=(\boldsymbol{\varepsilon}_1,\ \boldsymbol{\varepsilon}_2,\ \boldsymbol{\varepsilon}_3)\boldsymbol{A}$，得

$$(\boldsymbol{\varepsilon}_1,\ \boldsymbol{\varepsilon}_2,\ \boldsymbol{\varepsilon}_3)=(\boldsymbol{\alpha}_1,\ \boldsymbol{\alpha}_2,\ \boldsymbol{\alpha}_3)\boldsymbol{A}^{-1},$$

故
$$(\boldsymbol{\beta}_1,\ \boldsymbol{\beta}_2,\ \boldsymbol{\beta}_3)=(\boldsymbol{\varepsilon}_1,\ \boldsymbol{\varepsilon}_2,\ \boldsymbol{\varepsilon}_3)\boldsymbol{B}=(\boldsymbol{\alpha}_1,\ \boldsymbol{\alpha}_2,\ \boldsymbol{\alpha}_3)\boldsymbol{A}^{-1}\boldsymbol{B},$$

由此得基变换公式为

$$(\boldsymbol{\beta}_1,\ \boldsymbol{\beta}_2,\ \boldsymbol{\beta}_3)=(\boldsymbol{\varepsilon}_1,\ \boldsymbol{\varepsilon}_2,\ \boldsymbol{\varepsilon}_3)\boldsymbol{B}=(\boldsymbol{\alpha}_1,\ \boldsymbol{\alpha}_2,\ \boldsymbol{\alpha}_3)\boldsymbol{P},$$

其中，公式中的系数矩阵 $\boldsymbol{P}=\boldsymbol{A}^{-1}\boldsymbol{B}$ 称为**从基 $\boldsymbol{\alpha}_1$，$\boldsymbol{\alpha}_2$，$\boldsymbol{\alpha}_3$ 到基 $\boldsymbol{\beta}_1$，$\boldsymbol{\beta}_2$，$\boldsymbol{\beta}_3$ 的过渡矩阵**.

设向量 $\boldsymbol{x}$ 在基 $\boldsymbol{\alpha}_1$，$\boldsymbol{\alpha}_2$，$\boldsymbol{\alpha}_3$ 和 $\boldsymbol{\beta}_1$，$\boldsymbol{\beta}_2$，$\boldsymbol{\beta}_3$ 下的坐标分别为 y_1，y_2，y_3 和 z_1，z_2，z_3，即

$$\boldsymbol{x}=(\boldsymbol{\alpha}_1,\ \boldsymbol{\alpha}_2,\ \boldsymbol{\alpha}_3)\begin{pmatrix}y_1\\y_2\\y_3\end{pmatrix},\ \boldsymbol{x}=(\boldsymbol{\beta}_1,\ \boldsymbol{\beta}_2,\ \boldsymbol{\beta}_3)\begin{pmatrix}z_1\\z_2\\z_3\end{pmatrix},$$

故
$$\boldsymbol{A}\begin{pmatrix}y_1\\y_2\\y_3\end{pmatrix}=\boldsymbol{B}\begin{pmatrix}z_1\\z_2\\z_3\end{pmatrix},$$

于是得
$$\begin{pmatrix}z_1\\z_2\\z_3\end{pmatrix}=\boldsymbol{B}^{-1}\boldsymbol{A}\begin{pmatrix}y_1\\y_2\\y_3\end{pmatrix},$$

即
$$\begin{pmatrix}z_1\\z_2\\z_3\end{pmatrix}=\boldsymbol{P}^{-1}\begin{pmatrix}y_1\\y_2\\y_3\end{pmatrix},$$

这就是从基 $\boldsymbol{\alpha}_1$，$\boldsymbol{\alpha}_2$，$\boldsymbol{\alpha}_3$ 到基 $\boldsymbol{\beta}_1$，$\boldsymbol{\beta}_2$，$\boldsymbol{\beta}_3$ 的**坐标变换公式**.

第六节　线性方程组解的结构

在第一节中，我们利用矩阵的初等变换和矩阵的秩讨论了线性方程组解的存在性问题及求解的方法，本节要利用向量组的线性相关性理论研究并解决线性方程组解的结构问题.

一、齐次线性方程组解的结构

设有 n 元齐次线性方程组

$$\begin{cases} a_{11}x_1 + a_{12}x_2 + \cdots + a_{1n}x_n = 0, \\ a_{21}x_1 + a_{22}x_2 + \cdots + a_{2n}x_n = 0, \\ \cdots\cdots\cdots\cdots\cdots\cdots\cdots\cdots \\ a_{m1}x_1 + a_{m2}x_2 + \cdots + a_{mn}x_n = 0. \end{cases} \tag{9}$$

记
$$\mathbf{A}=\begin{pmatrix} a_{11} & a_{12} & \cdots & a_{1n} \\ a_{21} & a_{22} & \cdots & a_{2n} \\ \vdots & \vdots & & \vdots \\ a_{m1} & a_{m2} & \cdots & a_{mn} \end{pmatrix},\ \boldsymbol{x}=\begin{pmatrix} x_1 \\ x_2 \\ \vdots \\ x_n \end{pmatrix},$$

则(9)式可以写成向量方程

$$\mathbf{A}\boldsymbol{x}=\mathbf{0}. \tag{10}$$

若 $x_1=c_1$，$x_2=c_2$，…，$x_n=c_n$ 为方程组(9)的解，则称

$$\boldsymbol{\xi}=\begin{pmatrix} c_1 \\ c_2 \\ \vdots \\ c_n \end{pmatrix}$$

为方程组(9)的解向量，它也就是向量方程(10)的解.

由本章第一节，我们知道 n 元齐次线性方程组 $\mathbf{A}\boldsymbol{x}=\mathbf{0}$ 有非零解的充分必要条件是系数矩阵的秩 $R(\mathbf{A})<n$. 齐次线性方程组的解有以下性质.

性质1　(1) 若 $\boldsymbol{x}=\boldsymbol{\xi}_1$，$\boldsymbol{x}=\boldsymbol{\xi}_2$ 为 $\mathbf{A}\boldsymbol{x}=\mathbf{0}$ 的解，则 $\boldsymbol{x}=\boldsymbol{\xi}_1+\boldsymbol{\xi}_2$ 也是 $\mathbf{A}\boldsymbol{x}=\mathbf{0}$ 的解.

(2) 若 $\boldsymbol{x}=\boldsymbol{\xi}$ 为 $\mathbf{A}\boldsymbol{x}=\mathbf{0}$ 的解，k 为实数，则 $\boldsymbol{x}=k\boldsymbol{\xi}$ 也是 $\mathbf{A}\boldsymbol{x}=\mathbf{0}$ 的解.

证　由 $\mathbf{A}\boldsymbol{\xi}_1=\mathbf{0}$，$\mathbf{A}\boldsymbol{\xi}_2=\mathbf{0}$，有 $\mathbf{A}(\boldsymbol{\xi}_1+\boldsymbol{\xi}_2)=\mathbf{A}\boldsymbol{\xi}_1+\mathbf{A}\boldsymbol{\xi}_2=\mathbf{0}$.

由 $\mathbf{A}\boldsymbol{\xi}=\mathbf{0}$，有 $\mathbf{A}k\boldsymbol{\xi}=\mathbf{0}=k\mathbf{A}\boldsymbol{\xi}=\mathbf{0}$.

性质 1 得证．

由上述性质可知，若$\boldsymbol{\xi}_1$，$\boldsymbol{\xi}_2$，…，$\boldsymbol{\xi}_s$为方程组(9)的 s 个解，则它们的任意线性组合 $\sum_{i=1}^{s} k_i\boldsymbol{\xi}_i$ 仍是方程组(9)的解．因此，当齐次线性方程组有非零解时，则它必有无穷多个解．把方程组(10)的全体解所组成的集合记作 S，由定义 9 知，S 为向量空间，称为解空间．如果能找到解空间 S 的一个基$\boldsymbol{\xi}_1$，$\boldsymbol{\xi}_2$，…，$\boldsymbol{\xi}_s$，则方程组(9)的任一解可以由$\boldsymbol{\xi}_1$，$\boldsymbol{\xi}_2$，…，$\boldsymbol{\xi}_s$线性表示，反之，由性质 1 可知，基$\boldsymbol{\xi}_1$，$\boldsymbol{\xi}_2$，…，$\boldsymbol{\xi}_s$的任何线性组合

$$\boldsymbol{x}=k_1\boldsymbol{\xi}_1+k_2\boldsymbol{\xi}_2+\cdots+k_s\boldsymbol{\xi}_s$$

都是方程组(9)的解．

定义 12　齐次线性方程组解空间的基称为该方程组的**基础解系**．

由上述定义可知，若$\boldsymbol{\xi}_1$，$\boldsymbol{\xi}_2$，…，$\boldsymbol{\xi}_s$为齐次线性方程组(9)的一个基础解系，则应满足：

(1) $\boldsymbol{\xi}_1$，$\boldsymbol{\xi}_2$，…，$\boldsymbol{\xi}_s$为方程组(9)的解，且线性无关；

(2) 齐次线性方程组(9)的任一解可以由$\boldsymbol{\xi}_1$，$\boldsymbol{\xi}_2$，…，$\boldsymbol{\xi}_s$线性表示．

若$\boldsymbol{\xi}_1$，$\boldsymbol{\xi}_2$，…，$\boldsymbol{\xi}_s$为齐次线性方程组(9)的一个基础解系，则方程组(9)的任一解$\boldsymbol{x}$可以表示为

$$\boldsymbol{x}=k_1\boldsymbol{\xi}_1+k_2\boldsymbol{\xi}_2+\cdots+k_s\boldsymbol{\xi}_s, \tag{11}$$

(11)便是齐次线性方程组(9)的通解．因此，只要求出齐次线性方程组的基础解系，我们便可以得到它的通解．

下面我们利用初等变换的方法求齐次线性方程组的基础解系．

定理 8　设 $\boldsymbol{A}$ 为 $m\times n$ 矩阵，若 $R(\boldsymbol{A})=r$，则齐次线性方程组 $\boldsymbol{Ax}=\boldsymbol{0}$ 存在一个由 $n-r$ 个线性无关的解向量 $\boldsymbol{\eta}_1$，$\boldsymbol{\eta}_2$，…，$\boldsymbol{\eta}_{n-r}$构成的基础解系，它们的线性组合

$$\boldsymbol{x}=k_1\boldsymbol{\eta}_1+k_2\boldsymbol{\eta}_2+\cdots+k_{n-r}\boldsymbol{\eta}_{n-r}$$

给出了齐次线性方程组 $\boldsymbol{Ax}=\boldsymbol{0}$ 的所有解，其中，k_1，k_2，…，k_{n-r}为任意常数．

证　首先证存在 $n-r$ 个线性无关的解向量．

由于 $R(\boldsymbol{A})=r$，对矩阵 $\boldsymbol{A}$ 作初等行变换化为行最简形矩阵 $\boldsymbol{B}$．不失一般性，可设

$$\boldsymbol{B}=\begin{pmatrix}1&\cdots&0&b_{11}&\cdots&b_{1,n-r}\\ \vdots&&\vdots&\vdots&&\vdots\\ 0&\cdots&1&b_{r1}&\cdots&b_{r,n-r}\\ 0&\cdots&0&0&\cdots&0\\ \vdots&&\vdots&&&\vdots\\ 0&\cdots&0&0&\cdots&0\end{pmatrix},$$

则原方程组与方程组

$$\begin{cases} x_1 = -b_{11}x_{r+1} - \cdots - b_{1,n-r}x_n, \\ \cdots\cdots\cdots\cdots\cdots\cdots \\ x_r = -b_{r1}x_{r+1} - \cdots - b_{r,n-r}x_n \end{cases} \tag{12}$$

同解．取 x_{r+1}，…，x_n 作为 $n-r$ 个自由未知数，将它们分别取下面的 $n-r$ 组数：

$$\begin{pmatrix} x_{r+1} \\ x_{r+2} \\ \vdots \\ x_n \end{pmatrix} = \begin{pmatrix} 1 \\ 0 \\ \vdots \\ 0 \end{pmatrix}, \begin{pmatrix} 0 \\ 1 \\ \vdots \\ 0 \end{pmatrix}, \cdots, \begin{pmatrix} 0 \\ 0 \\ \vdots \\ 1 \end{pmatrix},$$

可得方程组 $\boldsymbol{Ax}=\boldsymbol{0}$ 的 $n-r$ 个解向量：

$$\boldsymbol{\eta}_1 = \begin{pmatrix} -b_{11} \\ \vdots \\ -b_{r1} \\ 1 \\ 0 \\ \vdots \\ 0 \end{pmatrix}, \boldsymbol{\eta}_2 = \begin{pmatrix} -b_{12} \\ \vdots \\ -b_{r2} \\ 0 \\ 1 \\ \vdots \\ 0 \end{pmatrix}, \cdots, \boldsymbol{\eta}_{n-r} = \begin{pmatrix} -b_{1,n-r} \\ \vdots \\ -b_{r,n-r} \\ 0 \\ 0 \\ \vdots \\ 1 \end{pmatrix},$$

容易得知下面 $n-r$ 个向量构成的向量组

$$\begin{pmatrix} 1 \\ 0 \\ \vdots \\ 0 \end{pmatrix}, \begin{pmatrix} 0 \\ 1 \\ \vdots \\ 0 \end{pmatrix}, \cdots, \begin{pmatrix} 0 \\ 0 \\ \vdots \\ 1 \end{pmatrix}$$

是线性无关的，则由定理 5 知 $\boldsymbol{\eta}_1$，$\boldsymbol{\eta}_2$，…，$\boldsymbol{\eta}_{n-r}$ 也线性无关．

再证 $\boldsymbol{Ax}=\boldsymbol{0}$ 的任何解向量都可以由 $\boldsymbol{\eta}_1$，$\boldsymbol{\eta}_2$，…，$\boldsymbol{\eta}_{n-r}$ 线性表示．

设 $\boldsymbol{x}=(d_1, d_2, \cdots, d_r, k_1, k_2, \cdots, k_{n-r})^{\mathrm{T}}$ 是方程组 $\boldsymbol{Ax}=\boldsymbol{0}$ 的一个解向量，则由齐次线性方程组解的性质可知

$$\bar{\boldsymbol{\eta}} = k_1\boldsymbol{\eta}_1 + k_2\boldsymbol{\eta}_2 + \cdots + k_{n-r}\boldsymbol{\eta}_{n-r}$$

也是 $\boldsymbol{Ax}=\boldsymbol{0}$ 的一个解向量，则

$$\boldsymbol{x} - \bar{\boldsymbol{\eta}} = \begin{pmatrix} d_1 \\ \vdots \\ d_r \\ k_1 \\ k_2 \\ \vdots \\ k_{n-r} \end{pmatrix} - k_1 \begin{pmatrix} -b_{11} \\ \vdots \\ -b_{r1} \\ 1 \\ 0 \\ \vdots \\ 0 \end{pmatrix} - k_2 \begin{pmatrix} -b_{12} \\ \vdots \\ -b_{r2} \\ 0 \\ 1 \\ \vdots \\ 0 \end{pmatrix} - \cdots - k_{n-r} \begin{pmatrix} -b_{1,n-r} \\ \vdots \\ -b_{r,n-r} \\ 0 \\ 0 \\ \vdots \\ 1 \end{pmatrix} = \begin{pmatrix} l_1 \\ \vdots \\ l_r \\ 0 \\ 0 \\ \vdots \\ 0 \end{pmatrix}$$

仍是 $\boldsymbol{Ax}=\boldsymbol{0}$ 的一个解向量，将它代入同解方程组(12)得

$$l_1=0,\ l_2=0,\ \cdots,\ l_r=0,$$

从而 $\boldsymbol{x}-\bar{\boldsymbol{\eta}}=\boldsymbol{0}$，即

$$\boldsymbol{x}=k_1\boldsymbol{\eta}_1+k_2\boldsymbol{\eta}_2+\cdots+k_s\boldsymbol{\eta}_{n-r},$$

因此，$\boldsymbol{Ax}=\boldsymbol{0}$ 的任何解向量都可由 $\boldsymbol{\eta}_1$，$\boldsymbol{\eta}_2$，…，$\boldsymbol{\eta}_{n-r}$ 线性表示，故 $\boldsymbol{\eta}_1$，$\boldsymbol{\eta}_2$，…，$\boldsymbol{\eta}_{n-r}$ 是一个基础解系．

定理的证明过程也给出了求齐次线性方程组基础解系的一个具体方法．特别指出的是，自由未知数不但是任意取值的，而且自由未知数的选取方法也不止定理证明中的一种．事实上，基础解系不是惟一的，但任何两个基础解系是等价的，它们所含解向量的个数是惟一确定的，即含 $n-r$ 个解向量，也就是解空间的维数为 $n-r$. 并且，用不同的基础解系所表示的齐次线性方程组的通解形式虽然不同，但解集是相同的．

由定理 8 可以得到齐次线性方程组的一个重要结论：

系数矩阵的秩＋基础解系所含解向量的个数＝未知数的个数．

例 25　求齐次线性方程组

$$\begin{cases} x_1+2x_2+x_3+3x_4=0, \\ 5x_1+2x_2+x_3+14x_4+x_5=0, \\ 3x_1+6x_2+3x_3+12x_4+x_5=0, \\ 4x_1+2x_2+x_3+12x_4+x_5=0 \end{cases}$$

的基础解系与通解．

解　对系数矩阵 $\boldsymbol{A}$ 作初等行变换，并化为行最简形矩阵：

$$\boldsymbol{A}=\begin{pmatrix} 1 & 2 & 1 & 3 & 0 \\ 5 & 2 & 1 & 14 & 1 \\ 3 & 6 & 3 & 12 & 1 \\ 4 & 2 & 1 & 12 & 1 \end{pmatrix} \overset{\substack{r_2-5r_1 \\ r_3-3r_1}}{\underset{r_4-4r_1}{\sim}} \begin{pmatrix} 1 & 2 & 1 & 3 & 0 \\ 0 & -8 & -4 & -1 & 1 \\ 0 & 0 & 0 & 3 & 1 \\ 0 & -6 & -3 & 0 & 1 \end{pmatrix}$$

$$\overset{r_2-r_4}{\sim} \begin{pmatrix} 1 & 2 & 1 & 3 & 0 \\ 0 & -2 & -1 & -1 & 0 \\ 0 & 0 & 0 & 3 & 1 \\ 0 & -6 & -3 & 0 & 1 \end{pmatrix} \overset{r_4-3r_2}{\sim} \begin{pmatrix} 1 & 2 & 1 & 3 & 0 \\ 0 & -2 & -1 & -1 & 0 \\ 0 & 0 & 0 & 3 & 1 \\ 0 & 0 & 0 & 3 & 1 \end{pmatrix}$$

$$\overset{r_4-r_3}{\sim} \begin{pmatrix} 1 & 2 & 1 & 3 & 0 \\ 0 & -2 & -1 & -1 & 0 \\ 0 & 0 & 0 & 3 & 1 \\ 0 & 0 & 0 & 0 & 0 \end{pmatrix} \overset{r_3\div 3}{\sim} \begin{pmatrix} 1 & 2 & 1 & 3 & 0 \\ 0 & -2 & -1 & -1 & 0 \\ 0 & 0 & 0 & 1 & \frac{1}{3} \\ 0 & 0 & 0 & 0 & 0 \end{pmatrix}$$

$$\underset{r_2+r_3}{\overset{r_1-3r_3}{\sim}}\begin{pmatrix}1 & 2 & 1 & 0 & -1\\ 0 & -2 & -1 & 0 & \frac{1}{3}\\ 0 & 0 & 0 & 1 & \frac{1}{3}\\ 0 & 0 & 0 & 0 & 0\end{pmatrix}\underset{r_2\div(-2)}{\overset{r_1+r_2}{\sim}}\begin{pmatrix}1 & 0 & 0 & 0 & -\frac{2}{3}\\ 0 & 1 & \frac{1}{2} & 0 & -\frac{1}{6}\\ 0 & 0 & 0 & 1 & \frac{1}{3}\\ 0 & 0 & 0 & 0 & 0\end{pmatrix},$$

便得

$$\begin{cases}x_1=\frac{2}{3}x_5,\\ x_2=-\frac{1}{2}x_3+\frac{1}{6}x_5,\\ x_4=-\frac{1}{3}x_5,\end{cases}\tag{13}$$

由于$R(\boldsymbol{A})=3$，未知数$n=5$，则有$5-3=2$个自由未知数，基础解系含2个线性无关的解向量．选取x_3，x_5为自由未知量，令$\begin{pmatrix}x_3\\ x_5\end{pmatrix}=\begin{pmatrix}1\\ 0\end{pmatrix}$及$\begin{pmatrix}0\\ 1\end{pmatrix}$，并代入(13)得

$$\begin{pmatrix}x_1\\ x_2\\ x_4\end{pmatrix}=\begin{pmatrix}0\\ -\frac{1}{2}\\ 0\end{pmatrix},\ \begin{pmatrix}\frac{2}{3}\\ \frac{1}{6}\\ -\frac{1}{3}\end{pmatrix},$$

则得基础解系

$$\boldsymbol{\xi}_1=\begin{pmatrix}0\\ -\frac{1}{2}\\ 1\\ 0\\ 0\end{pmatrix},\ \boldsymbol{\xi}_2=\begin{pmatrix}\frac{2}{3}\\ \frac{1}{6}\\ 0\\ -\frac{1}{3}\\ 1\end{pmatrix},$$

因此，原方程组的通解为

$$\begin{pmatrix}x_1\\ x_2\\ x_3\\ x_4\\ x_5\end{pmatrix}=k_1\begin{pmatrix}0\\ -\frac{1}{2}\\ 1\\ 0\\ 0\end{pmatrix}+k_2\begin{pmatrix}\frac{2}{3}\\ \frac{1}{6}\\ 0\\ -\frac{1}{3}\\ 1\end{pmatrix}\quad (k_1,\ k_2\in\mathbf{R}).$$

在上述解法中，我们是按照标准程序把系数矩阵化为行最简形矩阵，并选取行最简形矩阵中每个非零行的第一个非零元素对应的未知数 x_1，x_2，x_4 为非自由未知数，从而得到基础解系．事实上，我们可以把系数矩阵化为行阶梯形矩阵，便可以得到基础解系．

由系数矩阵的行阶梯形矩阵可得与原方程组同解的方程组

$$\begin{cases} x_1+2x_2+x_3+3x_4 \qquad =0, \\ \qquad 2x_2+x_3+\ x_4 \qquad =0, \\ \qquad\qquad\qquad 3x_4+x_5=0. \end{cases} \qquad (*)$$

由于在上述方程组中第一个方程中 x_1 的系数，第二个方程中 x_3 的系数，第三个方程中 x_5 的系数均为 1，则选取 x_2，x_4 为自由未知数，这样可以回避分数的运算．

令 $\begin{pmatrix} x_2 \\ x_4 \end{pmatrix}=\begin{pmatrix} 1 \\ 0 \end{pmatrix}$ 及 $\begin{pmatrix} 0 \\ 1 \end{pmatrix}$，并代入(*)式得

$$\begin{pmatrix} x_1 \\ x_3 \\ x_5 \end{pmatrix}=\begin{pmatrix} 0 \\ -2 \\ 0 \end{pmatrix},\ \begin{pmatrix} -2 \\ -1 \\ -3 \end{pmatrix},$$

则得基础解系

$$\boldsymbol{\xi}_1=\begin{pmatrix} 0 \\ 1 \\ -2 \\ 0 \\ 0 \end{pmatrix},\ \boldsymbol{\xi}_2=\begin{pmatrix} -2 \\ 0 \\ -1 \\ 1 \\ -3 \end{pmatrix},$$

因此，原方程组的通解为

$$\begin{pmatrix} x_1 \\ x_2 \\ x_3 \\ x_4 \\ x_5 \end{pmatrix}=k_1\begin{pmatrix} 0 \\ 1 \\ -2 \\ 0 \\ 0 \end{pmatrix}+k_2\begin{pmatrix} -2 \\ 0 \\ -1 \\ 1 \\ -3 \end{pmatrix} \quad (k_1,\ k_2\in\mathbf{R}).$$

由此我们可以体会到，齐次线性方程组的基础解系是不惟一的，恰当地选取自由未知数可以避免复杂的运算，使基础解系的形式尽量简单．

在本章第一节中，我们介绍了如何求齐次线性方程组的通解，由通解可以得到基础解系．这一节，我们先求出基础解系，然后得到通解，二者本质上是相同的．

定理 8 揭示了矩阵 $\boldsymbol{A}$ 的秩与齐次线性方程组 $\boldsymbol{Ax}=\boldsymbol{0}$ 的基础解系的关系，我们也可以利用这一点，通过研究基础解系来讨论矩阵的秩.

例 26 设 $\boldsymbol{A}$，$\boldsymbol{B}$ 分别为 $m\times n$ 和 $n\times p$ 矩阵，且 $\boldsymbol{AB}=\boldsymbol{O}$，证明：$R(\boldsymbol{A})+R(\boldsymbol{B})\leqslant n$.

证 记 $\boldsymbol{B}=(\boldsymbol{\beta}_1,\boldsymbol{\beta}_2,\cdots,\boldsymbol{\beta}_p)$，则

$$\boldsymbol{AB}=\boldsymbol{A}(\boldsymbol{\beta}_1,\boldsymbol{\beta}_2,\cdots,\boldsymbol{\beta}_p)=(\boldsymbol{A\beta}_1,\boldsymbol{A\beta}_2,\cdots,\boldsymbol{A\beta}_p)=(\boldsymbol{0},\boldsymbol{0},\cdots,\boldsymbol{0}),$$

得

$$\boldsymbol{A\beta}_i=\boldsymbol{0}(i=1,2,\cdots,p),$$

即 $\boldsymbol{B}$ 的每一列向量都是齐次线性方程组 $\boldsymbol{Ax}=\boldsymbol{0}$ 的解向量.

(1) 若 $\boldsymbol{B}=\boldsymbol{O}$，则显然有 $R(\boldsymbol{A})+R(\boldsymbol{B})\leqslant n$；

(2) 若 $\boldsymbol{B}\neq\boldsymbol{O}$，则 $\boldsymbol{Ax}=\boldsymbol{0}$ 有非零解，从而有基础解系 $\boldsymbol{\eta}_1,\boldsymbol{\eta}_2,\cdots,\boldsymbol{\eta}_{n-r}$，其中 $R(\boldsymbol{A})=r$. 由于 $\boldsymbol{B}$ 的列向量都可以由 $\boldsymbol{\eta}_1,\boldsymbol{\eta}_2,\cdots,\boldsymbol{\eta}_{n-r}$ 线性表示，则有

$$R(\boldsymbol{B})\leqslant R(\boldsymbol{\eta}_1,\boldsymbol{\eta}_2,\cdots,\boldsymbol{\eta}_{n-r})=n-R(\boldsymbol{A}).$$

综合(1)，(2)知

$$R(\boldsymbol{A})+R(\boldsymbol{B})\leqslant n.$$

例 27 设 $\boldsymbol{A}$ 是 $m\times n$ 矩阵，证明：$R(\boldsymbol{A}^{\mathrm{T}}\boldsymbol{A})=R(\boldsymbol{A}\boldsymbol{A}^{\mathrm{T}})=R(\boldsymbol{A})$.

证 只要证 $R(\boldsymbol{A}^{\mathrm{T}}\boldsymbol{A})=R(\boldsymbol{A})$ 即可.

考虑齐次线性方程组 $\boldsymbol{Ax}=\boldsymbol{0}$ 与 $\boldsymbol{A}^{\mathrm{T}}\boldsymbol{Ax}=\boldsymbol{0}$.

若 $\boldsymbol{x}$ 满足 $\boldsymbol{Ax}=\boldsymbol{0}$，则有 $\boldsymbol{A}^{\mathrm{T}}(\boldsymbol{Ax})=\boldsymbol{0}$，即 $(\boldsymbol{A}^{\mathrm{T}}\boldsymbol{A})\boldsymbol{x}=\boldsymbol{0}$；

若 $\boldsymbol{x}$ 满足 $(\boldsymbol{A}^{\mathrm{T}}\boldsymbol{A})\boldsymbol{x}=\boldsymbol{0}$，则 $\boldsymbol{x}^{\mathrm{T}}(\boldsymbol{A}^{\mathrm{T}}\boldsymbol{A})\boldsymbol{x}=\boldsymbol{0}$，即 $(\boldsymbol{Ax})^{\mathrm{T}}\boldsymbol{Ax}=\boldsymbol{0}$，则有 $\boldsymbol{Ax}=\boldsymbol{0}$.

综上所述，齐次线性方程组 $\boldsymbol{Ax}=\boldsymbol{0}$ 与 $\boldsymbol{A}^{\mathrm{T}}\boldsymbol{Ax}=\boldsymbol{0}$ 同解，因此有相同的解集. 由定理 8 知

$$n-R(\boldsymbol{A})=n-R(\boldsymbol{A}^{\mathrm{T}}\boldsymbol{A}),$$

于是，$R(\boldsymbol{A}^{\mathrm{T}}\boldsymbol{A})=R(\boldsymbol{A})$.

二、非齐次线性方程组解的结构

利用前面有关齐次线性方程组的结论，下面对非齐次线性方程组进行讨论：

设有非齐次线性方程组

$$\begin{cases} a_{11}x_1+a_{12}x_2+\cdots+a_{1n}x_n=b_1, \\ a_{21}x_1+a_{22}x_2+\cdots+a_{2n}x_n=b_2, \\ \cdots\cdots\cdots\cdots\cdots\cdots\cdots\cdots\cdots \\ a_{m1}x_1+a_{m2}x_2+\cdots+a_{mn}x_n=b_m, \end{cases} \tag{14}$$

记
$$\boldsymbol{b}=\begin{pmatrix}b_1\\b_2\\\vdots\\b_m\end{pmatrix},$$
则方程组(14)可以写成向量方程的形式
$$\boldsymbol{A}\boldsymbol{x}=\boldsymbol{b}, \tag{15}$$
向量方程(15)的解称为非齐次线性方程组(14)的解向量．

由第一节定理1，我们知道 n 元非齐次线性方程组 $\boldsymbol{Ax}=\boldsymbol{b}$ 有解的充分必要条件是系数矩阵的秩 $R(\boldsymbol{A})$ 等于增广矩阵的秩 $R(\boldsymbol{B})$，且 $R(\boldsymbol{A})=R(\boldsymbol{B})=n$ 时，方程组(14)有惟一解；当 $R(\boldsymbol{A})=R(\boldsymbol{B})<n$ 时，方程组(14)有无穷多个解.

对于非齐次线性方程组(14)，令它的右端常数项为零，则可得到一个齐次线性方程组
$$\begin{cases}a_{11}x_1+a_{12}x_2+\cdots+a_{1n}x_n=0,\\a_{21}x_1+a_{22}x_2+\cdots+a_{2n}x_n=0,\\\cdots\cdots\cdots\cdots\cdots\cdots\cdots\cdots\cdots\\a_{m1}x_1+a_{m2}x_2+\cdots+a_{mn}x_n=0,\end{cases} \tag{16}$$
称(16)为非齐次线性方程组(14)对应的齐次线性方程组，或导出方程组．

非齐次线性方程组(14)的解向量具有以下性质：

性质 2　(1) 设 $\boldsymbol{\eta}_1$ 及 $\boldsymbol{\eta}_2$ 都是非齐次线性方程组 $\boldsymbol{Ax}=\boldsymbol{b}$ 的解，则 $\boldsymbol{\eta}_1-\boldsymbol{\eta}_2$ 为对应的齐次线性方程组 $\boldsymbol{Ax}=\boldsymbol{0}$ 的解；

(2) 设 $\boldsymbol{\eta}$ 是 $\boldsymbol{Ax}=\boldsymbol{b}$ 的解，$\boldsymbol{\xi}$ 是 $\boldsymbol{Ax}=\boldsymbol{0}$ 的解，则 $\boldsymbol{\xi}+\boldsymbol{\eta}$ 仍是 $\boldsymbol{Ax}=\boldsymbol{b}$ 的解．

证
$$\boldsymbol{A}(\boldsymbol{\eta}_1-\boldsymbol{\eta}_2)=\boldsymbol{A\eta}_1-\boldsymbol{A\eta}_2=\boldsymbol{b}-\boldsymbol{b}=\boldsymbol{0},$$
$$\boldsymbol{A}(\boldsymbol{\xi}+\boldsymbol{\eta})=\boldsymbol{A\xi}+\boldsymbol{A\eta}=\boldsymbol{0}+\boldsymbol{b}=\boldsymbol{b},$$
(1)，(2)得证．

由性质2可知，若求得 $\boldsymbol{Ax}=\boldsymbol{b}$ 的一个确定的解 $\boldsymbol{\eta}^*$，则 $\boldsymbol{Ax}=\boldsymbol{b}$ 的任一解 $\boldsymbol{x}$ 都可以表示为
$$\boldsymbol{x}=\boldsymbol{\xi}+\boldsymbol{\eta}^*,$$
其中 $\boldsymbol{\xi}$ 是 $\boldsymbol{Ax}=\boldsymbol{0}$ 的某个解，又若方程组 $\boldsymbol{Ax}=\boldsymbol{0}$ 的通解为
$$\boldsymbol{x}=k_1\boldsymbol{\xi}_1+k_2\boldsymbol{\xi}_2+\cdots+k_{n-r}\boldsymbol{\xi}_{n-r},$$
则 $\boldsymbol{Ax}=\boldsymbol{b}$ 的任一解总可以表示为
$$\boldsymbol{x}=k_1\boldsymbol{\xi}_1+k_2\boldsymbol{\xi}_2+\cdots+k_{n-r}\boldsymbol{\xi}_{n-r}+\boldsymbol{\eta}^*.$$

而由性质 2 可知，对任何实数 k_1，k_2，…，k_{n-r}，上式也是 $\boldsymbol{Ax}=\boldsymbol{b}$ 的解．于是非齐次线性方程组 $\boldsymbol{Ax}=\boldsymbol{b}$ 的通解为

$$\boldsymbol{x}=k_1\boldsymbol{\xi}_1+k_2\boldsymbol{\xi}_2+\cdots+k_{n-r}\boldsymbol{\xi}_{n-r}+\boldsymbol{\eta}^*,$$

其中 $\boldsymbol{\xi}_1$，$\boldsymbol{\xi}_2$，…，$\boldsymbol{\xi}_{n-r}$ 是齐次线性方程组 $\boldsymbol{Ax}=\boldsymbol{0}$ 的一个基础解系，$\boldsymbol{\eta}^*$ 是非齐次线性方程组 $\boldsymbol{Ax}=\boldsymbol{b}$ 的一个确定的解，也称为特解．

例 28 求解非齐次线性方程组

$$\begin{cases} x_1+x_2+2x_3+x_4+2x_5=7, \\ x_1+2x_2+3x_3+4x_4+5x_5=15, \\ 2x_1+3x_2+5x_3+5x_4+7x_5=22. \end{cases}$$

解 对增广矩阵 $\boldsymbol{B}$ 施行初等行变换：

$$\boldsymbol{B}=\begin{pmatrix} 1 & 1 & 2 & 1 & 2 & 7 \\ 1 & 2 & 3 & 4 & 5 & 15 \\ 2 & 3 & 5 & 5 & 7 & 22 \end{pmatrix} \underset{r_3-2r_1}{\overset{r_2-r_1}{\sim}} \begin{pmatrix} 1 & 1 & 2 & 1 & 2 & 7 \\ 0 & 1 & 1 & 3 & 3 & 8 \\ 0 & 1 & 1 & 3 & 3 & 8 \end{pmatrix}$$

$$\underset{r_1-r_2}{\overset{r_3-r_2}{\sim}} \begin{pmatrix} 1 & 0 & 1 & -2 & -1 & -1 \\ 0 & 1 & 1 & 3 & 3 & 8 \\ 0 & 0 & 0 & 0 & 0 & 0 \end{pmatrix},$$

可见 $R(\boldsymbol{A})=R(\boldsymbol{B})=2$，故方程组有解，并得同解方程组

$$\begin{cases} x_1=-x_3+2x_4+x_5-1, \\ x_2=-x_3-3x_4-3x_5+8, \end{cases}$$

令 $x_3=x_4=x_5=0$，则 $x_1=-1$，$x_2=8$，即得方程组的一个特解

$$\boldsymbol{\eta}^*=\begin{pmatrix} -1 \\ 8 \\ 0 \\ 0 \\ 0 \end{pmatrix}.$$

在对应的齐次线性方程组

$$\begin{cases} x_1=-x_3+2x_4+x_5, \\ x_2=-x_3-3x_4-3x_5 \end{cases}$$

中，取 x_3，x_4，x_5 为自由未知数，并令

$$\begin{pmatrix} x_3 \\ x_4 \\ x_5 \end{pmatrix}=\begin{pmatrix} 1 \\ 0 \\ 0 \end{pmatrix},\begin{pmatrix} 0 \\ 1 \\ 0 \end{pmatrix},\begin{pmatrix} 0 \\ 0 \\ 1 \end{pmatrix}，则 \begin{pmatrix} x_1 \\ x_2 \end{pmatrix}=\begin{pmatrix} -1 \\ -1 \end{pmatrix},\begin{pmatrix} 2 \\ -3 \end{pmatrix},\begin{pmatrix} 1 \\ -3 \end{pmatrix},$$

即得对应的齐次线性方程组的一个基础解系为

$$\boldsymbol{\xi}_1=\begin{pmatrix}-1\\-1\\1\\0\\0\end{pmatrix},\ \boldsymbol{\xi}_2=\begin{pmatrix}2\\-3\\0\\1\\0\end{pmatrix},\ \boldsymbol{\xi}_3=\begin{pmatrix}1\\-3\\0\\0\\1\end{pmatrix},$$

于是原方程组的通解为

$$\begin{pmatrix}x_1\\x_2\\x_3\\x_4\\x_5\end{pmatrix}=\begin{pmatrix}-1\\8\\0\\0\\0\end{pmatrix}+k_1\begin{pmatrix}-1\\-1\\1\\0\\0\end{pmatrix}+k_2\begin{pmatrix}2\\-3\\0\\1\\0\end{pmatrix}+k_3\begin{pmatrix}1\\-3\\0\\0\\1\end{pmatrix}(k_1,\ k_2,\ k_3\in\mathbf{R}).$$

例 29　已知 $\boldsymbol{\eta}_1$，$\boldsymbol{\eta}_2$，$\boldsymbol{\eta}_3$ 是三元非齐次线性方程组 $\boldsymbol{Ax}=\boldsymbol{b}$ 的解，$R(\boldsymbol{A})=1$，

且
$$\boldsymbol{\eta}_1+\boldsymbol{\eta}_2=\begin{pmatrix}1\\0\\0\end{pmatrix},\ \boldsymbol{\eta}_2+\boldsymbol{\eta}_3=\begin{pmatrix}1\\1\\0\end{pmatrix},\ \boldsymbol{\eta}_1+\boldsymbol{\eta}_3=\begin{pmatrix}1\\1\\1\end{pmatrix},$$

求方程组 $\boldsymbol{Ax}=\boldsymbol{b}$ 的通解 .

解　由题设得

$$\boldsymbol{\eta}_1=\frac{1}{2}\cdot 2(\boldsymbol{\eta}_1+\boldsymbol{\eta}_2+\boldsymbol{\eta}_3)-(\boldsymbol{\eta}_2+\boldsymbol{\eta}_3)=\begin{pmatrix}\frac{1}{2}\\0\\\frac{1}{2}\end{pmatrix},$$

同理可得
$$\boldsymbol{\eta}_2=\begin{pmatrix}\frac{1}{2}\\0\\-\frac{1}{2}\end{pmatrix},\ \boldsymbol{\eta}_3=\begin{pmatrix}\frac{1}{2}\\1\\\frac{1}{2}\end{pmatrix}.$$

由非齐次线性方程组解的性质知

$$\boldsymbol{\xi}_1=\boldsymbol{\eta}_2-\boldsymbol{\eta}_1=\begin{pmatrix}0\\0\\-1\end{pmatrix},\ \boldsymbol{\xi}_2=\boldsymbol{\eta}_3-\boldsymbol{\eta}_1=\begin{pmatrix}0\\1\\0\end{pmatrix}$$

是对应的齐次线性方程组的两个线性无关的解向量. 又 $R(\boldsymbol{A})=1$，则基础解系中含两个线性无关的解向量，因此$\boldsymbol{\xi}_1$，$\boldsymbol{\xi}_2$ 为对应的齐次线性方程组的一个基础解系，则原方程组的通解为

$$\boldsymbol{x}=\begin{pmatrix}\frac{1}{2}\\0\\-\frac{1}{2}\end{pmatrix}+k_1\begin{pmatrix}0\\0\\-1\end{pmatrix}+k_2\begin{pmatrix}0\\1\\0\end{pmatrix}\ (k_1,\ k_2\in\mathbf{R}).$$

例 30 设有向量组

$$\boldsymbol{\alpha}_1=\begin{pmatrix}1\\0\\2\\3\end{pmatrix},\ \boldsymbol{\alpha}_2=\begin{pmatrix}1\\1\\3\\5\end{pmatrix},\ \boldsymbol{\alpha}_3=\begin{pmatrix}1\\-1\\a+2\\1\end{pmatrix},\ \boldsymbol{\alpha}_4=\begin{pmatrix}1\\2\\4\\a+8\end{pmatrix},\ \boldsymbol{\beta}=\begin{pmatrix}1\\1\\b+3\\5\end{pmatrix},$$

问 a，b 为何值时：

(1) $\boldsymbol{\beta}$ 不能由 $\boldsymbol{\alpha}_1$，$\boldsymbol{\alpha}_2$，$\boldsymbol{\alpha}_3$，$\boldsymbol{\alpha}_4$ 线性表示；

(2) $\boldsymbol{\beta}$ 能由 $\boldsymbol{\alpha}_1$，$\boldsymbol{\alpha}_2$，$\boldsymbol{\alpha}_3$，$\boldsymbol{\alpha}_4$ 线性表示，且表示式惟一；

(3) $\boldsymbol{\beta}$ 能由 $\boldsymbol{\alpha}_1$，$\boldsymbol{\alpha}_2$，$\boldsymbol{\alpha}_3$，$\boldsymbol{\alpha}_4$ 线性表示，且表示式不惟一，并写出一般表示式 .

解 设 $\boldsymbol{\beta}=x_1\boldsymbol{\alpha}_1+x_2\boldsymbol{\alpha}_2+x_3\boldsymbol{\alpha}_3+x_4\boldsymbol{\alpha}_4$，即有非齐次线性方程组

$$\boldsymbol{A}\boldsymbol{x}=\boldsymbol{\beta},$$

其中，

$$\boldsymbol{A}=(\boldsymbol{\alpha}_1,\ \boldsymbol{\alpha}_2,\ \boldsymbol{\alpha}_3,\ \boldsymbol{\alpha}_4).$$

因此，本题要解决的问题就转化为非齐次线性方程组 $\boldsymbol{A}\boldsymbol{x}=\boldsymbol{\beta}$ 的求解问题 .

对增广矩阵$(\boldsymbol{A},\ \boldsymbol{\beta})$施行初等行变换：

$$(\boldsymbol{A},\ \boldsymbol{\beta})=\begin{pmatrix}1&1&1&1&1\\0&1&-1&2&1\\2&3&a+2&4&b+3\\3&5&1&a+8&5\end{pmatrix}\overset{r}{\sim}\begin{pmatrix}1&0&2&-1&0\\0&1&-1&2&1\\0&0&a+1&0&b\\0&0&0&a+1&0\end{pmatrix}.$$

由此可见：

(1) 当 $a=-1$，$b\neq0$ 时，$R(\boldsymbol{A})=2$，$R(\boldsymbol{A},\ \boldsymbol{\beta})=3$，方程组 $\boldsymbol{A}\boldsymbol{x}=\boldsymbol{\beta}$ 无解，即 $\boldsymbol{\beta}$ 不能由 $\boldsymbol{\alpha}_1$，$\boldsymbol{\alpha}_2$，$\boldsymbol{\alpha}_3$，$\boldsymbol{\alpha}_4$ 线性表示；

(2) 当 $a\neq-1$ 时，$R(\boldsymbol{A})=R(\boldsymbol{A},\ \boldsymbol{\beta})=4$，方程组 $\boldsymbol{A}\boldsymbol{x}=\boldsymbol{\beta}$ 有惟一解，即 $\boldsymbol{\beta}$ 能由 $\boldsymbol{\alpha}_1$，$\boldsymbol{\alpha}_2$，$\boldsymbol{\alpha}_3$，$\boldsymbol{\alpha}_4$ 惟一线性表示；

(3) 当 $a=-1$，$b=0$ 时，$R(\boldsymbol{A})=R(\boldsymbol{A},\ \boldsymbol{\beta})=2$，方程组 $\boldsymbol{A}\boldsymbol{x}=\boldsymbol{\beta}$ 有无穷多解，并且

$$\begin{pmatrix}x_1\\x_2\\x_3\\x_4\end{pmatrix}=\begin{pmatrix}0\\1\\0\\0\end{pmatrix}+k_1\begin{pmatrix}-2\\1\\1\\0\end{pmatrix}+k_2\begin{pmatrix}1\\-2\\0\\1\end{pmatrix}=\begin{pmatrix}-2k_1+k_2\\1+k_1-2k_2\\k_1\\k_2\end{pmatrix},$$

即 $\boldsymbol{\beta}$ 能由 $\boldsymbol{\alpha}_1$，$\boldsymbol{\alpha}_2$，$\boldsymbol{\alpha}_3$，$\boldsymbol{\alpha}_4$ 线性表示，且表示式不惟一，一般表示式为

$$\boldsymbol{\beta}=(-2k_1+k_2)\boldsymbol{\alpha}_1+(1+k_1-2k_2)\boldsymbol{\alpha}_2+k_1\boldsymbol{\alpha}_3+k_2\boldsymbol{\alpha}_4 \quad (k_1,\ k_2\in \mathbf{R}).$$

例 31　求一个齐次线性方程组，使它的基础解系由下列向量组成：

$$\boldsymbol{\eta}_1=\begin{pmatrix}-1\\0\\1\\2\end{pmatrix},\ \boldsymbol{\eta}_2=\begin{pmatrix}0\\1\\-1\\1\end{pmatrix}.$$

解　因为 $\boldsymbol{\eta}_1$，$\boldsymbol{\eta}_2$ 是四维向量，因此所求齐次方程组应含有四个未知数，不妨设为 x_1，x_2，x_3，x_4，现知基础解系有两个向量 $\boldsymbol{\eta}_1$，$\boldsymbol{\eta}_2$，故由齐次线性方程组解的结构理论知齐次方程组系数矩阵 $\mathbf{A}$ 的秩 $R(\mathbf{A})=4-2=2$. 因此所求方程组是由四个未知数、至少两个方程组成的齐次方程组，并且一定包含两个独立的方程．

设通解为

$$\boldsymbol{x}=\begin{pmatrix}x_1\\x_2\\x_3\\x_4\end{pmatrix}=k_1\begin{pmatrix}-1\\0\\1\\2\end{pmatrix}+k_2\begin{pmatrix}0\\1\\-1\\1\end{pmatrix},$$

消去 k_1，k_2 得齐次线性方程组

$$\begin{cases}x_1+x_2+x_3=0,\\2x_1-x_2+x_4=0.\end{cases}$$

显然，该方程组满足所需的条件．

这里值得注意的是，满足例 33 所需条件的方程组是不惟一的．

应用实例　投入产出模型

现代生产高度专业化的特点，使得一个经济系统内众多的生产部门之间紧密关联，相互依存．每个部门在生产过程中都要消耗各个部门提供的产品或服务，称之产出．投入产出数学模型就是应用线性代数理论所建立的，研究经济系统各部门之间投入产出综合平衡关系的经济数学模型．

若从事的是生产活动，产出就是生产的产品．这里我们只讨论价值型投入产出模型，投入和产出都用货币数值来度量．

在一个经济系统中，每个部门(企业)作为生产者，它既要为自身及系统内其他部门(企业)进行生产而提供一定的产品，又要满足系统外部(包括出口)对它的产品需求．另一方面，每个部门(企业)为了生产其产品，又必然是消耗者，它既有物资方面的消耗(消耗本部门(企业)和系统内其他部门(企业)所生产的产品，如原材料、设备、运输和能源等)，又有人力方面的消耗．消耗的

目的是为了生产，生产的结果必然要创造新的价值，以用于支付劳动者的报酬、缴付税金和获取合理的利润．显然，对每个部门(企业)来讲，在物资方面的消耗和新创造的价值等于它的总产品的价值，这就是“投入”与“产出”之间的总的平衡关系．

(一)分配平衡方程组

我们从产品分配的角度讨论投入产出的一种平衡关系．即讨论：在经济系统内每个部门(企业)的产品产量与系统内部对产品的消耗及系统外部对产品的需求处于平衡的情况下，如何确定各部门(企业)的产品质量．

设某个经济系统由 n 个企业组成，为帮助理解，列表 3.1：

表 3.1

直接消耗系数 企业＼企业		消耗企业				外部需求	总产值
		1	2	…	n		
生产企业	1	c_{11}	c_{12}	…	c_{1n}	d_1	x_1
	2	c_{21}	c_{22}	…	c_{2n}	d_2	x_2
	⋮	⋮	⋮		⋮	⋮	⋮
	n	c_{n1}	c_{n2}	…	c_{nn}	d_n	x_n

其中 x_i 表示第 i 个企业的总产值，$x_i \geqslant 0$；d_i 表示系统外部对第 i 个企业的产值的需求量，$d_i \geqslant 0$；c_{ij} 表示第 j 个企业生产单位产值需要消耗第 i 个企业的产值数，称为第 j 个企业对第 i 个企业的直接消耗系数，$c_{ij} \geqslant 0$.

表中标号相同的生产企业和消耗企业是同一个企业．如“1”号表示煤矿，“2”号表示电厂，c_{21} 表示煤矿生产单位产值需要直接消耗电厂的产值数，c_{22} 表示电厂生产单位产值需要直接消耗自身的产值数，d_2 表示系统外部对电厂产值的需求量，x_2 表示电厂的总产值．

第 i 个企业分配给系统内各企业生产性消耗产值数为

$$c_{i1}x_1 + c_{i2}x_2 + \cdots + c_{in}x_n,$$

提供给系统外部的产值数为 d_i，这两部分之和就是第 i 个企业的总产值 x_i．于是可得分配平衡方程组

$$x_i = \left(\sum_{j=1}^{n} c_{ij}x_j\right) + d_i,\ i = 1,\ 2,\ \cdots,\ n. \tag{17}$$

记
$$\boldsymbol{C} = \begin{pmatrix} c_{11} & c_{12} & \cdots & c_{1n} \\ c_{21} & c_{22} & \cdots & c_{2n} \\ \vdots & \vdots & & \vdots \\ c_{n1} & c_{n2} & \cdots & c_{nn} \end{pmatrix},\ \boldsymbol{X} = \begin{pmatrix} x_1 \\ x_2 \\ \vdots \\ x_n \end{pmatrix},\ \boldsymbol{d} = \begin{pmatrix} d_1 \\ d_2 \\ \vdots \\ d_n \end{pmatrix},$$

于是(17)式可表示成矩阵形式

$$\boldsymbol{X}=\boldsymbol{C}\boldsymbol{X}+\boldsymbol{d}, \tag{18}$$

即

$$(\boldsymbol{E}-\boldsymbol{C})\boldsymbol{X}=\boldsymbol{d}, \tag{19}$$

(18)式或(19)式是投入产出数学模型之一，这是一个含 n 个未知量 x_i $(i=1, 2, \cdots, n)$ 和 n 个方程的线性方程组.

$\boldsymbol{C}$ 称为直接消耗系数矩阵，$\boldsymbol{X}$ 称为生产向量，$\boldsymbol{d}$ 称为外部需求向量，显然它们的元均非负.

若设 x_{ij} 表示第 j 部门在生产过程中消耗第 i 部门的产品数量，一般称为中间产品，如 x_{12} 表示第 2 部门在生产过程中消耗第 1 部门的生产数量. 显然第 j 部门对第 i 部门的直接消耗系数

$$c_{ij}=\frac{x_{ij}}{x_j},\ i,\ j=1,\ 2,\ \cdots,\ n.$$

由上式可知，直接消耗系数矩阵 $\boldsymbol{C}$ 具有以下性质：

(1) $0\leqslant c_{ij}\leqslant 1,\ i,\ j=1,\ 2,\ \cdots,\ n$;

(2) $\sum\limits_{i=1}^{n} c_{ij}<1,\ j=1,\ 2,\ \cdots,\ n.$

可以证明 $\boldsymbol{E}-\boldsymbol{C}$ 是可逆的，且其可逆的元均非负. 从而，分配平衡方程 $(\boldsymbol{E}-\boldsymbol{C})\boldsymbol{X}=\boldsymbol{d}$ 一定有惟一解 $\boldsymbol{X}=(\boldsymbol{E}-\boldsymbol{C})^{-1}\boldsymbol{d}$.

实例一　某工厂有 3 个车间，设在某一生产周期内，车间之间直接消耗系数及总产值如表 3.2 所示：

表 3.2

直接消耗系数 \ 车间 / 车间		消耗部门 1	消耗部门 2	消耗部门 3	外部需求	总产值
生产部门	1	0.25	0.10	0.10	d_1	400
	2	0.20	0.20	0.10	d_2	250
	3	0.10	0.10	0.20	d_3	300

为使各车间与系统内外需求平衡，求：(1) 各车间的最终产品 d_1，d_2，d_3；(2) 各车间之间的中间产品 x_{ij} $(i,\ j=1,\ 2,\ 3)$.

解　(1) $\boldsymbol{d}=\begin{pmatrix}d_1\\d_2\\d_3\end{pmatrix}=(\boldsymbol{E}-\boldsymbol{C})\boldsymbol{X}=\begin{pmatrix}0.75&-0.10&-0.10\\-0.20&0.80&-0.10\\-0.10&-0.10&0.80\end{pmatrix}\begin{pmatrix}400\\250\\300\end{pmatrix}$

$=(245,\ 90,\ 175)^{\mathrm{T}}$,

即 $d_1=245$，$d_2=90$，$d_3=175$.

(2) 由 $x_{ij}=c_{ij}x_j$，i，$j=1,2,3$，得

$$x_{11}=0.25\times 400=100,\ x_{12}=0.1\times 250=25,\ x_{13}=0.1\times 300=30.$$

同理得

$$x_{21}=80,\ x_{22}=50,\ x_{23}=30,$$

$$x_{31}=40,\ x_{32}=25,\ x_{33}=60.$$

实例二 设某一经济系统在某生产周期内的直接消耗系数矩阵 $\boldsymbol{C}$ 和外部需求向量如下：

$$\boldsymbol{C}=\begin{pmatrix}0.25 & 0.1 & 0.1\\ 0.2 & 0.2 & 0.1\\ 0.1 & 0.1 & 0.2\end{pmatrix},\ \boldsymbol{d}=\begin{pmatrix}235\\125\\210\end{pmatrix},$$

求该系统在这一生产周期内的总产值向量 $\boldsymbol{X}$.

解 由分配平衡方程组

$$(\boldsymbol{E}-\boldsymbol{C})\boldsymbol{X}=\boldsymbol{d}$$

的增广矩阵

$$\begin{pmatrix}0.75 & -0.1 & -0.1 & 235\\ -0.2 & 0.8 & -0.1 & 125\\ -0.1 & -0.1 & 0.8 & 210\end{pmatrix}\sim\begin{pmatrix}0 & -0.85 & 5.9 & 1810\\ 0 & 1 & -1.7 & -295\\ 1 & 1 & -8 & -2100\end{pmatrix}$$

$$\sim\begin{pmatrix}1 & 1 & -8 & -2100\\ 0 & 1 & -1.7 & -295\\ 0 & -0.85 & 5.9 & 1810\end{pmatrix}\sim\begin{pmatrix}1 & 0 & -6.3 & -1805\\ 0 & 1 & -1.7 & -295\\ 0 & 0 & 4.455 & 1559.25\end{pmatrix}$$

$$\sim\begin{pmatrix}1 & 0 & 0 & 400\\ 0 & 1 & 0 & 300\\ 0 & 0 & 1 & 350\end{pmatrix},$$

知 $\boldsymbol{X}=(400,300,350)^{\mathrm{T}}$.

(二)消耗平衡方程组

这里我们从消耗的角度讨论投入产出的另一种平衡关系，它是在系统内各个部门(企业)的总产值应与生产性消耗及新创造的价值(净产值)相等(相平衡)的情况下，讨论系统内各部门(企业)的总产值与新创造的价值(净产值)之间的相互关系.

某个经济系统的几个企业之间的直接消耗系数，仍如前所述，那么第 j 个企业生产产值 x_j 需要消耗自身和其他企业的产值数(在原材料、运输、能源、设备等方面的生产性消耗)为

$$c_{1j}x_j+c_{2j}x_j+\cdots+c_{nj}x_j,$$

如果生产产值 x_j 所获得的净产值为 z_j，则

$$x_j=c_{1j}x_j+c_{2j}x_j+\cdots+c_{nj}x_j+z_j,$$

即
$$x_j=\left(\sum_{i=1}^{n}c_{ij}\right)x_j+z_j,\ j=1,\ 2,\ \cdots,\ n,\tag{20}$$
方程组(20)称为消耗平衡方程组，方程组(20)可写成
$$\left(1-\sum_{i=1}^{n}c_{ij}\right)x_j=z_j,\ j=1,\ 2,\ \cdots,\ n.\tag{21}$$

记
$$\boldsymbol{D}=\begin{pmatrix}\sum\limits_{i=1}^{n}c_{i1} & & & \\ & \sum\limits_{i=1}^{n}c_{i2} & & \\ & & \ddots & \\ & & & \sum\limits_{i=1}^{n}c_{in}\end{pmatrix},\ \boldsymbol{Z}=\begin{pmatrix}z_1\\ z_2\\ \vdots\\ z_n\end{pmatrix},$$

于是(20)、(21)式的矩阵形式为
$$\boldsymbol{X}=\boldsymbol{D}\boldsymbol{X}+\boldsymbol{Z},\tag{22}$$
即
$$(\boldsymbol{E}-\boldsymbol{D})\boldsymbol{X}=\boldsymbol{Z}.\tag{23}$$
(22)、(23)式是投入产出模型之二，它揭示了经济系统的生产向量 $\boldsymbol{X}$、净产值向量 $\boldsymbol{Z}$ 与企业消耗矩阵 $\boldsymbol{D}$ 之间的关系．

由式(17)、(20)可得
$$\sum_{i=1}^{n}\left[\left(\sum_{j=1}^{n}c_{ij}x_j\right)+d_i\right]=\sum_{j=1}^{n}\left[\left(\sum_{i=1}^{n}c_{ij}x_j\right)+z_j\right],$$
故
$$\sum_{i=1}^{n}d_i=\sum_{j=1}^{n}z_j.\tag{24}$$
(24)式表明，系统外部对各企业产值的需求量总和，等于系统内部产业净产值总和．

习　题　三

1. 判断下列结论是否正确：

设 $\boldsymbol{A}$ 为 $m\times n$ 矩阵，且 $m<n$，若 $\boldsymbol{A}$ 的行向量组线性无关，则

(1) 方程组 $\boldsymbol{Ax}=\boldsymbol{b}$ 有无穷多解；　(2) 方程组 $\boldsymbol{Ax}=\boldsymbol{b}$ 仅有零解；

(3) 方程组 $\boldsymbol{Ax}=\boldsymbol{b}$ 无解；　(4) 方程组 $\boldsymbol{Ax}=\boldsymbol{0}$ 仅有零解．

2. 求解下列齐次线性方程组：

(1) $\begin{cases}x_1-2x_2=0,\\ 2x_3+x_4=0;\end{cases}$　(2) $\begin{cases}x_1-2x_2+x_3+x_4=0,\\ 2x_1+x_2-x_3-x_4=0,\\ x_1+8x_2-5x_3+5x_4=0;\end{cases}$

(3) $\begin{cases} x_1+x_2+2x_3-x_4=0, \\ 2x_1+x_2+x_3-x_4=0, \\ 2x_1+2x_2+x_3+2x_4=0; \end{cases}$ (4) $\begin{cases} x_1+2x_2+x_3-x_4=0, \\ 3x_1+6x_2-x_3-3x_4=0, \\ 5x_1+10x_2+x_3-5x_4=0. \end{cases}$

3. 求解下列非齐次线性方程组：

(1) $\begin{cases} 2x_1-x_2-x_3=4, \\ 3x_1+4x_2-2x_3=11, \\ 3x_1-2x_2+4x_3=11; \end{cases}$ (2) $\begin{cases} x_1-2x_2+3x_3+2x_4=2, \\ 3x_1-x_2+5x_3-x_4=6, \\ 2x_1+x_2+2x_3-3x_4=8; \end{cases}$

(3) $\begin{cases} 2x_1-x_2+3x_3+2x_4=0, \\ 9x_1-x_2+14x_3+2x_4=1, \\ 3x_1+2x_2+5x_3-4x_4=1, \\ 4x_1+5x_2+7x_3-10x_4=2; \end{cases}$ (4) $\begin{cases} 2x_1+3x_2+x_3=4, \\ x_1-2x_2+4x_3=-5, \\ 3x_1+8x_2-2x_3=13, \\ 4x_1-x_2+9x_3=-6. \end{cases}$

4. 已知下列齐次方程组有非零解，求 a 的值，并求方程组的通解：

(1) $\begin{cases} ax_1+x_2+x_3=0, \\ x_1+ax_2+x_3=0, \\ x_1+x_2+ax_3=0; \end{cases}$ (2) $\begin{cases} 3x_1+x_2+ax_3+4x_4=0, \\ x_1-3x_2-6x_3+2x_4=0, \\ x_1-x_2-2x_3+3x_4=0, \\ x_1+5x_2+10x_3-x_4=0. \end{cases}$

5. 求参数的值，使方程组有解、无解，并在有解时，求其解：

(1) $\begin{cases} (2-a)x_1+2x_2-2x_3=1, \\ 2x_1+(5-a)x_2-4x_3=2, \\ -2x_1-4x_2+(5-a)x_3=-a-1; \end{cases}$

(2) $\begin{cases} x_1-x_2-2x_3+3x_4=0, \\ x_1-3x_2-5x_3+2x_4=-1, \\ x_1+x_2-ax_3+4x_4=1, \\ x_1+7x_2+10x_3+7x_4=b. \end{cases}$

6. 设
$$\boldsymbol{\alpha}_1=\begin{pmatrix}1\\0\\1\end{pmatrix},\ \boldsymbol{\alpha}_2=\begin{pmatrix}1\\1\\1\end{pmatrix},\ \boldsymbol{\alpha}_3=\begin{pmatrix}2\\1\\0\end{pmatrix},$$
求 $\boldsymbol{\alpha}_1+\boldsymbol{\alpha}_2-\boldsymbol{\alpha}_3$ 和 $3\boldsymbol{\alpha}_1+4\boldsymbol{\alpha}_2-2\boldsymbol{\alpha}_3$.

7. 设 $5(\boldsymbol{\alpha}-\boldsymbol{\beta})+4(\boldsymbol{\beta}-\boldsymbol{\gamma})=2(\boldsymbol{\alpha}+\boldsymbol{\gamma})$，求向量 $\boldsymbol{\gamma}$，其中，
$$\boldsymbol{\alpha}=\begin{pmatrix}3\\-1\\0\\1\end{pmatrix},\ \boldsymbol{\beta}=\begin{pmatrix}1\\-1\\3\\2\end{pmatrix}.$$

8. 把向量 $\boldsymbol{\beta}$ 用向量 $\boldsymbol{\alpha}_1$，$\boldsymbol{\alpha}_2$，$\boldsymbol{\alpha}_3$ 线性表示，其中，

$$\boldsymbol{\beta}=\begin{pmatrix}1\\2\\3\end{pmatrix},\ \boldsymbol{\alpha}_1=\begin{pmatrix}1\\0\\1\end{pmatrix},\ \boldsymbol{\alpha}_2=\begin{pmatrix}1\\1\\0\end{pmatrix},\ \boldsymbol{\alpha}_3=\begin{pmatrix}1\\1\\1\end{pmatrix}.$$

9. 判断下列向量组的线性相关性：

(1) $\begin{pmatrix}1\\2\end{pmatrix},\begin{pmatrix}1\\1\end{pmatrix},\begin{pmatrix}2\\3\end{pmatrix}$；　　(2) $\begin{pmatrix}2\\2\\1\end{pmatrix},\begin{pmatrix}1\\2\\-1\end{pmatrix},\begin{pmatrix}1\\0\\2\end{pmatrix}$；

(3) $\begin{pmatrix}2\\1\\-1\end{pmatrix},\begin{pmatrix}1\\-1\\1\end{pmatrix},\begin{pmatrix}-1\\1\\2\end{pmatrix}$；　　(4) $\begin{pmatrix}1\\1\\1\\1\end{pmatrix},\begin{pmatrix}1\\1\\-1\\-1\end{pmatrix},\begin{pmatrix}1\\-1\\1\\-1\end{pmatrix}$.

10. 讨论下列向量组的线性相关性：

(1) $\begin{pmatrix}1\\2\\3\\4\end{pmatrix},\begin{pmatrix}2\\1\\-1\\1\end{pmatrix},\begin{pmatrix}-1\\k\\0\\2\end{pmatrix}$；　　(2) $\begin{pmatrix}2\\4\\k\\-2\end{pmatrix},\begin{pmatrix}1\\2\\-3\\-1\end{pmatrix},\begin{pmatrix}4\\5\\-4\\3\end{pmatrix}$.

11. 问 k 取何值时，下面的向量组线性相关？

$$\boldsymbol{\alpha}_1=\begin{pmatrix}1\\-1\\k\end{pmatrix},\ \boldsymbol{\alpha}_2=\begin{pmatrix}1\\k\\-1\end{pmatrix},\ \boldsymbol{\alpha}_3=\begin{pmatrix}k\\1\\1\end{pmatrix}.$$

12. 判别下列各命题是否正确？若正确，给出证明；若不正确，举反例说明：

(1) 若存在一组不全为零的数 k_1，k_2，…，k_m，使

$$k_1\boldsymbol{\alpha}_1+k_2\boldsymbol{\alpha}_2+\cdots+k_m\boldsymbol{\alpha}_m\neq\boldsymbol{0},$$

则向量组 $\boldsymbol{\alpha}_1$，$\boldsymbol{\alpha}_2$，…，$\boldsymbol{\alpha}_m$ 线性无关；

(2) 若向量组 $\boldsymbol{\alpha}_1$，$\boldsymbol{\alpha}_2$，…，$\boldsymbol{\alpha}_m$ 线性相关，则 $\boldsymbol{\alpha}_1$ 可以由 $\boldsymbol{\alpha}_2$，…，$\boldsymbol{\alpha}_m$ 线性表示；

(3) 若有不全为零的数 k_1，k_2，…，k_m，使

$$k_1\boldsymbol{\alpha}_1+k_2\boldsymbol{\alpha}_2+\cdots+k_m\boldsymbol{\alpha}_m+k_1\boldsymbol{\beta}_1+k_2\boldsymbol{\beta}_2+\cdots+k_m\boldsymbol{\beta}_m=\boldsymbol{0},$$

则 $\boldsymbol{\alpha}_1$，$\boldsymbol{\alpha}_2$，…，$\boldsymbol{\alpha}_m$ 线性相关，$\boldsymbol{\beta}_1$，$\boldsymbol{\beta}_2$，…，$\boldsymbol{\beta}_m$ 也线性相关；

(4) 若只有当 k_1，k_2，…，k_m 全为零时，使

$$k_1\boldsymbol{\alpha}_1+k_2\boldsymbol{\alpha}_2+\cdots+k_m\boldsymbol{\alpha}_m+k_1\boldsymbol{\beta}_1+k_2\boldsymbol{\beta}_2+\cdots+k_m\boldsymbol{\beta}_m=\boldsymbol{0},$$

则 $\boldsymbol{\alpha}_1$，$\boldsymbol{\alpha}_2$，…，$\boldsymbol{\alpha}_m$ 线性无关，$\boldsymbol{\beta}_1$，$\boldsymbol{\beta}_2$，…，$\boldsymbol{\beta}_m$ 也线性无关；

(5) 若 $\boldsymbol{\alpha}_1$，$\boldsymbol{\alpha}_2$，…，$\boldsymbol{\alpha}_m$ 线性相关，$\boldsymbol{\beta}_1$，$\boldsymbol{\beta}_2$，…，$\boldsymbol{\beta}_m$ 也线性相关，则存在不全为零的数 k_1，k_2，…，k_m，使

$$k_1\boldsymbol{\alpha}_1+k_2\boldsymbol{\alpha}_2+\cdots+k_m\boldsymbol{\alpha}_m=\mathbf{0} \text{ 和 } k_1\boldsymbol{\beta}_1+k_2\boldsymbol{\beta}_2+\cdots+k_m\boldsymbol{\beta}_m=\mathbf{0}$$

同时成立；

(6) 线性无关的向量组不包含零向量.

13. 设 $\boldsymbol{\beta}_1=\boldsymbol{\alpha}_1+\boldsymbol{\alpha}_2$，$\boldsymbol{\beta}_2=\boldsymbol{\alpha}_2+\boldsymbol{\alpha}_3$，$\boldsymbol{\beta}_3=\boldsymbol{\alpha}_3+\boldsymbol{\alpha}_4$，$\boldsymbol{\beta}_4=\boldsymbol{\alpha}_4+\boldsymbol{\alpha}_1$，证明向量组 $\boldsymbol{\beta}_1$，$\boldsymbol{\beta}_2$，$\boldsymbol{\beta}_3$，$\boldsymbol{\beta}_4$ 线性相关.

14. 设 $\boldsymbol{\beta}_1=\boldsymbol{\alpha}_1$，$\boldsymbol{\beta}_2=\boldsymbol{\alpha}_1+\boldsymbol{\alpha}_2$，…，$\boldsymbol{\beta}_s=\boldsymbol{\alpha}_1+\boldsymbol{\alpha}_2+\cdots+\boldsymbol{\alpha}_s$，且 $\boldsymbol{\alpha}_1$，$\boldsymbol{\alpha}_2$，…，$\boldsymbol{\alpha}_s$ 线性无关，证明向量组 $\boldsymbol{\beta}_1$，$\boldsymbol{\beta}_2$，…，$\boldsymbol{\beta}_s$ 线性无关.

15. 设向量 $\boldsymbol{\alpha}$，$\boldsymbol{\beta}$，$\boldsymbol{\gamma}$ 线性无关，问 l，m 满足什么条件时，向量组

$$l\boldsymbol{\beta}-\boldsymbol{\alpha},\ m\boldsymbol{\gamma}-\boldsymbol{\beta},\ \boldsymbol{\alpha}-\boldsymbol{\gamma}$$

也线性无关?

16. 已知 n 维单位坐标向量组 $\boldsymbol{\varepsilon}_1$，$\boldsymbol{\varepsilon}_2$，…，$\boldsymbol{\varepsilon}_n$ 可以由向量组 $\boldsymbol{\alpha}_1$，$\boldsymbol{\alpha}_2$，…，$\boldsymbol{\alpha}_n$ 线性表示，证明 $\boldsymbol{\alpha}_1$，$\boldsymbol{\alpha}_2$，…，$\boldsymbol{\alpha}_n$ 线性无关.

17. 设 $\boldsymbol{\alpha}_1$，$\boldsymbol{\alpha}_2$，…，$\boldsymbol{\alpha}_n$ 是一个 n 维向量组，证明：它们线性无关的充分必要条件是任一个 n 维向量都可由 $\boldsymbol{\alpha}_1$，$\boldsymbol{\alpha}_2$，…，$\boldsymbol{\alpha}_n$ 线性表示.

18. 设向量组 $\boldsymbol{\alpha}_1$，$\boldsymbol{\alpha}_2$，…，$\boldsymbol{\alpha}_s$ 线性相关，且 $\boldsymbol{\alpha}_1\neq\mathbf{0}$，证明：存在某个向量 $\boldsymbol{\alpha}_i\,(2\leqslant i\leqslant s)$ 可以由 $\boldsymbol{\alpha}_1$，$\boldsymbol{\alpha}_2$，…，$\boldsymbol{\alpha}_{i-1}$ 线性表示.

19. 求下列向量组的秩和一个最大无关组：

(1) $\boldsymbol{\alpha}_1=\begin{pmatrix}1\\2\\1\\3\end{pmatrix}$，$\boldsymbol{\alpha}_2=\begin{pmatrix}4\\-1\\-5\\-6\end{pmatrix}$，$\boldsymbol{\alpha}_3=\begin{pmatrix}1\\-3\\-4\\-7\end{pmatrix}$；

(2) $\boldsymbol{\alpha}_1=\begin{pmatrix}3\\-5\\2\\1\end{pmatrix}$，$\boldsymbol{\alpha}_2=\begin{pmatrix}1\\1\\0\\-5\end{pmatrix}$，$\boldsymbol{\alpha}_3=\begin{pmatrix}-1\\3\\1\\3\end{pmatrix}$，$\boldsymbol{\alpha}_4=\begin{pmatrix}2\\-4\\-1\\-3\end{pmatrix}$.

20. 利用初等行变换求下列矩阵的列向量组的一个最大无关组，并把其余列向量用最大无关组线性表示.

(1) $\begin{pmatrix}2&1&2&3\\4&1&3&5\\2&0&1&2\end{pmatrix}$；　(2) $\begin{pmatrix}6&1&1&7\\4&0&4&1\\1&2&-9&0\\-1&3&-16&-1\\2&-4&22&3\end{pmatrix}$.

21. 设向量组

$$\begin{pmatrix}1\\2\\1\end{pmatrix},\begin{pmatrix}2\\3\\1\end{pmatrix},\begin{pmatrix}x\\3\\1\end{pmatrix},\begin{pmatrix}2\\y\\3\end{pmatrix}$$

的秩为 2，求 x，y.

22. 设向量组 B：$\boldsymbol{\beta}_1$，$\boldsymbol{\beta}_2$，…，$\boldsymbol{\beta}_r$ 能由向量组 A：$\boldsymbol{\alpha}_1$，$\boldsymbol{\alpha}_2$，…，$\boldsymbol{\alpha}_s$ 线性表示为

$$(\boldsymbol{\beta}_1,\ \boldsymbol{\beta}_2,\ \cdots,\ \boldsymbol{\beta}_r)=(\boldsymbol{\alpha}_1,\ \boldsymbol{\alpha}_2,\ \cdots,\ \boldsymbol{\alpha}_s)\boldsymbol{K},$$

其中 $\boldsymbol{K}$ 为 $s\times r$ 矩阵，且向量组 A 线性无关，证明向量组 B 线性无关的充分必要条件是矩阵 $\boldsymbol{K}$ 的秩 $R(\boldsymbol{K})=r$.

23. 设
$$\begin{cases}\boldsymbol{\alpha}_1=\boldsymbol{\beta}_2+\boldsymbol{\beta}_3+\cdots+\boldsymbol{\beta}_n,\\ \boldsymbol{\alpha}_2=\boldsymbol{\beta}_1+\boldsymbol{\beta}_3+\cdots+\boldsymbol{\beta}_n,\\ \cdots\cdots\cdots\cdots\cdots\cdots\\ \boldsymbol{\alpha}_n=\boldsymbol{\beta}_1+\boldsymbol{\beta}_2+\cdots+\boldsymbol{\beta}_{n-1},\end{cases}$$

证明：向量组 $\boldsymbol{\alpha}_1$，$\boldsymbol{\alpha}_2$，…，$\boldsymbol{\alpha}_n$ 与向量组 $\boldsymbol{\beta}_1$，$\boldsymbol{\beta}_2$，…，$\boldsymbol{\beta}_n$ 等价 .

24. 设向量组 $\boldsymbol{\alpha}_1$，$\boldsymbol{\alpha}_2$，…，$\boldsymbol{\alpha}_s$ 线性无关，$\boldsymbol{\alpha}_1$，$\boldsymbol{\alpha}_2$，…，$\boldsymbol{\alpha}_s$，$\boldsymbol{\beta}$，$\boldsymbol{\gamma}$ 线性相关，且 $\boldsymbol{\beta}$ 与 $\boldsymbol{\gamma}$ 都不能由 $\boldsymbol{\alpha}_1$，$\boldsymbol{\alpha}_2$，…，$\boldsymbol{\alpha}_s$ 线性表示，证明：$\boldsymbol{\alpha}_1$，$\boldsymbol{\alpha}_2$，…，$\boldsymbol{\alpha}_s$，$\boldsymbol{\beta}$ 与 $\boldsymbol{\alpha}_1$，$\boldsymbol{\alpha}_2$，…，$\boldsymbol{\alpha}_s$，$\boldsymbol{\gamma}$ 等价 .

25. 若 $\boldsymbol{\alpha}_1$，$\boldsymbol{\alpha}_2$，…，$\boldsymbol{\alpha}_n$ 是 n 个线性无关的 n 维向量，向量

$$\boldsymbol{\alpha}_{n+1}=k_1\boldsymbol{\alpha}_1+k_2\boldsymbol{\alpha}_2+\cdots+k_n\boldsymbol{\alpha}_n,$$

其中 k_1，k_2，…，k_n 全不为零，证明：$\boldsymbol{\alpha}_1$，$\boldsymbol{\alpha}_2$，…，$\boldsymbol{\alpha}_n$，$\boldsymbol{\alpha}_{n+1}$ 中任意 n 个向量都是线性无关的 .

26. 设 $\boldsymbol{\alpha}_1$，$\boldsymbol{\alpha}_2$，…，$\boldsymbol{\alpha}_m$ 线性无关，$\boldsymbol{\beta}_j=\sum\limits_{i=1}^{m}a_{ij}\boldsymbol{\alpha}_i\,(j=1,\ 2,\ \cdots,\ s)$，令 $\boldsymbol{A}=(a_{ij})_{m\times s}$，证明：$\boldsymbol{\beta}_1$，$\boldsymbol{\beta}_2$，…，$\boldsymbol{\beta}_s$ 线性相关的充分必要条件是 $R(\boldsymbol{A})<s$.

27. 已知三阶矩阵 $\boldsymbol{A}$ 与三维列向量 $\boldsymbol{x}$ 满足 $\boldsymbol{A}^3\boldsymbol{x}=3\boldsymbol{A}\boldsymbol{x}-\boldsymbol{A}^2\boldsymbol{x}$，且向量组 $\boldsymbol{x}$，$\boldsymbol{A}\boldsymbol{x}$，$\boldsymbol{A}^2\boldsymbol{x}$ 线性无关 .

(1) 令 $\boldsymbol{P}=(\boldsymbol{x},\ \boldsymbol{A}\boldsymbol{x},\ \boldsymbol{A}^2\boldsymbol{x})$，求三阶方阵 $\boldsymbol{B}$，使 $\boldsymbol{AP}=\boldsymbol{PB}$；(2) 求 $|\boldsymbol{A}|$.

28. 求下列齐次线性方程组的基础解系，并写出通解：

(1) $\begin{cases}x_1-2x_2+3x_3+2x_4=0,\\ 2x_1+4x_2+x_3-x_4=0,\\ 3x_1+2x_2+4x_3+2x_4=0;\end{cases}$

(2) $\begin{cases}x_1+x_2+x_3+x_4+x_5=0,\\ 3x_1+2x_2+x_3+x_4-3x_5=0,\\ x_2+2x_3+2x_4+6x_5=0,\\ 5x_1+4x_2+3x_3+3x_4-x_5=0;\end{cases}$

(3) $x_1+2x_2+\cdots+nx_n=0$；

(4) $\begin{cases}2x_1-\ \ x_2+3x_3=0,\\ x_1+\ 3x_2+2x_3=0,\\ 3x_1-\ 5x_2+4x_3=0,\\ x_1+17x_2+4x_3=0.\end{cases}$

29. 求下列非齐次线性方程组的一个特解及对应的齐次线性方程组的基础解系，并写出通解：

(1) $\begin{cases}x_1+2x_2+\ 4x_3-\ 3x_4=1,\\ 3x_1+5x_2+\ 6x_3-\ 4x_4=2,\\ 4x_1+5x_2-\ 2x_3+\ 3x_4=1,\\ 3x_1+8x_2+24x_3-19x_4=5;\end{cases}$ (2) $\begin{cases}x_1+\ x_2=5,\\ 2x_1+\ x_2+\ x_3+2x_4=1,\\ 5x_1+3x_2+2x_3+2x_4=3.\end{cases}$

30. 设四元非齐次线性方程组的系数矩阵的秩为 3，已知 $\boldsymbol{\eta}_1$，$\boldsymbol{\eta}_2$，$\boldsymbol{\eta}_3$ 是它的 3 个解向量，且

$$\boldsymbol{\eta}_1+\boldsymbol{\eta}_2=\begin{pmatrix}1\\3\\2\\4\end{pmatrix},\ \boldsymbol{\eta}_3=\begin{pmatrix}0\\2\\3\\2\end{pmatrix},$$

求该方程组的通解.

31. 设矩阵 $\boldsymbol{A}=(\boldsymbol{\alpha}_1,\ \boldsymbol{\alpha}_2,\ \boldsymbol{\alpha}_3,\ \boldsymbol{\alpha}_4)$，矩阵 $\boldsymbol{A}$ 的秩 $R(\boldsymbol{A})=3$，且 $\boldsymbol{\alpha}_2=\boldsymbol{\alpha}_3+\boldsymbol{\alpha}_4$，$\boldsymbol{\beta}=\boldsymbol{\alpha}_1-\boldsymbol{\alpha}_2+\boldsymbol{\alpha}_3-\boldsymbol{\alpha}_4$，求方程组 $\boldsymbol{Ax}=\boldsymbol{\beta}$ 的通解.

32. 设 $\boldsymbol{A}=\begin{pmatrix}1&1&1&1\\2&3&1&1\end{pmatrix}$，求一个 4×4 矩阵 $\boldsymbol{B}$，使 $\boldsymbol{AB}=\boldsymbol{O}$，且 $R(\boldsymbol{B})=2$.

33. 求以 $\boldsymbol{\xi}_1=(1,\ 2,\ 0,\ 4)^{\mathrm{T}}$，$\boldsymbol{\xi}_2=(0,\ 3,\ 1,\ 4)^{\mathrm{T}}$ 为一个基础解系的齐次线性方程组.

34. 设四元齐次线性方程组

$$(\mathrm{I}):\begin{cases}x_1+x_2=0,\\ x_2-x_4=0;\end{cases}\ (\mathrm{II}):\begin{cases}x_1-x_2+x_3=0,\\ x_2-x_3+x_4=0,\end{cases}$$

求：(1) 方程组(Ⅰ)与方程组(Ⅱ)的基础解系；(2) 方程组(Ⅰ)与方程组(Ⅱ)的公共解.

35. 设有向量组 A：$\boldsymbol{\alpha}_1=\begin{pmatrix}-1\\1\\4\end{pmatrix}$，$\boldsymbol{\alpha}_2=\begin{pmatrix}-2\\1\\5\end{pmatrix}$，$\boldsymbol{\alpha}_3=\begin{pmatrix}a\\2\\10\end{pmatrix}$，及向量 $\boldsymbol{\beta}=\begin{pmatrix}1\\b\\-1\end{pmatrix}$，问 a，b 为何值时，

(1) 向量 $\boldsymbol{\beta}$ 不能由 $\boldsymbol{\alpha}_1$，$\boldsymbol{\alpha}_2$，$\boldsymbol{\alpha}_3$ 线性表示；

(2) 向量 $\boldsymbol{\beta}$ 能由 $\boldsymbol{\alpha}_1$，$\boldsymbol{\alpha}_2$，$\boldsymbol{\alpha}_3$ 线性表示，且表示式惟一；

(3) 向量 $\boldsymbol{\beta}$ 能由 $\boldsymbol{\alpha}_1$，$\boldsymbol{\alpha}_2$，$\boldsymbol{\alpha}_3$ 线性表示，且表示式不惟一，并求一般表示式.

36. 设
$$\boldsymbol{\alpha}=\begin{pmatrix}a_1\\a_2\\a_3\end{pmatrix},\ \boldsymbol{\beta}=\begin{pmatrix}b_1\\b_2\\b_3\end{pmatrix},\ \boldsymbol{\gamma}=\begin{pmatrix}c_1\\c_2\\c_3\end{pmatrix},$$
证明：三直线
$$\begin{cases}l_1:a_1x+b_1y+c_1=0,\\ l_2:a_2x+b_2y+c_2=0,\quad (a_i^2+b_i^2\neq 0,\ i=1,\ 2,\ 3)\\ l_3:a_3x+b_3y+c_3=0\end{cases}$$
相交于一点的充分必要条件为：向量组 $\boldsymbol{\alpha}$，$\boldsymbol{\beta}$ 线性无关，且向量组 $\boldsymbol{\alpha}$，$\boldsymbol{\beta}$，$\boldsymbol{\gamma}$ 线性相关.

37. 设 $\boldsymbol{A}$ 是 n 阶方阵，若对于任意一个 n 维向量 $\boldsymbol{x}=(x_1,\ x_2,\ \cdots,\ x_n)^{\mathrm{T}}$ 都有 $\boldsymbol{Ax}=\boldsymbol{0}$，则 $\boldsymbol{A}=\boldsymbol{O}$.

38. 设齐次线性方程组 $\sum\limits_{j=1}^{n}a_{ij}x_j=0(i=1,\ 2,\ \cdots,\ n)$ 的系数行列式 $|\boldsymbol{A}|=0$，其中 $\boldsymbol{A}=(a_{ij})_{n\times n}$，而 $|\boldsymbol{A}|$ 中某元素 a_{ij} 的代数余子式 $A_{ij}\neq 0$，证明：$(A_{i1},\ A_{i2},\ \cdots,\ A_{in})^{\mathrm{T}}$ 是该齐次线性方程组的一个基础解系.

39. 设 $\boldsymbol{\xi}_1$，$\boldsymbol{\xi}_2$，$\boldsymbol{\xi}_3$，$\boldsymbol{\xi}_4$ 是齐次线性方程组 $\boldsymbol{Ax}=\boldsymbol{0}$ 的一个基础解系，问下列向量组中哪一个也是该方程组的基础解系？

(1) $\boldsymbol{\xi}_1+\boldsymbol{\xi}_2$，$\boldsymbol{\xi}_2+\boldsymbol{\xi}_3$，$\boldsymbol{\xi}_3+\boldsymbol{\xi}_4$，$\boldsymbol{\xi}_4+\boldsymbol{\xi}_1$；

(2) $\boldsymbol{\xi}_1+\boldsymbol{\xi}_2$，$\boldsymbol{\xi}_2+\boldsymbol{\xi}_3$，$\boldsymbol{\xi}_3-\boldsymbol{\xi}_4$，$\boldsymbol{\xi}_4-\boldsymbol{\xi}_1$；

(3) $\boldsymbol{\xi}_1+\boldsymbol{\xi}_2$，$\boldsymbol{\xi}_2+\boldsymbol{\xi}_3$，$\boldsymbol{\xi}_3+\boldsymbol{\xi}_4$，$\boldsymbol{\xi}_4-\boldsymbol{\xi}_1$；

(4) $\boldsymbol{\xi}_1-\boldsymbol{\xi}_2$，$\boldsymbol{\xi}_2-\boldsymbol{\xi}_3$，$\boldsymbol{\xi}_3-\boldsymbol{\xi}_4$，$\boldsymbol{\xi}_4-\boldsymbol{\xi}_1$.

40. 设 $\boldsymbol{\eta}^*$ 是非齐次线性方程组 $\boldsymbol{Ax}=\boldsymbol{\beta}$ 的一个特解，$\boldsymbol{\xi}_1$，$\boldsymbol{\xi}_2$，$\cdots$，$\boldsymbol{\xi}_{n-r}$ 是对应齐次线性方程组的一个基础解系. 证明：

(1) $\boldsymbol{\eta}^*$，$\boldsymbol{\xi}_1$，$\boldsymbol{\xi}_2$，$\cdots$，$\boldsymbol{\xi}_{n-r}$ 线性无关；

(2) $\boldsymbol{\eta}^*$，$\boldsymbol{\eta}^*+\boldsymbol{\xi}_1$，$\boldsymbol{\eta}^*+\boldsymbol{\xi}_2$，$\cdots$，$\boldsymbol{\eta}^*+\boldsymbol{\xi}_{n-r}$ 线性无关；

(3) 方程组 $\boldsymbol{Ax}=\boldsymbol{\beta}$ 的任何一个解 $\boldsymbol{x}$ 都可以表示成
$$\boldsymbol{x}=c_0\boldsymbol{\eta}^*+c_1(\boldsymbol{\eta}^*+\boldsymbol{\xi}_1)+c_2(\boldsymbol{\eta}^*+\boldsymbol{\xi}_2)+\cdots+c_{n-r}(\boldsymbol{\eta}^*+\boldsymbol{\xi}_{n-r}),$$
其中，$c_0+c_1+c_2+\cdots+c_{n-r}=1$.

41. 设 $\boldsymbol{A}^*$ 为 $n(n\geqslant 2)$ 阶矩阵的伴随矩阵，证明：

$$R(\boldsymbol{A}^*)=\begin{cases}n, & \text{当 } R(\boldsymbol{A})=n \text{ 时},\\ 1, & \text{当 } R(\boldsymbol{A})=n-1 \text{ 时},\\ 0, & \text{当 } R(\boldsymbol{A})\leqslant n-2 \text{ 时}.\end{cases}$$

42. 设 $\boldsymbol{A}$ 是 n 阶方阵，且 $\boldsymbol{A}^2=\boldsymbol{E}$(称 $\boldsymbol{A}$ 为对合矩阵)，证明：

$$R(\boldsymbol{A}+\boldsymbol{E})+R(\boldsymbol{A}-\boldsymbol{E})=n.$$

43. 设 $\boldsymbol{A}$ 是 n 阶方阵，且 $\boldsymbol{A}^2=\boldsymbol{A}$(称 $\boldsymbol{A}$ 为幂等矩阵)，证明：

$$R(\boldsymbol{A})+R(\boldsymbol{A}-\boldsymbol{E})=n.$$

44. 设 $V_1=\{\boldsymbol{x}=(x_1, x_2, x_3)^{\mathrm{T}} \mid 2x_1+3x_2-x_3=0\}$,

$V_2=\{\boldsymbol{x}=(x_1, x_2, \cdots, x_n)^{\mathrm{T}} \mid x_1+x_2+\cdots+x_n=1\}$,

问 V_1，V_2 是不是向量空间?

45. 设 $\boldsymbol{\alpha}_1$，$\boldsymbol{\alpha}_2$，$\boldsymbol{\alpha}_3$ 是向量空间 V 中的向量，且有

$$k_1\boldsymbol{\alpha}_1+k_2\boldsymbol{\alpha}_2+k_3\boldsymbol{\alpha}_3=\boldsymbol{0}(k_1, k_2, k_3\in\mathbf{R}, k_1k_3\neq 0),$$

证明 $L(\boldsymbol{\alpha}_1, \boldsymbol{\alpha}_2)=L(\boldsymbol{\alpha}_2, \boldsymbol{\alpha}_3)$，其中 $L(\boldsymbol{\alpha}_1, \boldsymbol{\alpha}_2)$ 与 $L(\boldsymbol{\alpha}_2, \boldsymbol{\alpha}_3)$ 分别是由 $\boldsymbol{\alpha}_1$，$\boldsymbol{\alpha}_2$ 和 $\boldsymbol{\alpha}_2$，$\boldsymbol{\alpha}_3$ 所生成的空间．

46. 在 $\boldsymbol{R}^3$ 中，

$$\boldsymbol{\alpha}_1=\begin{pmatrix}1\\0\\1\end{pmatrix}, \boldsymbol{\alpha}_2=\begin{pmatrix}0\\1\\0\end{pmatrix}, \boldsymbol{\alpha}_3=\begin{pmatrix}1\\2\\2\end{pmatrix}, \boldsymbol{\beta}=\begin{pmatrix}1\\3\\0\end{pmatrix},$$

验证 $\boldsymbol{\alpha}_1$，$\boldsymbol{\alpha}_2$，$\boldsymbol{\alpha}_3$ 是 $\boldsymbol{R}^3$ 中的一个基，并求 $\boldsymbol{\beta}$ 在 $\boldsymbol{\alpha}_1$，$\boldsymbol{\alpha}_2$，$\boldsymbol{\alpha}_3$ 下的坐标．

47. 在 $\boldsymbol{R}^4$ 中，求由基 $\boldsymbol{\alpha}_1$，$\boldsymbol{\alpha}_2$，$\boldsymbol{\alpha}_3$，$\boldsymbol{\alpha}_4$ 到基 $\boldsymbol{\beta}_1$，$\boldsymbol{\beta}_2$，$\boldsymbol{\beta}_3$，$\boldsymbol{\beta}_4$ 的过渡矩阵，其中，

$$\boldsymbol{\alpha}_1=\begin{pmatrix}1\\0\\0\\0\end{pmatrix}, \boldsymbol{\alpha}_2=\begin{pmatrix}0\\1\\0\\0\end{pmatrix}, \boldsymbol{\alpha}_3=\begin{pmatrix}0\\0\\1\\0\end{pmatrix}, \boldsymbol{\alpha}_4=\begin{pmatrix}0\\0\\0\\1\end{pmatrix},$$

$$\boldsymbol{\beta}_1=\begin{pmatrix}2\\1\\-1\\1\end{pmatrix}, \boldsymbol{\beta}_2=\begin{pmatrix}0\\3\\1\\0\end{pmatrix}, \boldsymbol{\beta}_3=\begin{pmatrix}5\\3\\2\\1\end{pmatrix}, \boldsymbol{\beta}_4=\begin{pmatrix}6\\6\\1\\3\end{pmatrix}.$$

思考题：

(1) 设向量 $\boldsymbol{\beta}$ 可以由向量 $\boldsymbol{\alpha}_1$，$\boldsymbol{\alpha}_2$，$\boldsymbol{\alpha}_3$ 线性表示，若 $\boldsymbol{\alpha}_1$，$\boldsymbol{\alpha}_2$，$\boldsymbol{\alpha}_3$ 线性无关，则表示式唯一．反之，若 $\boldsymbol{\beta}$ 可以由向量 $\boldsymbol{\alpha}_1$，$\boldsymbol{\alpha}_2$，$\boldsymbol{\alpha}_3$ 唯一线性表示，$\boldsymbol{\alpha}_1$，$\boldsymbol{\alpha}_2$，$\boldsymbol{\alpha}_3$ 是否线性无关?

（2）齐次线性方程组 $\boldsymbol{Ax}=\mathbf{0}$ 的解向量的线性组合也仍为 $\boldsymbol{Ax}=\mathbf{0}$ 的解向量．设 $\boldsymbol{\eta}_1$，$\boldsymbol{\eta}_2$，…，$\boldsymbol{\eta}_t$ 是非齐次线性方程组 $\boldsymbol{Ax}=\boldsymbol{b}$ 的解向量，那么 $\boldsymbol{\eta}_1$，$\boldsymbol{\eta}_2$，…，$\boldsymbol{\eta}_t$ 的线性组合是否也是 $\boldsymbol{Ax}=\boldsymbol{b}$ 的解？若是，成立的充要条件是什么？

应用题：

设某饲料加工厂只能生产存储三种类型的饲料 A、B、C，它们的配方见表 3.3.

表 3.3　饲料 *A*、*B*、*C* 配方

	饲料 *A*	饲料 *B*	饲料 *C*
原料 1(kg)	10	8	15
原料 2(kg)	15	11	7.5
原料 3(kg)	5	7	9.5
原料 4(kg)	8	20	10
原料 5(kg)	12	4	8

表 3.4　客户要求配置的饲料配方

	饲料 1	饲料 2
原料 1(kg)	11	12.5
原料 2(kg)	8	9.5
原料 3(kg)	10	8.2
原料 4(kg)	12	12.2
原料 5(kg)	9	7.6

问题：（1）用饲料 *A*、*B*、*C* 能否配置出满足客户要求（表 3.4）的饲料 1、饲料 2?

（2）如果客户要配置 500 kg 的饲料 2，需要饲料 *A*、*B*、*C* 各多少千克?

第四章 相似矩阵

由于相似的矩阵之间存在着某些共同的特性，利用这些关系往往可以使许多问题得以转化，达到化简的目的．因此，矩阵的相似及其相关理论和方法在数学、工程技术及计量经济等领域有着广泛的应用．本章从 n 维向量的内积概念入手，然后介绍方阵的特征值与特征向量，进而引出相似矩阵的概念，给出矩阵与对角矩阵相似的充分必要条件及将方阵化为对角矩阵的方法，最后将其应用于实对称矩阵的相似对角化．

第一节　向量的内积与正交性

在空间解析几何中，我们已经熟悉了向量的长度、向量间的夹角等几何概念与数量积的关系，它们在理论研究和实际应用中起着重要的作用．本节将这些概念引入到 n 维向量空间 $\boldsymbol{R}^n$ 中．为此，先将数量积的概念推广到 $\boldsymbol{R}^n$ 中，引出两个 n 维向量内积的概念．

一、向量的内积与性质

定义 1　设 $\boldsymbol{x}=\begin{pmatrix}x_1\\x_2\\\vdots\\x_n\end{pmatrix}$，$\boldsymbol{y}=\begin{pmatrix}y_1\\y_2\\\vdots\\y_n\end{pmatrix}$ 是 $\boldsymbol{R}^n$ 中的两个向量，则称实数

$$x_1y_1+x_2y_2+\cdots+x_ny_n$$

为向量 $\boldsymbol{x}$ 与 $\boldsymbol{y}$ 的内积，记作 $[\boldsymbol{x},\boldsymbol{y}]$，即

$$[\boldsymbol{x},\boldsymbol{y}]=x_1y_1+x_2y_2+\cdots+x_ny_n.$$

内积是两个向量间的一种运算，将一对向量与一个确定的实数相对应．沿用矩阵记号，当$\boldsymbol{x}$与$\boldsymbol{y}$都是列向量时，内积可表示为

$$[\boldsymbol{x},\boldsymbol{y}]=\boldsymbol{x}^{\mathrm{T}}\boldsymbol{y}=(x_1,x_2,\cdots,x_n)\begin{pmatrix}y_1\\y_2\\\vdots\\y_n\end{pmatrix}.$$

特别地，当$n=3$时，$[\boldsymbol{x},\boldsymbol{y}]=\boldsymbol{x}^{\mathrm{T}}\boldsymbol{y}=\boldsymbol{x}\cdot\boldsymbol{y}$即为$\boldsymbol{R}^3$中两个向量的数量积．

利用内积的定义，可以证明内积运算具有如下性质．

性质 1　设$\boldsymbol{x}$、$\boldsymbol{y}$、$\boldsymbol{z}$为$\boldsymbol{R}^n$中的向量，λ为实数，则内积运算满足：

(1) 对称性　$[\boldsymbol{x},\boldsymbol{y}]=[\boldsymbol{y},\boldsymbol{x}]$.

(2) 线性性　$[\lambda\boldsymbol{x},\boldsymbol{y}]=\lambda[\boldsymbol{x},\boldsymbol{y}]$；

$[\boldsymbol{x}+\boldsymbol{y},\boldsymbol{z}]=[\boldsymbol{x},\boldsymbol{z}]+[\boldsymbol{y},\boldsymbol{z}]$.

(3) 非负性　$[\boldsymbol{x},\boldsymbol{x}]\geqslant0$，当且仅当$\boldsymbol{x}=\boldsymbol{0}$时，$[\boldsymbol{x},\boldsymbol{x}]=0$.

例 1　设$\boldsymbol{x}=(1,2,3,4)^{\mathrm{T}}$，$\boldsymbol{y}=(2,-2,0,1)^{\mathrm{T}}$，计算$[\boldsymbol{x},\boldsymbol{y}]$及$[2\boldsymbol{x}-3\boldsymbol{y},\boldsymbol{y}]$.

解　$$[\boldsymbol{x},\boldsymbol{y}]=(1,2,3,4)\begin{pmatrix}2\\-2\\0\\1\end{pmatrix}=1\times2+2\times(-2)+3\times0+4\times1=2.$$

$$\begin{aligned}[2\boldsymbol{x}-3\boldsymbol{y},\boldsymbol{y}]&=[2\boldsymbol{x},\boldsymbol{y}]+[-3\boldsymbol{y},\boldsymbol{y}]=2[\boldsymbol{x},\boldsymbol{y}]-3[\boldsymbol{y},\boldsymbol{y}]\\&=2\times2-3\times9=-23.\end{aligned}$$

例 2　设$\boldsymbol{x}$、$\boldsymbol{y}\in\boldsymbol{R}^n$，证明：$[\boldsymbol{x},\boldsymbol{y}]^2\leqslant[\boldsymbol{x},\boldsymbol{x}][\boldsymbol{y},\boldsymbol{y}]$，当且仅当$\boldsymbol{x}$与$\boldsymbol{y}$线性相关时等号成立．此不等式称为柯西—施瓦茨(Cauchy-Schwarz)不等式．

证　令$\boldsymbol{z}=\lambda\boldsymbol{x}+\boldsymbol{y}$，

(1) 当$\boldsymbol{x}$与$\boldsymbol{y}$线性无关时，对任意实数λ，$\boldsymbol{z}=\lambda\boldsymbol{x}+\boldsymbol{y}\neq\boldsymbol{0}$，由性质 1 有

$[\boldsymbol{z},\boldsymbol{z}]=[\lambda\boldsymbol{x}+\boldsymbol{y},\lambda\boldsymbol{x}+\boldsymbol{y}]=\lambda^2[\boldsymbol{x},\boldsymbol{x}]+2\lambda[\boldsymbol{x},\boldsymbol{y}]+[\boldsymbol{y},\boldsymbol{y}]>0$，

即 $$\lambda^2[\boldsymbol{x},\boldsymbol{x}]+2\lambda[\boldsymbol{x},\boldsymbol{y}]+[\boldsymbol{y},\boldsymbol{y}]>0,$$

上式左边是一个关于λ的二次多项式，且恒大于零，所以其判别式小于零．

即 $$4[\boldsymbol{x},\boldsymbol{y}]^2-4[\boldsymbol{x},\boldsymbol{x}][\boldsymbol{y},\boldsymbol{y}]<0,$$

所以$[\boldsymbol{x},\boldsymbol{y}]^2<[\boldsymbol{x},\boldsymbol{x}][\boldsymbol{y},\boldsymbol{y}]$成立．

(2) 当$\boldsymbol{x}$与$\boldsymbol{y}$线性相关时，如果$\boldsymbol{x}$与$\boldsymbol{y}$中有一个为零，则等式显然成立；

不妨设$\boldsymbol{y}=k\boldsymbol{x}\neq\boldsymbol{0}$，

$$[\boldsymbol{x}, \boldsymbol{y}]^2=[\boldsymbol{x}, k\boldsymbol{x}][\boldsymbol{x}, k\boldsymbol{x}]=k[\boldsymbol{x}, \boldsymbol{x}][\boldsymbol{x}, k\boldsymbol{x}]$$
$$=[\boldsymbol{x}, \boldsymbol{x}][k\boldsymbol{x}, k\boldsymbol{x}]=[\boldsymbol{x}, \boldsymbol{x}][\boldsymbol{y}, \boldsymbol{y}].$$

综上所述，有$[\boldsymbol{x}, \boldsymbol{y}]^2\leqslant[\boldsymbol{x}, \boldsymbol{x}][\boldsymbol{y}, \boldsymbol{y}]$成立，当且仅当$\boldsymbol{x}$与$\boldsymbol{y}$线性相关时等号成立．

二、向量的长度与夹角

在空间解析几何中，定义了向量$\boldsymbol{x}$与$\boldsymbol{y}$的数量积

$$\boldsymbol{x}\cdot\boldsymbol{y}=|\boldsymbol{x}||\boldsymbol{y}|\cos\theta \text{（其中}\theta\text{为向量}\boldsymbol{x}\text{与}\boldsymbol{y}\text{的夹角）}.$$

且若$\boldsymbol{x}=(x_1, x_2, x_3)^{\mathrm{T}}$，$\boldsymbol{y}=(y_1, y_2, y_3)^{\mathrm{T}}$，则有

$$\boldsymbol{x}\cdot\boldsymbol{y}=x_1y_1+x_2y_2+x_3y_3.$$

特别地，由数量积与向量的模的坐标表达式有

$$\boldsymbol{x}\cdot\boldsymbol{x}=|\boldsymbol{x}|^2,\quad |\boldsymbol{x}|=\sqrt{\boldsymbol{x}\cdot\boldsymbol{x}},$$

且当$\boldsymbol{x}$、$\boldsymbol{y}$是$\boldsymbol{R}^3$中的非零向量时，有

$$\theta=\arccos\frac{\boldsymbol{x}\cdot\boldsymbol{y}}{|\boldsymbol{x}|\cdot|\boldsymbol{y}|}.$$

由于3维向量的长度、夹角与内积有以上的关系，而且前面已经将数量积的概念推广到了n维向量空间，给出了n维向量内积的概念．因此，我们可以将3维向量的长度、夹角与内积的关系推广到$\boldsymbol{R}^n$中，借助于$\boldsymbol{R}^n$中的内积来定义n维向量的长度和夹角．

定义 2 设$\boldsymbol{x}$是$\boldsymbol{R}^n$中的向量，则称非负实数

$$\sqrt{[\boldsymbol{x}, \boldsymbol{x}]}=\sqrt{x_1^2+x_2^2+\cdots+x_n^2}$$

为向量$\boldsymbol{x}$的**长度**(或**范数**)，记为$\|\boldsymbol{x}\|$．

特别地，当$\|\boldsymbol{x}\|=1$时，称$\boldsymbol{x}$为**单位向量**．

性质 2 设$\boldsymbol{x}$、$\boldsymbol{y}\in\boldsymbol{R}^n$，$\lambda$为实数，则向量的长度满足：

(1) **非负性** $\|\boldsymbol{x}\|\geqslant 0$，当且仅当$\boldsymbol{x}=\boldsymbol{0}$时，$\|\boldsymbol{x}\|=0$.

(2) **齐次性** $\|\lambda\boldsymbol{x}\|=|\lambda|\,\|\boldsymbol{x}\|$.

(3) **三角不等式** $\|\boldsymbol{x}+\boldsymbol{y}\|\leqslant\|\boldsymbol{x}\|+\|\boldsymbol{y}\|$.

证 (1)、(2)直接由定义可以得出结论，下面仅证(3).

因为 $\|\boldsymbol{x}+\boldsymbol{y}\|^2=[\boldsymbol{x}+\boldsymbol{y}, \boldsymbol{x}+\boldsymbol{y}]=[\boldsymbol{x}, \boldsymbol{x}]+2[\boldsymbol{x}, \boldsymbol{y}]+[\boldsymbol{y}, \boldsymbol{y}]$

$$=\|\boldsymbol{x}\|^2+2[\boldsymbol{x}, \boldsymbol{y}]+\|\boldsymbol{y}\|^2.$$

由柯西—施瓦茨不等式：$[\boldsymbol{x}, \boldsymbol{y}]^2\leqslant[\boldsymbol{x}, \boldsymbol{x}][\boldsymbol{y}, \boldsymbol{y}]$，有

$$|[\boldsymbol{x}, \boldsymbol{y}]|\leqslant\|\boldsymbol{x}\|\,\|\boldsymbol{y}\|, \tag{1}$$

所以 $\|\boldsymbol{x}+\boldsymbol{y}\|^2\leqslant\|\boldsymbol{x}\|^2+2\|\boldsymbol{x}\|\|\boldsymbol{y}\|+\|\boldsymbol{y}\|^2=(\|\boldsymbol{x}\|+\|\boldsymbol{y}\|)^2$，

即
$$\|\boldsymbol{x}+\boldsymbol{y}\|\leqslant\|\boldsymbol{x}\|+\|\boldsymbol{y}\|.$$

设$\boldsymbol{x}$为 n 维非零向量，则向量$\frac{1}{\|\boldsymbol{x}\|}\boldsymbol{x}$是一个单位向量，通常把这一过程称为将向量$\boldsymbol{x}$ **单位化**．

由不等式(1)知：对于 n 维非零向量$\boldsymbol{x}$、$\boldsymbol{y}$，有

$$\left|\frac{[\boldsymbol{x},\ \boldsymbol{y}]}{\|\boldsymbol{x}\|\cdot\|\boldsymbol{y}\|}\right|\leqslant 1. \tag{2}$$

借助于不等式(2)，我们可以定义两个向量的夹角．

定义 3　设$\boldsymbol{x}$、$\boldsymbol{y}$是$\boldsymbol{R}^n$ 中的非零向量，称

$$\theta=\arccos\frac{[\boldsymbol{x},\ \boldsymbol{y}]}{\|\boldsymbol{x}\|\cdot\|\boldsymbol{y}\|}\ (0\leqslant\theta\leqslant\pi)$$

为向量$\boldsymbol{x}$和$\boldsymbol{y}$的**夹角**，记为$(\widehat{\boldsymbol{x},\boldsymbol{y}})$，即$(\widehat{\boldsymbol{x},\boldsymbol{y}})=\theta$.

三、向量的正交性

定义 4　设$\boldsymbol{x}$、$\boldsymbol{y}$是$\boldsymbol{R}^n$ 中的向量，如果$[\boldsymbol{x},\ \boldsymbol{y}]=0$，则称向量$\boldsymbol{x}$与$\boldsymbol{y}$ **正交**．

一般地，可以利用两个同维非零向量的内积是否为零，判断两个向量是否正交（垂直）．显然，零向量与任何同维向量都正交．

定义 5　若$\boldsymbol{\alpha}_1$，$\boldsymbol{\alpha}_2$，…，$\boldsymbol{\alpha}_r$为$\boldsymbol{R}^n$ 中两两正交的非零向量，则称$\boldsymbol{\alpha}_1$，$\boldsymbol{\alpha}_2$，…，$\boldsymbol{\alpha}_r$**为正交向量组**．

定理 1　若$\boldsymbol{\alpha}_1$，$\boldsymbol{\alpha}_2$，…，$\boldsymbol{\alpha}_r$是 n 维向量空间$\boldsymbol{R}^n$ 中的一个正交向量组，则$\boldsymbol{\alpha}_1$，$\boldsymbol{\alpha}_2$，…，$\boldsymbol{\alpha}_r$线性无关．

证　设有 k_1，k_2，…，k_r，使

$$k_1\boldsymbol{\alpha}_1+k_2\boldsymbol{\alpha}_2+\cdots+k_r\boldsymbol{\alpha}_r=\boldsymbol{0},$$

用$\boldsymbol{\alpha}_i$与上式两端作内积，即有

$$[k_1\boldsymbol{\alpha}_1+k_2\boldsymbol{\alpha}_2+\cdots+k_r\boldsymbol{\alpha}_r,\ \boldsymbol{\alpha}_i]=[\boldsymbol{0},\ \boldsymbol{\alpha}_i],$$

即
$$k_1[\boldsymbol{\alpha}_1,\ \boldsymbol{\alpha}_i]+\cdots+k_i[\boldsymbol{\alpha}_i,\ \boldsymbol{\alpha}_i]+\cdots+k_r[\boldsymbol{\alpha}_r,\ \boldsymbol{\alpha}_i]=0.$$

由于$\boldsymbol{\alpha}_1$，$\boldsymbol{\alpha}_2$，…，$\boldsymbol{\alpha}_r$两两正交，可得

$$k_i[\boldsymbol{\alpha}_i,\ \boldsymbol{\alpha}_i]=0\qquad(i=1,\ 2,\ \cdots,\ r).$$

又$\boldsymbol{\alpha}_i\neq\boldsymbol{0}$，故$[\boldsymbol{\alpha}_i,\ \boldsymbol{\alpha}_i]=\|\boldsymbol{\alpha}_i\|^2\neq 0$，从而必有

$$k_i=0\qquad(i=1,\ 2,\ \cdots,\ r),$$

所以$\boldsymbol{\alpha}_1$，$\boldsymbol{\alpha}_2$，…，$\boldsymbol{\alpha}_r$线性无关．

由此定理可知：$\boldsymbol{R}^n$ 中的正交向量组所含向量的个数小于等于 n.

例 3 求与向量 $\boldsymbol{\alpha}_1=(2, 1, 1)^{\mathrm{T}}$，$\boldsymbol{\alpha}_2=(0, -1, 1)^{\mathrm{T}}$ 都正交的非零单位向量.

解 设所求向量为 $\boldsymbol{\alpha}_3=(x_1, x_2, x_3)^{\mathrm{T}}$，则 $\boldsymbol{\alpha}_3$ 应满足方程组：

$$\begin{cases}\boldsymbol{\alpha}_1^{\mathrm{T}}\boldsymbol{\alpha}_3=0,\\ \boldsymbol{\alpha}_2^{\mathrm{T}}\boldsymbol{\alpha}_3=0,\end{cases}$$

即

$$\begin{cases}2x_1+x_2+x_3=0,\\ \quad -x_2+x_3=0,\end{cases}$$

解得

$$\begin{cases}x_1=-x_3,\\ x_2=x_3,\\ x_3=x_3,\end{cases}$$

可取基础解系：$\boldsymbol{x}=\begin{pmatrix}-1\\1\\1\end{pmatrix}$，所以 $\boldsymbol{\alpha}_3=\pm\dfrac{1}{\sqrt{3}}\begin{pmatrix}-1\\1\\1\end{pmatrix}$.

定义 6 设 $\boldsymbol{\alpha}_1$，$\boldsymbol{\alpha}_2$，…，$\boldsymbol{\alpha}_r$ 是 n 维向量空间 $\boldsymbol{R}^n$ 中的正交向量组，且 $\|\boldsymbol{\alpha}_i\|=1$ $(i=1, 2, \cdots, r)$，则称 $\boldsymbol{\alpha}_1$，$\boldsymbol{\alpha}_2$，…，$\boldsymbol{\alpha}_r$ 为**规范正交向量组**或**标准正交向量组**；特别地，若 $r=n$，则称 $\boldsymbol{\alpha}_1$，$\boldsymbol{\alpha}_2$，…，$\boldsymbol{\alpha}_n$ 为 n 维向量空间 $\boldsymbol{R}^n$ 的一个**规范正交基**或**标准正交基**.

如 $\boldsymbol{\varepsilon}_1=(1, 0, 0, 0)^{\mathrm{T}}$，$\boldsymbol{\varepsilon}_2=(0, 1, 0, 0)^{\mathrm{T}}$，$\boldsymbol{\varepsilon}_3=(0, 0, 1, 0)^{\mathrm{T}}$ 为 $\boldsymbol{R}^4$ 中的规范正交向量组；而

$$\boldsymbol{\varepsilon}_1=(1, 0, 0, 0)^{\mathrm{T}},\ \boldsymbol{\varepsilon}_2=(0, 1, 0, 0)^{\mathrm{T}},$$
$$\boldsymbol{\varepsilon}_3=(0, 0, 1, 0)^{\mathrm{T}},\ \boldsymbol{\varepsilon}_4=(0, 0, 0, 1)^{\mathrm{T}}$$

与

$$\boldsymbol{\beta}_1=\left(\frac{1}{\sqrt{2}}, 0, -\frac{1}{\sqrt{2}}, 0\right)^{\mathrm{T}},\ \boldsymbol{\beta}_2=\left(0, \frac{1}{\sqrt{2}}, 0, -\frac{1}{\sqrt{2}}\right)^{\mathrm{T}},$$

$$\boldsymbol{\beta}_3=\left(\frac{1}{2}, \frac{1}{2}, \frac{1}{2}, \frac{1}{2}\right)^{\mathrm{T}},\ \boldsymbol{\beta}_4=\left(\frac{1}{2}, -\frac{1}{2}, \frac{1}{2}, -\frac{1}{2}\right)^{\mathrm{T}}$$

分别为 $\boldsymbol{R}^4$ 中的规范正交基.

四、施密特正交化

由定理 1 知，正交向量组一定是线性无关的．而线性无关的向量组不一定是正交向量组，但是我们可以通过下面介绍的方法，将一组线性无关的向量转化为一个与之等价的规范正交向量组.

设 $\boldsymbol{\alpha}_1$，$\boldsymbol{\alpha}_2$，…，$\boldsymbol{\alpha}_r$ 线性无关，

(1) **正交化** 令

$$\boldsymbol{\beta}_1=\boldsymbol{\alpha}_1,$$

$$\boldsymbol{\beta}_2=\boldsymbol{\alpha}_2-\frac{[\boldsymbol{\beta}_1,\ \boldsymbol{\alpha}_2]}{[\boldsymbol{\beta}_1,\ \boldsymbol{\beta}_1]}\boldsymbol{\beta}_1,$$

…………

$$\boldsymbol{\beta}_r=\boldsymbol{\alpha}_r-\frac{[\boldsymbol{\beta}_1,\ \boldsymbol{\alpha}_r]}{[\boldsymbol{\beta}_1,\ \boldsymbol{\beta}_1]}\boldsymbol{\beta}_1-\frac{[\boldsymbol{\beta}_2,\ \boldsymbol{\alpha}_r]}{[\boldsymbol{\beta}_2,\ \boldsymbol{\beta}_2]}\boldsymbol{\beta}_2-\cdots-\frac{[\boldsymbol{\beta}_{r-1},\ \boldsymbol{\alpha}_r]}{[\boldsymbol{\beta}_{r-1},\ \boldsymbol{\beta}_{r-1}]}\boldsymbol{\beta}_{r-1}.$$

容易验证，$\boldsymbol{\beta}_1$，$\boldsymbol{\beta}_2$，…，$\boldsymbol{\beta}_r$两两正交，且与$\boldsymbol{\alpha}_1$，$\boldsymbol{\alpha}_2$，…，$\boldsymbol{\alpha}_r$等价．

上述从线性无关向量组$\boldsymbol{\alpha}_1$，$\boldsymbol{\alpha}_2$，…，$\boldsymbol{\alpha}_r$导出正交向量组$\boldsymbol{\beta}_1$，$\boldsymbol{\beta}_2$，…，$\boldsymbol{\beta}_r$的方法，称为**施密特(Schmidt)正交化方法**．它不仅满足向量组$\boldsymbol{\beta}_1$，$\boldsymbol{\beta}_2$，…，$\boldsymbol{\beta}_r$与$\boldsymbol{\alpha}_1$，$\boldsymbol{\alpha}_2$，…，$\boldsymbol{\alpha}_r$等价，还满足：对任意$k(1\leqslant k\leqslant r)$，向量组$\boldsymbol{\beta}_1$，$\boldsymbol{\beta}_2$，…，$\boldsymbol{\beta}_k$与$\boldsymbol{\alpha}_1$，$\boldsymbol{\alpha}_2$，…，$\boldsymbol{\alpha}_k$等价．

（2）**单位化**　令　$e_1=\dfrac{1}{\|\boldsymbol{\beta}_1\|}\boldsymbol{\beta}_1$，$e_2=\dfrac{1}{\|\boldsymbol{\beta}_2\|}\boldsymbol{\beta}_2$，…，$e_r=\dfrac{1}{\|\boldsymbol{\beta}_r\|}\boldsymbol{\beta}_r$，

则可得到一个与$\boldsymbol{\alpha}_1$，$\boldsymbol{\alpha}_2$，…，$\boldsymbol{\alpha}_r$等价的规范正交向量组e_1，e_2，…，e_r.

这种从一组线性无关的向量$\boldsymbol{\alpha}_1$，$\boldsymbol{\alpha}_2$，…，$\boldsymbol{\alpha}_r$出发，得到一个与其等价的规范正交向量组e_1，e_2，…，e_r的过程，称为把$\boldsymbol{\alpha}_1$，$\boldsymbol{\alpha}_2$，…，$\boldsymbol{\alpha}_r$**规范正交化过程**，简称为**规范正交化**．

一般地，正交化后的向量组中各向量的长度与原向量组中对应向量的长度不同，因此，向量组的规范正交化的顺序是先正交化，再规范化．特别地，当$\boldsymbol{\alpha}_1$，$\boldsymbol{\alpha}_2$，…，$\boldsymbol{\alpha}_r$是基时，就可以得到一个**规范正交基**．

例 4　用施密特正交化方法，将向量组$\boldsymbol{\alpha}_1=(2,\ 1,\ 1)^{\mathrm{T}}$，$\boldsymbol{\alpha}_2=(1,\ 0,\ 1)^{\mathrm{T}}$，$\boldsymbol{\alpha}_3=(1,\ 2,\ 1)^{\mathrm{T}}$规范正交化．

解　因为$\begin{vmatrix}2&1&1\\1&0&2\\1&1&1\end{vmatrix}=-2$，所以$\boldsymbol{\alpha}_1$，$\boldsymbol{\alpha}_2$，$\boldsymbol{\alpha}_3$线性无关．

令
$$\boldsymbol{\beta}_1=\boldsymbol{\alpha}_1,$$

$$\boldsymbol{\beta}_2=\boldsymbol{\alpha}_2-\frac{[\boldsymbol{\alpha}_2,\ \boldsymbol{\beta}_1]}{[\boldsymbol{\beta}_1,\ \boldsymbol{\beta}_1]}\boldsymbol{\beta}_1=\begin{pmatrix}1\\0\\1\end{pmatrix}-\frac{3}{6}\begin{pmatrix}2\\1\\1\end{pmatrix}=\frac{1}{2}\begin{pmatrix}0\\-1\\1\end{pmatrix},$$

$$\boldsymbol{\beta}_3=\boldsymbol{\alpha}_3-\frac{[\boldsymbol{\alpha}_3,\ \boldsymbol{\beta}_1]}{[\boldsymbol{\beta}_1,\ \boldsymbol{\beta}_1]}\boldsymbol{\beta}_1-\frac{[\boldsymbol{\alpha}_3,\ \boldsymbol{\beta}_2]}{[\boldsymbol{\beta}_2,\ \boldsymbol{\beta}_2]}\boldsymbol{\beta}_2=\begin{pmatrix}1\\2\\1\end{pmatrix}-\frac{5}{6}\begin{pmatrix}2\\1\\1\end{pmatrix}+\begin{pmatrix}0\\-\frac{1}{2}\\\frac{1}{2}\end{pmatrix}=\frac{1}{3}\begin{pmatrix}-2\\2\\2\end{pmatrix},$$

再单位化得

$$e_1=\frac{\boldsymbol{\beta}_1}{\|\boldsymbol{\beta}_1\|}=\frac{1}{\sqrt{6}}\begin{pmatrix}2\\1\\1\end{pmatrix},\ e_2=\frac{\boldsymbol{\beta}_2}{\|\boldsymbol{\beta}_2\|}=\frac{1}{\sqrt{2}}\begin{pmatrix}0\\-1\\1\end{pmatrix},\ e_3=\frac{\boldsymbol{\beta}_3}{\|\boldsymbol{\beta}_3\|}=\frac{1}{\sqrt{3}}\begin{pmatrix}-1\\1\\1\end{pmatrix},$$

则向量组 e_1，e_2，e_3 即为所求.

例 5 已知 $\boldsymbol{\alpha}_1=\begin{pmatrix}1\\1\\1\end{pmatrix}$，在 $\boldsymbol{R}^3$ 中求一组非零向量 $\boldsymbol{\alpha}_2$，$\boldsymbol{\alpha}_3$，使 $\boldsymbol{\alpha}_1$，$\boldsymbol{\alpha}_2$，$\boldsymbol{\alpha}_3$ 为 $\boldsymbol{R}^3$ 的正交基.

解 $\boldsymbol{\alpha}_2$，$\boldsymbol{\alpha}_3$ 应满足方程组 $\boldsymbol{\alpha}_1^{\mathrm{T}}\boldsymbol{x}=\boldsymbol{0}$，即

$$x_1+x_2+x_3=0,$$

其基础解系为

$$\boldsymbol{\xi}_1=\begin{pmatrix}-1\\1\\0\end{pmatrix},\ \boldsymbol{\xi}_2=\begin{pmatrix}-1\\0\\1\end{pmatrix},$$

将 $\boldsymbol{\xi}_1$，$\boldsymbol{\xi}_2$ 正交化，即取

$$\boldsymbol{\alpha}_2=\boldsymbol{\xi}_1=\begin{pmatrix}-1\\1\\0\end{pmatrix},$$

$$\boldsymbol{\alpha}_3=\boldsymbol{\xi}_2-\frac{[\boldsymbol{\xi}_1,\ \boldsymbol{\xi}_2]}{[\boldsymbol{\xi}_1,\ \boldsymbol{\xi}_1]}\boldsymbol{\xi}_1=\begin{pmatrix}-1\\0\\1\end{pmatrix}-\frac{1}{2}\begin{pmatrix}-1\\1\\0\end{pmatrix}=\frac{1}{2}\begin{pmatrix}-1\\-1\\2\end{pmatrix},$$

则 $\boldsymbol{\alpha}_1$，$\boldsymbol{\alpha}_2$，$\boldsymbol{\alpha}_3$ 为 $\boldsymbol{R}^3$ 的一个正交基.

例 6 设 $\boldsymbol{\alpha}_1$，$\boldsymbol{\alpha}_2$，$\boldsymbol{\alpha}_3$ 为 $\boldsymbol{R}^3$ 的一个规范正交基，令方阵 $\boldsymbol{P}=(\boldsymbol{\alpha}_1,\ \boldsymbol{\alpha}_2,\ \boldsymbol{\alpha}_3)$，计算 $\boldsymbol{P}^{\mathrm{T}}\boldsymbol{P}$.

解 $$\boldsymbol{P}^{\mathrm{T}}\boldsymbol{P}=\begin{pmatrix}\boldsymbol{\alpha}_1^{\mathrm{T}}\\\boldsymbol{\alpha}_2^{\mathrm{T}}\\\boldsymbol{\alpha}_3^{\mathrm{T}}\end{pmatrix}(\boldsymbol{\alpha}_1,\ \boldsymbol{\alpha}_2,\ \boldsymbol{\alpha}_3)=\begin{pmatrix}\boldsymbol{\alpha}_1^{\mathrm{T}}\boldsymbol{\alpha}_1 & \boldsymbol{\alpha}_1^{\mathrm{T}}\boldsymbol{\alpha}_2 & \boldsymbol{\alpha}_1^{\mathrm{T}}\boldsymbol{\alpha}_3\\\boldsymbol{\alpha}_2^{\mathrm{T}}\boldsymbol{\alpha}_1 & \boldsymbol{\alpha}_2^{\mathrm{T}}\boldsymbol{\alpha}_2 & \boldsymbol{\alpha}_2^{\mathrm{T}}\boldsymbol{\alpha}_3\\\boldsymbol{\alpha}_3^{\mathrm{T}}\boldsymbol{\alpha}_1 & \boldsymbol{\alpha}_3^{\mathrm{T}}\boldsymbol{\alpha}_2 & \boldsymbol{\alpha}_3^{\mathrm{T}}\boldsymbol{\alpha}_3\end{pmatrix}.$$

因为 $\boldsymbol{\alpha}_1$，$\boldsymbol{\alpha}_2$，$\boldsymbol{\alpha}_3$ 为规范正交基，所以

$$\boldsymbol{\alpha}_i^{\mathrm{T}}\boldsymbol{\alpha}_j=\begin{cases}1, & i=j,\\0, & i\neq j,\end{cases}$$

所以 $$\boldsymbol{P}^{\mathrm{T}}\boldsymbol{P}=\boldsymbol{E}.$$

五、正交矩阵

定义 7 若 n 阶实方阵 $\boldsymbol{A}$ 满足 $\boldsymbol{A}^{\mathrm{T}}\boldsymbol{A}=\boldsymbol{E}$，则称 $\boldsymbol{A}$ 为**正交矩阵**，简称为

正交阵．

性质 3　设 $\boldsymbol{A}$、$\boldsymbol{B}$ 均为 n 阶正交矩阵，则

（1）方阵 $\boldsymbol{A}$ 可逆，其逆阵 $\boldsymbol{A}^{-1}=\boldsymbol{A}^{\mathrm{T}}$，且 $\boldsymbol{A}^{-1}$ 为正交矩阵；

（2）$|\boldsymbol{A}|=\pm 1$；

（3）方阵 $\boldsymbol{AB}$ 是正交矩阵．

此性质留给读者证明．

定理 2　n 阶方阵 $\boldsymbol{A}$ 是正交矩阵的充分必要条件是 $\boldsymbol{A}$ 的列(行)向量组是规范正交向量组．

证　设 $\boldsymbol{A}=(\boldsymbol{\alpha}_1, \boldsymbol{\alpha}_2, \cdots, \boldsymbol{\alpha}_n)$，其中 $\boldsymbol{\alpha}_1, \boldsymbol{\alpha}_2, \cdots, \boldsymbol{\alpha}_n \in \boldsymbol{R}^n$ 是 $\boldsymbol{A}$ 的列向量组，则

$$\boldsymbol{A}^{\mathrm{T}}\boldsymbol{A}=\begin{pmatrix}\boldsymbol{\alpha}_1^{\mathrm{T}}\\ \boldsymbol{\alpha}_2^{\mathrm{T}}\\ \vdots\\ \boldsymbol{\alpha}_n^{\mathrm{T}}\end{pmatrix}(\boldsymbol{\alpha}_1, \boldsymbol{\alpha}_2, \cdots, \boldsymbol{\alpha}_n)=\begin{pmatrix}\boldsymbol{\alpha}_1^{\mathrm{T}}\boldsymbol{\alpha}_1 & \boldsymbol{\alpha}_1^{\mathrm{T}}\boldsymbol{\alpha}_2 & \cdots & \boldsymbol{\alpha}_1^{\mathrm{T}}\boldsymbol{\alpha}_n\\ \boldsymbol{\alpha}_2^{\mathrm{T}}\boldsymbol{\alpha}_1 & \boldsymbol{\alpha}_2^{\mathrm{T}}\boldsymbol{\alpha}_2 & \cdots & \boldsymbol{\alpha}_2^{\mathrm{T}}\boldsymbol{\alpha}_n\\ \vdots & \vdots & & \vdots\\ \boldsymbol{\alpha}_n^{\mathrm{T}}\boldsymbol{\alpha}_1 & \boldsymbol{\alpha}_n^{\mathrm{T}}\boldsymbol{\alpha}_2 & \cdots & \boldsymbol{\alpha}_n^{\mathrm{T}}\boldsymbol{\alpha}_n\end{pmatrix}.$$

由上式知，$\boldsymbol{A}^{\mathrm{T}}\boldsymbol{A}=\boldsymbol{E}$ 的充分必要条件是

$$\boldsymbol{\alpha}_i^{\mathrm{T}}\boldsymbol{\alpha}_j=\begin{cases}1, & i=j,\\ 0, & i\neq j\end{cases} \qquad (i, j=1, 2, \cdots, n),$$

所以，方阵 $\boldsymbol{A}$ 是正交矩阵的充分必要条件是 $\boldsymbol{A}$ 的列向量组是规范正交向量组．

对于正交矩阵 $\boldsymbol{A}$，$\boldsymbol{A}^{\mathrm{T}}\boldsymbol{A}=\boldsymbol{A}\boldsymbol{A}^{\mathrm{T}}=\boldsymbol{E}$，同理，由 $\boldsymbol{A}\boldsymbol{A}^{\mathrm{T}}=\boldsymbol{E}$ 可得方阵 $\boldsymbol{A}$ 是正交矩阵的充分必要条件是 $\boldsymbol{A}$ 的行向量组是规范正交向量组．

因此，n 阶正交阵 $\boldsymbol{A}$ 的 n 个列(行)向量构成 $\boldsymbol{R}^n$ 的一个规范正交基．正交阵在向量和矩阵的线性变换中起着非常重要的作用．

例 7　下列矩阵是否为正交阵？请说明理由．

（1）$\boldsymbol{A}=\begin{pmatrix}\cos\theta & -\sin\theta\\ \sin\theta & \cos\theta\end{pmatrix}$；　　（2）$\boldsymbol{A}=\begin{pmatrix}\frac{1}{\sqrt{2}} & -\frac{1}{\sqrt{2}} & 0\\ \frac{1}{\sqrt{2}} & \frac{1}{\sqrt{2}} & 0\\ 0 & 0 & -1\end{pmatrix}$；

（3）$\boldsymbol{A}=\begin{pmatrix}\frac{1}{\sqrt{3}} & -\frac{1}{\sqrt{2}} & \frac{1}{\sqrt{2}}\\ \frac{1}{\sqrt{3}} & \frac{1}{\sqrt{2}} & 0\\ \frac{1}{\sqrt{3}} & 0 & -\frac{1}{\sqrt{2}}\end{pmatrix}$．

解 (1) $\boldsymbol{A}$ 的两个列向量正交，且均为单位向量，所以 $\boldsymbol{A}$ 是正交阵；

(2) $$\boldsymbol{A}^{\mathrm{T}}\boldsymbol{A}=\begin{pmatrix}\frac{1}{\sqrt{2}} & \frac{1}{\sqrt{2}} & 0\\ -\frac{1}{\sqrt{2}} & \frac{1}{\sqrt{2}} & 0\\ 0 & 0 & -1\end{pmatrix}\begin{pmatrix}\frac{1}{\sqrt{2}} & -\frac{1}{\sqrt{2}} & 0\\ \frac{1}{\sqrt{2}} & \frac{1}{\sqrt{2}} & 0\\ 0 & 0 & -1\end{pmatrix}=\begin{pmatrix}1 & 0 & 0\\ 0 & 1 & 0\\ 0 & 0 & 1\end{pmatrix},$$

所以 $\boldsymbol{A}$ 是正交阵；

(3) 因为 $\boldsymbol{A}$ 的第二个行向量不是单位向量，所以 $\boldsymbol{A}$ 不是正交阵 .

例 8 设 $\boldsymbol{A}=\begin{pmatrix}a & b\\ c & d\end{pmatrix}$ 是正交阵，求 $ac+bd$ 及 b^2+d^2 的值 .

解 因为 $\boldsymbol{A}$ 是正交阵，所以 $\boldsymbol{A}$ 的行向量组正交，即得 $ac+bd=0$.
又因为 $\boldsymbol{A}$ 的列向量为单位向量，所以 $b^2+d^2=1$.

例 9 将平面上坐标轴沿逆时针旋转$\frac{\pi}{4}$角，得到新的坐标系，求方程

$$25x^2+14xy+25y^2=288 \tag{3}$$

在新坐标系下的表达式 .

解 设新坐标为(u, v)，则根据转轴变换公式

$$\begin{pmatrix}x\\ y\end{pmatrix}=\begin{pmatrix}\cos\theta & -\sin\theta\\ \sin\theta & \cos\theta\end{pmatrix}\begin{pmatrix}u\\ v\end{pmatrix},$$

取 $\theta=\frac{\pi}{4}$，有

$$\begin{pmatrix}x\\ y\end{pmatrix}=\begin{pmatrix}\frac{\sqrt{2}}{2} & -\frac{\sqrt{2}}{2}\\ \frac{\sqrt{2}}{2} & \frac{\sqrt{2}}{2}\end{pmatrix}\begin{pmatrix}u\\ v\end{pmatrix},$$

将 x，y 与 u，v 的关系代入(3)式，得方程

$$\frac{u^2}{9}+\frac{v^2}{16}=1. \tag{4}$$

由例 7 知，旋转变换矩阵 $\boldsymbol{A}=\begin{pmatrix}\cos\theta & -\sin\theta\\ \sin\theta & \cos\theta\end{pmatrix}$ 为正交阵，所以，$\boldsymbol{A}^{\mathrm{T}}=\begin{pmatrix}\cos\theta & \sin\theta\\ -\sin\theta & \cos\theta\end{pmatrix}$ 为 $\boldsymbol{A}$ 的逆矩阵，所对应的变换是将坐标轴沿顺时针方向旋转 θ 角度 .

六、正交变换

定义 8　若 $\boldsymbol{A}$ 为 n 阶正交矩阵，$\boldsymbol{x}$，$\boldsymbol{y}$ 为 n 维列向量，则称线性变换 $\boldsymbol{y}=\boldsymbol{A}\boldsymbol{x}$ 为**正交变换**.

性质 4　设 $\boldsymbol{y}_{n\times1}=\boldsymbol{A}_{n\times n}\boldsymbol{x}_{n\times1}$ 为正交变换，$\boldsymbol{\alpha}$，$\boldsymbol{\beta}$ 为 n 维列向量，则有

$$[\boldsymbol{A\alpha},\ \boldsymbol{A\beta}]=[\boldsymbol{\alpha},\ \boldsymbol{\beta}].$$

证　$[\boldsymbol{A\alpha},\ \boldsymbol{A\beta}]=\boldsymbol{\alpha}^{\mathrm{T}}\boldsymbol{A}^{\mathrm{T}}\boldsymbol{A\beta}=\boldsymbol{\alpha}^{\mathrm{T}}\boldsymbol{\beta}=[\boldsymbol{\alpha},\ \boldsymbol{\beta}].$

由性质 4，可知正交变换保持向量的长度和两向量的夹角不变．这是正交变换所具有的特性．利用其特性，可知例 9 中方程(3)与(4)表示的是同一种图形，即椭圆．

第二节　方阵的特征值与特征向量

对于 n 阶方阵 $\boldsymbol{A}$ 及列向量 $\boldsymbol{\alpha}\in\boldsymbol{R}^n$，作线性变换 $\boldsymbol{\alpha}\mapsto\boldsymbol{A\alpha}$，一般 $\boldsymbol{A\alpha}$ 与 $\boldsymbol{\alpha}$ 会有较大的差异，但往往也会存在一些特殊的非零向量 $\boldsymbol{x}$，使得 $\boldsymbol{Ax}$ 与 $\boldsymbol{x}$ 平行，即存在实数 λ，使 $\boldsymbol{Ax}=\lambda\boldsymbol{x}$．这种情形说明 $\boldsymbol{A}$ 作用在向量 $\boldsymbol{x}$ 上的结果非常简单，只是将原来的向量进行了同向或反向伸缩．关于这样的常数 λ 及非零向量 $\boldsymbol{x}$ 的问题，属于本节中要讨论的特征值与特征向量问题．

一、基本概念

定义 9　设 $\boldsymbol{A}$ 为 n 阶方阵，若存在数 λ 和 n 维非零向量 $\boldsymbol{x}$，使得下式成立，

$$\boldsymbol{A}\boldsymbol{x}=\lambda\boldsymbol{x}, \tag{5}$$

则称 λ 是方阵 $\boldsymbol{A}$ 的一个**特征值**，$\boldsymbol{x}$ 是 $\boldsymbol{A}$ 的对应于特征值 λ 的**特征向量**．

从几何上来看，特征向量经过线性变换后，仍与原特征向量保持平行．当 $\lambda>0$ 时方向相同，$\lambda<0$ 时方向相反，$\lambda=0$ 时，特征向量就被线性变换变成零向量，其中 λ 为实数．

例 10　设矩阵 $\boldsymbol{A}=\begin{pmatrix}2&2\\2&-1\end{pmatrix}$，$\boldsymbol{\alpha}=\begin{pmatrix}1\\-2\end{pmatrix}$，$\boldsymbol{\beta}=\begin{pmatrix}2\\1\end{pmatrix}$，计算：$\boldsymbol{A\alpha}$，$\boldsymbol{A}(k\boldsymbol{\alpha})$，$\boldsymbol{A\beta}$ 及 $\boldsymbol{A}(\boldsymbol{\alpha}+\boldsymbol{\beta})$，其中常数 $k\neq0$.

解　$\boldsymbol{A\alpha}=\begin{pmatrix}2&2\\2&-1\end{pmatrix}\begin{pmatrix}1\\-2\end{pmatrix}=\begin{pmatrix}-2\\4\end{pmatrix}=-2\begin{pmatrix}1\\-2\end{pmatrix}=-2\boldsymbol{\alpha}$;

$$A(k\boldsymbol{\alpha})=\begin{pmatrix}2&2\\2&-1\end{pmatrix}k\begin{pmatrix}1\\-2\end{pmatrix}=k\begin{pmatrix}-2\\4\end{pmatrix}=-2k\begin{pmatrix}1\\-2\end{pmatrix}=-2k\boldsymbol{\alpha};$$

$$A\boldsymbol{\beta}=\begin{pmatrix}2&2\\2&-1\end{pmatrix}\begin{pmatrix}2\\1\end{pmatrix}=3\begin{pmatrix}2\\1\end{pmatrix}=3\boldsymbol{\beta}.$$

而 $$A(\boldsymbol{\alpha}+\boldsymbol{\beta})=\begin{pmatrix}2&2\\2&-1\end{pmatrix}\begin{pmatrix}3\\-1\end{pmatrix}=\begin{pmatrix}4\\7\end{pmatrix}\neq\lambda\begin{pmatrix}3\\-1\end{pmatrix},$$

其中 λ 为常数．

由定义知：上例中的 $\boldsymbol{\alpha}$、$k\boldsymbol{\alpha}(k\neq0)$都是方阵 A 的对应于特征值 $\lambda=-2$ 的特征向量，$\boldsymbol{\beta}$ 是 A 的对应于特征值 $\lambda=3$ 的特征向量，而 $\boldsymbol{\alpha}+\boldsymbol{\beta}$ 不是 A 的特征向量．$A\boldsymbol{\alpha}$ 相当于将向量 $\boldsymbol{\alpha}$ 的长度增加了 1 倍并将 $\boldsymbol{\alpha}$ 反向．

一般地，(1) 如果 $\boldsymbol{\alpha}$ 是方阵 A 的对应于特征值 λ 的特征向量，则 $k\boldsymbol{\alpha}$(其中常数 $k\neq0$)也是方阵 A 的对应于特征值 λ 的特征向量；

(2) 不同的特征向量可以对应于同一个特征值，但一个特征向量不能对应于不同的特征值；

(3) 方阵 A 的对应于两个不同特征值的特征向量之和，不是 A 的特征向量(证明见例 18)．

根据特征值与特征向量的定义，求 n 阶方阵 $A=(a_{ij})_{n\times n}$ 的特征值与特征向量，即寻找常数 λ 和 n 维非零向量 $\boldsymbol{x}$，使(5)式成立．将(5)式变形可得

$$(A-\lambda E)\boldsymbol{x}=\boldsymbol{0}, \tag{6}$$

即
$$\begin{pmatrix}a_{11}-\lambda & a_{12} & \cdots & a_{1n}\\ a_{21} & a_{22}-\lambda & \cdots & a_{2n}\\ \vdots & \vdots & & \vdots\\ a_{n1} & a_{n2} & \cdots & a_{nn}-\lambda\end{pmatrix}\begin{pmatrix}x_1\\x_2\\\vdots\\x_n\end{pmatrix}=\boldsymbol{0},$$

(6)式是 n 个方程 n 个未知数的齐次线性方程组的矩阵形式，其系数矩阵是 n 阶方阵 $A-\lambda E$，(6)式有非零解的充分必要条件是系数行列式等于零，即

$$|A-\lambda E|=0. \tag{7}$$

所以满足(7)式的 λ，即为 n 阶方阵 A 的特征值，方程组 $(A-\lambda E)\boldsymbol{x}=\boldsymbol{0}$ 的全部非零解均为方阵 A 的对应于特征值 λ 的特征向量．

定义 10 设方阵 $A=(a_{ij})_{n\times n}$，λ 是一个未知数，则称 $A-\lambda E$ 为方阵 A 的**特征矩阵**；称 λ 的一元 n 次多项式 $f(\lambda)=|A-\lambda E|$ 为方阵 A 的**特征多项式**；$|A-\lambda E|=0$ 为方阵 A 的**特征方程**．

即特征多项式

$$f(\lambda)=|\boldsymbol{A}-\lambda\boldsymbol{E}|=\begin{vmatrix} a_{11}-\lambda & a_{12} & \cdots & a_{1n} \\ a_{21} & a_{22}-\lambda & \cdots & a_{2n} \\ \vdots & \vdots & & \vdots \\ a_{n1} & a_{n2} & \cdots & a_{nn}-\lambda \end{vmatrix};$$

特征方程

$$\begin{vmatrix} a_{11}-\lambda & a_{12} & \cdots & a_{1n} \\ a_{21} & a_{22}-\lambda & \cdots & a_{2n} \\ \vdots & \vdots & & \vdots \\ a_{n1} & a_{n2} & \cdots & a_{nn}-\lambda \end{vmatrix}=0.$$

因此，特征方程$|\boldsymbol{A}-\lambda\boldsymbol{E}|=0$的根$\lambda$就是方阵$\boldsymbol{A}$的特征值，故特征值有时也称为特征根．此时，对应的齐次线性方程组$(\boldsymbol{A}-\lambda\boldsymbol{E})\boldsymbol{x}=\boldsymbol{0}$一定有基础解系：$\boldsymbol{\xi}_1$，$\boldsymbol{\xi}_2$，…，$\boldsymbol{\xi}_s$，则$k_1\boldsymbol{\xi}_1+k_2\boldsymbol{\xi}_2+\cdots+k_s\boldsymbol{\xi}_s$($k_1$，$k_2$，…，$k_s$不同时为零)为方阵$\boldsymbol{A}$对应于特征值$\lambda$的全部特征向量．在复数域内$f(\lambda)=|\boldsymbol{A}-\lambda\boldsymbol{E}|$是关于未知数$\lambda$的$n$次多项式，因此$|\boldsymbol{A}-\lambda\boldsymbol{E}|=0$必有$n$个根(按重根计算)，所以$n$阶方阵$\boldsymbol{A}$在复数域内总共有$n$个特征值．

根据上述定义和讨论，即可给出n阶方阵$\boldsymbol{A}$的特征值和特征向量的求解方法与步骤：

(1) 求出特征方程$|\boldsymbol{A}-\lambda\boldsymbol{E}|=0$的所有根$\lambda_1$，$\lambda_2$，…，$\lambda_n$，即得$\boldsymbol{A}$的全部特征值；

(2) 对每个不同的λ_i，解齐次线性方程组$(\boldsymbol{A}-\lambda_i\boldsymbol{E})\boldsymbol{x}=\boldsymbol{0}$，求出一个基础解系：$\boldsymbol{\xi}_{i1}$，$\boldsymbol{\xi}_{i2}$，…，$\boldsymbol{\xi}_{il_i}$(为$\boldsymbol{A}$的对应于$\lambda_i$的线性无关的特征向量)，其中$l_i=n-R(\boldsymbol{A}-\lambda_i\boldsymbol{E})$，则$k_{i1}\boldsymbol{\xi}_{i1}+k_{i2}\boldsymbol{\xi}_{i2}+\cdots+k_{il_i}\boldsymbol{\xi}_{il_i}$为$\boldsymbol{A}$的对应于$\lambda_i$的全部特征向量，其中$k_{i1}$，$k_{i2}$，…，$k_{il_i}$不全为零．

* **定义 11**　设n阶方阵$\boldsymbol{A}$有r个互不相等的特征值λ_1，λ_2，…，λ_r，满足

$$|\boldsymbol{A}-\lambda\boldsymbol{E}|=(\lambda_1-\lambda)^{m_{\lambda_1}}(\lambda_2-\lambda)^{m_{\lambda_2}}\cdots(\lambda_r-\lambda)^{m_{\lambda_r}},$$

则称m_{λ_i}为n阶方阵$\boldsymbol{A}$的特征值λ_i的**代数重数**；称齐次线性方程组$(\boldsymbol{A}-\lambda_i\boldsymbol{E})\boldsymbol{x}=\boldsymbol{0}$的解空间的维数为方阵$\boldsymbol{A}$的特征值$\lambda_i$的**几何重数**，记作$\rho_{\lambda_i}$．其中$m_{\lambda_1}+m_{\lambda_2}+\cdots+m_{\lambda_r}=n$.

例 11　求矩阵$\boldsymbol{A}=\begin{pmatrix} 2 & 2 \\ 2 & -1 \end{pmatrix}$的特征值和特征向量．

解　先计算特征多项式

$$|\boldsymbol{A}-\lambda\boldsymbol{E}|=\begin{vmatrix} 2-\lambda & 2 \\ 2 & -1-\lambda \end{vmatrix}=(\lambda+2)(\lambda-3),$$

由特征方程$(\lambda+2)(\lambda-3)=0$，得特征值$\lambda_1=-2$，$\lambda_2=3$.

当$\lambda_1=-2$时，对应方程组为$(\boldsymbol{A}-\lambda_1\boldsymbol{E})\boldsymbol{x}=\boldsymbol{0}$，

$$\boldsymbol{A}-\lambda_1\boldsymbol{E}=\begin{pmatrix}4 & 2\\ 2 & 1\end{pmatrix}\overset{r}{\sim}\begin{pmatrix}2 & 1\\ 0 & 0\end{pmatrix},$$

由

$$2x_1+x_2=0,$$

得$(\boldsymbol{A}-\lambda_1\boldsymbol{E})\boldsymbol{x}=\boldsymbol{0}$的基础解系$\boldsymbol{\eta}_1=\begin{pmatrix}1\\ -2\end{pmatrix}$，对应于特征值$\lambda_1=-2$的全部特征向量是$k_1\boldsymbol{\eta}_1$，其中$k_1$是任意非零常数.

当$\lambda_2=3$时，对应方程组为$(\boldsymbol{A}-\lambda_2\boldsymbol{E})\boldsymbol{x}=\boldsymbol{0}$，

$$\boldsymbol{A}-\lambda_2\boldsymbol{E}=\begin{pmatrix}-1 & 2\\ 2 & -4\end{pmatrix}\overset{r}{\sim}\begin{pmatrix}-1 & 2\\ 0 & 0\end{pmatrix},$$

由

$$-x_1+2x_2=0,$$

得$(\boldsymbol{A}-\lambda_2\boldsymbol{E})\boldsymbol{x}=\boldsymbol{0}$的基础解系$\boldsymbol{\eta}_2=\begin{pmatrix}2\\ 1\end{pmatrix}$，对应于特征值$\lambda_2=3$的全部特征向量是$k_2\boldsymbol{\eta}_2$，其中$k_2$是任意非零常数.

例 12 设$\boldsymbol{A}=\begin{pmatrix}1 & 2 & 1\\ 3 & 0 & 1\\ 0 & 5 & -1\end{pmatrix}$，求方阵$\boldsymbol{A}$的特征值、特征向量、* 特征值的代数重数和几何重数.

解
$$|\boldsymbol{A}-\lambda\boldsymbol{E}|=\begin{vmatrix}1-\lambda & 2 & 1\\ 3 & -\lambda & 1\\ 0 & 5 & -1-\lambda\end{vmatrix}\xlongequal{c_1+c_2+c_3}\begin{vmatrix}4-\lambda & 2 & 1\\ 4-\lambda & -\lambda & 1\\ 4-\lambda & 5 & -1-\lambda\end{vmatrix}$$
$$=(4-\lambda)(\lambda+2)^2=0,$$

所以$\boldsymbol{A}$的特征值为$\lambda_1=\lambda_2=-2$，$\lambda_3=4$，代数重数$m_{-2}=2$，$m_4=1$.

当$\lambda_1=\lambda_2=-2$时，对应方程组为$(\boldsymbol{A}+2\boldsymbol{E})\boldsymbol{x}=\boldsymbol{0}$，即

$$\begin{pmatrix}3 & 2 & 1\\ 3 & 2 & 1\\ 0 & 5 & 1\end{pmatrix}\boldsymbol{x}=\boldsymbol{0},$$

由

$$\begin{pmatrix}3 & 2 & 1\\ 3 & 2 & 1\\ 0 & 5 & 1\end{pmatrix}\overset{r}{\sim}\begin{pmatrix}3 & 2 & 1\\ 0 & 5 & 1\\ 0 & 0 & 0\end{pmatrix},$$

得

$$\begin{cases}x_1=x_2,\\ x_3=-5x_2,\end{cases}$$

得基础解系为 $\boldsymbol{\eta}_1=(1,\ 1,\ -5)^{\mathrm{T}}$，所以对应于特征值 $\lambda_1=\lambda_2=-2$ 的全部特征向量为 $k_1\boldsymbol{\eta}_1(k_1\neq 0)$，几何重数$\rho_{-2}=1$.

当 $\lambda_3=4$ 时，对应方程组为$(\boldsymbol{A}-4\boldsymbol{E})\boldsymbol{x}=\boldsymbol{0}$，即

$$\begin{pmatrix}-3 & 2 & 1\\ 3 & -4 & 1\\ 0 & 5 & -5\end{pmatrix}\boldsymbol{x}=\boldsymbol{0},$$

又
$$\begin{pmatrix}-3 & 2 & 1\\ 3 & -4 & 1\\ 0 & 5 & -5\end{pmatrix}\overset{r}{\sim}\begin{pmatrix}-3 & 2 & 1\\ 0 & -1 & 1\\ 0 & 0 & 0\end{pmatrix},$$

得
$$\begin{cases}x_1=x_2,\\ x_3=x_2,\end{cases}$$

得基础解系为 $\boldsymbol{\eta}_2=(1,\ 1,\ 1)^{\mathrm{T}}$，所以对应于特征值 $\lambda_3=4$ 的全部特征向量为 $k_2\boldsymbol{\eta}_2(k_2\neq 0)$，几何重数 $\rho_4=1$.

例 13　设矩阵 $\boldsymbol{A}=\begin{pmatrix}1 & 2\\ 1 & 0\end{pmatrix}$，分别求矩阵 $\boldsymbol{A}$、$\boldsymbol{A}^2$ 的特征值与特征向量.

解　方阵 $\boldsymbol{A}$ 的特征多项式为

$$|\boldsymbol{A}-\lambda\boldsymbol{E}|=\begin{vmatrix}1-\lambda & 2\\ 1 & -\lambda\end{vmatrix}=(\lambda+1)(\lambda-2),$$

故方阵 $\boldsymbol{A}$ 的特征值为 $\lambda_1=-1$，$\lambda_2=2$.

当 $\lambda_1=-1$ 时，对应方程组为$(\boldsymbol{A}-\lambda_1\boldsymbol{E})\boldsymbol{x}=\boldsymbol{0}$，即

$$\boldsymbol{A}-\lambda_1\boldsymbol{E}=\begin{pmatrix}2 & 2\\ 1 & 1\end{pmatrix}\overset{r}{\sim}\begin{pmatrix}1 & 1\\ 0 & 0\end{pmatrix},$$

得$(\boldsymbol{A}-\lambda_1\boldsymbol{E})\boldsymbol{x}=\boldsymbol{0}$ 的基础解系 $\boldsymbol{\eta}_1=\begin{pmatrix}-1\\ 1\end{pmatrix}$，对应于特征值 $\lambda_1=-1$ 的全部特征向量是 $k_1\boldsymbol{\eta}_1$，k_1 是任意非零常数.

当 $\lambda_2=2$ 时，可得$(\boldsymbol{A}-\lambda_2\boldsymbol{E})\boldsymbol{x}=\boldsymbol{0}$ 的基础解系 $\boldsymbol{\eta}_2=\begin{pmatrix}2\\ 1\end{pmatrix}$，对应于特征值 $\lambda_2=2$ 的全部特征向量是 $k_2\boldsymbol{\eta}_2$，k_2 是任意非零常数.

经计算可得

$$\boldsymbol{A}^2=\begin{pmatrix}3 & 2\\ 1 & 2\end{pmatrix},$$

因此，方阵 $\boldsymbol{A}^2$ 的特征多项式为

$$|\boldsymbol{A}^2-\lambda\boldsymbol{E}|=\begin{vmatrix}3-\lambda & 2\\ 1 & 2-\lambda\end{vmatrix}=(\lambda-1)(\lambda-4),$$

故方阵 $\boldsymbol{A}^2$ 的特征值为 $\lambda_1=1$，$\lambda_2=4$.

当 $\lambda_1=1$ 时，得 $(\boldsymbol{A}^2-\lambda_1\boldsymbol{E})\boldsymbol{x}=\boldsymbol{0}$ 的基础解系 $\boldsymbol{\eta}_1=\begin{pmatrix}-1\\1\end{pmatrix}$，对应于特征值 $\lambda_1=1$ 的全部特征向量是 $k_1\boldsymbol{\eta}_1$，k_1 是任意非零常数.

当 $\lambda_2=4$ 时，同理可得 $(\boldsymbol{A}^2-\lambda_2\boldsymbol{E})\boldsymbol{x}=\boldsymbol{0}$ 的基础解系 $\boldsymbol{\eta}_2=\begin{pmatrix}2\\1\end{pmatrix}$，对应于特征值 $\lambda_2=4$ 的全部特征向量是 $k_2\boldsymbol{\eta}_2$，k_2 是任意非零常数.

通过以上计算可以看出，矩阵 $\boldsymbol{A}$、$\boldsymbol{A}^2$ 的特征值与特征向量有关系：当 $\boldsymbol{A}$ 有特征值 λ 且对应于 λ 的特征向量为 $\boldsymbol{\alpha}$ 时，λ^2 是 $\boldsymbol{A}^2$ 的特征值且 $\boldsymbol{\alpha}$ 也是 $\boldsymbol{A}^2$ 的对应于 λ^2 的特征向量. 可以证明此结论对任意方阵 $\boldsymbol{A}$、$\boldsymbol{A}^2$ 都成立，且可以推广到更一般的情形. 见如下性质.

二、特征值与特征向量的性质

性质 5 设 λ 是方阵 $\boldsymbol{A}$ 的特征值，$\boldsymbol{\alpha}$ 是 $\boldsymbol{A}$ 的对应于 λ 的特征向量，则有

(1) λ^m 是 $\boldsymbol{A}^m$ 的特征值，$\boldsymbol{\alpha}$ 是 $\boldsymbol{A}^m$ 的对应于 λ^m 的特征向量，其中 m 为正整数.

(2) $f(\lambda)=a_m\lambda^m+a_{m-1}\lambda^{m-1}+\cdots+a_1\lambda+a_0$ 是矩阵多项式 $f(\boldsymbol{A})$ 的特征值，$\boldsymbol{\alpha}$ 是 $f(\boldsymbol{A})$ 的对应于 $f(\lambda)$ 的特征向量，其中，$f(\boldsymbol{A})=a_m\boldsymbol{A}^m+a_{m-1}\boldsymbol{A}^{m-1}+\cdots+a_1\boldsymbol{A}+a_0\boldsymbol{E}$.

证 (1) 由题意有 $\boldsymbol{A\alpha}=\lambda\boldsymbol{\alpha}$，则

$$\boldsymbol{A}^2\boldsymbol{\alpha}=\boldsymbol{A}(\boldsymbol{A\alpha})=\boldsymbol{A}(\lambda\boldsymbol{\alpha})=\lambda\boldsymbol{A\alpha}=\lambda^2\boldsymbol{\alpha},$$

所以 $m=2$ 时命题成立.

假设 $m=n-1$ 时结论成立，即 $\boldsymbol{A}^{n-1}\boldsymbol{\alpha}=\lambda^{n-1}\boldsymbol{\alpha}$，当 $m=n$ 时，

$$\boldsymbol{A}^n\boldsymbol{\alpha}=\boldsymbol{A}(\boldsymbol{A}^{n-1}\boldsymbol{\alpha})=\boldsymbol{A}(\lambda^{n-1}\boldsymbol{\alpha})=\lambda^{n-1}(\boldsymbol{A\alpha})=\lambda^n\boldsymbol{\alpha},$$

由归纳法知，对任意的正整数 m，有 $\boldsymbol{A}^m\boldsymbol{\alpha}=\lambda^m\boldsymbol{\alpha}$ 成立，即 λ^m 是 $\boldsymbol{A}^m$ 的特征值，$\boldsymbol{\alpha}$ 是 $\boldsymbol{A}^m$ 的对应于 λ^m 的特征向量.

(2) 由(1)有

$$\begin{aligned}f(\boldsymbol{A})\boldsymbol{\alpha}&=(a_m\boldsymbol{A}^m+a_{m-1}\boldsymbol{A}^{m-1}+\cdots+a_1\boldsymbol{A}+a_0\boldsymbol{E})\boldsymbol{\alpha}\\&=a_m\boldsymbol{A}^m\boldsymbol{\alpha}+a_{m-1}\boldsymbol{A}^{m-1}\boldsymbol{\alpha}+\cdots+a_1\boldsymbol{A\alpha}+a_0\boldsymbol{E\alpha}\\&=a_m\lambda^m\boldsymbol{\alpha}+a_{m-1}\lambda^{m-1}\boldsymbol{\alpha}+\cdots+a_1\lambda\boldsymbol{\alpha}+a_0\boldsymbol{\alpha}\\&=(a_m\lambda^m+a_{m-1}\lambda^{m-1}+\cdots+a_1\lambda+a_0)\boldsymbol{\alpha}=f(\lambda)\boldsymbol{\alpha}.\end{aligned}$$

由定义知：$f(\lambda)$是$f(\boldsymbol{A})$的特征值，$\boldsymbol{\alpha}$是$f(\boldsymbol{A})$的对应于$f(\lambda)$的特征向量．

例 14　设矩阵$\boldsymbol{A}=\begin{pmatrix}0&1\\0&0\end{pmatrix}$，分别求矩阵$\boldsymbol{A}$、$\boldsymbol{A}^2$的特征值与特征向量．

解　因为$\boldsymbol{A}^2=\begin{pmatrix}0&0\\0&0\end{pmatrix}$，易得$\boldsymbol{A}$、$\boldsymbol{A}^2$的特征值均为$\lambda=0$.

可知任一 2 维非零向量均为$\boldsymbol{A}^2$的对应于特征值$\lambda=0$的特征向量．而$(\boldsymbol{A}-0\boldsymbol{E})\boldsymbol{x}=\boldsymbol{0}$的基础解系$\boldsymbol{\eta}_1=\begin{pmatrix}1\\0\end{pmatrix}$，所以$\boldsymbol{A}$对应于特征值$\lambda=0$的全部特征向量是$k_1\boldsymbol{\eta}_1$，$k_1$是任意非零常数．

因此，$\boldsymbol{\beta}=\begin{pmatrix}1\\1\end{pmatrix}$为$\boldsymbol{A}^2$的对应于特征值$\lambda=0$的特征向量，但却不是$\boldsymbol{A}$对应于特征值$\lambda=0$的特征向量．

由例 13、例 14，读者可以考虑矩阵$\boldsymbol{A}$的特征值、特征向量与$\boldsymbol{A}^2$的特征值、特征向量之间的关系．

例 15　设可逆方阵$\boldsymbol{A}$有特征值λ，$\boldsymbol{\alpha}$是$\boldsymbol{A}$的对应于λ的特征向量，$\boldsymbol{A}^*$为$\boldsymbol{A}$的伴随矩阵，证明：

（1）$\lambda\neq0$；

（2）$\frac{1}{\lambda}$是$\boldsymbol{A}^{-1}$的特征值，$\boldsymbol{\alpha}$是$\boldsymbol{A}^{-1}$的对应于$\frac{1}{\lambda}$的特征向量；

（3）$\frac{|\boldsymbol{A}|}{\lambda}$为$\boldsymbol{A}^*$的特征值，$\boldsymbol{\alpha}$是$\boldsymbol{A}^*$的对应于$\frac{|\boldsymbol{A}|}{\lambda}$的特征向量．

证　（1）由已知有

$$\boldsymbol{A\alpha}=\lambda\boldsymbol{\alpha}. \tag{8}$$

如果$\lambda=0$，则有$\boldsymbol{A\alpha}=\boldsymbol{0}$，又$\boldsymbol{A}$可逆，则可推出$\boldsymbol{\alpha}=\boldsymbol{0}$，与$\boldsymbol{\alpha}$为非零列向量矛盾，所以$\lambda\neq0$.

（2）由(1)知$\lambda\neq0$，且又$\boldsymbol{A}$可逆，因此由(8)式可得$\boldsymbol{A}^{-1}\boldsymbol{\alpha}=\lambda^{-1}\boldsymbol{\alpha}$，所以$\frac{1}{\lambda}$是$\boldsymbol{A}^{-1}$的特征值，$\boldsymbol{\alpha}$是$\boldsymbol{A}^{-1}$的对应于$\frac{1}{\lambda}$的特征向量．

（3）因为$\boldsymbol{A}$可逆，所以$\boldsymbol{A}^*=|\boldsymbol{A}|\boldsymbol{A}^{-1}$.

又$\frac{1}{\lambda}$是$\boldsymbol{A}^{-1}$的特征值，$\boldsymbol{\alpha}$是$\boldsymbol{A}^{-1}$的对应于$\frac{1}{\lambda}$的特征向量，所以$\frac{|\boldsymbol{A}|}{\lambda}$为$\boldsymbol{A}^*$的特征值，$\boldsymbol{\alpha}$是$\boldsymbol{A}^*$的对应于$\frac{|\boldsymbol{A}|}{\lambda}$的特征向量．

性质 6　设n阶方阵$\boldsymbol{A}=(a_{ij})_{n\times n}$的$n$个特征值为$\lambda_1$，$\lambda_2$，…，$\lambda_n$，则

(1) $\sum_{i=1}^{n}\lambda_i = \sum_{i=1}^{n}a_{ii}$;

(2) $\prod_{i=1}^{n}\lambda_i = |\boldsymbol{A}|$,

其中 $\sum_{i=1}^{n}a_{ii}$ 又称为**方阵 $\boldsymbol{A}$ 的迹**，记为 $\mathrm{tr}\boldsymbol{A}$，即 $\mathrm{tr}\boldsymbol{A}=\sum_{i=1}^{n}a_{ii}$.

证 由特征值的定义可得

$$f(\lambda)=|\boldsymbol{A}-\lambda\boldsymbol{E}|=\begin{vmatrix} a_{11}-\lambda & a_{12} & \cdots & a_{1n} \\ a_{21} & a_{22}-\lambda & \cdots & a_{2n} \\ \vdots & \vdots & & \vdots \\ a_{n1} & a_{n2} & \cdots & a_{nn}-\lambda \end{vmatrix}$$

$$=(a_{11}-\lambda)(a_{22}-\lambda)\cdots(a_{nn}-\lambda)+P_{n-2}(\lambda)$$

$$=(-1)^n\lambda^n+(-1)^{n-1}(a_{11}+a_{22}+\cdots+a_{nn})\lambda^{n-1}+Q_{n-2}(\lambda)+P_{n-2}(\lambda),$$

其中 $Q_{n-2}(\lambda)$，$P_{n-2}(\lambda)$ 都是次数不超过 $n-2$ 次的多项式 .

又由题设 λ_1，λ_2，…，λ_n 为矩阵 $\boldsymbol{A}$ 的 n 个特征值，则有

$$f(\lambda)=|\boldsymbol{A}-\lambda\boldsymbol{E}|=(\lambda_1-\lambda)(\lambda_2-\lambda)\cdots(\lambda_n-\lambda)$$

$$=(-1)^n\lambda^n+(-1)^{n-1}(\lambda_1+\lambda_2+\cdots+\lambda_n)\lambda^{n-1}+\cdots+\lambda_1\lambda_2\cdots\lambda_n,$$

即有 $$(-1)^n\lambda^n+(-1)^{n-1}(a_{11}+a_{22}+\cdots+a_{nn})\lambda^{n-1}+Q_{n-2}(\lambda)+P_{n-2}(\lambda)$$

$$=(-1)^n\lambda^n+(-1)^{n-1}(\lambda_1+\lambda_2+\cdots+\lambda_n)\lambda^{n-1}+\cdots+\lambda_1\lambda_2\cdots\lambda_n,$$

比较上式中同次幂的系数可得

$$a_{11}+a_{22}+\cdots+a_{nn}=\lambda_1+\lambda_2+\cdots+\lambda_n,$$

即 $$\mathrm{tr}\boldsymbol{A}=\lambda_1+\lambda_2+\cdots+\lambda_n.$$

又 $|\boldsymbol{A}|=f(0)$，推出 $|\boldsymbol{A}|=\lambda_1\lambda_2\cdots\lambda_n$.

推论 方阵 $\boldsymbol{A}$ 可逆的充分必要条件是 $\boldsymbol{A}$ 的特征值均不等于零 .

例 16 已知三阶方阵 $\boldsymbol{A}$ 的特征值为 $\lambda_1=-1$，$\lambda_2=1$，$\lambda_3=5$，

(1) 求 $\boldsymbol{A}^{\mathrm{T}}$ 的特征值;

(2) 计算 $|\boldsymbol{A}^3-2\boldsymbol{A}^2|$;

(3) 讨论矩阵 $\boldsymbol{A}^3-3\boldsymbol{A}^2-10\boldsymbol{A}$ 的可逆性 .

解 (1) 由于 $|\boldsymbol{A}^{\mathrm{T}}-\lambda\boldsymbol{E}|=|(\boldsymbol{A}-\lambda\boldsymbol{E})^{\mathrm{T}}|=|\boldsymbol{A}-\lambda\boldsymbol{E}|$，所以 $\boldsymbol{A}^{\mathrm{T}}$ 与 $\boldsymbol{A}$ 有相同的特征多项式，因而有相同的特征值，所以，-1，1，5 也为 $\boldsymbol{A}^{\mathrm{T}}$ 的特征值 .

由于 $\boldsymbol{A}^{\mathrm{T}}$ 与 $\boldsymbol{A}$ 有相同的特征多项式，因而有相同的特征值 . 但一般 $\boldsymbol{A}^{\mathrm{T}}$ 的特征向量与 $\boldsymbol{A}$ 的特征向量不同 . 请读者思考 .

(2) 设 $\boldsymbol{A}$ 的特征值为 λ，令 $\boldsymbol{B}=f(\boldsymbol{A})=\boldsymbol{A}^3-2\boldsymbol{A}^2$，由性质 5 知 $\boldsymbol{B}=f(\boldsymbol{A})$ 的特征值为 $f(\lambda)=\lambda^3-2\lambda^2$.

将 $\boldsymbol{A}$ 的 3 个特征值 $\lambda_1=-1$，$\lambda_2=1$，$\lambda_3=5$ 分别代入 $f(\lambda)$ 的表达式，得 $\boldsymbol{B}$ 的 3 个特征值：

$$f(-1)=-3,\ f(1)=-1,\ f(5)=75,$$

所以
$$|\boldsymbol{A}^3-2\boldsymbol{A}^2|=|\boldsymbol{B}|=(-3)\times(-1)\times 75=225.$$

(3) 因为
$$\boldsymbol{A}^3-3\boldsymbol{A}^2-10\boldsymbol{A}=\boldsymbol{A}(\boldsymbol{A}+2\boldsymbol{E})(\boldsymbol{A}-5\boldsymbol{E}),$$

又 $\lambda_3=5$ 为 $\boldsymbol{A}$ 的特征值，即有

$$|\boldsymbol{A}-5\boldsymbol{E}|=0,$$

所以
$$|\boldsymbol{A}^3-3\boldsymbol{A}^2-10\boldsymbol{A}|=|\boldsymbol{A}(\boldsymbol{A}+2\boldsymbol{E})|\,|\boldsymbol{A}-5\boldsymbol{E}|=0,$$

因此，矩阵 $\boldsymbol{A}^3-3\boldsymbol{A}^2-10\boldsymbol{A}$ 不可逆．

例 17　设矩阵 $\boldsymbol{A}=\begin{pmatrix} a & a & b \\ a & 2 & 0 \\ b & 0 & -2 \end{pmatrix}$ 的特征值之和为 1，特征值之积为 -20，且 $b<0$，求 a，b 的值．

解　设 $\boldsymbol{A}$ 的特征值为 $\lambda_i(i=1,2,3)$，由题设，有

$$\lambda_1+\lambda_2+\lambda_3=a+2+(-2)=1,$$

$$\lambda_1\lambda_2\lambda_3=\begin{vmatrix} a & a & b \\ a & 2 & 0 \\ b & 0 & -2 \end{vmatrix}=2a^2-4a-2b^2=-20.$$

解得 $a=1$，$b=-3$.

* **性质 7**　n 阶方阵 $\boldsymbol{A}$ 的特征值 λ 的几何重数 ρ_λ 与代数重数 m_λ 满足关系：

$$1\leqslant\rho_\lambda\leqslant m_\lambda.$$

证明见附录二．

定理 3　设 λ_1，λ_2，…，λ_m 是 n 阶方阵 $\boldsymbol{A}$ 的 m 个不同的特征值，$\boldsymbol{\xi}_i$ 是对应于特征值 λ_i 的特征向量，$i=1,2,\cdots,m$，则 $\boldsymbol{\xi}_1$，$\boldsymbol{\xi}_2$，…，$\boldsymbol{\xi}_m$ 线性无关．

证　用数学归纳法证明．

当 $m=1$ 时，结论显然成立．因为一个非零向量是线性无关的．

假设对 $m-1$ 个不同的特征值结论成立．

当方阵 $\boldsymbol{A}$ 有 m 个不同的特征值 λ_1，λ_2，…，λ_m 时，设 $\boldsymbol{\xi}_i$ 是对应于特征值 λ_i 的特征向量，$i=1,2,\cdots,m$，存在一组数 x_1，x_2，…，x_m，使得

$$x_1\boldsymbol{\xi}_1+x_2\boldsymbol{\xi}_2+\cdots+x_m\boldsymbol{\xi}_m=\boldsymbol{0}, \tag{9}$$

上式两端分别用 $\boldsymbol{A}$ 左乘，得

$$\boldsymbol{A}(x_1\boldsymbol{\xi}_1+x_2\boldsymbol{\xi}_2+\cdots+x_m\boldsymbol{\xi}_m)=\boldsymbol{0},$$

即
$$x_1(\boldsymbol{A}\boldsymbol{\xi}_1)+x_2(\boldsymbol{A}\boldsymbol{\xi}_2)+\cdots+x_m(\boldsymbol{A}\boldsymbol{\xi}_m)=\boldsymbol{0},$$

于是有

$$x_1(\lambda_1\boldsymbol{\xi}_1)+x_2(\lambda_2\boldsymbol{\xi}_2)+\cdots+x_m(\lambda_m\boldsymbol{\xi}_m)=\mathbf{0}, \tag{10}$$

用 λ_m 乘以(9)式两边得

$$x_1\lambda_m\boldsymbol{\xi}_1+x_2\lambda_m\boldsymbol{\xi}_2+\cdots+x_m\lambda_m\boldsymbol{\xi}_m=\mathbf{0}. \tag{11}$$

(11)式－(10)式得

$$x_1(\lambda_m-\lambda_1)\boldsymbol{\xi}_1+x_2(\lambda_m-\lambda_2)\boldsymbol{\xi}_2+\cdots+x_{m-1}(\lambda_m-\lambda_{m-1})\boldsymbol{\xi}_{m-1}=\mathbf{0},$$

由归纳假设知，$\boldsymbol{\xi}_1$，$\boldsymbol{\xi}_2$，…，$\boldsymbol{\xi}_{m-1}$线性无关，推出

$$x_1(\lambda_m-\lambda_1)=x_2(\lambda_m-\lambda_2)=\cdots=x_{m-1}(\lambda_m-\lambda_{m-1})=0,$$

又由于 λ_1，λ_2，…，λ_m 互不相等，推出 $x_1=x_2=\cdots=x_{m-1}=0$，再代入(9)式，得 $x_m\boldsymbol{\xi}_m=\mathbf{0}$，推出 $x_m=0$，故 $x_i=0$，$i=1, 2, \cdots, m$.

此定理说明对应于不同特征值的特征向量是线性无关的．定理 3 还可以进一步推广为

定理 3′ 设 λ_1，λ_2，…，λ_m 是 n 阶方阵 $\boldsymbol{A}$ 的不同特征值，而 $\boldsymbol{\xi}_{i1}$，$\boldsymbol{\xi}_{i2}$，…，$\boldsymbol{\xi}_{ik_i}$ 是 $\boldsymbol{A}$ 的对应于特征值 $\lambda_i(i=1, 2, \cdots, m)$的线性无关的特征向量，则向量组 $\boldsymbol{\xi}_{11}$，$\boldsymbol{\xi}_{12}$，…，$\boldsymbol{\xi}_{1k_1}$，$\boldsymbol{\xi}_{21}$，$\boldsymbol{\xi}_{22}$，…，$\boldsymbol{\xi}_{2k_2}$，…，$\boldsymbol{\xi}_{m1}$，$\boldsymbol{\xi}_{m2}$，…，$\boldsymbol{\xi}_{mk_m}$ 也线性无关．

证明略．

例 18 设 λ_1，λ_2 为 n 阶方阵 $\boldsymbol{A}$ 的不同特征值，对应的特征向量分别为 $\boldsymbol{\alpha}_1$，$\boldsymbol{\alpha}_2$，证明：$\boldsymbol{\alpha}_1+\boldsymbol{\alpha}_2$ 不是 $\boldsymbol{A}$ 的特征向量．

证 (反证法)若 $\boldsymbol{\alpha}_1+\boldsymbol{\alpha}_2$ 是 $\boldsymbol{A}$ 的特征向量，则存在数 λ，使

$$\boldsymbol{A}(\boldsymbol{\alpha}_1+\boldsymbol{\alpha}_2)=\lambda(\boldsymbol{\alpha}_1+\boldsymbol{\alpha}_2),$$

由已知可得

$$\boldsymbol{A}\boldsymbol{\alpha}_1=\lambda_1\boldsymbol{\alpha}_1,\ \boldsymbol{A}\boldsymbol{\alpha}_2=\lambda_2\boldsymbol{\alpha}_2,$$

又 $$\lambda(\boldsymbol{\alpha}_1+\boldsymbol{\alpha}_2)=\lambda\boldsymbol{\alpha}_1+\lambda\boldsymbol{\alpha}_2,$$

所以有 $$\lambda(\boldsymbol{\alpha}_1+\boldsymbol{\alpha}_2)=\lambda_1\boldsymbol{\alpha}_1+\lambda_2\boldsymbol{\alpha}_2,$$

即 $$(\lambda-\lambda_1)\boldsymbol{\alpha}_1+(\lambda-\lambda_2)\boldsymbol{\alpha}_2=\mathbf{0}.$$

因为 $\lambda_1\neq\lambda_2$，由定理 3 知：$\boldsymbol{\alpha}_1$ 与 $\boldsymbol{\alpha}_2$ 线性无关，故得

$$\lambda-\lambda_1=0 \text{ 且 } \lambda-\lambda_2=0,$$

于是 $\lambda=\lambda_1=\lambda_2$，这与 $\lambda_1\neq\lambda_2$ 矛盾，故 $\boldsymbol{\alpha}_1+\boldsymbol{\alpha}_2$ 不是 $\boldsymbol{A}$ 的特征向量．

第三节 方阵的相似与对角化

一、相似矩阵的概念与性质

定义 12 设 $\boldsymbol{A}$、$\boldsymbol{B}$ 为 n 阶方阵，若有可逆方阵 $\boldsymbol{P}$，使 $\boldsymbol{P}^{-1}\boldsymbol{A}\boldsymbol{P}=\boldsymbol{B}$，则称 $\boldsymbol{A}$

与 $\boldsymbol{B}$ 相似. 对 $\boldsymbol{A}$ 进行运算 $\boldsymbol{P}^{-1}\boldsymbol{AP}$ 称为对 $\boldsymbol{A}$ 进行**相似变换**，可逆矩阵 $\boldsymbol{P}$ 称为把 $\boldsymbol{A}$ 变成 $\boldsymbol{B}$ 的**相似变换矩阵**.

显然有 $\boldsymbol{E}^{-1}\boldsymbol{AE}=\boldsymbol{A}$，即 $\boldsymbol{A}$ 和 $\boldsymbol{A}$ 相似，且如果 $\boldsymbol{P}^{-1}\boldsymbol{AP}=\boldsymbol{B}$ 成立，则有 $\boldsymbol{PBP}^{-1}=\boldsymbol{A}$，即有 $(\boldsymbol{P}^{-1})^{-1}\boldsymbol{BP}^{-1}=\boldsymbol{A}$，即 $\boldsymbol{B}$ 与 $\boldsymbol{A}$ 相似.

例 19　设矩阵 $\boldsymbol{A}$ 与 $\boldsymbol{B}$ 相似，$\boldsymbol{B}$ 与 $\boldsymbol{C}$ 相似，证明：$\boldsymbol{A}$ 与 $\boldsymbol{C}$ 相似.

证　因为 $\boldsymbol{A}$ 与 $\boldsymbol{B}$ 相似，$\boldsymbol{B}$ 与 $\boldsymbol{C}$ 相似，即存在可逆矩阵 $\boldsymbol{P}$，$\boldsymbol{Q}$，使得

$$\boldsymbol{P}^{-1}\boldsymbol{AP}=\boldsymbol{B},\ \boldsymbol{Q}^{-1}\boldsymbol{BQ}=\boldsymbol{C},$$

则
$$\boldsymbol{C}=\boldsymbol{Q}^{-1}\boldsymbol{BQ}=\boldsymbol{Q}^{-1}\boldsymbol{P}^{-1}\boldsymbol{APQ}=(\boldsymbol{PQ})^{-1}\boldsymbol{A}(\boldsymbol{PQ}),$$

由 $\boldsymbol{P}$，$\boldsymbol{Q}$ 可逆，知 $\boldsymbol{PQ}$ 可逆，所以 $\boldsymbol{A}$ 与 $\boldsymbol{C}$ 相似.

因此，矩阵的相似关系是一种等价关系，满足：

反身性　方阵 $\boldsymbol{A}$ 与 $\boldsymbol{A}$ 相似.

对称性　若方阵 $\boldsymbol{A}$ 与 $\boldsymbol{B}$ 相似，则 $\boldsymbol{B}$ 与 $\boldsymbol{A}$ 也相似.

传递性　若方阵 $\boldsymbol{A}$ 与 $\boldsymbol{B}$ 相似，$\boldsymbol{B}$ 与 $\boldsymbol{C}$ 相似，则 $\boldsymbol{A}$ 与 $\boldsymbol{C}$ 相似.

由于矩阵相似具有以上关系，因此我们把方阵 $\boldsymbol{A}$ 与 $\boldsymbol{B}$ 相似，也简称为 $\boldsymbol{A}$ 和 $\boldsymbol{B}$ 是相似的.

例 20　设 $\boldsymbol{A}=\begin{pmatrix}2 & 2\\ 2 & -1\end{pmatrix}$，$\boldsymbol{B}=\begin{pmatrix}-2 & 0\\ 0 & 3\end{pmatrix}$，$\boldsymbol{P}=\begin{pmatrix}1 & 2\\ -2 & 1\end{pmatrix}$，验证 $\boldsymbol{P}^{-1}\boldsymbol{AP}=\boldsymbol{B}$.

证　因为 $|\boldsymbol{P}|\neq 0$，所以 $\boldsymbol{P}$ 可逆，且

$$\boldsymbol{P}^{-1}=\frac{1}{5}\begin{pmatrix}1 & -2\\ 2 & 1\end{pmatrix},$$

又由于
$$\boldsymbol{P}^{-1}\boldsymbol{AP}=\frac{1}{5}\begin{pmatrix}1 & -2\\ 2 & 1\end{pmatrix}\begin{pmatrix}2 & 2\\ 2 & -1\end{pmatrix}\begin{pmatrix}1 & 2\\ -2 & 1\end{pmatrix}=\begin{pmatrix}-2 & 0\\ 0 & 3\end{pmatrix}=\boldsymbol{B},$$

所以 $\boldsymbol{P}^{-1}\boldsymbol{AP}=\boldsymbol{B}$，即 $\boldsymbol{A}$ 与 $\boldsymbol{B}$ 相似.

定理 4　相似的矩阵有相同的特征多项式和相同的特征值.

证　设存在可逆矩阵 $\boldsymbol{P}$，使 $\boldsymbol{P}^{-1}\boldsymbol{AP}=\boldsymbol{B}$，

$$\begin{aligned}|\boldsymbol{B}-\lambda\boldsymbol{E}|&=|\boldsymbol{P}^{-1}\boldsymbol{AP}-\boldsymbol{P}^{-1}(\lambda\boldsymbol{E})\boldsymbol{P}|=|\boldsymbol{P}^{-1}(\boldsymbol{A}-\lambda\boldsymbol{E})\boldsymbol{P}|\\&=|\boldsymbol{P}^{-1}|\,|\boldsymbol{A}-\lambda\boldsymbol{E}|\,|\boldsymbol{P}|=|\boldsymbol{A}-\lambda\boldsymbol{E}|,\end{aligned}$$

所以 $\boldsymbol{A}$ 与 $\boldsymbol{B}$ 有相同的特征多项式，从而有相同的特征值.

本定理的逆定理是否成立？即 $\boldsymbol{A}$ 与 $\boldsymbol{B}$ 有相同的特征值，能否推出 $\boldsymbol{A}$ 与 $\boldsymbol{B}$ 相似？

例 21　矩阵 $\boldsymbol{A}=\begin{pmatrix}1 & 0\\ 0 & 1\end{pmatrix}$ 与 $\boldsymbol{B}=\begin{pmatrix}1 & 1\\ 0 & 1\end{pmatrix}$ 是否相似？

解　假设 $\boldsymbol{A}$ 与 $\boldsymbol{B}$ 相似，则存在可逆方阵 $\boldsymbol{P}$，使 $\boldsymbol{P}^{-1}\boldsymbol{AP}=\boldsymbol{B}$，推出

$$B=P^{-1}AP=P^{-1}EP=E=A,$$

矛盾，从而A与B不相似．但A与B有相同的特征值．

推论 若n阶方阵A与对角阵

$$\Lambda=\begin{pmatrix}\lambda_1 & & & \\ & \lambda_2 & & \\ & & \ddots & \\ & & & \lambda_n\end{pmatrix}$$

相似，则λ_1，λ_2，…，λ_n即是A的n个特征值．

证 由特征值的定义可知λ_1，λ_2，…，λ_n是Λ的n个特征值，再由定理4，可得λ_1，λ_2，…，λ_n是A的n个特征值．

例22 设方阵A与B相似，λ为A的特征值，且α为对应的特征向量，求B对应于λ的一个特征向量．

解 设存在可逆矩阵P，使$P^{-1}AP=B$.

因为$A\alpha=\lambda\alpha$，用P^{-1}作用在等式的两边，即有

$$P^{-1}A\alpha=P^{-1}APP^{-1}\alpha=B(P^{-1}\alpha)$$

及

$$P^{-1}A\alpha=P^{-1}(\lambda\alpha)=\lambda P^{-1}\alpha,$$

可得

$$B(P^{-1}\alpha)=\lambda P^{-1}\alpha.$$

所以$P^{-1}\alpha$为B对应于λ的一个特征向量．

性质8 若方阵A与B相似，则有如下结论：

(1) $|A|=|B|$；

(2) $R(A)=R(B)$；

(3) $\mathrm{tr}A=\mathrm{tr}B$；

(4) A^{T}与B^{T}，kA与kB，A^m与B^m也相似(其中k为常数，m为正整数)；

(5) 当A可逆时，A^{-1}与B^{-1}，A^*与B^*也相似．

我们只证明(1)、(3)、(5)，其余的证明留给读者完成．

证 设方阵A与B相似，则存在可逆方阵P，使

$$P^{-1}AP=B. \tag{12}$$

(1) 对(12)式两边取行列式得

$$|P^{-1}AP|=|B|,$$

即

$$|P^{-1}||A||P|=|B|,$$

又$|P^{-1}|=|P|^{-1}$，所以$|A|=|B|$成立．

此性质说明相似矩阵具有相同的可逆性．

(3) 由定理4知，方阵$A=(a_{ij})$与$B=(b_{ij})$有相同的特征值λ_1，λ_2，…，λ_n，再由性质6有

$$\text{tr}\boldsymbol{A}=\sum_{i=1}^{n}a_{ii}=\sum_{i=1}^{n}\lambda_i=\sum_{i=1}^{n}b_{ii}=\text{tr}\boldsymbol{B},$$

所以
$$\text{tr}\boldsymbol{A}=\text{tr}\boldsymbol{B}.$$

（5）由 $\boldsymbol{P}^{-1}\boldsymbol{AP}=\boldsymbol{B}$，且 $\boldsymbol{A}$ 可逆时，$\boldsymbol{B}$ 也可逆，有$(\boldsymbol{P}^{-1}\boldsymbol{AP})^{-1}=\boldsymbol{B}^{-1}$，即有

$$\boldsymbol{P}^{-1}\boldsymbol{A}^{-1}\boldsymbol{P}=\boldsymbol{B}^{-1}.$$

又$|\boldsymbol{A}|=|\boldsymbol{B}|\neq 0$，由 $\boldsymbol{P}^{-1}\boldsymbol{A}^{-1}\boldsymbol{P}=\boldsymbol{B}^{-1}$，即有 $\boldsymbol{P}^{-1}\dfrac{\boldsymbol{A}^*}{|\boldsymbol{A}|}\boldsymbol{P}=\dfrac{\boldsymbol{B}^*}{|\boldsymbol{B}|}$，即有

$$\boldsymbol{P}^{-1}\boldsymbol{A}^*\boldsymbol{P}=\boldsymbol{B}^*.$$

所以，当 $\boldsymbol{A}$ 可逆时，$\boldsymbol{A}^{-1}$与 $\boldsymbol{B}^{-1}$，$\boldsymbol{A}^*$ 与 $\boldsymbol{B}^*$ 也相似．

例 23　已知矩阵 $\boldsymbol{A}=\begin{pmatrix}1&1&0\\1&1&3\\0&3&a\end{pmatrix}$与$\boldsymbol{B}=\begin{pmatrix}1&0&0\\0&3&0\\0&0&b\end{pmatrix}$相似，求 a，b 的值．

解　因为 $\boldsymbol{A}$ 与 $\boldsymbol{B}$ 相似，所以有 $\text{tr}\boldsymbol{A}=\text{tr}\boldsymbol{B}$ 及$|\boldsymbol{A}|=|\boldsymbol{B}|$，即

$$\begin{cases}1+1+a=1+3+b,\\-9=3b,\end{cases}$$

解得
$$a=-1,\ b=-3.$$

例 24　已知存在 n 阶可逆方阵 $\boldsymbol{P}$，使 $\boldsymbol{P}^{-1}\boldsymbol{AP}=\boldsymbol{\Lambda}$，求 $\boldsymbol{A}^k$，其中

$$\boldsymbol{\Lambda}=\begin{pmatrix}\lambda_1&&&\\&\lambda_2&&\\&&\ddots&\\&&&\lambda_n\end{pmatrix},$$

k 为正整数．

解　由已知有 $\boldsymbol{A}=\boldsymbol{P\Lambda P}^{-1}$，所以

$$\begin{aligned}\boldsymbol{A}^k&=\overbrace{(\boldsymbol{P\Lambda P}^{-1})(\boldsymbol{P\Lambda P}^{-1})\cdots(\boldsymbol{P\Lambda P}^{-1})}^{k\text{项}},\\&=\boldsymbol{P}\overbrace{\boldsymbol{\Lambda\Lambda}\cdots\boldsymbol{\Lambda}}^{k\text{个}}\boldsymbol{P}^{-1}=\boldsymbol{P\Lambda}^k\boldsymbol{P}^{-1}\\&=\boldsymbol{P}\begin{pmatrix}\lambda_1^k&&&\\&\lambda_2^k&&\\&&\ddots&\\&&&\lambda_n^k\end{pmatrix}\boldsymbol{P}^{-1}.\end{aligned}$$

可以看出，当 k 较大时计算 $\boldsymbol{P\Lambda}^k\boldsymbol{P}^{-1}$，一般要比直接计算 $\boldsymbol{A}^k$ 方便．这一结果也常用来计算矩阵多项式 $\varphi(\boldsymbol{A})=a_m\boldsymbol{A}^m+a_{m-1}\boldsymbol{A}^{m-1}+\cdots+a_1\boldsymbol{A}+a_0\boldsymbol{E}$. 方法如下：

设 $\boldsymbol{A}=\boldsymbol{P\Lambda P}^{-1}$，则 $\boldsymbol{A}^k=\boldsymbol{P\Lambda}^k\boldsymbol{P}^{-1}$，

$$\begin{aligned}\varphi(\boldsymbol{A})&=a_m\boldsymbol{A}^m+a_{m-1}\boldsymbol{A}^{m-1}+\cdots+a_1\boldsymbol{A}+a_0\boldsymbol{E}\\&=\boldsymbol{P}a_m\boldsymbol{\Lambda}^m\boldsymbol{P}^{-1}+\boldsymbol{P}a_{m-1}\boldsymbol{\Lambda}^{m-1}\boldsymbol{P}^{-1}+\cdots+\boldsymbol{P}a_1\boldsymbol{\Lambda}\boldsymbol{P}^{-1}+\boldsymbol{P}a_0\boldsymbol{E}\boldsymbol{P}^{-1}\\&=\boldsymbol{P}(a_m\boldsymbol{\Lambda}^m+a_{m-1}\boldsymbol{\Lambda}^{m-1}+\cdots+a_1\boldsymbol{\Lambda}+a_0\boldsymbol{E})\boldsymbol{P}^{-1}=\boldsymbol{P}\varphi(\boldsymbol{\Lambda})\boldsymbol{P}^{-1},\end{aligned}$$

其中，$\boldsymbol{\Lambda}^k=\begin{pmatrix}\lambda_1^k&&&\\&\lambda_2^k&&\\&&\ddots&\\&&&\lambda_n^k\end{pmatrix}$，$\varphi(\boldsymbol{\Lambda})=\begin{pmatrix}\varphi(\lambda_1)&&&\\&\varphi(\lambda_2)&&\\&&\ddots&\\&&&\varphi(\lambda_n)\end{pmatrix}$，

$$\varphi(\lambda)=a_m\lambda^m+a_{m-1}\lambda^{m-1}+\cdots+a_1\lambda+a_0.$$

特别地，当 $\varphi(\lambda)$ 恰为 n 阶方阵 $\boldsymbol{A}$ 的特征多项式时，即 $\varphi(\lambda)=f(\lambda)$ 时，因为 λ_i 是 $\boldsymbol{A}$ 的特征值，则有 $\varphi(\lambda_i)=f(\lambda_i)=0(i=1,\ 2,\ \cdots,\ n)$，即有

$$f(\boldsymbol{A})=\boldsymbol{P}\varphi(\boldsymbol{\Lambda})\boldsymbol{P}^{-1}=\boldsymbol{POP}^{-1}=\boldsymbol{O}.$$

定理 5（哈密尔顿—凯莱（Hamilton - Cayley）定理） 设 $\boldsymbol{A}$ 是 n 阶方阵，$f(\lambda)$ 是 $\boldsymbol{A}$ 的特征多项式，则矩阵多项式 $f(\boldsymbol{A})=\boldsymbol{O}$.

证明从略.

由上面的讨论可知，简化计算矩阵多项式 $\varphi(\boldsymbol{A})$ 的关键是找可逆矩阵 $\boldsymbol{P}$，使之满足 $\boldsymbol{A}=\boldsymbol{P\Lambda P}^{-1}$，即方阵 $\boldsymbol{A}$ 与对角阵相似. 此外，若用定义来判断两个矩阵 $\boldsymbol{A}$、$\boldsymbol{B}$ 是否相似一般比较困难，因为很难直接找到可逆方阵 $\boldsymbol{P}$，使 $\boldsymbol{P}^{-1}\boldsymbol{AP}=\boldsymbol{B}$. 我们可以通过相似变换把 $\boldsymbol{A}$、$\boldsymbol{B}$ 都变为比较简单的矩阵，如对角矩阵，再借助于相似矩阵的传递性，看它们是否相似. 这些问题的关键都可以归结为方阵与对角矩阵相似的问题. 那么什么样的方阵 $\boldsymbol{A}$ 可以与对角矩阵 $\boldsymbol{\Lambda}$ 相似呢？或者说，方阵 $\boldsymbol{A}$ 满足什么样的条件时，存在对角阵 $\boldsymbol{\Lambda}$ 和可逆矩阵 $\boldsymbol{P}$，使 $\boldsymbol{P}^{-1}\boldsymbol{AP}=\boldsymbol{\Lambda}$，这样的对角阵 $\boldsymbol{\Lambda}$ 和可逆矩阵 $\boldsymbol{P}$ 又该如何去求？这些是我们下面要讨论的问题.

二、方阵的对角化

定义 13 若 n 阶方阵 $\boldsymbol{A}$ 能通过相似变换化为对角矩阵 $\boldsymbol{\Lambda}$，则称方阵 $\boldsymbol{A}$ **可对角化**.

由定义知，$\boldsymbol{A}$ 可对角化就是指 $\boldsymbol{A}$ 可以和某个对角矩阵 $\boldsymbol{\Lambda}$ 相似，也称为把方阵 $\boldsymbol{A}$ 对角化. 下面先来分析把方阵 $\boldsymbol{A}$ 对角化需要什么条件.

对照例 11、例 20 我们发现，可逆阵 $\boldsymbol{P}$ 的列向量恰好是 $\boldsymbol{A}$ 的两个线性无关的特征向量，对角矩阵 $\boldsymbol{\Lambda}$ 的主对角线上的元素恰好是 $\boldsymbol{A}$ 的特征值. 一般的情况如何呢?

假设已经找到 n 阶可逆方阵 $\boldsymbol{P}$，使 $\boldsymbol{P}^{-1}\boldsymbol{AP}=\boldsymbol{\Lambda}$ 为对角阵.

将方阵 $\boldsymbol{P}$ 用其列向量表示为 $\boldsymbol{P}=(\boldsymbol{p}_1, \boldsymbol{p}_2, \cdots, \boldsymbol{p}_n)$.

由 $\boldsymbol{P}^{-1}\boldsymbol{A}\boldsymbol{P}=\boldsymbol{\Lambda}$，即有 $\boldsymbol{A}\boldsymbol{P}=\boldsymbol{P}\boldsymbol{\Lambda}$，即

$$\boldsymbol{A}(\boldsymbol{p}_1, \boldsymbol{p}_2, \cdots, \boldsymbol{p}_n)=(\boldsymbol{p}_1, \boldsymbol{p}_2, \cdots, \boldsymbol{p}_n)\begin{pmatrix}\lambda_1 & & & \\ & \lambda_2 & & \\ & & \ddots & \\ & & & \lambda_n\end{pmatrix},$$

亦即
$$(\boldsymbol{A}\boldsymbol{p}_1, \boldsymbol{A}\boldsymbol{p}_2, \cdots, \boldsymbol{A}\boldsymbol{p}_n)=(\lambda_1\boldsymbol{p}_1, \lambda_2\boldsymbol{p}_2, \cdots, \lambda_n\boldsymbol{p}_n),$$

于是有
$$\boldsymbol{A}\boldsymbol{p}_i=\lambda_i\boldsymbol{p}_i\ (i=1, 2, \cdots, n). \tag{13}$$

由此可见，λ_i是 $\boldsymbol{A}$ 的特征值，而 $\boldsymbol{P}$ 的列向量 $\boldsymbol{p}_i$ 就是 $\boldsymbol{A}$ 的对应于特征值 λ_i 的特征向量.

定理 6　n 阶方阵 $\boldsymbol{A}$ 可对角化的充分必要条件是 $\boldsymbol{A}$ 有 n 个线性无关的特征向量.

证　必要性

若存在可逆方阵 $\boldsymbol{P}$，使 $\boldsymbol{P}^{-1}\boldsymbol{A}\boldsymbol{P}=\boldsymbol{\Lambda}$ 为对角阵，令 $\boldsymbol{P}=(\boldsymbol{p}_1, \boldsymbol{p}_2, \cdots, \boldsymbol{p}_n)$，由于 $\boldsymbol{P}$ 可逆，所以 $\boldsymbol{p}_1, \boldsymbol{p}_2, \cdots, \boldsymbol{p}_n$ 线性无关，且 $\boldsymbol{p}_i\neq\boldsymbol{0}(i=1, 2, \cdots, n)$，又由(13)式成立，知 $\boldsymbol{p}_1, \boldsymbol{p}_2, \cdots, \boldsymbol{p}_n$ 是 $\boldsymbol{A}$ 的 n 个线性无关的特征向量.

充分性

设 $\boldsymbol{A}$ 有 n 个线性无关的特征向量 $\boldsymbol{p}_1, \boldsymbol{p}_2, \cdots, \boldsymbol{p}_n$，它们所对应的特征值为 $\lambda_1, \lambda_2, \cdots, \lambda_n$，则有

$$\boldsymbol{A}\boldsymbol{p}_i=\lambda_i\boldsymbol{p}_i\ (i=1, 2, \cdots, n),$$

令 $\boldsymbol{P}=(\boldsymbol{p}_1, \boldsymbol{p}_2, \cdots, \boldsymbol{p}_n)$，则 $\boldsymbol{P}$ 可逆，且

$$\begin{aligned}\boldsymbol{A}\boldsymbol{P}&=\boldsymbol{A}(\boldsymbol{p}_1, \boldsymbol{p}_2, \cdots, \boldsymbol{p}_n)=(\boldsymbol{A}\boldsymbol{p}_1, \boldsymbol{A}\boldsymbol{p}_2, \cdots, \boldsymbol{A}\boldsymbol{p}_n)=(\lambda_1\boldsymbol{p}_1, \lambda_2\boldsymbol{p}_2, \cdots, \lambda_n\boldsymbol{p}_n)\\ &=(\boldsymbol{p}_1, \boldsymbol{p}_2, \cdots, \boldsymbol{p}_n)\begin{pmatrix}\lambda_1 & & & \\ & \lambda_2 & & \\ & & \ddots & \\ & & & \lambda_n\end{pmatrix}=\boldsymbol{P}\boldsymbol{\Lambda},\end{aligned}$$

即有
$$\boldsymbol{P}^{-1}\boldsymbol{A}\boldsymbol{P}=\boldsymbol{\Lambda},$$

所以 n 阶方阵 $\boldsymbol{A}$ 可以对角化.

在 $\boldsymbol{P}^{-1}\boldsymbol{A}\boldsymbol{P}=\boldsymbol{\Lambda}$ 中，对角矩阵 $\boldsymbol{\Lambda}$ 的主对角线上的元素 λ_i 的位置与矩阵 $\boldsymbol{P}$ 的列向量 $\boldsymbol{p}_i$ 的位置相对应. 矩阵 $\boldsymbol{P}$ 不是惟一的.

推论　如果 n 阶方阵 $\boldsymbol{A}$ 的 n 个特征值互不相等，则 $\boldsymbol{A}$ 可对角化.

证　由定理 3 知，对应于不同特征值的特征向量是线性无关的，所以 $\boldsymbol{A}$ 有 n 个线性无关的特征向量. 再由定理 6，可知 $\boldsymbol{A}$ 可对角化.

例 25　已知 $\boldsymbol{A}=\begin{pmatrix}0 & 1 & 0\\ 0 & 0 & 1\\ 6 & -11 & 6\end{pmatrix}$，$\boldsymbol{B}=\begin{pmatrix}1 & 2 & -1\\ 1 & 0 & 1\\ 4 & -4 & 5\end{pmatrix}$，问矩阵 $\boldsymbol{A}$ 与 $\boldsymbol{B}$ 是否相似?

解 矩阵 $\boldsymbol{A}$ 的特征多项式为

$$|\boldsymbol{A}-\lambda\boldsymbol{E}|=\begin{vmatrix}-\lambda & 1 & 0\\ 0 & -\lambda & 1\\ 6 & -11 & 6-\lambda\end{vmatrix}=(2-\lambda)(\lambda-1)(\lambda-3),$$

故三阶方阵 $\boldsymbol{A}$ 有 3 个特征值

$$\lambda_1=1,\ \lambda_2=2,\ \lambda_3=3,$$

由定理 6 的推论知，存在可逆方阵 $\boldsymbol{P}$，使

$$\boldsymbol{P}^{-1}\boldsymbol{A}\boldsymbol{P}=\begin{pmatrix}1 & & \\ & 2 & \\ & & 3\end{pmatrix}.$$

同理，由 $|\boldsymbol{B}-\lambda\boldsymbol{E}|=(2-\lambda)(\lambda-1)(\lambda-3)$，可求得 $\boldsymbol{B}$ 的 3 个特征值

$$\lambda_1=1,\ \lambda_2=2,\ \lambda_3=3,$$

故存在可逆方阵 $\boldsymbol{Q}$，使

$$\boldsymbol{Q}^{-1}\boldsymbol{B}\boldsymbol{Q}=\begin{pmatrix}1 & & \\ & 2 & \\ & & 3\end{pmatrix}.$$

由相似矩阵的传递性，可知矩阵 $\boldsymbol{A}$ 与 $\boldsymbol{B}$ 是相似的．

一般地，n 阶方阵 $\boldsymbol{A}$ 具备什么条件才能有 n 个线性无关的特征向量呢？下面给出一个结论：

* **定理 7** n 阶方阵 $\boldsymbol{A}$ 可对角化的充分必要条件是方阵 $\boldsymbol{A}$ 的每个特征值的几何重数与代数重数都相等．

亦即 n 阶方阵 $\boldsymbol{A}$ 可对角化的充分必要条件是对应于 $\boldsymbol{A}$ 的每个特征值的线性无关的特征向量的个数恰好等于该特征值的重数．

当 n 阶方阵 $\boldsymbol{A}$ 的特征方程有重根时，就不一定有 n 个线性无关的特征向量，从而就不一定能够对角化．

如在本章的例 12 中，三阶方阵 $\boldsymbol{A}$ 的特征方程有重根 $\lambda_1=\lambda_2=-2$，且最多只能找到两个线性无关的特征向量（* 因为 $\rho_{-2}=1$），所以，此例中的 $\boldsymbol{A}$ 不能对角化．

例 26 设 $\boldsymbol{A}=\begin{pmatrix}-2 & 1 & 1\\ 0 & 2 & 0\\ -4 & x & 3\end{pmatrix}$，问当 x 取何值时，方阵 $\boldsymbol{A}$ 可对角化．

解 方阵 $\boldsymbol{A}$ 的特征多项式为

$$|\boldsymbol{A}-\lambda\boldsymbol{E}|=\begin{vmatrix}-2-\lambda & 1 & 1\\ 0 & 2-\lambda & 0\\ -4 & x & 3-\lambda\end{vmatrix}=(2-\lambda)\begin{vmatrix}-2-\lambda & 1\\ -4 & 3-\lambda\end{vmatrix}=-(\lambda+1)(\lambda-2)^2,$$

故方阵 $\boldsymbol{A}$ 的特征值为 $\lambda_1=-1$，$\lambda_2=\lambda_3=2$. 对于单根 $\lambda_1=-1$，可求得线性无

关的特征向量恰有1个，因此方阵$\boldsymbol{A}$可对角化的充分必要条件是$(\boldsymbol{A}-2\boldsymbol{E})\boldsymbol{x}=\boldsymbol{0}$的基础解系要含有两个向量，即要$3-R(\boldsymbol{A}-2\boldsymbol{E})=2$，所以要系数矩阵的秩$R(\boldsymbol{A}-2\boldsymbol{E})=1$.

又
$$\boldsymbol{A}-2\boldsymbol{E}=\begin{pmatrix}-4&1&1\\0&0&0\\-4&x&1\end{pmatrix}\overset{r}{\sim}\begin{pmatrix}-4&1&1\\0&x-1&0\\0&0&0\end{pmatrix},$$
要使$R(\boldsymbol{A}-2\boldsymbol{E})=1$，必须$x-1=0$，所以，当$x=1$时，方阵$\boldsymbol{A}$可对角化.

综上所述，n阶方阵$\boldsymbol{A}$能否对角化，可以通过下述步骤进行判别及对角化.

(1) 计算方阵$\boldsymbol{A}$的特征多项式$f(\lambda)=|\boldsymbol{A}-\lambda\boldsymbol{E}|$，令$|\boldsymbol{A}-\lambda\boldsymbol{E}|=0$，并求出其所有互异的根$\lambda_1$，$\lambda_2$，…，$\lambda_r$及根的重数$m_{\lambda_i}(i=1, 2, \cdots, r)$.

(2) 对每个$\lambda_i(i=1, 2, \cdots, r)$，解齐次线性方程组$(\boldsymbol{A}-\lambda_i\boldsymbol{E})\boldsymbol{x}=\boldsymbol{0}$，求出一个基础解系：$\boldsymbol{\xi}_{i1}$，$\boldsymbol{\xi}_{i2}$，…，$\boldsymbol{\xi}_{il_i}$，其中$l_i=n-R(\boldsymbol{A}-\lambda_i\boldsymbol{E})$.

(3) 判别l_i与$m_{\lambda_i}(i=1, 2, \cdots, r)$是否相等?

如果有一个l_i与m_{λ_i}不等，则方阵$\boldsymbol{A}$不能与对角阵相似，即不能对角化.

(4) 当所有l_i与$m_{\lambda_i}(i=1, 2, \cdots, r)$都相等时，步骤(2)求出的向量
$$\boldsymbol{\xi}_{11}, \boldsymbol{\xi}_{12}, \cdots, \boldsymbol{\xi}_{1l_1}, \boldsymbol{\xi}_{21}, \boldsymbol{\xi}_{22}, \cdots, \boldsymbol{\xi}_{2l_2}, \cdots, \boldsymbol{\xi}_{r1}, \boldsymbol{\xi}_{r2}, \cdots, \boldsymbol{\xi}_{rl_r}$$
恰好是$\boldsymbol{A}$的n个线性无关的特征向量，令
$$\boldsymbol{P}=(\boldsymbol{\xi}_{11}, \boldsymbol{\xi}_{12}, \cdots, \boldsymbol{\xi}_{1l_1}, \boldsymbol{\xi}_{21}, \boldsymbol{\xi}_{22}, \cdots, \boldsymbol{\xi}_{2l_2}, \cdots, \boldsymbol{\xi}_{r1}, \boldsymbol{\xi}_{r2}, \cdots, \boldsymbol{\xi}_{rl_r}),$$
则$\boldsymbol{P}$可逆.

由于线性方程组的基础解系是不惟一的，所以可逆阵$\boldsymbol{P}$也不惟一，而且$\boldsymbol{P}$可能是复矩阵.

(5) 写出方阵$\boldsymbol{A}$与对角阵$\boldsymbol{\Lambda}$的关系：
$$\boldsymbol{P}^{-1}\boldsymbol{A}\boldsymbol{P}=\boldsymbol{\Lambda}=\begin{pmatrix}\lambda_1&&&&&&&&\\&\ddots&&&&&&&\\&&\lambda_1&&&&&&\\&&&\lambda_2&&&&&\\&&&&\ddots&&&&\\&&&&&\lambda_2&&&\\&&&&&&\ddots&&\\&&&&&&&\lambda_r&\\&&&&&&&&\ddots\\&&&&&&&&&\lambda_r\end{pmatrix},$$
$$=\mathrm{diag}(\overbrace{\lambda_1, \cdots, \lambda_1}^{m_{\lambda_1}\text{个}}, \overbrace{\lambda_2, \cdots, \lambda_2}^{m_{\lambda_2}\text{个}}, \cdots, \overbrace{\lambda_r, \cdots, \lambda_r}^{m_{\lambda_r}\text{个}}).$$

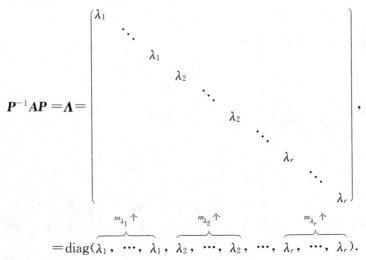

例 27 求矩阵 $\boldsymbol{A}=\begin{pmatrix}2&2&-2\\2&5&-4\\-2&-4&5\end{pmatrix}$ 的乘幂 $\boldsymbol{A}^n$.

解 先求特征多项式

$$|\boldsymbol{A}-\lambda\boldsymbol{E}|=\begin{vmatrix}2-\lambda&2&-2\\2&5-\lambda&-4\\-2&-4&5-\lambda\end{vmatrix}=-(\lambda-1)^2(\lambda-10),$$

所以，得特征值 $\lambda_1=\lambda_2=1$，$\lambda_3=10$.

当 $\lambda=\lambda_1=1$ 时，

$$\boldsymbol{A}-\lambda\boldsymbol{E}=\begin{pmatrix}1&2&-2\\2&4&-4\\-2&-4&4\end{pmatrix}\overset{r}{\sim}\begin{pmatrix}1&2&-2\\0&0&0\\0&0&0\end{pmatrix},$$

得基础解系

$$\boldsymbol{\alpha}_1=\begin{pmatrix}-2\\1\\0\end{pmatrix},\ \boldsymbol{\alpha}_2=\begin{pmatrix}2\\0\\1\end{pmatrix}.$$

当 $\lambda=\lambda_3=10$ 时，

$$\boldsymbol{A}-\lambda\boldsymbol{E}=\begin{pmatrix}-8&2&-2\\2&-5&-4\\-2&-4&-5\end{pmatrix}\overset{r}{\sim}\begin{pmatrix}-2&1&0\\0&1&1\\0&0&0\end{pmatrix},$$

得基础解系

$$\boldsymbol{\alpha}_3=\begin{pmatrix}1\\2\\-2\end{pmatrix}.$$

由定理 6 知 $\boldsymbol{A}$ 可对角化．

令 $$\boldsymbol{P}=\begin{pmatrix}-2&2&1\\1&0&2\\0&1&-2\end{pmatrix},\ \boldsymbol{\Lambda}=\begin{pmatrix}1&0&0\\0&1&0\\0&0&10\end{pmatrix},$$

则 $\boldsymbol{P}^{-1}\boldsymbol{A}\boldsymbol{P}=\boldsymbol{\Lambda}$，容易求得逆矩阵

$$\boldsymbol{P}^{-1}=\frac{1}{9}\begin{pmatrix}-2&5&4\\2&4&5\\1&2&-2\end{pmatrix},$$

得 $$\boldsymbol{A}^n=\boldsymbol{P}\boldsymbol{\Lambda}^n\boldsymbol{P}^{-1}=\frac{1}{9}\begin{pmatrix}-2&2&1\\1&0&2\\0&1&-2\end{pmatrix}\begin{pmatrix}1&0&0\\0&1&0\\0&0&10^n\end{pmatrix}\begin{pmatrix}-2&5&4\\2&4&5\\1&2&-2\end{pmatrix}$$

$$=\begin{pmatrix}1+a_n & 2a_n & -2a_n\\ 2a_n & 1+4a_n & -4a_n\\ -2a_n & -4a_n & 1+4a_n\end{pmatrix},$$

其中 $a_n=\dfrac{10^n-1}{9}$. 将这个结果稍作变形，可得简单的计算公式

$$\boldsymbol{A}^n=\boldsymbol{E}+a_n(\boldsymbol{A}-\boldsymbol{E}).$$

可以看出，利用对角化求方阵的幂不仅运算简单，而且便于结果分析．

例 28　设三阶方阵 $\boldsymbol{A}$ 的各行元素之和均为 3，向量 $\boldsymbol{\alpha}_1=(-1,\ 2,\ -1)^{\mathrm{T}}$，$\boldsymbol{\alpha}_2=(0,\ -1,\ 1)^{\mathrm{T}}$ 是线性方程组 $\boldsymbol{Ax}=\boldsymbol{0}$ 的两个解，证明方阵 $\boldsymbol{A}$ 可对角化并求方阵 $\boldsymbol{A}$.

解　由于方阵 $\boldsymbol{A}$ 的各行元素之和均为 3，则有

$$\boldsymbol{A}\begin{pmatrix}1\\1\\1\end{pmatrix}=3\begin{pmatrix}1\\1\\1\end{pmatrix},$$

由定义知，$\lambda=3$ 为 $\boldsymbol{A}$ 的特征值，$\boldsymbol{\alpha}_3=(1,\ 1,\ 1)^{\mathrm{T}}$ 是方阵 $\boldsymbol{A}$ 对应于 $\lambda=3$ 的特征向量．

又向量 $\boldsymbol{\alpha}_1=(-1,\ 2,\ -1)^{\mathrm{T}}$，$\boldsymbol{\alpha}_2=(0,\ -1,\ 1)^{\mathrm{T}}$ 是线性方程组 $\boldsymbol{Ax}=\boldsymbol{0}$ 的两个解，知 $\lambda_1=0$ 是 $\boldsymbol{A}$ 的特征值，$\boldsymbol{\alpha}_1$，$\boldsymbol{\alpha}_2$ 均为 $\boldsymbol{A}$ 对应于 $\lambda_1=0$ 的特征向量，且易知 $\boldsymbol{\alpha}_1$，$\boldsymbol{\alpha}_2$ 线性无关，所以，$\boldsymbol{\alpha}_1$，$\boldsymbol{\alpha}_2$，$\boldsymbol{\alpha}_3$ 线性无关，所以方阵 $\boldsymbol{A}$ 可以对角化.

令
$$\boldsymbol{P}=\begin{pmatrix}-1 & 0 & 1\\ 2 & -1 & 1\\ -1 & 1 & 1\end{pmatrix},\ \boldsymbol{\Lambda}=\begin{pmatrix}0&0&0\\0&0&0\\0&0&3\end{pmatrix},$$

则有
$$\boldsymbol{P}^{-1}=\frac{1}{3}\begin{pmatrix}-2&1&1\\-3&0&3\\1&1&1\end{pmatrix},$$

所以 $\boldsymbol{A}=\boldsymbol{P\Lambda P}^{-1}=\dfrac{1}{3}\begin{pmatrix}-1 & 0 & 1\\ 2 & -1 & 1\\ -1 & 1 & 1\end{pmatrix}\begin{pmatrix}0&0&0\\0&0&0\\0&0&3\end{pmatrix}\begin{pmatrix}-2&1&1\\-3&0&3\\1&1&1\end{pmatrix}=\begin{pmatrix}1&1&1\\1&1&1\\1&1&1\end{pmatrix}.$

第四节　实对称矩阵的对角化

上一节我们对一般方阵能否对角化的问题进行了讨论，这一节我们把研究范围限制在一类特殊的方阵——实对称矩阵上．因此，上一节的结论在本节仍

适用．下面我们利用实对称矩阵自身的特性，进一步研究其对角化的问题．

定义 14 设 n 阶方阵 $\boldsymbol{A}$ 的所有元素都是实数，并且 $\boldsymbol{A}^{\mathrm{T}}=\boldsymbol{A}$，则称 $\boldsymbol{A}$ 为**实对称矩阵**．

定理 8 实对称矩阵的特征值均为实数．

证 设复数 λ 为实对称矩阵 $\boldsymbol{A}$ 的特征值，非零复向量 $\boldsymbol{x}=(x_1, x_2, \cdots, x_n)^{\mathrm{T}}$ 为对应于 λ 的特征向量，即

$$\boldsymbol{A}\boldsymbol{x}=\lambda\boldsymbol{x}. \tag{14}$$

设 $\bar{\lambda}$ 表示 λ 的共轭复数，$\bar{\boldsymbol{x}}=(\bar{x}_1, \bar{x}_2, \cdots, \bar{x}_n)^{\mathrm{T}}$ 表示 $\boldsymbol{x}$ 的共轭向量，对(14)式两边取复共轭得

$$\overline{\boldsymbol{A}\boldsymbol{x}}=\overline{\lambda\boldsymbol{x}},$$

即

$$\bar{\boldsymbol{A}}\bar{\boldsymbol{x}}=\bar{\lambda}\bar{\boldsymbol{x}}. \tag{15}$$

对(15)式两边取转置，有

$$\bar{\boldsymbol{x}}^{\mathrm{T}}\bar{\boldsymbol{A}}^{\mathrm{T}}=\bar{\lambda}\,\bar{\boldsymbol{x}}^{\mathrm{T}}.$$

又 $\boldsymbol{A}$ 是实对称阵，有 $\bar{\boldsymbol{A}}=\boldsymbol{A}$，$\boldsymbol{A}^{\mathrm{T}}=\boldsymbol{A}$，于是有

$$\bar{\boldsymbol{x}}^{\mathrm{T}}\boldsymbol{A}=\bar{\lambda}\,\bar{\boldsymbol{x}}^{\mathrm{T}}.$$

再用 $\boldsymbol{x}$ 右乘上式两边得

$$\bar{\boldsymbol{x}}^{\mathrm{T}}\boldsymbol{A}\boldsymbol{x}=\bar{\lambda}\,\bar{\boldsymbol{x}}^{\mathrm{T}}\boldsymbol{x},$$

推出

$$\lambda\bar{\boldsymbol{x}}^{\mathrm{T}}\boldsymbol{x}=\bar{\lambda}\,\bar{\boldsymbol{x}}^{\mathrm{T}}\boldsymbol{x},$$

移项得

$$(\lambda-\bar{\lambda})\bar{\boldsymbol{x}}^{\mathrm{T}}\boldsymbol{x}=0,$$

由于 $\boldsymbol{x}\neq\boldsymbol{0}$，于是有

$$\bar{\boldsymbol{x}}^{\mathrm{T}}\boldsymbol{x}=(\bar{x}_1, \bar{x}_2, \cdots, \bar{x}_n)\begin{pmatrix}x_1\\x_2\\\vdots\\x_n\end{pmatrix}=\sum_{i=1}^{n}\bar{x}_i x_i\neq0,$$

推出 $\lambda-\bar{\lambda}=0$，即 $\lambda=\bar{\lambda}$，所以 λ 为实数．

注 由于实对称矩阵的特征值为实数，所以特征向量可以取实向量，因而可以得到实的特征向量．

上一节我们得到结论：方阵 $\boldsymbol{A}$ 的对应于不同特征值的特征向量是线性无关的．那么当方阵 $\boldsymbol{A}$ 是实对称矩阵时，$\boldsymbol{A}$ 的对应于不同特征值的特征向量有什么样的关系呢?

定理 9 设 $\boldsymbol{A}$ 是实对称矩阵，则 $\boldsymbol{A}$ 的对应于不同特征值的特征向量必定正交.

证 设 $\boldsymbol{\alpha}$，$\boldsymbol{\beta}$ 是实对称矩阵 $\boldsymbol{A}$ 的对应于不同特征值 λ_1，λ_2 的特征向量，即

$$\boldsymbol{A}\boldsymbol{\alpha}=\lambda_1\boldsymbol{\alpha},\ \boldsymbol{A}\boldsymbol{\beta}=\lambda_2\boldsymbol{\beta},\ \lambda_1\neq\lambda_2,$$

于是

$$\lambda_1\boldsymbol{\alpha}^{\mathrm{T}}\boldsymbol{\beta}=(\boldsymbol{A}\boldsymbol{\alpha})^{\mathrm{T}}\boldsymbol{\beta}=\boldsymbol{\alpha}^{\mathrm{T}}\boldsymbol{A}^{\mathrm{T}}\boldsymbol{\beta}=\boldsymbol{\alpha}^{\mathrm{T}}(\boldsymbol{A}\boldsymbol{\beta})=\boldsymbol{\alpha}^{\mathrm{T}}\lambda_2\boldsymbol{\beta}=\lambda_2\boldsymbol{\alpha}^{\mathrm{T}}\boldsymbol{\beta},$$

移项得
$$(\lambda_1-\lambda_2)\boldsymbol{\alpha}^{\mathrm{T}}\boldsymbol{\beta}=0.$$

由于 $\lambda_1\neq\lambda_2$，所以必有 $\boldsymbol{\alpha}^{\mathrm{T}}\boldsymbol{\beta}=0$，即 $\boldsymbol{\alpha}$ 与 $\boldsymbol{\beta}$ 正交．

例 29 设 λ_1，λ_2 为 n 阶实对称矩阵 $\boldsymbol{A}$ 的两个不同的特征值，$\boldsymbol{x}_1$ 为对应于 λ_1 的一个单位特征向量，证明：

(1) 矩阵 $\boldsymbol{B}=\boldsymbol{A}-\lambda_1\boldsymbol{x}_1\boldsymbol{x}_1^{\mathrm{T}}$ 不可逆；

(2) λ_2 是 $\boldsymbol{B}$ 的特征值．

证 (1) 设 $\boldsymbol{x}_1$、$\boldsymbol{x}_2$ 是实对称矩阵 $\boldsymbol{A}$ 的对应于不同特征值 λ_1，λ_2 的特征向量，且 $\boldsymbol{x}_1$ 为单位特征向量，即
$$\boldsymbol{A}\boldsymbol{x}_1=\lambda_1\boldsymbol{x}_1,\ \boldsymbol{A}\boldsymbol{x}_2=\lambda_2\boldsymbol{x}_2,\ \lambda_1\neq\lambda_2,$$
则
$$\boldsymbol{B}\boldsymbol{x}_1=\boldsymbol{A}\boldsymbol{x}_1-\lambda_1\boldsymbol{x}_1(\boldsymbol{x}_1^{\mathrm{T}}\boldsymbol{x}_1)=\lambda_1\boldsymbol{x}_1-\lambda_1\boldsymbol{x}_1,$$
即
$$\boldsymbol{B}\boldsymbol{x}_1=\boldsymbol{0}=0\,\boldsymbol{x}_1.$$

由定义知 0 是 $\boldsymbol{B}$ 的特征值，所以矩阵 $\boldsymbol{B}$ 不可逆．

(2) $\boldsymbol{B}\boldsymbol{x}_2=\boldsymbol{A}\boldsymbol{x}_2-\lambda_1\boldsymbol{x}_1\boldsymbol{x}_1^{\mathrm{T}}\boldsymbol{x}_2=\boldsymbol{A}\boldsymbol{x}_2-\lambda_1\boldsymbol{x}_1(\boldsymbol{x}_1^{\mathrm{T}}\boldsymbol{x}_2)=\boldsymbol{A}\boldsymbol{x}_2-\lambda_1\boldsymbol{x}_1\times 0=\boldsymbol{A}\boldsymbol{x}_2=\lambda_2\boldsymbol{x}_2$，由定义知 λ_2 是 $\boldsymbol{B}$ 的特征值．

关于实对称矩阵的对角化，还有如下结论：

定理 10 设 n 阶方阵 $\boldsymbol{A}$ 是实对称矩阵，则存在 n 阶正交矩阵 $\boldsymbol{P}$，使 $\boldsymbol{P}^{-1}\boldsymbol{A}\boldsymbol{P}=\boldsymbol{\Lambda}$ 为对角阵，即
$$\boldsymbol{P}^{-1}\boldsymbol{A}\boldsymbol{P}=\boldsymbol{P}^{\mathrm{T}}\boldsymbol{A}\boldsymbol{P}=\boldsymbol{\Lambda}=\mathrm{diag}(\overbrace{\lambda_1,\cdots,\lambda_1}^{m_{\lambda_1}\text{个}},\overbrace{\lambda_2,\cdots,\lambda_2}^{m_{\lambda_2}\text{个}},\cdots,\overbrace{\lambda_r,\cdots,\lambda_r}^{m_{\lambda_r}\text{个}}),$$
其中 λ_1，λ_2，…，λ_r 是方阵 $\boldsymbol{A}$ 的 m_{λ_i} 重特征值，且 $m_{\lambda_1}+m_{\lambda_2}+\cdots+m_{\lambda_r}=n$. 证明从略．

此定理表明，实对称矩阵 $\boldsymbol{A}$ 不仅一定可以对角化，且总可以通过一个正交变换把 $\boldsymbol{A}$ 化成对角矩阵．其步骤如下：

(1) 计算方阵 $\boldsymbol{A}$ 的特征多项式 $f(\lambda)=|\boldsymbol{A}-\lambda\boldsymbol{E}|$，令 $|\boldsymbol{A}-\lambda\boldsymbol{E}|=0$，并求出其所有互异的根 λ_1，λ_2，…，λ_r 及根的重数 $m_{\lambda_i}(i=1,2,\cdots,r)$；

(2) 对每个 $\lambda_i(i=1,2,\cdots,r)$，解齐次线性方程组 $(\boldsymbol{A}-\lambda_i\boldsymbol{E})\boldsymbol{x}=\boldsymbol{0}$，求出一个基础解系：$\boldsymbol{\xi}_{i1}$，$\boldsymbol{\xi}_{i2}$，…，$\boldsymbol{\xi}_{im_{\lambda_i}}$；

(3) 分别将 $\boldsymbol{\xi}_{i1}$，$\boldsymbol{\xi}_{i2}$，…，$\boldsymbol{\xi}_{im_{\lambda_i}}(i=1,2,\cdots,r)$ 正交化，得到 $\boldsymbol{\eta}_{i1}$，$\boldsymbol{\eta}_{i2}$，…，$\boldsymbol{\eta}_{im_{\lambda_i}}(i=1,2,\cdots,r)$；

(4) 再分别将 $\boldsymbol{\eta}_{i1}$，$\boldsymbol{\eta}_{i2}$，…，$\boldsymbol{\eta}_{im_{\lambda_i}}(i=1,2,\cdots,r)$ 单位化，得到 $\boldsymbol{p}_{i1}$，$\boldsymbol{p}_{i2}$，…，$\boldsymbol{p}_{im_{\lambda_i}}(i=1,2,\cdots,r)$；

(5) 令 $\boldsymbol{P}=(\boldsymbol{p}_{11},\boldsymbol{p}_{12},\cdots,\boldsymbol{p}_{1m_{\lambda_1}},\boldsymbol{p}_{21},\boldsymbol{p}_{22},\cdots,\boldsymbol{p}_{2m_{\lambda_2}},\cdots,\boldsymbol{p}_{r1},\boldsymbol{p}_{r2},\cdots,\boldsymbol{p}_{rm_{\lambda_r}})$，得正交阵 $\boldsymbol{P}$；

(6) 写出方阵 $\boldsymbol{A}$ 与对角阵 $\boldsymbol{\Lambda}$ 的关系：

$$\boldsymbol{P}^{\mathrm{T}}\boldsymbol{A}\boldsymbol{P}=\boldsymbol{\Lambda}=\mathrm{diag}(\overbrace{\lambda_1,\ \cdots,\ \lambda_1}^{m_{\lambda_1}\text{个}},\ \overbrace{\lambda_2,\ \cdots,\ \lambda_2}^{m_{\lambda_2}\text{个}},\ \cdots,\ \overbrace{\lambda_r,\ \cdots,\ \lambda_r}^{m_{\lambda_r}\text{个}}).$$

例 30 设 $\boldsymbol{A}=\begin{pmatrix}2&0&0&0\\0&1&b&b\\0&b&1&b\\0&b&b&1\end{pmatrix}$，$b>1$，求正交矩阵 $\boldsymbol{P}$，使 $\boldsymbol{P}^{\mathrm{T}}\boldsymbol{A}\boldsymbol{P}=\boldsymbol{\Lambda}$ 是对角矩阵．

解 特征方程

$$|\boldsymbol{A}-\lambda\boldsymbol{E}|=\begin{vmatrix}2-\lambda&0&0&0\\0&1-\lambda&b&b\\0&b&1-\lambda&b\\0&b&b&1-\lambda\end{vmatrix}=(2-\lambda)\begin{vmatrix}1-\lambda&b&b\\b&1-\lambda&b\\b&b&1-\lambda\end{vmatrix}$$

$$=(2-\lambda)(1+2b-\lambda)(1-b-\lambda)^2,$$

得 $\boldsymbol{A}$ 的特征值为

$$\lambda_1=2,\ \lambda_2=1+2b,\ \lambda_3=\lambda_4=1-b,$$

所以特征值的重数分别为

$$m_2=1,\ m_{1+2b}=1,\ m_{1-b}=2.$$

当 $\lambda_1=2$ 时，

$$\boldsymbol{A}-\lambda_1\boldsymbol{E}=\begin{pmatrix}0&0&0&0\\0&-1&b&b\\0&b&-1&b\\0&b&b&-1\end{pmatrix},$$

可得 $(\boldsymbol{A}-\lambda_1\boldsymbol{E})\boldsymbol{x}=\boldsymbol{0}$ 的基础解系 $\boldsymbol{\xi}_1=(1,\ 0,\ 0,\ 0)^{\mathrm{T}}$，取 $\boldsymbol{p}_1=\boldsymbol{\xi}_1$；

当 $\lambda_2=1+2b$ 时，

$$\boldsymbol{A}-\lambda_2\boldsymbol{E}=\begin{pmatrix}1-2b&0&0&0\\0&-2b&b&b\\0&b&-2b&b\\0&b&b&-2b\end{pmatrix}\overset{r}{\sim}\begin{pmatrix}1-2b&0&0&0\\0&-1&0&1\\0&0&-1&1\\0&0&0&0\end{pmatrix},$$

可得 $(\boldsymbol{A}-\lambda_2\boldsymbol{E})\boldsymbol{x}=\boldsymbol{0}$ 的基础解系 $\boldsymbol{\xi}_2=(0,\ 1,\ 1,\ 1)^{\mathrm{T}}$，单位化得 $\boldsymbol{p}_2=\dfrac{1}{\sqrt{3}}\begin{pmatrix}0\\1\\1\\1\end{pmatrix}$；

当 $\lambda_3=\lambda_4=1-b$ 时，

$$A-\lambda_3E=\begin{pmatrix}1+b&0&0&0\\0&b&b&b\\0&b&b&b\\0&b&b&b\end{pmatrix}\overset{r}{\sim}\begin{pmatrix}1+b&0&0&0\\0&1&1&1\\0&0&0&0\\0&0&0&0\end{pmatrix},$$

可得$(A-\lambda_3E)x=0$的基础解系$\xi_3=(0，1，-1，0)^T$，$\xi_4=(0，1，0，-1)^T$.

将ξ_3，ξ_4正交化：

令$\eta_3=(0，1，-1，0)^T$，

$$\eta_4=\xi_4-\frac{[\eta_3，\xi_4]}{[\eta_3，\eta_3]}\eta_3=\begin{pmatrix}0\\1\\0\\-1\end{pmatrix}-\frac{1}{2}\begin{pmatrix}0\\1\\-1\\0\end{pmatrix}=\begin{pmatrix}0\\\frac{1}{2}\\\frac{1}{2}\\-1\end{pmatrix}.$$

再单位化，得

$$p_3=\frac{1}{\sqrt{2}}\begin{pmatrix}0\\1\\-1\\0\end{pmatrix}，p_4=\frac{1}{\sqrt{6}}\begin{pmatrix}0\\1\\1\\-2\end{pmatrix}.$$

令$P=\begin{pmatrix}1&0&0&0\\0&\frac{1}{\sqrt{3}}&\frac{1}{\sqrt{2}}&\frac{1}{\sqrt{6}}\\0&\frac{1}{\sqrt{3}}&-\frac{1}{\sqrt{2}}&\frac{1}{\sqrt{6}}\\0&\frac{1}{\sqrt{3}}&0&-\frac{2}{\sqrt{6}}\end{pmatrix}$，则$P$为正交矩阵，使

$$P^TAP=\begin{pmatrix}2&&&\\&1+2b&&\\&&1-b&\\&&&1-b\end{pmatrix}.$$

例31　设A、B为实对称矩阵，证明：存在正交矩阵P，使$P^{-1}AP=B$的充分必要条件是A、B有相同的特征值.

证　必要性

设存在正交矩阵P，使$P^{-1}AP=B$，即A与B相似，从而A与B有相同的特征值.

充分性

设实对称矩阵 $\boldsymbol{A}$、$\boldsymbol{B}$ 有相同的特征值 λ_1，λ_2，…，λ_n，则存在正交矩阵 $\boldsymbol{P}_1$、$\boldsymbol{P}_2$ 使得

$$\boldsymbol{P}_1^{-1}\boldsymbol{A}\boldsymbol{P}_1=\begin{pmatrix}\lambda_1 & & & \\ & \lambda_2 & & \\ & & \ddots & \\ & & & \lambda_n\end{pmatrix}=\boldsymbol{P}_2^{-1}\boldsymbol{B}\boldsymbol{P}_2,$$

即有
$$\boldsymbol{P}_2\boldsymbol{P}_1^{-1}\boldsymbol{A}\boldsymbol{P}_1\boldsymbol{P}_2^{-1}=\boldsymbol{B}.$$

令 $\boldsymbol{P}=\boldsymbol{P}_1\boldsymbol{P}_2^{-1}$，则有

$$\boldsymbol{P}^{-1}\boldsymbol{A}\boldsymbol{P}=\boldsymbol{B},$$

又
$$\boldsymbol{P}^{\mathrm{T}}\boldsymbol{P}=(\boldsymbol{P}_1\boldsymbol{P}_2^{-1})^{\mathrm{T}}\boldsymbol{P}_1\boldsymbol{P}_2^{-1}=(\boldsymbol{P}_2^{-1})^{\mathrm{T}}\boldsymbol{P}_1^{\mathrm{T}}\boldsymbol{P}_1\boldsymbol{P}_2^{-1}=\boldsymbol{E},$$

所以，存在正交矩阵 $\boldsymbol{P}$，使 $\boldsymbol{P}^{-1}\boldsymbol{A}\boldsymbol{P}=\boldsymbol{B}$.

例 32 某种花卉植物的基因型为 AA、Aa、aa，科研人员计划采用 AA 基因型花卉植物分别与 AA、Aa、aa 基因型花卉植物进行两两个体交配培育花卉植物后代，已知父本、母本基因型与其后代个体基因型的概率(见表 4.1).

表 4.1

后代个体基因型	父本—母本基因型		
	AA—AA	AA—Aa	AA—aa
AA	1	0.5	0
Aa	0	0.5	1
aa	0	0	0

问：经过若干年后，AA、Aa、aa 基因型个体出现的基因频率分别是多少？

解 设 a_n，b_n，c_n 分别表示第 n 代花卉植物中，基因型 AA、Aa、aa 的花卉植物占花卉植物总数的百分率($n=0$，1，2，…)，令 $\boldsymbol{x}^{(n)}=(a_n, b_n, c_n)^{\mathrm{T}}$，$n=0$ 时，$\boldsymbol{x}^{(0)}=(a_0, b_0, c_0)^{\mathrm{T}}$，显然，$a_0+b_0+c_0=1$.

由表 4.1 可得关系式：

$$a_n=1\cdot a_{n-1}+\frac{1}{2}b_{n-1}+0\cdot c_{n-1},$$

$$b_n=0\cdot a_{n-1}+\frac{1}{2}b_{n-1}+1\cdot c_{n-1},$$

$$c_n=0\cdot a_{n-1}+0\cdot b_{n-1}+0\cdot c_{n-1},$$

用矩阵表示为$\boldsymbol{x}^{(n)}=\boldsymbol{M}\boldsymbol{x}^{(n-1)}$，其中

$$\boldsymbol{M}=\begin{pmatrix}1&\frac{1}{2}&0\\0&\frac{1}{2}&1\\0&0&0\end{pmatrix},$$

从而，$\boldsymbol{x}^{(n)}=\boldsymbol{M}\boldsymbol{x}^{(n-1)}=\boldsymbol{M}^2\boldsymbol{x}^{(n-2)}=\cdots=\boldsymbol{M}^n\boldsymbol{x}^{(0)}$.

为了计算 $\boldsymbol{M}^n$，将 $\boldsymbol{M}$ 对角化，

$$|\boldsymbol{M}-\lambda\boldsymbol{E}|=\begin{vmatrix}1-\lambda&\frac{1}{2}&0\\0&\frac{1}{2}-\lambda&1\\0&0&-\lambda\end{vmatrix}=-(1-\lambda)\left(\frac{1}{2}-\lambda\right)\lambda,$$

得 $\boldsymbol{M}$ 的特征值为 $\lambda_1=1$，$\lambda_2=\frac{1}{2}$，$\lambda_3=0$，计算可得对应于特征值为 λ_1，λ_2，λ_3 的特征向量：

$$\boldsymbol{p}_1=\begin{pmatrix}1\\0\\0\end{pmatrix},\ \boldsymbol{p}_2=\begin{pmatrix}1\\-1\\0\end{pmatrix},\ \boldsymbol{p}_3=\begin{pmatrix}1\\-2\\1\end{pmatrix}.$$

令
$$\boldsymbol{P}=(\boldsymbol{p}_1,\ \boldsymbol{p}_2,\ \boldsymbol{p}_3)=\begin{pmatrix}1&1&1\\0&-1&-2\\0&0&1\end{pmatrix},$$

计算可得 $\boldsymbol{P}^{-1}=\boldsymbol{P}$，使 $\boldsymbol{M}=\boldsymbol{P}\boldsymbol{\Lambda}\boldsymbol{P}^{-1}$，其中

$$\boldsymbol{\Lambda}=\begin{pmatrix}1&0&0\\0&\frac{1}{2}&0\\0&0&0\end{pmatrix},$$

于是，$\boldsymbol{M}^n=\boldsymbol{P}\boldsymbol{\Lambda}^n\boldsymbol{P}^{-1}$，而

$$\boldsymbol{\Lambda}^n=\begin{pmatrix}1&0&0\\0&\frac{1}{2^n}&0\\0&0&0\end{pmatrix},$$

所以
$$\boldsymbol{x}^{(n)}=\boldsymbol{P}\boldsymbol{\Lambda}^n\boldsymbol{P}^{-1}\boldsymbol{x}^{(0)}=\begin{pmatrix}1&1-\frac{1}{2^n}&1-\frac{1}{2^{n-1}}\\0&\frac{1}{2^n}&\frac{1}{2^{n-1}}\\0&0&0\end{pmatrix}\begin{pmatrix}a_0\\b_0\\c_0\end{pmatrix},$$

即
$$\begin{cases} a_n = a_0 + b_0 + c_0 - \left(\dfrac{1}{2}\right)^n b_0 - \left(\dfrac{1}{2}\right)^{n-1} c_0, \\ b_n = \left(\dfrac{1}{2}\right)^n b_0 + \left(\dfrac{1}{2}\right)^{n-1} c_0, \\ c_n = 0. \end{cases}$$

当 $n \to \infty$ 时，$a_n \to 1$，$b_n \to 0$，$c_n = 0$，故在极限情况下，培育的花卉植物都是 AA 基因型 .

习　题　四

1. 分别求出与下列向量组等价的正交向量组：

(1) $\boldsymbol{\alpha}_1 = \begin{pmatrix} 1 \\ 0 \end{pmatrix}$，$\boldsymbol{\alpha}_2 = \begin{pmatrix} 1 \\ 2 \end{pmatrix}$；(2) $\boldsymbol{\alpha}_1 = \begin{pmatrix} 1 \\ 0 \\ 1 \end{pmatrix}$，$\boldsymbol{\alpha}_2 = \begin{pmatrix} -1 \\ 1 \\ 0 \end{pmatrix}$，$\boldsymbol{\alpha}_3 = \begin{pmatrix} 1 \\ 1 \\ 1 \end{pmatrix}$.

2. 判断下列矩阵是否为正交矩阵，请说明理由：

(1) $\boldsymbol{A} = \begin{pmatrix} 1 & 1 \\ 1 & -1 \end{pmatrix}$；(2) $\boldsymbol{B} = \begin{pmatrix} 0 & -1 & 0 \\ 1 & 0 & 0 \\ 0 & 0 & -1 \end{pmatrix}$；(3) $\boldsymbol{C} = \begin{pmatrix} \dfrac{1}{\sqrt{2}} & \dfrac{1}{2} & \dfrac{1}{2} \\ -\dfrac{1}{\sqrt{2}} & \dfrac{1}{2} & \dfrac{1}{2} \\ 0 & \dfrac{1}{\sqrt{2}} & -\dfrac{1}{\sqrt{2}} \end{pmatrix}$.

3. 设 $\boldsymbol{A}$、$\boldsymbol{B}$ 均为 n 阶正交矩阵，且 $|\boldsymbol{A}| + |\boldsymbol{B}| = 0$，证明 $|\boldsymbol{A} + \boldsymbol{B}| = 0$.

4. 设 $\boldsymbol{\alpha}$ 是一个 n 维实单位列向量，令矩阵 $\boldsymbol{H} = \boldsymbol{E} - 2\boldsymbol{\alpha}\boldsymbol{\alpha}^{\mathrm{T}}$，证明：$\boldsymbol{H}$ 是一个对称的正交矩阵 .

5. 设对称矩阵 $\boldsymbol{A}$ 满足条件 $\boldsymbol{A}^2 + 2\lambda\boldsymbol{A} + (\lambda^2 - 1)\boldsymbol{E} = \boldsymbol{O}$，试证矩阵 $\boldsymbol{A} + \lambda\boldsymbol{E}$ 为正交矩阵 .

6. 设 $\boldsymbol{A} = \begin{pmatrix} a & \dfrac{1}{2} \\ b & c \end{pmatrix}$ 是正交阵，求 b^2 的值 .

7. 求下列矩阵的特征值和特征向量：

(1) $\begin{pmatrix} 2 & -4 \\ -3 & 3 \end{pmatrix}$；(2) $\begin{pmatrix} 1 & 2 & 2 \\ 2 & 1 & 2 \\ 2 & 2 & 1 \end{pmatrix}$；(3) $\begin{pmatrix} a & 1 & 0 & 0 & 0 \\ 0 & a & 1 & 0 & 0 \\ 0 & 0 & a & 1 & 0 \\ 0 & 0 & 0 & a & 1 \\ 0 & 0 & 0 & 0 & a \end{pmatrix}$.

8. 设$A=\begin{pmatrix}1&1&1&1\\1&1&1&1\\1&1&1&1\\1&1&1&1\end{pmatrix}$，求$A$的特征值及$A$的对应非零特征值的特征向量.

9. 求下列矩阵A的特征值和特征向量、* 特征值的代数重数和几何重数.

(1) $A=\begin{pmatrix}1&2&-1\\1&0&1\\4&-4&5\end{pmatrix}$；(2) $A=\begin{pmatrix}-2&1&1\\0&2&0\\-4&1&3\end{pmatrix}$.

10. 判别下列各命题是否正确？若正确请给出证明；若不正确，请举出反例：

(1) 实数域上的n阶矩阵A一定有n个线性无关的特征向量；

(2) A与A^T有相同的特征值和特征向量；

(3) 若λ^2是A^2的特征值，则$|\lambda|$是A的特征值；

(4) 若λ不是A的一个特征值，则$\lambda E-A$可逆.

11. 设$\alpha_1=(1, 2, 0)^T$和$\alpha_2=(1, 0, 1)^T$都是方阵A的对应于特征值2的特征向量，又$\beta=(-1, 2, -2)^T$，求$A\beta$.

12. 设三阶方阵A的特征值为$\lambda_1=-1$(二重)，$\lambda_2=4$，试求$\det A$和$\mathrm{tr}A$.

13. 设A为n阶矩阵，$|A|\neq0$，A^*为A的伴随矩阵，若A有特征值λ_1，λ_2，…，λ_n，试求n阶方阵$2(A^*)^2+3A^{-1}-E$的特征值.

14. 设A为n阶方阵，且$A^2=E$，证明：

(1) A的特征值只能是1或-1；(2) $3E-A$可逆.

15. 已知0是矩阵$A=\begin{pmatrix}1&2&3\\2&1&3\\3&3&a\end{pmatrix}$的特征值，求$a$的值及$A$的特征值.

16. 已知存在正整数k使$A^k=O$，试证$|E-A|\neq0$，其中E是n阶单位矩阵.

17. 设A为n阶方阵，$A^2=E$，且A的特征值都等于1，证明：$A=E$.

18. 设A为n阶方阵，E为同阶单位阵，且$R(A+E)+R(A-E)=n$，若$A\neq E$，试证：-1必是A的一个特征值.

19. 设$A=\begin{pmatrix}5&a&2\\6&b&4\\4&-4&5\end{pmatrix}$的两个特征值为$\lambda_1=1$，$\lambda_2=2$，求常数$a$，$b$及$A$的另一个特征值.

20. 证明：如果正交矩阵有实特征根，则该特征根只能是1或−1.

21. 设四阶矩阵 $\boldsymbol{A}$ 与 $\boldsymbol{B}$ 相似，矩阵 $\boldsymbol{A}$ 的特征值为 $\frac{1}{2}$，$\frac{1}{3}$，$\frac{1}{4}$，$\frac{1}{5}$，求 $|\boldsymbol{B}^{-1}-\boldsymbol{E}|$.

22. 设 $\boldsymbol{A}=\begin{pmatrix}2&-2&0\\-2&1&-2\\0&-2&0\end{pmatrix}$，是否存在可逆阵 $\boldsymbol{P}$ 使 $\boldsymbol{P}^{-1}\boldsymbol{A}\boldsymbol{P}$ 为对角阵？若存在，请求出可逆阵 $\boldsymbol{P}$.

23. 设方阵 $\boldsymbol{A}=\begin{pmatrix}1&-2&-4\\-2&x&-2\\-4&-2&1\end{pmatrix}$ 与 $\boldsymbol{\Lambda}=\begin{pmatrix}5&0&0\\0&y&0\\0&0&-4\end{pmatrix}$ 相似，求 x，y.

24. 已知 $\boldsymbol{\xi}=\begin{pmatrix}1\\1\\-1\end{pmatrix}$ 是矩阵 $\boldsymbol{A}=\begin{pmatrix}2&-1&2\\5&a&3\\-1&b&-2\end{pmatrix}$ 的一个特征向量.

(1) 试确定参数 a、b 及特征向量 $\boldsymbol{\xi}$ 所对应的特征值；

(2) 问 $\boldsymbol{A}$ 是否可以和对角阵相似？请说明理由.

25. 设三阶方阵 $\boldsymbol{A}$ 的特征值为 $\lambda_1=1$，$\lambda_2=0$，$\lambda_3=-1$，对应的特征向量依次为 $\boldsymbol{p}_1=(1,\ 2,\ 2)^{\mathrm{T}}$，$\boldsymbol{p}_2=(2,\ -2,\ 1)^{\mathrm{T}}$，$\boldsymbol{p}_3=(-2,\ -1,\ 2)^{\mathrm{T}}$，求 $\boldsymbol{A}$.

26. 判断下列矩阵是否可对角化：

(1) $\boldsymbol{A}=\begin{pmatrix}1&1&1\\1&3&1\\1&1&1\end{pmatrix}$；(2) $\boldsymbol{B}=\begin{pmatrix}2&-1&1\\1&3&-1\\1&1&1\end{pmatrix}$.

27. 试求一个正交变换矩阵，将下列对称矩阵化为对角矩阵：

(1) $\begin{pmatrix}1&2&3\\2&1&3\\3&3&6\end{pmatrix}$；(2) $\begin{pmatrix}2&2&-2\\2&5&-4\\-2&-4&5\end{pmatrix}$.

28. 设 $\boldsymbol{A}=\begin{pmatrix}3&-2\\-2&3\end{pmatrix}$，求 $\varphi(\boldsymbol{A})=\boldsymbol{A}^{10}-5\boldsymbol{A}^9$.

29. 设方阵 $\boldsymbol{A}$ 的特征值 $\lambda_1\neq\lambda_2$，对应的特征向量分别为 $\boldsymbol{x}_1$，$\boldsymbol{x}_2$，证明：

(1) $\boldsymbol{x}_1-\boldsymbol{x}_2$ 不是 $\boldsymbol{A}$ 的特征向量；(2) $\boldsymbol{x}_1$，$\boldsymbol{x}_1-\boldsymbol{x}_2$ 线性无关.

30. 设 n 阶方阵 $\boldsymbol{A}$ 与 $\boldsymbol{B}$ 相似，m 阶方阵 $\boldsymbol{C}$ 与 $\boldsymbol{D}$ 相似，证明：分块矩阵 $\begin{pmatrix}\boldsymbol{A}&\boldsymbol{O}\\\boldsymbol{O}&\boldsymbol{C}\end{pmatrix}$ 与 $\begin{pmatrix}\boldsymbol{B}&\boldsymbol{O}\\\boldsymbol{O}&\boldsymbol{D}\end{pmatrix}$ 相似.

思考题：

（1）设 $\boldsymbol{A}$，$\boldsymbol{B}$ 是 n 阶矩阵，在什么条件下：$\boldsymbol{A}$ 与 $\boldsymbol{B}$ 相似$\Leftrightarrow$$\boldsymbol{A}$ 与 $\boldsymbol{B}$ 有相同的特征值．

（2）能否用初等变换将 n 阶方阵化为与之相似的对角阵．

应用题：

设某发展阶段某地区第 n 周期的污染程度为 a_n，工业发展水平为 b_n，且已知

$$\begin{cases} a_n = 3a_{n-1} + b_{n-1}, \\ b_n = 2a_{n-1} + 2b_{n-1}, \end{cases} \quad n = 1, 2, 3, \cdots,$$

其中 a_0、b_0 分别表示该地区某年的污染程度和工业发展水平，该年作为基年．若以 5 年作为一个周期，当基年的水平为 $a_0 = 5$，$b_0 = 2$ 时，试给出第 10 周期该地区的污染程度和工业发展水平.

第五章

二　次　型

在线性代数中，二次型是指一些变量的二次齐次多项式．它的理论起源于解析几何中化二次曲线方程与二次曲面方程为标准形的研究，现已在工程技术、现代控制理论等诸多领域有着广泛的应用．

第一节　二次型及其矩阵表示

在解析几何中，为了便于研究以坐标原点为中心的二次有心曲线

$$ax^2+2bxy+cy^2=1 \tag{1}$$

的分类，我们可以将坐标轴适当地旋转一个角度 θ，设经过坐标旋转变换

$$\begin{cases} x=x'\cos\theta-y'\sin\theta, \\ y=x'\sin\theta+y'\cos\theta, \end{cases}$$

消去(1)式左端的 xy 项(交叉项)，将(1)式化为标准形式

$$a'x'^2+b'y'^2=1.$$

这类问题在许多研究、应用领域中也会遇到．本章将这类问题一般化，讨论 n 个变量的二次齐次多项式的化简问题．

一、二次型的概念与表示形式

定义 1　称含有 n 个未知数 x_1，x_2，…，x_n 的二次齐次多项式

$$\begin{aligned} f(x_1, x_2, \cdots, x_n)=&a_{11}x_1^2+2a_{12}x_1x_2+2a_{13}x_1x_3+\cdots+2a_{1n}x_1x_n+ \\ &a_{22}x_2^2+2a_{23}x_2x_3+\cdots+2a_{2n}x_2x_n+\cdots+a_{nn}x_n^2 \end{aligned} \tag{2}$$

为 n **元二次型**，简称为**二次型**．当二次型的系数 a_{ij} 为实数时，称为**实二次型**；当 a_{ij} 为复数时，称为**复二次型**．特别地，如果二次型中只含有平方项，

$$f(x_1, x_2, \cdots, x_n)=d_1x_1^2+d_2x_2^2+\cdots+d_nx_n^2 \tag{3}$$

称为 n **元二次型的标准形**，简称为**标准形**.

如 $f=3x_1^2-5x_2^2+4x_3^2-7x_1x_2-3x_2x_3$ 和 $f=3x_1x_2-2x_1x_3$ 均为 3 元实二次型，而 $f=3x_1x_2-2x_1$ 不是二次型.

本章只讨论实二次型.

为了便于讨论，常把二次型表示成矩阵形式. 在(2)式中取 $a_{ij}=a_{ji}$ $(i, j=1, 2, \cdots, n)$，则有 $2a_{ij}x_ix_j=a_{ij}x_ix_j+a_{ji}x_jx_i$，于是(2)式可以改写为

$$\begin{aligned}
f(x_1, x_2, \cdots, x_n)&=a_{11}x_1^2+a_{12}x_1x_2+\cdots+a_{1n}x_1x_n+\\
&\quad a_{21}x_2x_1+a_{22}x_2^2+\cdots+a_{2n}x_2x_n+\cdots+\\
&\quad a_{n1}x_nx_1+a_{n2}x_nx_2+\cdots+a_{nn}x_n^2\\
&=\sum_{i=1}^{n}\sum_{j=1}^{n}a_{ij}x_ix_j\\
&=x_1(a_{11}x_1+a_{12}x_2+\cdots+a_{1n}x_n)+\\
&\quad x_2(a_{21}x_1+a_{22}x_2+\cdots+a_{2n}x_n)+\cdots+\\
&\quad x_n(a_{n1}x_1+a_{n2}x_2+\cdots+a_{nn}x_n)\\
&=(x_1, x_2, \cdots, x_n)\begin{pmatrix} a_{11}x_1+a_{12}x_2+\cdots+a_{1n}x_n\\ a_{21}x_1+a_{22}x_2+\cdots+a_{2n}x_n\\ \vdots\\ a_{n1}x_1+a_{n2}x_2+\cdots+a_{nn}x_n\end{pmatrix}\\
&=(x_1, x_2, \cdots, x_n)\begin{pmatrix} a_{11} & a_{12} & \cdots & a_{1n}\\ a_{21} & a_{22} & \cdots & a_{2n}\\ \vdots & \vdots & & \vdots\\ a_{n1} & a_{n2} & \cdots & a_{nn}\end{pmatrix}\begin{pmatrix} x_1\\ x_2\\ \vdots\\ x_n\end{pmatrix}.
\end{aligned}$$

记
$$\boldsymbol{A}=\begin{pmatrix} a_{11} & a_{12} & \cdots & a_{1n}\\ a_{21} & a_{22} & \cdots & a_{2n}\\ \vdots & \vdots & & \vdots\\ a_{n1} & a_{n2} & \cdots & a_{nn}\end{pmatrix}, \quad \boldsymbol{x}=\begin{pmatrix} x_1\\ x_2\\ \vdots\\ x_n\end{pmatrix},$$

则二次型可表示为

$$f=\boldsymbol{x}^{\mathrm{T}}\boldsymbol{A}\boldsymbol{x}, \tag{4}$$

其中 $\boldsymbol{A}$ 是实对称矩阵. 称(4)式为**二次型的矩阵形式**.

由上述推导可知，n 元实二次型与 n 阶实对称矩阵之间建立了一一对应的关系. 因此，称实对称矩阵 $\boldsymbol{A}$ 为**二次型** $f=\boldsymbol{x}^{\mathrm{T}}\boldsymbol{A}\boldsymbol{x}$ **的矩阵**，称二次型 $f=\boldsymbol{x}^{\mathrm{T}}\boldsymbol{A}\boldsymbol{x}$ **是以实对称矩阵** $\boldsymbol{A}$ **为矩阵的二次型**；称实对称矩阵 $\boldsymbol{A}$ 的秩为**二次型的秩**. 因此，我们可以用第四章中关于实对称矩阵的结论来讨论二次型.

例 1 写出二次型 $f(x_1, x_2, x_3)=10x_1^2-7x_2^2-6x_1x_2+4x_2x_3$ 的矩阵及矩阵形式.

解 二次型的矩阵为

$$\boldsymbol{A}=\begin{pmatrix}10 & -3 & 0\\ -3 & -7 & 2\\ 0 & 2 & 0\end{pmatrix}.$$

二次型的矩阵形式为

$$f=(x_1, x_2, x_3)\begin{pmatrix}10 & -3 & 0\\ -3 & -7 & 2\\ 0 & 2 & 0\end{pmatrix}\begin{pmatrix}x_1\\ x_2\\ x_3\end{pmatrix}.$$

例 2 写出以实对称矩阵 $\boldsymbol{A}=\begin{pmatrix}1 & -1 & 0\\ -1 & 2 & 3\\ 0 & 3 & 9\end{pmatrix}$ 为矩阵的二次型，并求其二次型的秩.

解 二次型 $f(x_1, x_2, x_3)=x_1^2+2x_2^2+9x_3^2-2x_1x_2+6x_2x_3$.

因为 $\boldsymbol{A}=\begin{pmatrix}1 & -1 & 0\\ -1 & 2 & 3\\ 0 & 3 & 9\end{pmatrix}\sim\begin{pmatrix}1 & -1 & 0\\ 0 & 1 & 3\\ 0 & 3 & 9\end{pmatrix}\sim\begin{pmatrix}1 & -1 & 0\\ 0 & 1 & 3\\ 0 & 0 & 0\end{pmatrix}$,

所以 $R(\boldsymbol{A})=2$，因此，二次型 $f(x_1, x_2, x_3)$ 的秩为 2.

二、矩阵的合同

现在来研究经过非退化线性变换，变换前二次型的矩阵与变换后二次型的矩阵之间的关系.

定义 2 设 $x_1, x_2, \cdots, x_n$；$y_1, y_2, \cdots, y_n$ 为两组变量，称关系式

$$\begin{cases}x_1=c_{11}y_1+c_{12}y_2+\cdots+c_{1n}y_n,\\ x_2=c_{21}y_1+c_{22}y_2+\cdots+c_{2n}y_n,\\ \cdots\cdots\cdots\cdots\cdots\cdots\cdots\cdots\\ x_n=c_{n1}y_1+c_{n2}y_2+\cdots+c_{nn}y_n\end{cases} \tag{5}$$

为由 $y_1, y_2, \cdots, y_n$ 到 $x_1, x_2, \cdots, x_n$ 的**线性变换**. 矩阵

$$\boldsymbol{C}=\begin{pmatrix}c_{11} & c_{12} & \cdots & c_{1n}\\ c_{21} & c_{22} & \cdots & c_{2n}\\ \vdots & \vdots & & \vdots\\ c_{n1} & c_{n2} & \cdots & c_{nn}\end{pmatrix}$$

称为**线性变换矩阵**. 当矩阵 $\boldsymbol{C}$ 可逆时，称该线性变换为**非退化的**(或**可逆的**).

设$\boldsymbol{x}=\begin{pmatrix}x_1\\x_2\\\vdots\\x_n\end{pmatrix}$，$\boldsymbol{y}=\begin{pmatrix}y_1\\y_2\\\vdots\\y_n\end{pmatrix}$，则(5)式对应的线性变换可表示为$\boldsymbol{x}=\boldsymbol{C}\boldsymbol{y}$.

对于二次型 $f=\boldsymbol{x}^{\mathrm{T}}\boldsymbol{A}\boldsymbol{x}$，经线性变换$\boldsymbol{x}=\boldsymbol{C}\boldsymbol{y}$ 可将其化为

$$f=\boldsymbol{x}^{\mathrm{T}}\boldsymbol{A}\boldsymbol{x}=(\boldsymbol{C}\boldsymbol{y})^{\mathrm{T}}\boldsymbol{A}(\boldsymbol{C}\boldsymbol{y})=\boldsymbol{y}^{\mathrm{T}}(\boldsymbol{C}^{\mathrm{T}}\boldsymbol{A}\boldsymbol{C})\boldsymbol{y}.$$

因为
$$(\boldsymbol{C}^{\mathrm{T}}\boldsymbol{A}\boldsymbol{C})^{\mathrm{T}}=\boldsymbol{C}^{\mathrm{T}}\boldsymbol{A}^{\mathrm{T}}(\boldsymbol{C}^{\mathrm{T}})^{\mathrm{T}}=\boldsymbol{C}^{\mathrm{T}}\boldsymbol{A}\boldsymbol{C},$$
所以当$\boldsymbol{C}$为实矩阵时，$\boldsymbol{C}^{\mathrm{T}}\boldsymbol{A}\boldsymbol{C}$也是实对称矩阵．因此，$\boldsymbol{y}^{\mathrm{T}}(\boldsymbol{C}^{\mathrm{T}}\boldsymbol{A}\boldsymbol{C})\boldsymbol{y}$是关于$\boldsymbol{y}$的二次型，对应的矩阵恰好是$\boldsymbol{C}^{\mathrm{T}}\boldsymbol{A}\boldsymbol{C}$.

定义 3　设$\boldsymbol{A}$与$\boldsymbol{B}$为n阶矩阵，如果存在一个可逆矩阵$\boldsymbol{C}$，使得$\boldsymbol{B}=\boldsymbol{C}^{\mathrm{T}}\boldsymbol{A}\boldsymbol{C}$，则称**矩阵$\boldsymbol{A}$与$\boldsymbol{B}$合同**，或**矩阵$\boldsymbol{A}$合同于矩阵$\boldsymbol{B}$**.

结论：二次型 $f=\boldsymbol{x}^{\mathrm{T}}\boldsymbol{A}\boldsymbol{x}$ 的矩阵$\boldsymbol{A}$与经过非退化线性变换$\boldsymbol{x}=\boldsymbol{C}\boldsymbol{y}$得到的二次型的矩阵$\boldsymbol{B}=\boldsymbol{C}^{\mathrm{T}}\boldsymbol{A}\boldsymbol{C}$是合同的．

注　要求所作的线性变换是非退化的，因为这样可以把变换后所得的二次型还原．

合同矩阵具有下列性质：

反身性　对任一n阶方阵$\boldsymbol{A}$，$\boldsymbol{A}$与$\boldsymbol{A}$合同．

对称性　若$\boldsymbol{A}$与$\boldsymbol{B}$合同，则$\boldsymbol{B}$与$\boldsymbol{A}$合同．

传递性　若$\boldsymbol{A}$与$\boldsymbol{B}$合同，$\boldsymbol{B}$与$\boldsymbol{C}$合同，则$\boldsymbol{A}$与$\boldsymbol{C}$合同．

定理 1　若$\boldsymbol{A}$与$\boldsymbol{B}$合同，则$R(\boldsymbol{A})=R(\boldsymbol{B})$.

证　因为$\boldsymbol{A}$与$\boldsymbol{B}$合同，所以存在n阶可逆矩阵$\boldsymbol{C}$，使得

$$\boldsymbol{C}^{\mathrm{T}}\boldsymbol{A}\boldsymbol{C}=\boldsymbol{B}.$$

由于可逆矩阵左乘、右乘矩阵$\boldsymbol{A}$都不改变$\boldsymbol{A}$的秩，故$R(\boldsymbol{A})=R(\boldsymbol{B})$.

定理 1 为我们下一节化二次型为标准形提供了保证．只要$\boldsymbol{B}$是对角矩阵，则非退化线性变换$\boldsymbol{x}=\boldsymbol{C}\boldsymbol{y}$就可以把二次型化为标准形．

第二节　化二次型为标准形

由标准形的定义可知，n元二次型的标准形

$$f(x_1,x_2,\cdots,x_n)=d_1x_1^2+d_2x_2^2+\cdots+d_nx_n^2$$

对应的矩阵为对角矩阵

$$\boldsymbol{\Lambda}=\begin{pmatrix}d_1&&&\\&d_2&&\\&&\ddots&\\&&&d_n\end{pmatrix}.$$

现在要讨论的问题是对于一个一般的 n 元实二次型 $f=\boldsymbol{x}^{\mathrm{T}}\boldsymbol{A}\boldsymbol{x}$，是否存在某个可逆线性变换 $\boldsymbol{x}=\boldsymbol{C}\boldsymbol{y}$ 使

$$f=\boldsymbol{x}^{\mathrm{T}}\boldsymbol{A}\boldsymbol{x}=(\boldsymbol{C}\boldsymbol{y})^{\mathrm{T}}\boldsymbol{A}(\boldsymbol{C}\boldsymbol{y})=\boldsymbol{y}^{\mathrm{T}}(\boldsymbol{C}^{\mathrm{T}}\boldsymbol{A}\boldsymbol{C})\boldsymbol{y}=d_1y_1^2+d_2y_2^2+\cdots+d_ny_n^2,$$

其中
$$\boldsymbol{x}=\begin{pmatrix}x_1\\x_2\\\vdots\\x_n\end{pmatrix},\ \boldsymbol{C}=\begin{pmatrix}c_{11}&c_{12}&\cdots&c_{1n}\\c_{21}&c_{22}&\cdots&c_{2n}\\\vdots&\vdots&&\vdots\\c_{n1}&c_{n2}&\cdots&c_{nn}\end{pmatrix},\ \boldsymbol{y}=\begin{pmatrix}y_1\\y_2\\\vdots\\y_n\end{pmatrix},$$

且 $\boldsymbol{C}$ 可逆．

因此，对于二次型 $f=\boldsymbol{x}^{\mathrm{T}}\boldsymbol{A}\boldsymbol{x}$，只要找到可逆矩阵 $\boldsymbol{C}$，使得 $\boldsymbol{C}^{\mathrm{T}}\boldsymbol{A}\boldsymbol{C}=\boldsymbol{\Lambda}$ 为对角矩阵，那么就可以把原二次型化成标准形，变换后的二次型的系数就是对角矩阵 $\boldsymbol{\Lambda}$ 的 n 个对角元素．问题进一步演变为：对于给定的 n 阶实对称矩阵 $\boldsymbol{A}=(a_{ij})_{n\times n}$，如何找出 n 阶可逆矩阵 $\boldsymbol{C}$，使得 $\boldsymbol{C}^{\mathrm{T}}\boldsymbol{A}\boldsymbol{C}=\boldsymbol{\Lambda}$ 为对角矩阵．

一、用正交变换化二次型为标准形

由上一章第四节实对称矩阵的对角化理论知，对于 n 阶实对称矩阵 $\boldsymbol{A}$，一定存在正交矩阵 $\boldsymbol{P}$，使得

$$\boldsymbol{P}^{-1}\boldsymbol{A}\boldsymbol{P}=\boldsymbol{P}^{\mathrm{T}}\boldsymbol{A}\boldsymbol{P}=\begin{pmatrix}\lambda_1&&&\\&\lambda_2&&\\&&\ddots&\\&&&\lambda_n\end{pmatrix},$$

其中，λ_1，λ_2，…，λ_n 为 $\boldsymbol{A}$ 的全部特征值．因此，$\boldsymbol{x}=\boldsymbol{P}\boldsymbol{y}$ 就是所求的正交变换．它可将二次型 $f=\boldsymbol{x}^{\mathrm{T}}\boldsymbol{A}\boldsymbol{x}$ 化为标准形：

$$f=(y_1,\ y_2,\ \cdots,\ y_n)\begin{pmatrix}\lambda_1&&&\\&\lambda_2&&\\&&\ddots&\\&&&\lambda_n\end{pmatrix}\begin{pmatrix}y_1\\y_2\\\vdots\\y_n\end{pmatrix}=\lambda_1y_1^2+\lambda_2y_2^2+\cdots+\lambda_ny_n^2.$$

由此，我们已经证明了如下定理．

定理 2 任给实二次型 $f=\boldsymbol{x}^{\mathrm{T}}\boldsymbol{A}\boldsymbol{x}$，总存在正交变换 $\boldsymbol{x}=\boldsymbol{P}\boldsymbol{y}$，使二次型 f 化为标准形

$$f=\lambda_1y_1^2+\lambda_2y_2^2+\cdots+\lambda_ny_n^2,$$

其中 λ_1，λ_2，…，λ_n 为 $\boldsymbol{A}$ 的全部特征值．

例 3 用正交变换将二次型 $f=x_1^2+4x_2^2+x_3^2-4x_1x_2-8x_1x_3-4x_2x_3$ 化成标准形，写出相应的正交变换，并指出 $f=1$ 为何种曲面？

解 二次型 f 的矩阵为

$$\boldsymbol{A}=\begin{pmatrix} 1 & -2 & -4 \\ -2 & 4 & -2 \\ -4 & -2 & 1 \end{pmatrix},$$

$\boldsymbol{A}$ 的特征多项式为

$$|\boldsymbol{A}-\lambda\boldsymbol{E}|=\begin{vmatrix} 1-\lambda & -2 & -4 \\ -2 & 4-\lambda & -2 \\ -4 & -2 & 1-\lambda \end{vmatrix}=\begin{vmatrix} 5-\lambda & 0 & \lambda-5 \\ -2 & 4-\lambda & -2 \\ -4 & -2 & 1-\lambda \end{vmatrix}$$

$$=\begin{vmatrix} 5-\lambda & 0 & 0 \\ -2 & 4-\lambda & -4 \\ -4 & -2 & -(\lambda+3) \end{vmatrix}$$

$$=-(\lambda-5)^2(\lambda+4),$$

所以 $\boldsymbol{A}$ 的特征值是 $\lambda_1=5$(重根)，$\lambda_2=-4$.

当 $\lambda_1=5$ 时，对应的方程组为$(\boldsymbol{A}-5\boldsymbol{E})\boldsymbol{x}=\boldsymbol{0}$，求解可得其基础解系

$$\boldsymbol{\xi}_1=\begin{pmatrix} 1 \\ -2 \\ 0 \end{pmatrix},\ \boldsymbol{\xi}_2=\begin{pmatrix} 1 \\ 0 \\ -1 \end{pmatrix},$$

将 $\boldsymbol{\xi}_1$，$\boldsymbol{\xi}_2$ 先正交化，得

$$\boldsymbol{\eta}_1=\boldsymbol{\xi}_1=\begin{pmatrix} 1 \\ -2 \\ 0 \end{pmatrix},$$

$$\boldsymbol{\eta}_2=\boldsymbol{\xi}_2-\frac{[\boldsymbol{\xi}_2,\ \boldsymbol{\eta}_1]}{[\boldsymbol{\eta}_1,\ \boldsymbol{\eta}_1]}\boldsymbol{\eta}_1=\begin{pmatrix} 1 \\ 0 \\ -1 \end{pmatrix}-\frac{1}{5}\begin{pmatrix} 1 \\ -2 \\ 0 \end{pmatrix}=\frac{1}{5}\begin{pmatrix} 4 \\ 2 \\ -5 \end{pmatrix},$$

再单位化，得

$$\boldsymbol{e}_1=\frac{\boldsymbol{\eta}_1}{\|\boldsymbol{\eta}_1\|}=\begin{pmatrix} \frac{\sqrt{5}}{5} \\ -\frac{2\sqrt{5}}{5} \\ 0 \end{pmatrix},\ \boldsymbol{e}_2=\frac{\boldsymbol{\eta}_2}{\|\boldsymbol{\eta}_2\|}=\begin{pmatrix} \frac{4\sqrt{5}}{15} \\ \frac{2\sqrt{5}}{15} \\ -\frac{\sqrt{5}}{3} \end{pmatrix}.$$

当 $\lambda_2=-4$ 时，对应的方程组为$(\boldsymbol{A}+4\boldsymbol{E})\boldsymbol{x}=\boldsymbol{0}$，可求得它的基础解系

$$\boldsymbol{\xi}_3=\begin{pmatrix}2\\1\\2\end{pmatrix},$$

再单位化，得

$$\boldsymbol{e}_3=\frac{\boldsymbol{\xi}_3}{\|\boldsymbol{\xi}_3\|}=\begin{pmatrix}\frac{2}{3}\\\frac{1}{3}\\\frac{2}{3}\end{pmatrix}.$$

令
$$\boldsymbol{P}=\begin{pmatrix}\frac{\sqrt{5}}{5} & \frac{4\sqrt{5}}{15} & \frac{2}{3}\\-\frac{2\sqrt{5}}{5} & \frac{2\sqrt{5}}{15} & \frac{1}{3}\\0 & -\frac{\sqrt{5}}{3} & \frac{2}{3}\end{pmatrix},$$

则 $\boldsymbol{P}$ 为正交矩阵，所以正交变换 $\boldsymbol{x}=\boldsymbol{P}\boldsymbol{y}$，即

$$\begin{cases}x_1=\frac{\sqrt{5}}{5}y_1+\frac{4\sqrt{5}}{15}y_2+\frac{2}{3}y_3,\\x_2=-\frac{2\sqrt{5}}{5}y_1+\frac{2\sqrt{5}}{15}y_2+\frac{1}{3}y_3,\\x_3=-\frac{\sqrt{5}}{3}y_2+\frac{2}{3}y_3\end{cases}$$

将原二次型化为标准形 $f=5y_1^2+5y_2^2-4y_3^2$.

当 $f=1$ 时，表示三维空间中的单叶双曲面 .

例 4 已知二次型 $f(x_1, x_2, x_3)=x_1^2+ax_2^2+x_3^2+2bx_1x_2+2x_1x_3+2x_2x_3$ 经过正交变换 $\begin{pmatrix}x_1\\x_2\\x_3\end{pmatrix}=\boldsymbol{P}\begin{pmatrix}y_1\\y_2\\y_3\end{pmatrix}$ 化为标准形 $f=y_2^2+4y_3^2$，求 a，b 的值和正交矩阵 $\boldsymbol{P}$.

解 $f(x_1, x_2, x_3)$ 的矩阵 $\boldsymbol{A}$ 及标准形的矩阵 $\boldsymbol{\Lambda}$ 分别为

$$\boldsymbol{A}=\begin{pmatrix}1 & b & 1\\b & a & 1\\1 & 1 & 1\end{pmatrix},\ \boldsymbol{\Lambda}=\begin{pmatrix}0 & & \\ & 1 & \\ & & 4\end{pmatrix},$$

由已知条件知 $\boldsymbol{P}^{-1}\boldsymbol{A}\boldsymbol{P}=\boldsymbol{P}^{\mathrm{T}}\boldsymbol{A}\boldsymbol{P}=\boldsymbol{\Lambda}$. 即 $\boldsymbol{A}$ 与对角矩阵 $\boldsymbol{\Lambda}$ 相似，故 $\boldsymbol{A}$ 的特征值为

$\lambda_1=0$，$\lambda_2=1$，$\lambda_3=4$，将 $\lambda_1=0$ 代入特征方程 $|\boldsymbol{A}-\lambda\boldsymbol{E}|=0$，得

$$\begin{vmatrix}1 & b & 1\\ b & a & 1\\ 1 & 1 & 1\end{vmatrix}=-(b-1)^2=0,$$

所以 $b=1$.

由上一章的性质 6 和性质 8 有

$$1+a+1=0+1+4,$$

所以 $a=3$，于是

$$\boldsymbol{A}=\begin{pmatrix}1 & 1 & 1\\ 1 & 3 & 1\\ 1 & 1 & 1\end{pmatrix}.$$

对于特征值 $\lambda_1=0$，特征方程为 $(\boldsymbol{A}-0\boldsymbol{E})\boldsymbol{x}=\boldsymbol{0}$，

$$\boldsymbol{A}=\begin{pmatrix}1 & 1 & 1\\ 1 & 3 & 1\\ 1 & 1 & 1\end{pmatrix}\sim\begin{pmatrix}1 & 0 & 1\\ 0 & 1 & 0\\ 0 & 0 & 0\end{pmatrix},$$

求得基础解系

$$\boldsymbol{\xi}_1=\begin{pmatrix}1\\ 0\\ -1\end{pmatrix},$$

把 $\boldsymbol{\xi}_1$ 单位化，得对应于 $\lambda_1=0$ 的单位特征向量

$$\boldsymbol{e}_1=\begin{pmatrix}\frac{1}{\sqrt{2}}\\ 0\\ -\frac{1}{\sqrt{2}}\end{pmatrix}.$$

类似，可求得对应于特征值 $\lambda_2=1$ 的单位特征向量为

$$\boldsymbol{e}_2=\begin{pmatrix}\frac{1}{\sqrt{3}}\\ -\frac{1}{\sqrt{3}}\\ \frac{1}{\sqrt{3}}\end{pmatrix}.$$

对应于特征值 $\lambda_3=4$ 的单位特征向量为

$$e_3=\begin{pmatrix}\frac{1}{\sqrt{6}}\\ \frac{2}{\sqrt{6}}\\ \frac{1}{\sqrt{6}}\end{pmatrix}.$$

因此，所求的正交矩阵为

$$\boldsymbol{P}=(\boldsymbol{e}_1,\ \boldsymbol{e}_2,\ \boldsymbol{e}_3)=\begin{pmatrix}\frac{1}{\sqrt{2}} & \frac{1}{\sqrt{3}} & \frac{1}{\sqrt{6}}\\ 0 & -\frac{1}{\sqrt{3}} & \frac{2}{\sqrt{6}}\\ -\frac{1}{\sqrt{2}} & \frac{1}{\sqrt{3}} & \frac{1}{\sqrt{6}}\end{pmatrix}.$$

用正交变换化 n 元实二次型 f 为标准形的一般步骤：

(1) 写出 f 的矩阵 $\boldsymbol{A}$；

(2) 令 $|\boldsymbol{A}-\lambda\boldsymbol{E}|=0$，并求出其所有互异的根 λ_1，λ_2，…，λ_r 及 λ_i 的代数重数 $m_{\lambda_i}(i=1,\ 2,\ \cdots,\ r)$；

(3) 对每个 $\lambda_i(i=1,\ 2,\ \cdots,\ r)$，解齐次线性方程组 $(\boldsymbol{A}-\lambda_i\boldsymbol{E})\boldsymbol{x}=\boldsymbol{0}$，求出一个基础解系：$\boldsymbol{\xi}_{i1}$，$\boldsymbol{\xi}_{i2}$，…，$\boldsymbol{\xi}_{im_{\lambda_i}}$，其中 $n-R(\boldsymbol{A}-\lambda_i\boldsymbol{E})=m_{\lambda_i}$；

(4) 分别将 $\boldsymbol{\xi}_{i1}$，$\boldsymbol{\xi}_{i2}$，…，$\boldsymbol{\xi}_{im_{\lambda_i}}(i=1,\ 2,\ \cdots,\ r)$ 正交化，得到 $\boldsymbol{\eta}_{i1}$，$\boldsymbol{\eta}_{i2}$，…，$\boldsymbol{\eta}_{im_{\lambda_i}}(i=1,\ 2,\ \cdots,\ r)$；

(5) 再分别将 $\boldsymbol{\eta}_{i1}$，$\boldsymbol{\eta}_{i2}$，…，$\boldsymbol{\eta}_{im_{\lambda_i}}(i=1,\ 2,\ \cdots,\ r)$ 单位化，得到 $\boldsymbol{p}_{i1}$，$\boldsymbol{p}_{i2}$，…，$\boldsymbol{p}_{im_{\lambda_i}}(i=1,\ 2,\ \cdots,\ r)$；

(6) 令 $\boldsymbol{P}=(\boldsymbol{p}_{11},\ \cdots,\ \boldsymbol{p}_{1m_{\lambda_1}},\ \boldsymbol{p}_{21},\ \cdots,\ \boldsymbol{p}_{2m_{\lambda_2}},\ \cdots,\ \boldsymbol{p}_{r1},\ \cdots,\ \boldsymbol{p}_{rm_{\lambda_r}})$，则正交阵 $\boldsymbol{P}$ 使 $\boldsymbol{P}^{\mathrm{T}}\boldsymbol{A}\boldsymbol{P}=\boldsymbol{\Lambda}=\mathrm{diag}(\overbrace{\lambda_1,\ \cdots,\ \lambda_1}^{m_{\lambda_1}\text{个}},\ \overbrace{\lambda_2,\ \cdots,\ \lambda_2}^{m_{\lambda_2}\text{个}},\ \cdots,\ \overbrace{\lambda_r,\ \cdots,\ \lambda_r}^{m_{\lambda_r}\text{个}})$；

(7) 写出正交变换 $\boldsymbol{x}=\boldsymbol{P}\boldsymbol{y}$；

(8) 写出 f 的标准形

$$f=\lambda_1y_1^2+\cdots+\lambda_1y_{m_{\lambda_1}}^2+\lambda_2y_{m_{\lambda_1}+1}^2+\cdots+\lambda_2y_{m_{\lambda_1}+m_{\lambda_2}}^2+\cdots+\lambda_ry_n^2.$$

二、用配方法化二次型为标准形

用非退化线性变换化二次型为标准形，如果不限定用正交变换，还可以用其他方法化二次型为标准形．下面我们介绍用拉格朗日配方法化二次型为标准形．

拉格朗日配方法的基本步骤：

（1）若二次型含有 x_i 的平方项，则先将含有 x_i 的项集中，然后配方，再对其余的变量进行同样操作，直到都配成平方项为止，即可求得非退化线性变换，从而得到标准形；

（2）若二次型中不含有平方项，但是 $a_{ij}\neq 0(i\neq j)$，则先作可逆线性变换

$$\begin{cases}x_i=y_i-y_j,\\ x_j=y_i+y_j,(k=1,\ 2,\ \cdots,\ n\text{ 且 }k\neq i,\ j),\\ x_k=y_k\end{cases}$$

化二次型为含有平方项的二次型，然后再按(1)中的方法配方．

例 5　用非退化线性变换将二次型 $f=x_1^2+2x_2^2-x_3^2+4x_1x_2-4x_1x_3-4x_2x_3$ 化成标准形，并且写出所作的非退化线性变换．

解　因为二次型中含有 x_1 的平方项，先将有 x_1 的项集中，然后配方

$$\begin{aligned}f&=x_1^2+4x_1x_2-4x_1x_3+2x_2^2-x_3^2-4x_2x_3\\&=x_1^2+4(x_2-x_3)x_1+2x_2^2-x_3^2-4x_2x_3\\&=[x_1+2(x_2-x_3)]^2-4(x_2-x_3)^2+2x_2^2-x_3^2-4x_2x_3\\&=(x_1+2x_2-2x_3)^2-2x_2^2+4x_2x_3-5x_3^2\\&=(x_1+2x_2-2x_3)^2-2(x_2-x_3)^2-3x_3^2.\end{aligned}$$

令
$$\begin{cases}y_1=x_1+2x_2-2x_3,\\ y_2=\qquad x_2-x_3,\\ y_3=\qquad\qquad x_3,\end{cases}$$

则 $f=y_1^2-2y_2^2-3y_3^2$，所作的线性变换为

$$\begin{cases}x_1=y_1-2y_2,\\ x_2=\qquad y_2+y_3,\\ x_3=\qquad\qquad y_3\end{cases}\text{或}\begin{pmatrix}x_1\\x_2\\x_3\end{pmatrix}=\begin{pmatrix}1&-2&0\\0&1&1\\0&0&1\end{pmatrix}\begin{pmatrix}y_1\\y_2\\y_3\end{pmatrix}.$$

因为 $\begin{vmatrix}1&-2&0\\0&1&1\\0&0&1\end{vmatrix}=1\neq 0$，所以所作的线性变换是非退化的．

注　在用配方法化成的标准形中，变量平方项的系数未必是二次型矩阵的特征值，这一点读者应该特别地注意．

例 6　用配方法化二次型 $f=2x_1x_2-x_1x_3+x_1x_4-x_2x_3+x_2x_4-2x_3x_4$ 为标准形，并写出所用的非退化线性变换．

解　因为二次型中没有平方项，为了能够进行配方，首先引入可逆的变换，将二次型化为含有平方项的形式．

令
$$\begin{cases}x_1=y_1+y_2,\\x_2=y_1-y_2,\\x_3=y_3,\\x_4=y_4,\end{cases}$$

代入原二次型得

$$f=2y_1^2-2y_2^2-2y_1y_3+2y_1y_4-2y_3y_4,$$

这时 y_1^2项不为零，于是

$$\begin{aligned}f&=(2y_1^2-2y_1y_3+2y_1y_4)-2y_2^2-2y_3y_4\\&=2\left[\left(y_1-\frac{1}{2}y_3+\frac{1}{2}y_4\right)^2-\frac{1}{4}y_3^2-\frac{1}{4}y_4^2+\frac{1}{2}y_3y_4\right]-2y_2^2-2y_3y_4\\&=2\left(y_1-\frac{1}{2}y_3+\frac{1}{2}y_4\right)^2-2y_2^2-\frac{1}{2}(y_3+y_4)^2.\end{aligned}$$

令
$$\begin{cases}z_1=y_1-\frac{1}{2}y_3+\frac{1}{2}y_4,\\z_2=y_2,\\z_3=y_3+y_4,\\z_4=y_4,\end{cases}$$

其逆变换为

$$\begin{cases}y_1=z_1+\frac{1}{2}z_3-z_4,\\y_2=z_2,\\y_3=z_3-z_4,\\y_4=z_4,\end{cases}$$

则可得非退化的线性变换

$$\begin{cases}x_1=z_1+z_2+\frac{1}{2}z_3-z_4,\\x_2=z_1-z_2+\frac{1}{2}z_3-z_4,\\x_3=\qquad\qquad z_3-z_4,\\x_1=\qquad\qquad\qquad z_4,\end{cases}$$

即可得标准形 $f=2z_1^2-2z_2^2-\frac{1}{2}z_3^2$，其中 z_4^2的系数为零．

注 在用配方法化二次型为标准形时，必须保证线性变换是非退化的．判断用下面的方法得到的结果是否满足要求．

$$\begin{aligned}f&=2x_1^2+2x_2^2+2x_3^2-2x_1x_2+2x_1x_3+2x_2x_3\\&=(x_1-x_2)^2+(x_1+x_3)^2+(x_2+x_3)^2.\end{aligned}$$

令$\begin{cases} y_1 = x_1 - x_2, \\ y_2 = x_1 + x_3, \\ y_3 = x_2 + x_3, \end{cases}$则 $f = y_1^2 + y_2^2 + y_3^2$.

最后的结果不满足要求．因为 $\begin{vmatrix} 1 & -1 & 0 \\ 1 & 0 & 1 \\ 0 & 1 & 1 \end{vmatrix} = 0$，因此，所作的线性变换是退化的．

第三节　二次型的规范形

前面我们讨论了用非退化线性变换化二次型为标准形的问题．在化二次型为标准形时，非退化线性变换不是唯一的，所得的标准形也不唯一，但标准形中非零系数的个数唯一．这是因为二次型 $f = \boldsymbol{x}^{\mathrm{T}}\boldsymbol{A}\boldsymbol{x}$ 的矩阵 $\boldsymbol{A}$ 与经过非退化线性变换 $\boldsymbol{x} = \boldsymbol{C}\boldsymbol{y}$ 得到的二次型的矩阵 $\boldsymbol{B} = \boldsymbol{C}^{\mathrm{T}}\boldsymbol{A}\boldsymbol{C}$ 是合同的，且 $R(\boldsymbol{A}) = R(\boldsymbol{B})$．又二次型的标准形矩阵为对角矩阵，而对角线上不为零的元素的个数就是矩阵的秩．因此，在二次型的标准形中非零系数的个数与所作的非退化线性变换无关，但系数的取值与所作的变换有关．

如已求得 f 的标准形：$f = 5y_1^2 - 2y_2^2 - 3y_3^2$，再经过可逆线性变换

$$\begin{cases} z_1 = \sqrt{5}\, y_1, \\ z_2 = \sqrt{2}\, y_2, \\ z_3 = \sqrt{3}\, y_3, \end{cases}$$

则可得 f 的标准形：$f = z_1^2 - z_2^2 - z_3^2$.

更进一步可以有下述结论，通常称为惯性定理．

定理 3　设 $f = \boldsymbol{x}^{\mathrm{T}}\boldsymbol{A}\boldsymbol{x}$ 是秩为 r 的实二次型，经过两个实非退化线性变换 $\boldsymbol{x} = \boldsymbol{C}\boldsymbol{y}$，$\boldsymbol{x} = \boldsymbol{P}\boldsymbol{z}$ 分别化二次型为标准形

$$f = k_1 y_1^2 + k_2 y_2^2 + \cdots + k_r y_r^2 (k_i \neq 0),$$

$$f = t_1 z_1^2 + t_2 z_2^2 + \cdots + t_r z_r^2 (t_i \neq 0),$$

则 k_1，k_2，…，k_r 中正数的个数与 t_1，t_2，…，t_r 中正数的个数相等(从而负数的个数相等)．

证明略．

定义 4　设 $f = \boldsymbol{x}^{\mathrm{T}}\boldsymbol{A}\boldsymbol{x}$ 是秩为 r 的实二次型，称其标准形中系数为正的项的个数 k 为二次型 f 的**正惯性指数**，$r-k$ 为**负惯性指数**，正惯性指数减负惯性指数为**符号差**，即符号差等于 $k-(r-k)=2k-r$.

定义 5　在 n 元实二次型 $f(x_1, x_2, \cdots, x_n)$的标准形中，所有系数只能取 1、

-1 或 0 时，称这样的二次型为 $f(x_1, x_2, \cdots, x_n)$ 的**规范二次型**，简称**规范形**.

推论 两个实二次型合同当且仅当它们有相同的秩和正惯性指数.

例 7 求二次型 $f=x_1^2+2x_2^2-x_3^2+4x_1x_2-4x_1x_3-4x_2x_3$ 的规范形、f 的秩、正惯性指数和负惯性指数.

解 由例 5 知 f 经线性变换

$$\begin{cases} x_1=y_1-2y_2, \\ x_2=\quad\quad y_2+y_3, \\ x_3=\quad\quad\quad\quad y_3 \end{cases}$$

化为标准形 $f=y_1^2-2y_2^2-3y_3^2$，所以 f 的秩为 3.

再令
$$\begin{cases} z_1=y_1, \\ z_2=\sqrt{2}\,y_2, \\ z_3=\sqrt{3}\,y_3, \end{cases} \text{即} \begin{cases} y_1=z_1, \\ y_2=\dfrac{z_2}{\sqrt{2}}, \\ y_3=\dfrac{z_3}{\sqrt{3}}, \end{cases}$$

则可将二次型化为规范形 $f=z_1^2-z_2^2-z_3^2$，且 f 的正惯性指数为 1，负惯性指数为 2.

第四节 正定二次型

在二次型中，有些二次型具有某些特殊性质，如它们的标准形的系数全为正(或全为负)，下面我们对这些二次型给出如下定义.

定义 6 设 $\boldsymbol{A}$ 为 n 阶实对称矩阵，对于实二次型 $f(x_1, x_2, \cdots, x_n)=\boldsymbol{x}^{\mathrm{T}}\boldsymbol{A}\boldsymbol{x}$，

(1) 如果对于任何非零实的列向量 $\boldsymbol{x}$，都有 $\boldsymbol{x}^{\mathrm{T}}\boldsymbol{A}\boldsymbol{x}>0$ ($\boldsymbol{x}^{\mathrm{T}}\boldsymbol{A}\boldsymbol{x}<0$)，则称 $f(x_1, x_2, \cdots, x_n)$ 为**正定(负定)二次型**，称 $\boldsymbol{A}$ 为**正定(负定)矩阵**；

(2) 如果对于任何实的列向量 $\boldsymbol{x}$，都有 $\boldsymbol{x}^{\mathrm{T}}\boldsymbol{A}\boldsymbol{x}\geqslant 0$ ($\boldsymbol{x}^{\mathrm{T}}\boldsymbol{A}\boldsymbol{x}\leqslant 0$)，则称 $f(x_1, x_2, \cdots, x_n)$ 为**半正定(半负定)二次型**，称 $\boldsymbol{A}$ 为**半正定(半负定)矩阵**；

其他的实二次型称为**不定二次型**，对应的实对称矩阵称为**不定矩阵**.

如二次型 $f=x_1^2+x_2^2+x_3^2+x_4^2$ 是正定的，矩阵 $\boldsymbol{A}=\boldsymbol{E}_4$ 是正定的；

$f=-x_1^2-x_3^2$ 是半负定二次型，$\boldsymbol{A}=\begin{pmatrix} -1 & & \\ & 0 & \\ & & -1 \end{pmatrix}$ 是半负定矩阵；

$f=x_1^2-x_2^2$ 是不定二次型.

定理 4 n 元实二次型 $f(x_1, x_2, \cdots, x_n)=\boldsymbol{x}^{\mathrm{T}}\boldsymbol{A}\boldsymbol{x}$ 正定(实对称矩阵 $\boldsymbol{A}$ 正定)的充分必要条件是 $f(x_1, x_2, \cdots, x_n)=\boldsymbol{x}^{\mathrm{T}}\boldsymbol{A}\boldsymbol{x}$ 的正惯性指数等于 n.

推论 1 n 元实二次型 $f(x_1, x_2, \cdots, x_n)=\boldsymbol{x}^{\mathrm{T}}\boldsymbol{A}\boldsymbol{x}$ 正定(实对称矩阵 $\boldsymbol{A}$ 正定)的充分必要条件是 $\boldsymbol{A}$ 的所有特征值都大于零.

推论 2 n 元实二次型 $f(x_1, x_2, \cdots, x_n)=\boldsymbol{x}^{\mathrm{T}}\boldsymbol{A}\boldsymbol{x}$ 正定(实对称矩阵 $\boldsymbol{A}$ 正定)的充分必要条件是存在可逆方阵 $\boldsymbol{C}$，使得 $\boldsymbol{C}^{\mathrm{T}}\boldsymbol{A}\boldsymbol{C}=\boldsymbol{E}$(即 $\boldsymbol{A}$ 与 n 阶单位矩阵 $\boldsymbol{E}$ 合同).

例 8 设 n 阶矩阵 $\boldsymbol{A}$、$\boldsymbol{B}$ 为正定矩阵，证明：(1) $\boldsymbol{A}\boldsymbol{A}^{\mathrm{T}}$ 为正定矩阵；(2) $\boldsymbol{A}+\boldsymbol{B}$ 为正定矩阵.

证 (1) $\boldsymbol{A}\boldsymbol{A}^{\mathrm{T}}$ 所对应的二次型为

$f(x_1, x_2, \cdots, x_n)=\boldsymbol{x}^{\mathrm{T}}(\boldsymbol{A}\boldsymbol{A}^{\mathrm{T}})\boldsymbol{x}=(\boldsymbol{x}^{\mathrm{T}}\boldsymbol{A})(\boldsymbol{A}^{\mathrm{T}}\boldsymbol{x})=(\boldsymbol{A}^{\mathrm{T}}\boldsymbol{x})^{\mathrm{T}}(\boldsymbol{A}^{\mathrm{T}}\boldsymbol{x}).$

令 $\boldsymbol{y}=\boldsymbol{A}^{\mathrm{T}}\boldsymbol{x}=\begin{pmatrix} y_1 \\ y_2 \\ \vdots \\ y_n \end{pmatrix}$，则

$$f(x_1, x_2, \cdots, x_n)=\boldsymbol{y}^{\mathrm{T}}\boldsymbol{y}=y_1^2+y_2^2+\cdots+y_n^2,$$

对任何一组非零的向量 $(x_1, x_2, \cdots, x_n)^{\mathrm{T}}$，因 $\boldsymbol{A}$ 为正定矩阵，所以 $\boldsymbol{y}=\boldsymbol{A}^{\mathrm{T}}\boldsymbol{x}=(y_1, y_2, \cdots, y_n)^{\mathrm{T}}\neq 0$，有 $f(x_1, x_2, \cdots, x_n)>0$，因此二次型 $f(x_1, x_2, \cdots, x_n)$ 为正定二次型，$\boldsymbol{A}\boldsymbol{A}^{\mathrm{T}}$ 为正定矩阵.

(2) $\boldsymbol{A}+\boldsymbol{B}$ 所对应的二次型为

$$f(x_1, x_2, \cdots, x_n)=\boldsymbol{x}^{\mathrm{T}}(\boldsymbol{A}+\boldsymbol{B})\boldsymbol{x}=\boldsymbol{x}^{\mathrm{T}}\boldsymbol{A}\boldsymbol{x}+\boldsymbol{x}^{\mathrm{T}}\boldsymbol{B}\boldsymbol{x},$$

因为 $\boldsymbol{A}$、$\boldsymbol{B}$ 均为正定矩阵，对任何非零向量 $\boldsymbol{x}$ 有 $\boldsymbol{x}^{\mathrm{T}}\boldsymbol{A}\boldsymbol{x}>0$，$\boldsymbol{x}^{\mathrm{T}}\boldsymbol{B}\boldsymbol{x}>0$，所以

$$f(x_1, x_2, \cdots, x_n)=\boldsymbol{x}^{\mathrm{T}}\boldsymbol{A}\boldsymbol{x}+\boldsymbol{x}^{\mathrm{T}}\boldsymbol{B}\boldsymbol{x}>0,$$

因此，二次型 $f(x_1, x_2, \cdots, x_n)=\boldsymbol{x}^{\mathrm{T}}(\boldsymbol{A}+\boldsymbol{B})\boldsymbol{x}$ 为正定二次型，$\boldsymbol{A}+\boldsymbol{B}$ 为正定矩阵.

例 9 已知 $\boldsymbol{A}$ 为 n 阶正定矩阵，证明：$\boldsymbol{A}^2$，$\boldsymbol{A}^{-1}$ 为正定矩阵.

证 因为 $\boldsymbol{A}$ 为正定矩阵，所以 $\boldsymbol{A}$ 的特征值 $\lambda_i>0$，则

$\boldsymbol{A}^2$ 的特征值 $\lambda_i^2>0$，所以 $\boldsymbol{A}^2$ 为正定矩阵；

$\boldsymbol{A}^{-1}$ 的特征值 $\dfrac{1}{\lambda_i}>0$，所以 $\boldsymbol{A}^{-1}$ 为正定矩阵.

例 10 设三阶对称矩阵 $\boldsymbol{A}$ 满足 $\boldsymbol{A}^2+2\boldsymbol{A}=\boldsymbol{O}$，且 $R(\boldsymbol{A})=2$，

(1) 求 $\boldsymbol{A}$ 的全部特征值；

(2) m 为何值时，$m\boldsymbol{E}+\boldsymbol{A}$ 为正定矩阵.

解 (1) 设 $\boldsymbol{A}$ 的特征值 λ 所对应的特征向量为 $\boldsymbol{x}$，即 $\boldsymbol{A}\boldsymbol{x}=\lambda\boldsymbol{x}$，所以

$$(\boldsymbol{A}^2+2\boldsymbol{A})\boldsymbol{x}=\boldsymbol{A}^2\boldsymbol{x}+2\boldsymbol{A}\boldsymbol{x}=(\lambda^2+2\lambda)\boldsymbol{x}=\boldsymbol{0}.$$

因为 $\boldsymbol{x}\neq\boldsymbol{0}$，所以 $\lambda^2+2\lambda=0$，则 $\lambda=0$ 或 -2.

又因为 $R(\boldsymbol{A})=2$，所以 $\boldsymbol{A}$ 的特征值为 -2，-2，0.

(2) $(m\boldsymbol{E}+\boldsymbol{A})\boldsymbol{x}=m\boldsymbol{x}+\boldsymbol{A}\boldsymbol{x}=(m+\lambda)\boldsymbol{x}$，所以 $m+\lambda$ 为 $m\boldsymbol{E}+\boldsymbol{A}$ 的特征值，

即 $m\boldsymbol{E}+\boldsymbol{A}$ 的特征值为 $m-2$，$m-2$，m.

要使 $m\boldsymbol{E}+\boldsymbol{A}$ 为正定矩阵，必有 $m-2>0$，$m>0$，得 $m>2$，所以当 $m>2$ 时，$m\boldsymbol{E}+\boldsymbol{A}$ 为正定矩阵．

定义 7 对于 n 阶方阵 $\boldsymbol{A}=(a_{ij})_{n\times n}$，称它的 r 阶前主子矩阵的行列式

$$\Delta_r=\begin{vmatrix} a_{11} & a_{12} & \cdots & a_{1r} \\ a_{21} & a_{22} & \cdots & a_{2r} \\ \vdots & \vdots & & \vdots \\ a_{r1} & a_{r2} & \cdots & a_{rr} \end{vmatrix}$$

为 $\boldsymbol{A}$ 的 r **阶顺序主子式**($r=1, 2, \cdots, n$).

定理 5 实二次型 $f(x_1, x_2, \cdots, x_n)=\boldsymbol{x}^{\mathrm{T}}\boldsymbol{A}\boldsymbol{x}$ 正定(实对称矩阵 $\boldsymbol{A}$ 正定)的充分必要条件是 $\boldsymbol{A}=(a_{ij})_{n\times n}$ 的各阶顺序主子式都大于零，即

$$\Delta_1=a_{11}>0,\ \Delta_2=\begin{vmatrix} a_{11} & a_{12} \\ a_{21} & a_{22} \end{vmatrix}>0,\ \cdots,\ \Delta_n=|\boldsymbol{A}|>0.$$

证明略．

例 11 判别下列实二次型是否为正定二次型．

(1) $f(x_1, x_2, x_3)=3x_1^2+5x_2^2+7x_3^2+6x_1x_2+4x_2x_3$；

(2) $f(x_1, x_2, x_3)=2x_1^2+3x_2^2-5x_3^2+6x_1x_2+2x_2x_3$.

解 (1) $f(x_1, x_2, x_3)$的矩阵为

$$\boldsymbol{A}=\begin{pmatrix} 3 & 3 & 0 \\ 3 & 5 & 2 \\ 0 & 2 & 7 \end{pmatrix},$$

因为
$$|3|=3>0,\quad \begin{vmatrix} 3 & 3 \\ 3 & 5 \end{vmatrix}=6>0,\quad \begin{vmatrix} 3 & 3 & 0 \\ 3 & 5 & 2 \\ 0 & 2 & 7 \end{vmatrix}=30>0,$$

所以 $f(x_1, x_2, x_3)$是正定二次型．

(2) $f(x_1, x_2, x_3)$的矩阵为

$$\boldsymbol{A}=\begin{pmatrix} 2 & 3 & 0 \\ 3 & 3 & 1 \\ 0 & 1 & 5 \end{pmatrix},$$

因为
$$|2|>0,\quad \begin{vmatrix} 2 & 3 \\ 3 & 3 \end{vmatrix}=-3<0,$$

所以 $f(x_1, x_2, x_3)$不是正定二次型．

对于半正定二次型有如下结论：

定理 6 n 元实二次型 $f=\boldsymbol{x}^{\mathrm{T}}\boldsymbol{A}\boldsymbol{x}$ 半正定的充分必要条件是下列条件之一成立：

(1) f 的正惯性指数与秩相等；

（2）$\boldsymbol{A}$ 的特征值全为非负数；

（3）$\boldsymbol{A}$ 合同于 $\begin{pmatrix} \boldsymbol{E}_r & \boldsymbol{O} \\ \boldsymbol{O} & \boldsymbol{O} \end{pmatrix}$，其中 r 为矩阵 $\boldsymbol{A}$ 的秩；

（4）$\boldsymbol{A}$ 的各阶主子式都非负，其中主子式是指行标与列标相同的子式．

证明略．

利用正、负定二次型的关系，可以得到下面的结论．

定理 7　n 元实二次型 $f=\boldsymbol{x}^{\mathrm{T}}\boldsymbol{A}\boldsymbol{x}$ 负定的充分必要条件是下列条件之一成立：

（1）f 的负惯性指数为 n；

（2）$\boldsymbol{A}$ 的特征值全为负数；

（3）$\boldsymbol{A}$ 合同于 $-\boldsymbol{E}$；

（4）$\boldsymbol{A}$ 的各阶顺序主子式负正相间，即奇数阶顺序主子式为负数，偶数阶顺序主子式为正数．

读者可以给出半负定二次型的充分必要条件．

例 12　$\boldsymbol{A}$ 为 n 阶正定矩阵，证明：存在一个可逆矩阵 $\boldsymbol{P}$，使 $\boldsymbol{A}=\boldsymbol{P}^{\mathrm{T}}\boldsymbol{P}$.

证　因为 $\boldsymbol{A}$ 为正定矩阵，所以 $\boldsymbol{A}$ 特征值 $\lambda_i>0(i=1, 2, \cdots, n)$，又因为 $\boldsymbol{A}$ 为实对称矩阵，所以存在正交矩阵 $\boldsymbol{Q}$，使

$$\boldsymbol{Q}^{\mathrm{T}}\boldsymbol{A}\boldsymbol{Q}=\begin{pmatrix} \lambda_1 & 0 & \cdots & 0 \\ 0 & \lambda_2 & \cdots & 0 \\ \vdots & \vdots & & \vdots \\ 0 & 0 & \cdots & \lambda_n \end{pmatrix},$$

则

$$\boldsymbol{A}=(\boldsymbol{Q}^{\mathrm{T}})^{-1}\begin{pmatrix} \lambda_1 & 0 & \cdots & 0 \\ 0 & \lambda_2 & \cdots & 0 \\ \vdots & \vdots & & \vdots \\ 0 & 0 & \cdots & \lambda_n \end{pmatrix}\boldsymbol{Q}^{-1}$$

$$=\boldsymbol{Q}\begin{pmatrix} \sqrt{\lambda_1} & 0 & \cdots & 0 \\ 0 & \sqrt{\lambda_2} & \cdots & 0 \\ \vdots & \vdots & & \vdots \\ 0 & 0 & \cdots & \sqrt{\lambda_n} \end{pmatrix}\begin{pmatrix} \sqrt{\lambda_1} & 0 & \cdots & 0 \\ 0 & \sqrt{\lambda_2} & \cdots & 0 \\ \vdots & \vdots & & \vdots \\ 0 & 0 & \cdots & \sqrt{\lambda_n} \end{pmatrix}\boldsymbol{Q}^{\mathrm{T}}.$$

令

$$\boldsymbol{P}=\begin{pmatrix} \sqrt{\lambda_1} & 0 & \cdots & 0 \\ 0 & \sqrt{\lambda_2} & \cdots & 0 \\ \vdots & \vdots & & \vdots \\ 0 & 0 & \cdots & \sqrt{\lambda_n} \end{pmatrix}\boldsymbol{Q}^{\mathrm{T}},$$

则 $|\boldsymbol{P}|=\sqrt{\lambda_1}\sqrt{\lambda_2}\cdots\sqrt{\lambda_n}\,|\boldsymbol{Q}^{\mathrm{T}}|\neq 0$，所以 $\boldsymbol{P}$ 是可逆的，且 $\boldsymbol{A}=\boldsymbol{P}^{\mathrm{T}}\boldsymbol{P}$.

习 题 五

1. 写出下列二次型的矩阵表达式.

(1) $f(x_1, x_2)=x_1^2-6x_1x_2+4x_2^2$；

(2) $f(x_1, x_2, x_3)=2x_1x_2+4x_1x_3-6x_2x_3$.

2. 写出下列实对称矩阵 $\boldsymbol{A}$ 的二次型 f.

(1) $\boldsymbol{A}=\begin{pmatrix}1 & 1 & 0\\ 1 & -1 & 2\\ 0 & 2 & 0\end{pmatrix}$；(2) $\boldsymbol{A}=\begin{pmatrix}-1 & 1 & -3\\ 1 & -\sqrt{2} & 0\\ -3 & 0 & 4\end{pmatrix}$.

3. 用正交变换将下列二次型化成标准形，并写出相应的正交变换.

(1) $f(x_1, x_2, x_3)=x_1^2-2x_2^2-2x_3^2-4x_1x_2+4x_1x_3+8x_2x_3$；

(2) $f(x_1, x_2, x_3)=x_1^2+x_2^2-2x_3^2-4x_1x_2+2x_1x_3+2x_2x_3$.

4. 已知二次型 $f=ax_1^2+2x_1x_2+2x_1x_3+2bx_2x_3$ 经过正交变换

$$\begin{pmatrix}x_1\\ x_2\\ x_3\end{pmatrix}=\boldsymbol{P}\begin{pmatrix}y_1\\ y_2\\ y_3\end{pmatrix}$$

化为标准形 $f=y_1^2+y_2^2-2y_3^2$，求 a，b 的值和正交矩阵 $\boldsymbol{P}$.

5. 用配方法化下列二次型为标准形，并写出所用的非退化线性变换.

(1) $f(x_1, x_2, x_3)=x_1^2+2x_2^2-x_3^2+4x_1x_2-4x_1x_3-4x_2x_3$；

(2) $f(x_1, x_2, x_3)=2x_1x_2+2x_1x_3-6x_2x_3$.

6. 求一个正交变换将二次曲面方程 $8x_1^2-7x_2^2+8x_3^2+8x_1x_2-2x_1x_3+8x_2x_3=1$ 化成标准方程.

7. 判定下列二次型是否为正定二次型.

(1) $f(x_1, x_2, x_3)=x_1^2+2x_1x_2+4x_1x_3+2x_2^2+2x_2x_3+6x_3^2$；

(2) $f(x_1, x_2, x_3)=2x_1^2+6x_1x_2+3x_1x_3+4x_2^2+2x_2x_3+5x_3^2$；

(3) $f(x_1, x_2, x_3)=5x_1^2+16x_1x_2+24x_1x_3+3x_2^2-28x_2x_3+7x_3^2$.

8. m 满足什么条件时，下列二次型是正定的.

(1) $f(x_1, x_2, x_3)=x_1^2+4x_2^2+2x_3^2+2mx_1x_2+2x_1x_3$；

(2) $f(x_1, x_2, x_3)=5x_1^2+4x_1x_2-2x_1x_3+x_2^2+4x_2x_3+mx_3^2$.

9. 设 $\boldsymbol{A}$ 是正定矩阵，证明：

(1) $\boldsymbol{A}^{-1}$ 是正定矩阵；

(2) $\boldsymbol{A}$ 的伴随矩阵 $\boldsymbol{A}^*$ 是正定矩阵；

(3) 对于任意正整数 k，$\boldsymbol{A}^k$ 是正定矩阵．

10. 设 n 阶实对称矩阵 $\boldsymbol{A}$ 是正定的，$\boldsymbol{P}$ 是 n 阶实可逆矩阵，证明：$\boldsymbol{P}^{\mathrm{T}}\boldsymbol{AP}$ 是正定矩阵．

11. 设 $\boldsymbol{A}$ 是 n 阶对称矩阵，如果对任一 n 维列向量 $\boldsymbol{x}$ 都有 $\boldsymbol{x}^{\mathrm{T}}\boldsymbol{Ax}=0$，证明：$\boldsymbol{A}=\boldsymbol{O}$.

12. 设三阶实对称矩阵 $\boldsymbol{A}$ 满足 $\boldsymbol{A}^2-5\boldsymbol{A}=\boldsymbol{O}$，且 $R(\boldsymbol{A})=2$，

(1) 求出 $\boldsymbol{A}$ 的全部特征值；

(2) λ 为何值时，$\lambda\boldsymbol{E}+2\boldsymbol{A}$ 为正定矩阵．

第六章 线性空间与线性变换

向量空间又称为线性空间，是线性代数的基本概念，也是线性代数中较抽象的概念．在第三章中，我们介绍过向量空间、向量空间的基、维数等概念．在这一章中，我们将把这些概念推广，使向量及向量空间的概念更具一般性．

第一节 线性空间

定义 1 设 V 是一个非空集合，$\mathbf{R}$ 为实数域，如果对于任意两个元素 $\boldsymbol{\alpha}$，$\boldsymbol{\beta}\in V$，总有惟一的一个元素 $\boldsymbol{\gamma}\in V$ 与之对应，称为 $\boldsymbol{\alpha}$ 与 $\boldsymbol{\beta}$ 的和，记作 $\boldsymbol{\gamma}=\boldsymbol{\alpha}+\boldsymbol{\beta}$. 又对于任一数 $\lambda\in\mathbf{R}$ 与任一元素 $\boldsymbol{\alpha}\in V$，总有惟一的一个元素 $\boldsymbol{\delta}\in V$ 与之对应，称为 λ 与 $\boldsymbol{\alpha}$ 的积，记作 $\boldsymbol{\delta}=\lambda\boldsymbol{\alpha}$.

这两种运算满足以下八条运算规律(设 $\boldsymbol{\alpha}$，$\boldsymbol{\beta}$，$\boldsymbol{\gamma}\in V$；λ，$\mu\in\mathbf{R}$)：

(1) $\boldsymbol{\alpha}+\boldsymbol{\beta}=\boldsymbol{\beta}+\boldsymbol{\alpha}$；

(2) $(\boldsymbol{\alpha}+\boldsymbol{\beta})+\boldsymbol{\gamma}=\boldsymbol{\alpha}+(\boldsymbol{\beta}+\boldsymbol{\gamma})$；

(3) 在 V 中存在零元素 $\mathbf{0}$，对任何 $\boldsymbol{\alpha}\in V$，都有 $\boldsymbol{\alpha}+\mathbf{0}=\boldsymbol{\alpha}$；

(4) 对任意 $\boldsymbol{\alpha}\in V$，都有 $\boldsymbol{\alpha}$ 的负元素 $\boldsymbol{\beta}\in V$，使 $\boldsymbol{\alpha}+\boldsymbol{\beta}=\mathbf{0}$；

(5) $1\boldsymbol{\alpha}=\boldsymbol{\alpha}$；

(6) $\lambda(\mu\boldsymbol{\alpha})=(\lambda\mu)\boldsymbol{\alpha}$；

(7) $(\lambda+\mu)\boldsymbol{\alpha}=\lambda\boldsymbol{\alpha}+\mu\boldsymbol{\alpha}$；

(8) $\lambda(\boldsymbol{\alpha}+\boldsymbol{\beta})=\lambda\boldsymbol{\alpha}+\lambda\boldsymbol{\beta}$，

那么，V 就称为(实数域 $\mathbf{R}$ 上的)**向量空间**(或**线性空间**)，V 中的元素统称为(实)向量．

满足(1)～(8)条规律的加法及数乘运算统称为**线性运算**；定义了线性运算的集合就称为**线性空间**．

在第三章中，我们将 n 维有序组称为 n 维向量，并定义了向量的加法及数乘运算，显然这些运算满足(1)～(8)条规律．所以，第三章中定义的向量空间是本章定义 1 的特殊情形 . 相比较，现在的定义有了较大的推广：线性空间中的向量不一定是有序组；线性空间中的运算不一定是有序组的加法及数乘运算，只要运算满足(1)～(8)条运算规律即可 .

例 1　实数域 **R** 上次数等于定数 $n(n\geqslant 1)$ 的多项式全体组成的集合是否构成线性空间?

解　不构成线性空间，因为两个 n 次多项式的和不一定是 n 次多项式 .

例 2　设有实数域 **R** 上的多项式 $h(x)$，$h(x)$ 的所有倍式组成的集合 $(h(x))$ 是否构成线性空间?

解　构成线性空间，因为对任意 $h(x)g_1(x)$，$h(x)g_2(x)\in(h(x))$，任意 $\lambda\in\mathbf{R}$，

$$h(x)g_1(x)+h(x)g_2(x)=h(x)(g_1(x)+g_2(x))\in(h(x));$$
$$\lambda[h(x)g_1(x)]=h(x)[\lambda g_1(x)]\in(h(x)),$$

且满足线性空间的诸条件 .

例 3　对于实数域 **R** 上的 n 维向量的加法及数乘运算，n 维向量集合

$$V=\left\{(c_1,\ c_2,\ \cdots,\ c_n)\mid\sum_{i=1}^{n}c_i=1\right\}$$

是否构成实数域 **R** 上的线性空间?

解　不构成线性空间，因为对于任意的

$$(c_1,\ c_2,\ \cdots,\ c_n)\in V,\ (b_1,\ b_2,\ \cdots,\ b_n)\in V,$$
$$\sum_{i=1}^{n}(c_i+b_i)=\sum_{i=1}^{n}c_i+\sum_{i=1}^{n}b_i=2\neq 1,$$

所以 $(c_1+b_1,\ c_2+b_2,\ \cdots,\ c_n+b_n)\notin V$，即 V 不构成线性空间 .

例 4　按通常数域 **R** 上矩阵的加法及数乘的运算，数域 **R** 上形如

$$\begin{pmatrix}\boldsymbol{Y}_1 & \boldsymbol{O}\\ \boldsymbol{Y}_2 & \boldsymbol{Y}_3\end{pmatrix}$$

的 n 阶方阵的集合 C，这里 $\boldsymbol{Y}_1$ 为 r 阶方子块，是否构成数域 **R** 上的线性空间 .

解　构成线性空间 . 因为对于任意

$$\boldsymbol{A}=\begin{pmatrix}\boldsymbol{Y}_1 & \boldsymbol{O}\\ \boldsymbol{Y}_2 & \boldsymbol{Y}_3\end{pmatrix}\in C,\ \boldsymbol{B}=\begin{pmatrix}\boldsymbol{Z}_1 & \boldsymbol{O}\\ \boldsymbol{Z}_2 & \boldsymbol{Z}_3\end{pmatrix}\in C,$$
$$\boldsymbol{A}+\boldsymbol{B}=\begin{pmatrix}\boldsymbol{Y}_1+\boldsymbol{Z}_1 & \boldsymbol{O}\\ \boldsymbol{Y}_2+\boldsymbol{Z}_2 & \boldsymbol{Y}_3+\boldsymbol{Z}_3\end{pmatrix}\in C,\ k\boldsymbol{A}=\begin{pmatrix}k\boldsymbol{Y}_1 & \boldsymbol{O}\\ k\boldsymbol{Y}_2 & k\boldsymbol{Y}_3\end{pmatrix}\in C,$$

且满足线性空间定义中的诸条件 .

例 5　正实数的全体记作 $\mathbf{R}^+$，在其中定义加法及数乘运算为

$$a\oplus b=ab,\ \lambda\circ a=a^{\lambda}(\lambda\in\mathbf{R},\ a,\ b\in\mathbf{R}^+),$$

验证 $\mathbf{R}^+$ 对上述加法与数乘运算构成线性空间．

证 任给 a，b，$c\in\mathbf{R}^+$、λ，$\mu\in\mathbf{R}$，则

$$a\oplus b=ab\in\mathbf{R}^+,\ \lambda\circ a=a^\lambda\in\mathbf{R}^+,$$

即 $\mathbf{R}^+$ 对于线性运算是封闭的．

下面验证线性运算满足定义中的八条运算规律：

(1) $a\oplus b=ab=ba=b\oplus a$；

(2) $(a\oplus b)\oplus c=(ab)\oplus c=(ab)c=abc=a(bc)=a\oplus(b\oplus c)$；

(3) 在 $\mathbf{R}^+$ 中存在零元素 1，对任何 $a\in\mathbf{R}^+$，都有 $a\oplus 1=a$；

(4) 对任意 $a\in\mathbf{R}^+$，都有 a 的负元素 $a^{-1}\in\mathbf{R}^+$，使 $a\oplus a^{-1}=aa^{-1}=1$；

(5) $1\circ a=a^1=a$；

(6) $\lambda\circ(\mu\circ a)=\lambda\circ a^\mu=a^{\lambda\mu}=(\lambda\mu)\circ a$；

(7) $(\lambda+\mu)\circ a=a^{\lambda+\mu}=a^\lambda a^\mu=(\lambda\circ a)\oplus(\mu\circ a)$；

(8) $\lambda\circ(a\oplus b)=\lambda\circ(ab)=(ab)^\lambda=a^\lambda b^\lambda=a^\lambda\oplus b^\lambda=(\lambda\circ a)\oplus(\lambda\circ b)$，

所以 $\mathbf{R}^+$ 对所定义的加法与数乘运算构成线性空间．

例 6 设 $V=\{(a,\ b)\mid a,\ b\in\mathbf{R}\}$，加法与数乘定义如下：

$$(a_1,\ b_1)\oplus(a_2,\ b_2)=(|a_1+a_2|,\ |b_1+b_2|),$$
$$m\circ(a,\ b)=(|ma|,\ |mb|),$$

问：V 在实数域 $\mathbf{R}$ 上能否构成一个线性空间？

解 因为

$$\begin{aligned}[(a_1,\ b_1)\oplus(a_2,\ b_2)]\oplus(a_3,\ b_3)&=(|a_1+a_2|,\ |b_1+b_2|)\oplus(a_3,\ b_3)\\&=(||a_1+a_2|+a_3|,\ ||b_1+b_2|+b_3|),\\(a_1,\ b_1)\oplus[(a_2,\ b_2)\oplus(a_3,\ b_3)]&=(a_1,\ b_1)\oplus(|a_2+a_3|,\ |b_2+b_3|)\\&=(|a_1+|a_2+a_3||,\ |b_1+|b_2+b_3||),\end{aligned}$$

$[(a_1,\ b_1)\oplus(a_2,\ b_2)]\oplus(a_3,\ b_3)$ 与 $(a_1,\ b_1)\oplus[(a_2,\ b_2)\oplus(a_3,\ b_3)]$ 不一定相等，所以 V 在 $\mathbf{R}$ 上不能构成一个线性空间．

线性空间有如下性质：

性质 1 零元素是惟一的．

证 设 $\mathbf{0}_1$，$\mathbf{0}_2$ 是线性空间 V 中的两个零元素，即对任何 $\boldsymbol{\alpha}\in V$，有

$$\boldsymbol{\alpha}+\mathbf{0}_1=\boldsymbol{\alpha},\ \boldsymbol{\alpha}+\mathbf{0}_2=\boldsymbol{\alpha},$$

所以
$$\mathbf{0}_1=\mathbf{0}_1+\mathbf{0}_2=\mathbf{0}_2+\mathbf{0}_1=\mathbf{0}_2.$$

性质 2 任一元素的负元素是惟一的，$\boldsymbol{\alpha}$ 的负元素记作 $-\boldsymbol{\alpha}$.

证 设 $\boldsymbol{\alpha}$ 有两个负元素 $\boldsymbol{\beta}$，$\boldsymbol{\gamma}$，即 $\boldsymbol{\alpha}+\boldsymbol{\beta}=\mathbf{0}$，$\boldsymbol{\alpha}+\boldsymbol{\gamma}=\mathbf{0}$，于是

$$\boldsymbol{\beta}=\boldsymbol{\beta}+\mathbf{0}=\boldsymbol{\beta}+(\boldsymbol{\alpha}+\boldsymbol{\gamma})=(\boldsymbol{\alpha}+\boldsymbol{\beta})+\boldsymbol{\gamma}=\mathbf{0}+\boldsymbol{\gamma}=\boldsymbol{\gamma}.$$

性质 3 $0\boldsymbol{\alpha}=\mathbf{0}$，$(-1)\boldsymbol{\alpha}=-\boldsymbol{\alpha}$，$\lambda\mathbf{0}=\mathbf{0}$.

证　$\boldsymbol{\alpha}+0\boldsymbol{\alpha}=1\boldsymbol{\alpha}+0\boldsymbol{\alpha}=(1+0)\boldsymbol{\alpha}=1\boldsymbol{\alpha}=\boldsymbol{\alpha}$，所以 $0\boldsymbol{\alpha}=\mathbf{0}$.

$\boldsymbol{\alpha}+(-1)\boldsymbol{\alpha}=1\boldsymbol{\alpha}+(-1)\boldsymbol{\alpha}=[1+(-1)]\boldsymbol{\alpha}=0\boldsymbol{\alpha}=\mathbf{0}$，所以$(-1)\boldsymbol{\alpha}=-\boldsymbol{\alpha}$.

$\lambda\mathbf{0}=\lambda[\boldsymbol{\alpha}+(-1)\boldsymbol{\alpha}]=\lambda\boldsymbol{\alpha}+(-\lambda)\boldsymbol{\alpha}=[\lambda+(-\lambda)]\boldsymbol{\alpha}=0\boldsymbol{\alpha}=\mathbf{0}$.

性质 4　如果 $\lambda\boldsymbol{\alpha}=\mathbf{0}$，则 $\lambda=0$ 或 $\boldsymbol{\alpha}=\mathbf{0}$.

证　若 $\lambda\neq0$，在 $\lambda\boldsymbol{\alpha}=\mathbf{0}$ 两边乘$\frac{1}{\lambda}$得

$$\frac{1}{\lambda}(\lambda\boldsymbol{\alpha})=\frac{1}{\lambda}\mathbf{0}=\mathbf{0},$$

而

$$\frac{1}{\lambda}(\lambda\boldsymbol{\alpha})=\left(\frac{1}{\lambda}\lambda\right)\boldsymbol{\alpha}=1\boldsymbol{\alpha}=\boldsymbol{\alpha},$$

所以 $\boldsymbol{\alpha}=\mathbf{0}$.

定义 2　设 V 是一个线性空间，V_1 是 V 的一个非空子集，如果 V_1 对于 V 中所定义的加法和数乘两种运算也构成一个线性空间，则称 V_1 为 V 的**子空间**.

定理 1　线性空间 V 的非空子集 V_1 构成 V 的子空间的充分必要条件是：V_1 对于 V 中的线性运算封闭.

在第三章中，我们讨论了 n 维数组向量，介绍了线性组合、线性相关性、基、维数等概念，这些概念也适合于一般的线性空间.

定义 3　在线性空间 V 中，如果存在 n 个元素$\boldsymbol{\xi}_1$，$\boldsymbol{\xi}_2$，…，$\boldsymbol{\xi}_n$满足：

(1) $\boldsymbol{\xi}_1$，$\boldsymbol{\xi}_2$，…，$\boldsymbol{\xi}_n$线性无关；

(2) V 中的任一元素$\boldsymbol{\xi}$可由$\boldsymbol{\xi}_1$，$\boldsymbol{\xi}_2$，…，$\boldsymbol{\xi}_n$线性表示，

那么，$\boldsymbol{\xi}_1$，$\boldsymbol{\xi}_2$，…，$\boldsymbol{\xi}_n$就称为线性空间 V 的一个基，n 称为线性空间 V 的**维数**，只含一个零元素的线性空间没有基，规定它的维数为 0，维数为 n 的线性空间称为 n **维线性空间**，记作 V_n.

若$\boldsymbol{\xi}_1$，$\boldsymbol{\xi}_2$，…，$\boldsymbol{\xi}_n$为 n 维线性空间 V_n 的一个基，则 V_n 可表示为

$$V_n=\{\boldsymbol{\xi}=x_1\boldsymbol{\xi}_1+x_2\boldsymbol{\xi}_2+\cdots+x_n\boldsymbol{\xi}_n \mid x_1, x_2, \cdots, x_n\in\mathbf{R}\},$$

即 V_n 是由基$\boldsymbol{\xi}_1$，$\boldsymbol{\xi}_2$，…，$\boldsymbol{\xi}_n$生成的线性空间.

对于 V_n 中的元素$\boldsymbol{\xi}$，存在惟一的一组实数 x_1，x_2，…，x_n，使

$$\boldsymbol{\xi}=x_1\boldsymbol{\xi}_1+x_2\boldsymbol{\xi}_2+\cdots+x_n\boldsymbol{\xi}_n.$$

反之，对任一组实数 x_1，x_2，…，x_n，有惟一的元素

$$\boldsymbol{\xi}=x_1\boldsymbol{\xi}_1+x_2\boldsymbol{\xi}_2+\cdots+x_n\boldsymbol{\xi}_n\in V_n.$$

这样，V_n 中的元素$\boldsymbol{\xi}$与有序组$(x_1, x_2, \cdots, x_n)^{\mathrm{T}}$之间有一一对应关系.

定义 4　设$\boldsymbol{\xi}_1$，$\boldsymbol{\xi}_2$，…，$\boldsymbol{\xi}_n$是线性空间 V_n 的一个基，对于任一元素$\boldsymbol{\xi}\in V_n$，总有且仅有一组有序数 x_1，x_2，…，x_n 使 $\boldsymbol{\xi}=x_1\boldsymbol{\xi}_1+x_2\boldsymbol{\xi}_2+\cdots+x_n\boldsymbol{\xi}_n$，$x_1$，$x_2$，…，$x_n$ 这组有序数就称为元素$\boldsymbol{\xi}$在基$\boldsymbol{\xi}_1$，$\boldsymbol{\xi}_2$，…，$\boldsymbol{\xi}_n$下的**坐标**，并记作$\boldsymbol{\xi}=(x_1, x_2, \cdots, x_n)^{\mathrm{T}}$.

例 7 次数不超过 n 的实多项式的全体记为 $P[x]_n$，$P[x]_n$ 对于通常的多项式加法、数乘构成线性空间．设 $\boldsymbol{\xi}_1=1$，$\boldsymbol{\xi}_2=1+x$，$\boldsymbol{\xi}_3=1+x+x^2$，…，$\boldsymbol{\xi}_{n+1}=1+x+\cdots+x^n$，$\boldsymbol{\xi}=a_nx^n+a_{n-1}x^{n-1}+a_{n-2}x^{n-2}+\cdots+a_1x+a_0$，求元素 $\boldsymbol{\xi}$ 关于基 $\boldsymbol{\xi}_1$，$\boldsymbol{\xi}_2$，…，$\boldsymbol{\xi}_{n+1}$ 的坐标．

解 设存在数 x_1，x_2，…，x_{n+1}，使得

$$\boldsymbol{\xi}=x_1\boldsymbol{\xi}_1+x_2\boldsymbol{\xi}_2+\cdots+x_{n+1}\boldsymbol{\xi}_{n+1},$$

即

$$\begin{cases} x_1+x_2+\cdots+x_{n+1}=a_0, \\ x_2+\cdots+x_{n+1}=a_1, \\ \cdots\cdots\cdots\cdots\cdots \\ x_n+x_{n+1}=a_{n-1}, \\ x_{n+1}=a_n, \end{cases}$$

得 $$x_1=a_0-a_1,\ x_2=a_1-a_2,\ \cdots,\ x_n=a_{n-1}-a_n,\ x_{n+1}=a_n,$$

所以，元素 $\boldsymbol{\xi}$ 在基 $\boldsymbol{\xi}_1$，$\boldsymbol{\xi}_2$，…，$\boldsymbol{\xi}_{n+1}$ 下的坐标为

$$(a_0-a_1,\ a_1-a_2,\ \cdots,\ a_{n-1}-a_n,\ a_n)^{\mathrm{T}}.$$

若在线性空间 V_n 中取定一个基 $\boldsymbol{\xi}_1$，$\boldsymbol{\xi}_2$，…，$\boldsymbol{\xi}_n$，那么 V_n 中的任一元素 $\boldsymbol{\xi}$ 与它的坐标 $(x_1,\ x_2,\ \cdots,\ x_n)^{\mathrm{T}}$ 一一对应，线性空间 V_n 中的元素的运算可归结为元素坐标的运算，因此我们可以说线性空间 V_n 与 $\boldsymbol{R}^n$ 有相同的结构，称 V_n 与 $\boldsymbol{R}^n$ 同构．

第二节 基变换与坐标变换

定义 5 设 $\boldsymbol{\varepsilon}_1$，$\boldsymbol{\varepsilon}_2$，…，$\boldsymbol{\varepsilon}_n$ 及 $\boldsymbol{\beta}_1$，$\boldsymbol{\beta}_2$，…，$\boldsymbol{\beta}_n$ 是线性空间 V_n 中的两个基，并且

$$\begin{cases} \boldsymbol{\beta}_1=a_{11}\boldsymbol{\varepsilon}_1+a_{12}\boldsymbol{\varepsilon}_2+\cdots+a_{1n}\boldsymbol{\varepsilon}_n, \\ \boldsymbol{\beta}_2=a_{21}\boldsymbol{\varepsilon}_1+a_{22}\boldsymbol{\varepsilon}_2+\cdots+a_{2n}\boldsymbol{\varepsilon}_n, \\ \cdots\cdots\cdots\cdots\cdots\cdots\cdots\cdots \\ \boldsymbol{\beta}_n=a_{n1}\boldsymbol{\varepsilon}_1+a_{n2}\boldsymbol{\varepsilon}_2+\cdots+a_{nn}\boldsymbol{\varepsilon}_n, \end{cases} \tag{1}$$

记矩阵

$$\boldsymbol{A}^{\mathrm{T}}=\begin{pmatrix} a_{11} & a_{12} & \cdots & a_{1n} \\ a_{21} & a_{22} & \cdots & a_{2n} \\ \vdots & \vdots & & \vdots \\ a_{n1} & a_{n2} & \cdots & a_{nn} \end{pmatrix},$$

即

$$\begin{pmatrix} \boldsymbol{\beta}_1 \\ \boldsymbol{\beta}_2 \\ \vdots \\ \boldsymbol{\beta}_n \end{pmatrix}=\begin{pmatrix} a_{11} & a_{12} & \cdots & a_{1n} \\ a_{21} & a_{22} & \cdots & a_{2n} \\ \vdots & \vdots & & \vdots \\ a_{n1} & a_{n2} & \cdots & a_{nn} \end{pmatrix}\begin{pmatrix} \boldsymbol{\varepsilon}_1 \\ \boldsymbol{\varepsilon}_2 \\ \vdots \\ \boldsymbol{\varepsilon}_n \end{pmatrix}=\boldsymbol{A}^{\mathrm{T}}\begin{pmatrix} \boldsymbol{\varepsilon}_1 \\ \boldsymbol{\varepsilon}_2 \\ \vdots \\ \boldsymbol{\varepsilon}_n \end{pmatrix},$$

或 $$(\boldsymbol{\beta}_1, \boldsymbol{\beta}_2, \cdots, \boldsymbol{\beta}_n)=(\boldsymbol{\varepsilon}_1, \boldsymbol{\varepsilon}_2, \cdots, \boldsymbol{\varepsilon}_n)\boldsymbol{A}.$$

矩阵$\boldsymbol{A}$称为由基$\boldsymbol{\varepsilon}_1, \boldsymbol{\varepsilon}_2, \cdots, \boldsymbol{\varepsilon}_n$到基$\boldsymbol{\beta}_1, \boldsymbol{\beta}_2, \cdots, \boldsymbol{\beta}_n$的**过渡矩阵**，由于$\boldsymbol{\beta}_1, \boldsymbol{\beta}_2, \cdots, \boldsymbol{\beta}_n$线性无关，故过渡矩阵$\boldsymbol{A}$可逆，(1)称为**基变换公式**.

定理 2 设$\boldsymbol{\varepsilon}_1, \boldsymbol{\varepsilon}_2, \cdots, \boldsymbol{\varepsilon}_n$和$\boldsymbol{\beta}_1, \boldsymbol{\beta}_2, \cdots, \boldsymbol{\beta}_n$是线性空间$V$的两个基，由$\boldsymbol{\varepsilon}_1, \boldsymbol{\varepsilon}_2, \cdots, \boldsymbol{\varepsilon}_n$到$\boldsymbol{\beta}_1, \boldsymbol{\beta}_2, \cdots, \boldsymbol{\beta}_n$的过渡矩阵为$\boldsymbol{A}$，$\boldsymbol{\xi}$是$V$中的一个向量. 设$\boldsymbol{\xi}$对于基$\boldsymbol{\varepsilon}_1, \boldsymbol{\varepsilon}_2, \cdots, \boldsymbol{\varepsilon}_n$和$\boldsymbol{\beta}_1, \boldsymbol{\beta}_2, \cdots, \boldsymbol{\beta}_n$的坐标分别为$(x_1, x_2, \cdots, x_n)^{\mathrm{T}}$和$(y_1, y_2, \cdots, y_n)^{\mathrm{T}}$，则有

$$\begin{pmatrix}x_1\\x_2\\\vdots\\x_n\end{pmatrix}=\boldsymbol{A}\begin{pmatrix}y_1\\y_2\\\vdots\\y_n\end{pmatrix} \text{或} \begin{pmatrix}y_1\\y_2\\\vdots\\y_n\end{pmatrix}=\boldsymbol{A}^{-1}\begin{pmatrix}x_1\\x_2\\\vdots\\x_n\end{pmatrix}.$$

例 8 在$\boldsymbol{R}^4$中，(1) 求由基$\boldsymbol{\xi}_1, \boldsymbol{\xi}_2, \boldsymbol{\xi}_3, \boldsymbol{\xi}_4$到基$\boldsymbol{\eta}_1, \boldsymbol{\eta}_2, \boldsymbol{\eta}_3, \boldsymbol{\eta}_4$的过渡矩阵，

$$\begin{cases}\boldsymbol{\xi}_1=(1, 1, 1, 1)^{\mathrm{T}},\\ \boldsymbol{\xi}_2=(1, 1, -1, -1)^{\mathrm{T}},\\ \boldsymbol{\xi}_3=(1, -1, 1, -1)^{\mathrm{T}},\\ \boldsymbol{\xi}_4=(1, -1, -1, 1)^{\mathrm{T}},\end{cases} \begin{cases}\boldsymbol{\eta}_1=(1, 2, 3, 1)^{\mathrm{T}},\\ \boldsymbol{\eta}_2=(2, 1, 0, 1)^{\mathrm{T}},\\ \boldsymbol{\eta}_3=(1, -1, 0, -1)^{\mathrm{T}},\\ \boldsymbol{\eta}_4=(2, 1, 1, -2)^{\mathrm{T}}.\end{cases}$$

(2) 求向量$\boldsymbol{\xi}=(a_1, a_2, a_3, a_4)^{\mathrm{T}}$对于基$\boldsymbol{\eta}_1, \boldsymbol{\eta}_2, \boldsymbol{\eta}_3, \boldsymbol{\eta}_4$的坐标.

解 (1) 取$\boldsymbol{R}^4$中的基$\boldsymbol{e}_1, \boldsymbol{e}_2, \boldsymbol{e}_3, \boldsymbol{e}_4$，则有

$$(\boldsymbol{\xi}_1, \boldsymbol{\xi}_2, \boldsymbol{\xi}_3, \boldsymbol{\xi}_4)=(\boldsymbol{e}_1, \boldsymbol{e}_2, \boldsymbol{e}_3, \boldsymbol{e}_4)\boldsymbol{A},$$
$$(\boldsymbol{\eta}_1, \boldsymbol{\eta}_2, \boldsymbol{\eta}_3, \boldsymbol{\eta}_4)=(\boldsymbol{e}_1, \boldsymbol{e}_2, \boldsymbol{e}_3, \boldsymbol{e}_4)\boldsymbol{B},$$

其中 $$\boldsymbol{A}=\begin{pmatrix}1&1&1&1\\1&1&-1&-1\\1&-1&1&-1\\1&-1&-1&1\end{pmatrix}, \boldsymbol{B}=\begin{pmatrix}1&2&1&2\\2&1&-1&1\\3&0&0&1\\1&1&-1&-2\end{pmatrix}.$$

得 $$(\boldsymbol{\eta}_1, \boldsymbol{\eta}_2, \boldsymbol{\eta}_3, \boldsymbol{\eta}_4)=(\boldsymbol{\xi}_1, \boldsymbol{\xi}_2, \boldsymbol{\xi}_3, \boldsymbol{\xi}_4)\boldsymbol{A}^{-1}\boldsymbol{B},$$

所以$\boldsymbol{\xi}_1, \boldsymbol{\xi}_2, \boldsymbol{\xi}_3, \boldsymbol{\xi}_4$到$\boldsymbol{\eta}_1, \boldsymbol{\eta}_2, \boldsymbol{\eta}_3, \boldsymbol{\eta}_4$的过渡矩阵为

$$\boldsymbol{A}^{-1}\boldsymbol{B}=\begin{pmatrix}1&1&1&1\\1&1&-1&-1\\1&-1&1&-1\\1&-1&-1&1\end{pmatrix}^{-1}\begin{pmatrix}1&2&1&2\\2&1&-1&1\\3&0&0&1\\1&1&-1&-2\end{pmatrix}$$
$$=\frac{1}{4}\begin{pmatrix}1&1&1&1\\1&1&-1&-1\\1&-1&1&-1\\1&-1&-1&1\end{pmatrix}\begin{pmatrix}1&2&1&2\\2&1&-1&1\\3&0&0&1\\1&1&-1&-2\end{pmatrix}$$

$$=\frac{1}{4}\begin{pmatrix}7 & 4 & -1 & 2\\ -1 & 2 & 1 & 4\\ 1 & 0 & 3 & 4\\ -3 & 2 & 1 & -2\end{pmatrix}.$$

(2) 设$\boldsymbol{\xi}$对于基$\boldsymbol{\eta}_1$，$\boldsymbol{\eta}_2$，$\boldsymbol{\eta}_3$，$\boldsymbol{\eta}_4$的坐标为$(x_1, x_2, x_3, x_4)^{\mathrm{T}}$，则有

$$\boldsymbol{\xi}=x_1\boldsymbol{\eta}_1+x_2\boldsymbol{\eta}_2+x_3\boldsymbol{\eta}_3+x_4\boldsymbol{\eta}_4,$$

即

$$\begin{pmatrix}a_1\\ a_2\\ a_3\\ a_4\end{pmatrix}=\begin{pmatrix}1 & 2 & 1 & 2\\ 2 & 1 & -1 & 1\\ 3 & 0 & 0 & 1\\ 1 & 1 & -1 & -2\end{pmatrix}\begin{pmatrix}x_1\\ x_2\\ x_3\\ x_4\end{pmatrix},$$

$$\begin{pmatrix}x_1\\ x_2\\ x_3\\ x_4\end{pmatrix}=\begin{pmatrix}1 & 2 & 1 & 2\\ 2 & 1 & -1 & 1\\ 3 & 0 & 0 & 1\\ 1 & 1 & -1 & -2\end{pmatrix}^{-1}\begin{pmatrix}a_1\\ a_2\\ a_3\\ a_4\end{pmatrix}$$

$$=\frac{1}{24}\begin{pmatrix}0 & -3 & 9 & 3\\ 8 & 2 & -6 & 6\\ 8 & -19 & 9 & 3\\ 0 & 9 & -3 & -9\end{pmatrix}\begin{pmatrix}a_1\\ a_2\\ a_3\\ a_4\end{pmatrix}$$

$$=\begin{pmatrix}-\frac{1}{8}a_2+\frac{3}{8}a_3+\frac{1}{8}a_4\\ \frac{1}{3}a_1+\frac{1}{12}a_2-\frac{1}{4}a_3+\frac{1}{4}a_4\\ \frac{1}{3}a_1-\frac{19}{24}a_2+\frac{3}{8}a_3+\frac{1}{8}a_4\\ \frac{3}{8}a_2-\frac{1}{8}a_3-\frac{3}{8}a_4\end{pmatrix}.$$

定义 6 设有两个非空集合V_1、V_2，如果对V_1中任一元素$\boldsymbol{\alpha}$，按照一定的规则，总有V_2中一个确定的元素$\boldsymbol{\beta}$与之对应，那么，这个对应规则称为从集合V_1到集合V_2的**映射**．我们常用大写字母表示映射，如将上述映射记为T，并记

$$\boldsymbol{\beta}=T(\boldsymbol{\alpha})\text{或}\boldsymbol{\beta}=T\boldsymbol{\alpha}(\boldsymbol{\alpha}\in V_1),$$

$\boldsymbol{\beta}$称为$\boldsymbol{\alpha}$在映射T下的**像**，$\boldsymbol{\alpha}$称为$\boldsymbol{\beta}$在映射T下的**原像**．

定义 7 设T是线性空间V到线性空间U的一个映射，若对于任意$\boldsymbol{\alpha}_1$，$\boldsymbol{\alpha}_2\in V$，任意$k\in\mathbf{R}$，都有

$$T(\boldsymbol{\alpha}_1+\boldsymbol{\alpha}_2)=T\boldsymbol{\alpha}_1+T\boldsymbol{\alpha}_2,$$

$$T(k\boldsymbol{\alpha}_1)=kT(\boldsymbol{\alpha}_1),$$

则称 T 为线性空间 V 到线性空间 U 的一个**线性变换**.

特别地，如果 $V=U$，称 T 为线性空间 V 中的**线性变换**.

线性变换有如下基本性质：

(1) $T\mathbf{0}=\mathbf{0}$，$T(-\boldsymbol{\alpha})=-T(\boldsymbol{\alpha})$；

(2) 若 $\boldsymbol{\alpha}=k_1\boldsymbol{\alpha}_1+k_2\boldsymbol{\alpha}_2+\cdots+k_m\boldsymbol{\alpha}_m$，则

$$T\boldsymbol{\alpha}=k_1(T\boldsymbol{\alpha}_1)+k_2(T\boldsymbol{\alpha}_2)+\cdots+k_m(T\boldsymbol{\alpha}_m);$$

(3) 若 $\boldsymbol{\alpha}_1$，$\boldsymbol{\alpha}_2$，…，$\boldsymbol{\alpha}_m$ 线性相关，则 $T\boldsymbol{\alpha}_1$，$T\boldsymbol{\alpha}_2$，…，$T\boldsymbol{\alpha}_m$ 也线性相关，反之，则不一定成立；

(4) 若 $T\boldsymbol{\alpha}_1$，$T\boldsymbol{\alpha}_2$，…，$T\boldsymbol{\alpha}_m$ 线性无关，则 $\boldsymbol{\alpha}_1$，$\boldsymbol{\alpha}_2$，…，$\boldsymbol{\alpha}_m$ 也线性无关.

证　(1) 对任意 $\boldsymbol{\alpha}\in V$，

$$T\mathbf{0}=T(0\boldsymbol{\alpha})=0T(\boldsymbol{\alpha})=\mathbf{0},$$
$$T(-\boldsymbol{\alpha})=T[(-1)\boldsymbol{\alpha}]=(-1)T(\boldsymbol{\alpha})=-T(\boldsymbol{\alpha}).$$

(2)
$$\begin{aligned}T\boldsymbol{\alpha}&=T(k_1\boldsymbol{\alpha}_1+k_2\boldsymbol{\alpha}_2+\cdots+k_m\boldsymbol{\alpha}_m)\\&=T(k_1\boldsymbol{\alpha}_1)+T(k_2\boldsymbol{\alpha}_2)+\cdots+T(k_m\boldsymbol{\alpha}_m)\\&=k_1T(\boldsymbol{\alpha}_1)+k_2T(\boldsymbol{\alpha}_2)+\cdots+k_mT(\boldsymbol{\alpha}_m).\end{aligned}$$

(3) 因为 $\boldsymbol{\alpha}_1$，$\boldsymbol{\alpha}_2$，…，$\boldsymbol{\alpha}_m$ 线性相关，所以存在不全为零的数 k_1，k_2，…，k_m 使得

$$k_1\boldsymbol{\alpha}_1+k_2\boldsymbol{\alpha}_2+\cdots+k_m\boldsymbol{\alpha}_m=\mathbf{0},$$

即
$$T(k_1\boldsymbol{\alpha}_1+k_2\boldsymbol{\alpha}_2+\cdots+k_m\boldsymbol{\alpha}_m)=T(\mathbf{0})=\mathbf{0},$$

即
$$k_1T(\boldsymbol{\alpha}_1)+k_2T(\boldsymbol{\alpha}_2)+\cdots+k_mT(\boldsymbol{\alpha}_m)=\mathbf{0},$$

所以 $T\boldsymbol{\alpha}_1$，$T\boldsymbol{\alpha}_2$，…，$T\boldsymbol{\alpha}_m$ 线性相关.

(4) 反证法证明，假设 $\boldsymbol{\alpha}_1$，$\boldsymbol{\alpha}_2$，…，$\boldsymbol{\alpha}_m$ 线性相关，则 $T\boldsymbol{\alpha}_1$，$T\boldsymbol{\alpha}_2$，…，$T\boldsymbol{\alpha}_m$ 也线性相关，与题设相矛盾，所以原命题成立.

定义 8　设 T 是线性空间 V_n 中的线性变换，在 V_n 中取定一个基 $\boldsymbol{\alpha}_1$，$\boldsymbol{\alpha}_2$，…，$\boldsymbol{\alpha}_n$，如果这个基在变换 T 下的像(用这个基线性表示)为

$$\begin{cases}T(\boldsymbol{\alpha}_1)=a_{11}\boldsymbol{\alpha}_1+a_{21}\boldsymbol{\alpha}_2+\cdots+a_{n1}\boldsymbol{\alpha}_n,\\T(\boldsymbol{\alpha}_2)=a_{12}\boldsymbol{\alpha}_1+a_{22}\boldsymbol{\alpha}_2+\cdots+a_{n2}\boldsymbol{\alpha}_n,\\\cdots\cdots\cdots\cdots\cdots\cdots\cdots\cdots\\T(\boldsymbol{\alpha}_n)=a_{1n}\boldsymbol{\alpha}_1+a_{2n}\boldsymbol{\alpha}_2+\cdots+a_{nn}\boldsymbol{\alpha}_n,\end{cases}$$

记 $T(\boldsymbol{\alpha}_1,\ \boldsymbol{\alpha}_2,\ \cdots,\ \boldsymbol{\alpha}_n)=(T(\boldsymbol{\alpha}_1),\ T(\boldsymbol{\alpha}_2),\ \cdots,\ T(\boldsymbol{\alpha}_n))$，上式可表示为

$$T(\boldsymbol{\alpha}_1,\ \boldsymbol{\alpha}_2,\ \cdots,\ \boldsymbol{\alpha}_n)=(\boldsymbol{\alpha}_1,\ \boldsymbol{\alpha}_2,\ \cdots,\ \boldsymbol{\alpha}_n)\boldsymbol{A},$$

其中
$$\boldsymbol{A}=\begin{pmatrix} a_{11} & a_{12} & \cdots & a_{1n} \\ a_{21} & a_{22} & \cdots & a_{2n} \\ \vdots & \vdots & & \vdots \\ a_{n1} & a_{n2} & \cdots & a_{nn} \end{pmatrix},$$
那么，$\boldsymbol{A}$ 就称为线性变换 T 在基 $\boldsymbol{\alpha}_1$，$\boldsymbol{\alpha}_2$，…，$\boldsymbol{\alpha}_n$ 下的矩阵．

对线性空间 V_n 中的元素 $\boldsymbol{\alpha}$，设 $\boldsymbol{\alpha}$ 在基 $\boldsymbol{\alpha}_1$，$\boldsymbol{\alpha}_2$，…，$\boldsymbol{\alpha}_n$ 下的坐标为 $(x_1, x_2, \cdots, x_n)^{\mathrm{T}}$，即 $\boldsymbol{\alpha}=\sum_{i=1}^{n} x_i\boldsymbol{\alpha}_i$，那么，

$$T(\boldsymbol{\alpha})=T\left(\sum_{i=1}^{n} x_i\boldsymbol{\alpha}_i\right)=\sum_{i=1}^{n} x_i T(\boldsymbol{\alpha}_i)$$
$$=(T(\boldsymbol{\alpha}_1), T(\boldsymbol{\alpha}_2), \cdots, T(\boldsymbol{\alpha}_n))\begin{pmatrix} x_1 \\ x_2 \\ \vdots \\ x_n \end{pmatrix}$$
$$=(\boldsymbol{\alpha}_1, \boldsymbol{\alpha}_2, \cdots, \boldsymbol{\alpha}_n)\boldsymbol{A}\begin{pmatrix} x_1 \\ x_2 \\ \vdots \\ x_n \end{pmatrix},$$

所以，$T(\boldsymbol{\alpha})$ 在基 $\boldsymbol{\alpha}_1$，$\boldsymbol{\alpha}_2$，…，$\boldsymbol{\alpha}_n$ 下的坐标为 $\boldsymbol{A}\begin{pmatrix} x_1 \\ x_2 \\ \vdots \\ x_n \end{pmatrix}$.

定理 3 设有线性空间 V_n 中的两个基
$$\boldsymbol{\alpha}_1, \boldsymbol{\alpha}_2, \cdots, \boldsymbol{\alpha}_n;$$
$$\boldsymbol{\beta}_1, \boldsymbol{\beta}_2, \cdots, \boldsymbol{\beta}_n,$$
由基 $\boldsymbol{\alpha}_1$，$\boldsymbol{\alpha}_2$，…，$\boldsymbol{\alpha}_n$ 到基 $\boldsymbol{\beta}_1$，$\boldsymbol{\beta}_2$，…，$\boldsymbol{\beta}_n$ 的过渡矩阵为 $\boldsymbol{P}$，V_n 中线性变换 T 在这两个基下的矩阵依次为 $\boldsymbol{A}$ 和 $\boldsymbol{B}$，那么 $\boldsymbol{B}=\boldsymbol{P}^{-1}\boldsymbol{A}\boldsymbol{P}$.

证 由已知 $(\boldsymbol{\beta}_1, \boldsymbol{\beta}_2, \cdots, \boldsymbol{\beta}_n)=(\boldsymbol{\alpha}_1, \boldsymbol{\alpha}_2, \cdots, \boldsymbol{\alpha}_n)\boldsymbol{P}$，$\boldsymbol{P}$ 可逆，及
$$T(\boldsymbol{\alpha}_1, \boldsymbol{\alpha}_2, \cdots, \boldsymbol{\alpha}_n)=(\boldsymbol{\alpha}_1, \boldsymbol{\alpha}_2, \cdots, \boldsymbol{\alpha}_n)\boldsymbol{A},$$
$$T(\boldsymbol{\beta}_1, \boldsymbol{\beta}_2, \cdots, \boldsymbol{\beta}_n)=(\boldsymbol{\beta}_1, \boldsymbol{\beta}_2, \cdots, \boldsymbol{\beta}_n)\boldsymbol{B},$$
有
$$(\boldsymbol{\beta}_1, \boldsymbol{\beta}_2, \cdots, \boldsymbol{\beta}_n)\boldsymbol{B}=T(\boldsymbol{\beta}_1, \boldsymbol{\beta}_2, \cdots, \boldsymbol{\beta}_n)=T[(\boldsymbol{\alpha}_1, \boldsymbol{\alpha}_2, \cdots, \boldsymbol{\alpha}_n)\boldsymbol{P}]$$
$$=[T(\boldsymbol{\alpha}_1, \boldsymbol{\alpha}_2, \cdots, \boldsymbol{\alpha}_n)]\boldsymbol{P}=(\boldsymbol{\alpha}_1, \boldsymbol{\alpha}_2, \cdots, \boldsymbol{\alpha}_n)\boldsymbol{A}\boldsymbol{P}$$
$$=(\boldsymbol{\beta}_1, \boldsymbol{\beta}_2, \cdots, \boldsymbol{\beta}_n)\boldsymbol{P}^{-1}\boldsymbol{A}\boldsymbol{P},$$
因为 $\boldsymbol{\beta}_1$，$\boldsymbol{\beta}_2$，…，$\boldsymbol{\beta}_n$ 线性无关，所以

$$\boldsymbol{B}=\boldsymbol{P}^{-1}\boldsymbol{A}\boldsymbol{P}.$$

例 9　下列各变换，哪些是线性变换，哪些不是

(1) $A(x_1, x_2, x_3)^{\mathrm{T}}=(x_1+x_2, x_2+x_3, x_3+x_1)^{\mathrm{T}}$，任意$(x_1, x_2, x_3)^{\mathrm{T}}\in\boldsymbol{R}^3$；

(2) $Tf(x)=f(x+1)$，任意 $f(x)\in P[x]_3$.

解　(1) A 是$\boldsymbol{R}^3$ 中的线性变换；

对任意$\boldsymbol{x}=(x_1, x_2, x_3)^{\mathrm{T}}$，$\boldsymbol{y}=(y_1, y_2, y_3)^{\mathrm{T}}\in\boldsymbol{R}^3$，任意 $k\in\mathbf{R}$，

① $A(x+y)=A(x_1+y_1, x_2+y_2, x_3+y_3)^{\mathrm{T}}$

$$=(x_1+y_1+x_2+y_2, x_2+y_2+x_3+y_3, x_3+y_3+x_1+y_1)^{\mathrm{T}}$$
$$=(x_1+x_2, x_2+x_3, x_3+x_1)^{\mathrm{T}}+(y_1+y_2, y_2+y_3, y_3+y_1)^{\mathrm{T}}$$
$$=A(x_1, x_2, x_3)^{\mathrm{T}}+A(y_1, y_2, y_3)^{\mathrm{T}}=A\boldsymbol{x}+A\boldsymbol{y};$$

② $A(k\boldsymbol{x})=A(kx_1, kx_2, kx_3)^{\mathrm{T}}=(kx_1+kx_2, kx_2+kx_3, kx_3+kx_1)^{\mathrm{T}}$

$$=k(x_1+x_2, x_2+x_3, x_3+x_1)^{\mathrm{T}}=kA(\boldsymbol{x}),$$

所以 A 是$\boldsymbol{R}^3$ 中的线性变换.

(2) T 是 $P[x]_3$ 中的线性变换；

对任意 $f(x)$，$g(x)\in P[x]_3$，任意 $k\in\mathbf{R}$，令

$$h(x)=f(x)+g(x),\ q(x)=kf(x),$$

则
$$h(x+1)=f(x+1)+g(x+1),\ q(x+1)=kf(x+1),$$

故有 $T(f(x)+g(x))=Th(x)=h(x+1)=f(x+1)+g(x+1)=Tf(x)+Tg(x)$，

$$T[kf(x)]=Tq(x)=q(x+1)=kf(x+1)=k(Tf(x)),$$

所以，T 是线性变换.

例 10　设$\boldsymbol{\xi}_1$，$\boldsymbol{\xi}_2$是线性空间 V 的一个基，A 是 V 中的线性变换，且满足

$$\begin{cases}A(3\boldsymbol{\xi}_1-2\boldsymbol{\xi}_2)=5\boldsymbol{\xi}_1+2\boldsymbol{\xi}_2,\\A(2\boldsymbol{\xi}_1-\boldsymbol{\xi}_2)=-\boldsymbol{\xi}_1+3\boldsymbol{\xi}_2,\end{cases}$$

求：(1) A 在基$\boldsymbol{\xi}_1$，$\boldsymbol{\xi}_2$下的矩阵；(2) $A(\boldsymbol{\xi}_1-3\boldsymbol{\xi}_2)$在此基下的坐标.

解　(1) 由
$$\begin{cases}A(3\boldsymbol{\xi}_1-2\boldsymbol{\xi}_2)=5\boldsymbol{\xi}_1+2\boldsymbol{\xi}_2,\\A(2\boldsymbol{\xi}_1-\boldsymbol{\xi}_2)=-\boldsymbol{\xi}_1+3\boldsymbol{\xi}_2,\end{cases}$$

有
$$\begin{cases}3A\boldsymbol{\xi}_1-2A\boldsymbol{\xi}_2=5\boldsymbol{\xi}_1+2\boldsymbol{\xi}_2,\\2A\boldsymbol{\xi}_1-A\boldsymbol{\xi}_2=-\boldsymbol{\xi}_1+3\boldsymbol{\xi}_2,\end{cases}$$

解得
$$A\boldsymbol{\xi}_1=-7\boldsymbol{\xi}_1+4\boldsymbol{\xi}_2=(\boldsymbol{\xi}_1, \boldsymbol{\xi}_2)\begin{pmatrix}-7\\4\end{pmatrix},$$
$$A\boldsymbol{\xi}_2=-13\boldsymbol{\xi}_1+5\boldsymbol{\xi}_2=(\boldsymbol{\xi}_1, \boldsymbol{\xi}_2)\begin{pmatrix}-13\\5\end{pmatrix},$$

所以 $$A(\boldsymbol{\xi}_1, \boldsymbol{\xi}_2)=(A\boldsymbol{\xi}_1, A\boldsymbol{\xi}_2)=(\boldsymbol{\xi}_1, \boldsymbol{\xi}_2)\begin{pmatrix}-7 & -13\\ 4 & 5\end{pmatrix},$$

A 在基 $\boldsymbol{\xi}_1$，$\boldsymbol{\xi}_2$ 下的矩阵为

$$\boldsymbol{A}=\begin{pmatrix}-7 & -13\\ 4 & 5\end{pmatrix}.$$

(2) 因为 $A(\boldsymbol{\xi}_1-3\boldsymbol{\xi}_2)=A\boldsymbol{\xi}_1-3A\boldsymbol{\xi}_2=32\boldsymbol{\xi}_1-11\boldsymbol{\xi}_2=(\boldsymbol{\xi}_1, \boldsymbol{\xi}_2)\begin{pmatrix}32\\ -11\end{pmatrix}$，

所以，$A(\boldsymbol{\xi}_1-3\boldsymbol{\xi}_2)$ 在基 $\boldsymbol{\xi}_1$，$\boldsymbol{\xi}_2$ 下的坐标为 $\begin{pmatrix}32\\ -11\end{pmatrix}$.

例 11 在 $P^{2\times 2}$（二阶方阵的集合）中定义线性变换 $A(\boldsymbol{X})=\begin{pmatrix}a & b\\ c & d\end{pmatrix}\boldsymbol{X}$，求 A 在基 $\boldsymbol{E}_{11}$，$\boldsymbol{E}_{12}$，$\boldsymbol{E}_{21}$，$\boldsymbol{E}_{22}$ 下的矩阵．

解 因为 $$A\boldsymbol{E}_{11}=\begin{pmatrix}a & b\\ c & d\end{pmatrix}\begin{pmatrix}1 & 0\\ 0 & 0\end{pmatrix}=\begin{pmatrix}a & 0\\ c & 0\end{pmatrix}=(\boldsymbol{E}_{11}, \boldsymbol{E}_{12}, \boldsymbol{E}_{21}, \boldsymbol{E}_{22})\begin{pmatrix}a\\ 0\\ c\\ 0\end{pmatrix},$$

$$A\boldsymbol{E}_{12}=\begin{pmatrix}a & b\\ c & d\end{pmatrix}\begin{pmatrix}0 & 1\\ 0 & 0\end{pmatrix}=\begin{pmatrix}0 & a\\ 0 & c\end{pmatrix}=(\boldsymbol{E}_{11}, \boldsymbol{E}_{12}, \boldsymbol{E}_{21}, \boldsymbol{E}_{22})\begin{pmatrix}0\\ a\\ 0\\ c\end{pmatrix},$$

$$A\boldsymbol{E}_{21}=\begin{pmatrix}a & b\\ c & d\end{pmatrix}\begin{pmatrix}0 & 0\\ 1 & 0\end{pmatrix}=\begin{pmatrix}b & 0\\ d & 0\end{pmatrix}=(\boldsymbol{E}_{11}, \boldsymbol{E}_{12}, \boldsymbol{E}_{21}, \boldsymbol{E}_{22})\begin{pmatrix}b\\ 0\\ d\\ 0\end{pmatrix},$$

$$A\boldsymbol{E}_{22}=\begin{pmatrix}a & b\\ c & d\end{pmatrix}\begin{pmatrix}0 & 0\\ 0 & 1\end{pmatrix}=\begin{pmatrix}0 & b\\ 0 & d\end{pmatrix}=(\boldsymbol{E}_{11}, \boldsymbol{E}_{12}, \boldsymbol{E}_{21}, \boldsymbol{E}_{22})\begin{pmatrix}0\\ b\\ 0\\ d\end{pmatrix},$$

所以 $$A(\boldsymbol{E}_{11}, \boldsymbol{E}_{12}, \boldsymbol{E}_{21}, \boldsymbol{E}_{22})=(\boldsymbol{E}_{11}, \boldsymbol{E}_{12}, \boldsymbol{E}_{21}, \boldsymbol{E}_{22})\begin{pmatrix}a & 0 & b & 0\\ 0 & a & 0 & b\\ c & 0 & d & 0\\ 0 & c & 0 & d\end{pmatrix},$$

A 在基 $\boldsymbol{E}_{11}$，$\boldsymbol{E}_{12}$，$\boldsymbol{E}_{21}$，$\boldsymbol{E}_{22}$ 下的矩阵为

$$\boldsymbol{A}=\begin{pmatrix} a & 0 & b & 0 \\ 0 & a & 0 & b \\ c & 0 & d & 0 \\ 0 & c & 0 & d \end{pmatrix}.$$

例 12　设 $\boldsymbol{e}_1$，$\boldsymbol{e}_2$，$\boldsymbol{e}_3$ 是线性空间 V 的一个基，已知 V 的线性变换 A 在 $\boldsymbol{e}_1$，$\boldsymbol{e}_2$，$\boldsymbol{e}_3$ 下的矩阵为

$$\boldsymbol{A}=\begin{pmatrix} a_{11} & a_{12} & a_{13} \\ a_{21} & a_{22} & a_{23} \\ a_{31} & a_{32} & a_{33} \end{pmatrix},$$

（1）求 A 在基 $\boldsymbol{e}_1$，$\boldsymbol{e}_3$，$\boldsymbol{e}_2$ 下的矩阵；

（2）求 A 在基 $\boldsymbol{e}_1$，$2\boldsymbol{e}_2$，$\boldsymbol{e}_3$ 下的矩阵；

（3）求 A 在基 $\boldsymbol{e}_1$，$\boldsymbol{e}_1+\boldsymbol{e}_2$，$\boldsymbol{e}_3$ 下的矩阵．

解　（1）因为　$(\boldsymbol{e}_1, \boldsymbol{e}_3, \boldsymbol{e}_2)=(\boldsymbol{e}_1, \boldsymbol{e}_2, \boldsymbol{e}_3)\begin{pmatrix} 1 & 0 & 0 \\ 0 & 0 & 1 \\ 0 & 1 & 0 \end{pmatrix}$，

所以由 $\boldsymbol{e}_1$，$\boldsymbol{e}_2$，$\boldsymbol{e}_3$ 到 $\boldsymbol{e}_1$，$\boldsymbol{e}_3$，$\boldsymbol{e}_2$ 的过渡矩阵为

$$\begin{pmatrix} 1 & 0 & 0 \\ 0 & 0 & 1 \\ 0 & 1 & 0 \end{pmatrix},$$

所以 A 在 $\boldsymbol{e}_1$，$\boldsymbol{e}_3$，$\boldsymbol{e}_2$ 下的矩阵为

$$\boldsymbol{B}=\begin{pmatrix} 1 & 0 & 0 \\ 0 & 0 & 1 \\ 0 & 1 & 0 \end{pmatrix}^{-1}\begin{pmatrix} a_{11} & a_{12} & a_{13} \\ a_{21} & a_{22} & a_{23} \\ a_{31} & a_{32} & a_{33} \end{pmatrix}\begin{pmatrix} 1 & 0 & 0 \\ 0 & 0 & 1 \\ 0 & 1 & 0 \end{pmatrix}=\begin{pmatrix} a_{11} & a_{13} & a_{12} \\ a_{31} & a_{33} & a_{32} \\ a_{21} & a_{23} & a_{22} \end{pmatrix}.$$

（2）因为　$(\boldsymbol{e}_1, 2\boldsymbol{e}_2, \boldsymbol{e}_3)=(\boldsymbol{e}_1, \boldsymbol{e}_2, \boldsymbol{e}_3)\begin{pmatrix} 1 & 0 & 0 \\ 0 & 2 & 0 \\ 0 & 0 & 1 \end{pmatrix}$，

所以 A 在 $\boldsymbol{e}_1$，$2\boldsymbol{e}_2$，$\boldsymbol{e}_3$ 下矩阵为

$$\begin{pmatrix} 1 & 0 & 0 \\ 0 & 2 & 0 \\ 0 & 0 & 1 \end{pmatrix}^{-1}\begin{pmatrix} a_{11} & a_{12} & a_{13} \\ a_{21} & a_{22} & a_{23} \\ a_{31} & a_{32} & a_{33} \end{pmatrix}\begin{pmatrix} 1 & 0 & 0 \\ 0 & 2 & 0 \\ 0 & 0 & 1 \end{pmatrix}=\begin{pmatrix} a_{11} & 2a_{12} & a_{13} \\ \frac{1}{2}a_{21} & a_{22} & \frac{1}{2}a_{23} \\ a_{31} & 2a_{32} & a_{33} \end{pmatrix}.$$

（3）因为　$(\boldsymbol{e}_1, \boldsymbol{e}_1+\boldsymbol{e}_2, \boldsymbol{e}_3)=(\boldsymbol{e}_1, \boldsymbol{e}_2, \boldsymbol{e}_3)\begin{pmatrix} 1 & 1 & 0 \\ 0 & 1 & 0 \\ 0 & 0 & 1 \end{pmatrix}$，

所以 A 在基 $\boldsymbol{e}_1$，$\boldsymbol{e}_1+\boldsymbol{e}_2$，$\boldsymbol{e}_3$ 下的矩阵为

$$\begin{pmatrix}1&1&0\\0&1&0\\0&0&1\end{pmatrix}^{-1}\begin{pmatrix}a_{11}&a_{12}&a_{13}\\a_{21}&a_{22}&a_{23}\\a_{31}&a_{32}&a_{33}\end{pmatrix}\begin{pmatrix}1&1&0\\0&1&0\\0&0&1\end{pmatrix}$$

$$=\begin{pmatrix}a_{11}-a_{21}&a_{11}+a_{12}-a_{21}-a_{22}&a_{13}-a_{23}\\a_{21}&a_{21}+a_{22}&a_{23}\\a_{31}&a_{31}+a_{32}&a_{33}\end{pmatrix}.$$

例 13 设 $\boldsymbol{R}^3$ 中的线性变换 A 定义如下：

$$A(x_1, x_2, x_3)^{\mathrm{T}}=(3x_1+2x_2, 2x_2-4x_3, x_2-x_3)^{\mathrm{T}},$$

求：(1) A 在基 $\boldsymbol{e}_1=(1, 0, 0)^{\mathrm{T}}$，$\boldsymbol{e}_2=(0, 1, 0)^{\mathrm{T}}$，$\boldsymbol{e}_3=(0, 0, 1)^{\mathrm{T}}$ 下的矩阵；

(2) A 在基 $\boldsymbol{\alpha}_1=(1, 0, 1)^{\mathrm{T}}$，$\boldsymbol{\alpha}_2=(0, 1, 0)^{\mathrm{T}}$，$\boldsymbol{\alpha}_3=(-1, 0, 1)^{\mathrm{T}}$ 下的矩阵．

解 (1) 因为

$$A\boldsymbol{e}_1=(3, 0, 0)^{\mathrm{T}}=3\boldsymbol{e}_1,$$

$$A\boldsymbol{e}_2=(2, 2, 1)^{\mathrm{T}}=2\boldsymbol{e}_1+2\boldsymbol{e}_2+\boldsymbol{e}_3,$$

$$A\boldsymbol{e}_3=(0, -4, -1)^{\mathrm{T}}=-4\boldsymbol{e}_2-\boldsymbol{e}_3,$$

所以 A 在基 $\boldsymbol{e}_1$，$\boldsymbol{e}_2$，$\boldsymbol{e}_3$ 下的矩阵为

$$\boldsymbol{A}=\begin{pmatrix}3&2&0\\0&2&-4\\0&1&-1\end{pmatrix}.$$

(2) $A\boldsymbol{\alpha}_1=(3, -4, -1)^{\mathrm{T}}=\boldsymbol{\alpha}_1-4\boldsymbol{\alpha}_2-2\boldsymbol{\alpha}_3$,

$$A\boldsymbol{\alpha}_2=(2, 2, 1)^{\mathrm{T}}=\frac{3}{2}\boldsymbol{\alpha}_1+2\boldsymbol{\alpha}_2-\frac{1}{2}\boldsymbol{\alpha}_3,$$

$$A\boldsymbol{\alpha}_3=(-3, -4, -1)^{\mathrm{T}}=-2\boldsymbol{\alpha}_1-4\boldsymbol{\alpha}_2+\boldsymbol{\alpha}_3,$$

所以 A 在基 $\boldsymbol{\alpha}_1$，$\boldsymbol{\alpha}_2$，$\boldsymbol{\alpha}_3$ 下的矩阵为

$$\boldsymbol{A}=\begin{pmatrix}1&\frac{3}{2}&-2\\-4&2&-4\\-2&-\frac{1}{2}&1\end{pmatrix}.$$

习 题 六

1. 检验下列集合对于所制定的运算，是否构成数域 $\mathbf{R}$ 上的线性空间．

（1）集合：数域 **R** 上全体 n 阶实对称矩阵；运算：矩阵的加法与数量乘法；

（2）按通常数域 **R** 上 n 维向量的加减及数乘运算，

$$V=\{(a, b, a, b, \cdots, a, b) \mid a, b\in\mathbf{R}\};$$

（3）数域 **R** 上次数不低于定数的多项式全体并添上 0 组成的集合．

2．求向量 $\boldsymbol{\xi}$ 在基 $\boldsymbol{\xi}_1$，$\boldsymbol{\xi}_2$，$\boldsymbol{\xi}_3$，$\boldsymbol{\xi}_4$ 下的坐标．

（1）$\boldsymbol{\xi}=(0, 0, 0, 1)^{\mathrm{T}}$，$\boldsymbol{\xi}_1=(1, 1, 0, 1)^{\mathrm{T}}$，$\boldsymbol{\xi}_2=(2, 1, 3, 1)^{\mathrm{T}}$，$\boldsymbol{\xi}_3=(1, 1, 0, 0)^{\mathrm{T}}$，$\boldsymbol{\xi}_4=(0, 1, -1, -1)^{\mathrm{T}}$；

（2）$\boldsymbol{\xi}=(0, 1, 1, 2)^{\mathrm{T}}$，$\boldsymbol{\xi}_1=(1, 2, -1, 0)^{\mathrm{T}}$，$\boldsymbol{\xi}_2=(1, -1, 1, 1)^{\mathrm{T}}$，$\boldsymbol{\xi}_3=(-1, 2, 1, 1)^{\mathrm{T}}$，$\boldsymbol{\xi}_4=(-1, -1, 0, 1)^{\mathrm{T}}$．

3．在线性空间 $\boldsymbol{R}^4$ 中，求由基 $\boldsymbol{\xi}_1$，$\boldsymbol{\xi}_2$，$\boldsymbol{\xi}_3$，$\boldsymbol{\xi}_4$ 到基 $\boldsymbol{\eta}_1$，$\boldsymbol{\eta}_2$，$\boldsymbol{\eta}_3$，$\boldsymbol{\eta}_4$ 的过渡矩阵，并求向量 $\boldsymbol{\xi}$ 在指定基下的坐标：

$$(1)\begin{cases}\boldsymbol{\xi}_1=(1, 1, 1, 1)^{\mathrm{T}},\\ \boldsymbol{\xi}_2=(1, 1, -1, -1)^{\mathrm{T}},\\ \boldsymbol{\xi}_3=(1, -1, 1, -1)^{\mathrm{T}},\\ \boldsymbol{\xi}_4=(1, -1, -1, 1)^{\mathrm{T}},\end{cases}\quad\begin{cases}\boldsymbol{\eta}_1=(2, -2, 0, 0)^{\mathrm{T}},\\ \boldsymbol{\eta}_2=(3, -1, -1, -1)^{\mathrm{T}},\\ \boldsymbol{\eta}_3=(3, 1, 1, -1)^{\mathrm{T}},\\ \boldsymbol{\eta}_4=(3, 1, -1, 1)^{\mathrm{T}},\end{cases}$$

求向量 $\boldsymbol{\xi}=(1, 0, 0, 0)^{\mathrm{T}}$ 在基 $\boldsymbol{\eta}_1$，$\boldsymbol{\eta}_2$，$\boldsymbol{\eta}_3$，$\boldsymbol{\eta}_4$ 下的坐标．

$$(2)\begin{cases}\boldsymbol{\xi}_1=(1, 0, 0, 0)^{\mathrm{T}},\\ \boldsymbol{\xi}_2=(0, 1, 0, 0)^{\mathrm{T}},\\ \boldsymbol{\xi}_3=(0, 0, 1, 0)^{\mathrm{T}},\\ \boldsymbol{\xi}_4=(0, 0, 0, 1)^{\mathrm{T}},\end{cases}\quad\begin{cases}\boldsymbol{\eta}_1=(2, 1, -1, 1)^{\mathrm{T}},\\ \boldsymbol{\eta}_2=(0, 3, 1, 0)^{\mathrm{T}},\\ \boldsymbol{\eta}_3=(5, 3, 2, 1)^{\mathrm{T}},\\ \boldsymbol{\eta}_4=(6, 6, 1, 3)^{\mathrm{T}},\end{cases}$$

求向量 $\boldsymbol{\xi}=(x_1, x_2, x_3, x_4)^{\mathrm{T}}$ 在基 $\boldsymbol{\eta}_1$，$\boldsymbol{\eta}_2$，$\boldsymbol{\eta}_3$，$\boldsymbol{\eta}_4$ 下的坐标．

4．判别下列所定义的变换，哪些是线性的，哪些不是？

（1）在线性空间 V 中，$T\boldsymbol{\xi}=\boldsymbol{\xi}+\boldsymbol{a}$，其中 $\boldsymbol{a}\in V$ 是一固定的向量；

（2）在 $\boldsymbol{R}^3$ 中，$T(x_1, x_2, x_3)^{\mathrm{T}}=(x_1+x_2, x_2-x_3, x_3^2)^{\mathrm{T}}$；

（3）在 $\boldsymbol{R}^3$ 中，$T(x_1, x_2, x_3)^{\mathrm{T}}=(0, x_3, x_2)^{\mathrm{T}}$；

（4）在 $\boldsymbol{R}^3$ 中，$T(x_1, x_2, x_3)^{\mathrm{T}}=(x_1+2x_2, x_2, x_1-x_3)^{\mathrm{T}}$；

（5）在 $P[x]_2$ 中，$Tf(x)=f(x-2)$；

（6）在 $\boldsymbol{R}^3$ 中，$T(x_1, x_2, x_3)^{\mathrm{T}}=(1, x_1x_2x_3, 1)^{\mathrm{T}}$；

（7）在 $\boldsymbol{R}^3$ 中，$T(x_1, x_2, x_3)^{\mathrm{T}}=(x_1, x_1+x_2, x_1+x_2+x_3)^{\mathrm{T}}$；

（8）在 $\boldsymbol{R}^3$ 中，$T(x_1, x_2, x_3)^{\mathrm{T}}=(2x_1-x_2, x_2+x_3, x_1)^{\mathrm{T}}$．

5．设线性空间 $\boldsymbol{R}^3$ 的线性变换 T_1，T_2 如下：

$$T_1(x_1, x_2, x_3)^{\mathrm{T}}=(x_1-x_2, 2x_2, x_1+x_2)^{\mathrm{T}},$$
$$T_2(x_1, x_2, x_3)^{\mathrm{T}}=(x_1-x_2-x_3, 0, -x_1-2x_2)^{\mathrm{T}},$$

(1) 求 T_1+T_2，T_1-T_2，$3T_1$；

(2) 求 $2T_1T_2$，$-T_2T_1$，T_1^3.

6. 在三维空间 $\boldsymbol{R}^3$ 中，求下列各线性变换 T 在所指定基下的矩阵：

(1) 求 $T(x_1, x_2, x_3)^{\mathrm{T}}=(2x_1-x_2, x_2+x_3, x_1)^{\mathrm{T}}$ 在基 $\boldsymbol{\xi}_1=(1, 0, 0)^{\mathrm{T}}$，$\boldsymbol{\xi}_2=(0, 1, 0)^{\mathrm{T}}$，$\boldsymbol{\xi}_3=(0, 0, 1)^{\mathrm{T}}$ 下的矩阵；

(2) 已知线性变换 T 在基 $\boldsymbol{\eta}_1=(-1, 1, 1)^{\mathrm{T}}$，$\boldsymbol{\eta}_2=(1, 0, -1)^{\mathrm{T}}$，$\boldsymbol{\eta}_3=(0, 1, 1)^{\mathrm{T}}$ 下的矩阵是 $\begin{pmatrix} 1 & 0 & 1 \\ 1 & 1 & 0 \\ -1 & 2 & 1 \end{pmatrix}$，求 T 在基 $\boldsymbol{\xi}_1=(1, 0, 0)^{\mathrm{T}}$，$\boldsymbol{\xi}_2=(0, 1, 0)^{\mathrm{T}}$，$\boldsymbol{\xi}_3=(0, 0, 1)^{\mathrm{T}}$ 下的矩阵.

思考题：

(1) 对任意的 $m\times n$ 矩阵 $\mathbf{A}$，讨论 $\mathbf{A}^{\mathrm{T}}\mathbf{A}$ 的型，以及所得的结论与 $R(\mathbf{A})=n$ 的关系？

(2) 两个同阶实对称矩阵是否可以同时合同于对角阵？

应用题：

已知坐标旋转变换为 $\begin{pmatrix} y_1 \\ y_2 \end{pmatrix}=\begin{pmatrix} \cos\theta & \sin\theta \\ -\sin\theta & \cos\theta \end{pmatrix}\begin{pmatrix} x_1 \\ x_2 \end{pmatrix}$，当 $\theta=\frac{\pi}{4}$ 时，记为 $\boldsymbol{y}=\boldsymbol{Q}\boldsymbol{x}$，求二次型 $f=5x_1^2-4x_1x_2+5x_2^2$ 经 $\boldsymbol{x}=\boldsymbol{Q}^{-1}\boldsymbol{y}$ 变换后的表达式，并指出 $f=8$ 表示何种曲线？

附录一　数学实验

第一节　MATLAB 简介

MATLAB 是美国 Math Works 公司推出的一种以数值计算和数据图示为主的计算机软件产品．MATLAB 是英文 Matrix Laboratory（矩阵实验室）的缩写．它的基本数据单元是无需指定维数的矩阵，它可直接用于表达数学算式，是一种解释式语言．计算、绘图功能强大，可扩展性强，简单易学．

特别要指出的是，MATLAB 原始版本的产生与线性代数课程紧密相关．20 世纪 70 年代后期，MATLAB 的创始人 Cleve Moler 博士在讲授线性代数课程时，深感高级语言编程的诸多不便，于是他编写了一个接口程序，取名为 MATLAB. 随后，MATLAB 在多所大学里作为教学辅助软件被广泛使用．1984 年，Cleve Moler 和 John Little 成立了 Math Works 公司，把经过完善的 MATLAB 正式推向市场．

时至今日，MATLAB 已发展成为适合多学科、多平台的功能强大的计算机大型软件，被广泛应用于科学研究和解决多种具体问题．此外，MATLAB 已经成为线性代数、自动控制理论、数字信号处理、数理统计、动态系统仿真等课程的基本教学工具．本书以 MATLAB 7.0 为例加以介绍．

一、MATLAB 的启动与退出

1. 启动 MATLAB 的常用方法

（1）用鼠标双击 Windows 桌面上的图标，启动 MATLAB.

（2）在 Windows“开始”菜单的“所有程序”选项中选择“MATLAB”，单击图标，启动 MATLAB.

启动后，将进入 MATLAB 集成环境．屏幕上会出现 MATLAB 主窗口，它主要包括命令窗口（Command Window）、工作空间窗口（Workspace）、命令历史窗口（Command History）.

在 MATLAB 命令窗口中，符号“≫”为命令提示符，其后紧跟光标，表示 MATLAB 正处于准备状态．用户可以在命令提示符后键入命令，并以单击回车键表示命令结束，系统开始解释执行所输入的命令，并在命令后面给出计算结果或出错信息．

命令行中如有符号“%”，表示符号“%”后面的内容是注释，系统不对其内容进行操作．

2. 退出 MATLAB 的常用方法

(1) 在命令窗口中键入 quit 或同时按 Ctrl 和 Q 键(简记 Ctrl+Q).

注意：键入 quit 后要单击回车键．以下类同．

(2) 用鼠标单击 file 菜单，单击 Exit MATLAB.

3. 基本功能键与常用特殊命令

(1) Esc 键　按此键清除当前输入状态下的命令．

(2) ↑键　按此键一次，调出所在状态下的上一条命令．

(3) ↓键　按此键一次，调出所在状态下的下一条命令，如果没有，则进入命令输入状态．

(4) clc　% 清除命令窗口中的原有内容．

(5) home　% 光标移到命令窗口的左上角(保留原有内容).

(6) clear　% 清除内存中的变量(数据).

(7) clf　% 清除图形窗口中的原有内容．

(8) whos　% 在命令窗口中将列出驻留变量并给出维数及性质．

二、MATLAB 中相关的基本操作及命令函数

1. 矩阵及其元素的赋值

MATLAB 语言中的基本数据单元是矩阵．在 MATLAB 语言中不必描述矩阵的维数和类型，它们是由输入的格式和内容来确定的．它的基本赋值语句结构为：

变量名=表达式．

表达式一般由操作符、字符、函数和变量名等组成，表达式的结果为一个矩阵，输送到指定的变量中，并存放于工作空间中以备调用．如果缺省“变量名=”，则结果输送到默认变量 ans(最近的答案)中，并存放于工作空间中以备调用．若一个表达式较长，可以换行输入，但要在行尾加上三个英文句号．

变量名一般由英文字母和数字字符组成，且区分大小写．变量名的第一个字母必须是英文字母，且变量名的各字符之间不可以留空格．

矩阵可以用不同的方法输入到 MATLAB 中．

（1）直接给出元素的形式：

输入低阶矩阵最简单的方法是使用直接排列的形式，把矩阵的元素直接排列到方括号中，每行内的元素用空格或逗号分开，行与行的内容用分号格开．

例如，在命令提示符后输入：

A=[1　2　3；sqrt(16)　5　6；7　2+3*2　9]并回车，

或　　A=[1，2，3；sqrt(16)，5，6；7，2+3*2，9]并回车，

或　　A=[1　2　3

sqrt(16)　5　6

7　2+3*2　9]并回车，

都将得到图1所示的结果．

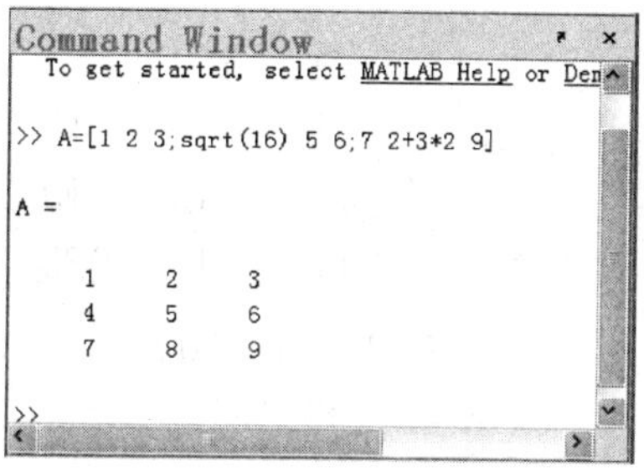

图1　矩阵输出示例

较高阶矩阵可以分行输入，用回车代替分号．矩阵的元素可以是表达式．输入后矩阵A将一直保存在工作空间中，除非被替代和清除，矩阵A可以随时被调出来．若在命令末尾加上“；”号，则表示此命令不产生输出，除非再次调用．

（2）通过语句和函数产生

①　A=初值(c)：步长(k)：终值(d)　%产生以c为第一个分量，步长为k，且最后一个分量不超过d的向量A.

如，键入命令A=5：2：16，则得到一个1×6的矩阵．

≫A=5：2：16

A=

5　　7　　9　　11　　13　　15

当c<d且k>0，或者c>d且k<0时，生成步长为k的向量A；

当c<d且k<0，或者c>d且k>0时，生成空向量．

②eye(n)　　　% 生成一个n阶单位矩阵．

③eye(m，n)　　% 生成一个m×n单位矩阵．当m≠n时，矩阵中会出现全为0的行或列．

④zeros(m，n) % 生成一个m×n零矩阵．

⑤ones(m，n)　% 生成一个m行n列元素全为1的矩阵．

⑥magic(n)　　% 生成一个n阶幻方矩阵．

⑦[ ]　　　　　% 生成空矩阵．

“空矩阵”是指没有元素的矩阵．对一个矩阵赋值为[ ]，就是使它的元素消失．

例如，（1）生成一个 5 阶幻方矩阵并存放于变量 A 中；（2）将 A 中的元素 a_{21} 重新赋值，令 $a_{21}=100$；（3）取出 A 的位于第 1、5 行及第 3、4 列的元素存放于变量 B 中；（4）取出 A 的位于第 1、3、5 行构成矩阵 C.

（1）
```
≫A=magic(5)
A=
    17    24     1     8    15
    23     5     7    14    16
     4     6    13    20    22
    10    12    19    21     3
    11    18    25     2     9
```

（2）
```
≫A(2, 1)=100
A=
    17    24     1     8    15
   100     5     7    14    16
     4     6    13    20    22
    10    12    19    21     3
    11    18    25     2     9
```

（3）
```
≫B=A([1, 5], [3, 4])
B=
     1     8
    25     2
```

（4）
```
≫C=A([1, 3, 5],:)
C=
    17    24     1     8    15
     4     6    13    20    22
    11    18    25     2     9
```

或
```
≫A([2, 4],:)=[ ];
≫C=A
C=
    17    24     1     8    15
     4     6    13    20    22
    11    18    25     2     9
```

此外，还可以通过建立 M 文件等方法进行赋值 .

2. 矩阵运算的基本命令

MATLAB 定义了如下基本运算(假设以下运算是可行的)：

(1) det(A)　　　　% 方阵 A 的行列式；

(2) A+B　　　　% 矩阵 A 加 B；

(3) A−B　　　　% 矩阵 A 减 B；

(4) k * A　　　　% 数 k 乘以矩阵 A；

(5) A * B　　　　% 矩阵 A 乘以矩阵 B；

(6) A^n　　　　% 方阵 A 的 n 次幂；

(7) A. * B　　　　% 矩阵 A 与 B 的对应元素相乘；

(8) A′　　　　% 矩阵 A 的转置；

(9) inv(A)　　　　% 矩阵 A 的逆；

(10) rank(A)　　　　% 矩阵 A 的秩；

(11) B/A　　　　% 矩阵 B 左乘 A 的逆，等价于 B * inv(A)；

(12) A \ B　　　　% 矩阵 B 右乘 A 的逆，等价于 inv(A) * B；

(13) eig(A)　　　　% 矩阵 A 的特征值；

(14) [P，D]=eig(A) % 矩阵 A 的特征向量矩阵 P 及对角矩阵 D；

(15) trace(A)　　　　% 矩阵 A 的迹；

(16) rref(A)　　　　% 矩阵 A 的行最简形矩阵 .

3. 其他基本命令

(1) factor(y)　% 变量 y 因式分解；

(2) syms a b　% 定义符号变量 a，b，两个变量之间用空格隔开 .

第二节　用 MATLAB 求解线性代数中的问题

实验一　行列式与矩阵的基本运算

一、实验目的

1. 熟悉 MATLAB 软件工作环境 .

2. 掌握 MATLAB 软件的基本操作方法 .

3. 学会用 MATLAB 软件进行矩阵的输入及相关的基本操作 .

二、实验准备

1. 线性代数中关于行列式、矩阵的基本概念与运算法则 .

2. MATLAB 软件的基本操作方法 .

3. 实验所用相关命令及主要功能键如表 1 所示：

表 1 MATLAB 基本命令(一)

(1)det(A)	(13)ones(m, n)
(2)A±B	(14)B(n,:)
(3)k * A	(15)B(:, m)
(4)A * B	(16)sym
(5)A^n	(17)syms
(6)A. * B	(18)factor
(7)A′	(19)clc
(8)inv(A)	(20)clear
(9)A \ B	(21)↑键
(10)B/A	(22)↓键
(11)trace(A)	(23)Esc 键
(12)eye(n)	(24)for

注：命令注释在例题中介绍．

三、实验举例

例 1 设 $\boldsymbol{A}=\begin{pmatrix}1 & 1 & 0 & -2\\ 0 & -1 & 0 & 1\\ 0 & -1 & 1 & 0\\ 0 & 1 & 2 & 0\end{pmatrix}$，且 $\boldsymbol{A}^2\boldsymbol{B}=\boldsymbol{A}+2\boldsymbol{B}$，

(1) 在 MATLAB 命令窗口中输入并显示矩阵 $\boldsymbol{A}$；

(2) 计算 $|\boldsymbol{A}^2-2\boldsymbol{E}|$；

(3) 计算 $(\boldsymbol{A}^2-2\boldsymbol{E})^{-1}$；

(4) 求 $\boldsymbol{B}$.

解 (1) 相应的代码及运算结果如下：

```
≫clear;                                   % 清除内存中的变量(数据)
≫A=[1 1 0 -2; 0 -1 0 1; 0 -1 1 0; 0 1 2 0]      % 生成矩阵 A
A=

    1     1     0    -2
    0    -1     0     1
    0    -1     1     0
    0     1     2     0
```

(2) 相应的代码及运算结果如下：

```
≫det(A^2-2 * eye(4))          % 计算|A^2-2E|;
```

```
ans=          % 最近的结果存放于 ans 中，此处 ans 表示|A^2-2E|的值.
   -9
```

(3) 相应的代码及运算结果如下：

```
>>inv(A^2-2*eye(4))
ans=

   -1.0000   -1.6667    2.0000    0.6667
         0    0.3333         0   -0.3333
         0    0.3333   -0.3333         0
         0   -0.3333   -0.6667         0
```

如果输入 sym(inv(A^2－2 * eye(4)))，观察输出结果的变化．要求先用"↑"键调出命令 inv(A^2－2 * eye(4))，再在此基础上修改成 sym(inv(A^2－2 * eye(4))).

```
>>sym(inv(A^2-2*eye(4)))        % 将数值矩阵转化为符号矩阵.
ans=
[-1, -5/3,    2,  2/3]
[ 0,  1/3,    0, -1/3]
[ 0,  1/3, -1/3,    0]
[ 0, -1/3, -2/3,    0]
```

(4) 相应的代码及运算结果如下：

```
>>B=(A^2-2*eye(4))\A      % 或输入 B=inv(A^2-2*eye(4))*A
B=

   -1.0000   -0.6667    3.3333    0.3333
         0   -0.6667   -0.6667    0.3333
         0         0   -0.3333    0.3333
         0    1.0000   -0.6667   -0.3333
```

或

```
>>B=sym((A^2-2*eye(4))\A)        %或输入 B=sym(inv(A^2-
                                    2*eye(4)))*A
B=
[-1, -2/3, 10/3,  1/3]
[ 0, -2/3, -2/3,  1/3]
[ 0,    0, -1/3,  1/3]
[ 0,    1, -2/3, -1/3]
```

例 2 生成矩阵 $B=\begin{pmatrix}1 & 1 & 1 & \cdots & 1\\ 2 & 3 & 4 & \cdots & 9\\ 2^2 & 3^2 & 4^2 & \cdots & 9^2\\ \vdots & \vdots & \vdots & & \vdots\\ 2^7 & 3^7 & 4^7 & \cdots & 9^7\end{pmatrix}$，并计算 $|B|$、$\mathrm{tr}(B)$.

解 相应的代码及运算结果如下：

```
≫clear;                              % 清除内存中的变量(数据)
≫B(1,:)=ones(1, 8);                  %生成矩阵 B 的第 1 行元素，“;”不
                                       输出其结果
≫B(2,:)=2: 1: 9;                     % 生成矩阵 B 的第 2 行元素
≫B(3,:)=B(2,:). * B(2,:);            % 生成矩阵 B 的第 3 行元素
≫B(4,:)=B(3,:). * B(2,:);
≫B(5,:)=B(4,:). * B(2,:);
≫B(6,:)=B(5,:). * B(2,:);
≫B(7,:)=B(6,:). * B(2,:);
≫B(8,:)=B(7,:). * B(2,:);
≫B, tr=trace(B)                      % 输出矩阵 B 和 tr(B)
```

B=

1	1	1	1	1	1	1	1
2	3	4	5	6	7	8	9
4	9	16	25	36	49	64	81
8	27	64	125	216	343	512	729
16	81	256	625	1296	2401	4096	6561
32	243	1024	3125	7776	16807	32768	59049
64	729	4096	15625	46656	117649	262144	531441
128	2187	16384	78125	279936	823543	2097152	4782969

tr=

5063361

或利用 for 语句

```
≫clear
≫B(1,:)=ones(1, 8);
≫B(2,:)=2: 1: 9;
≫for i=3: 8                           % 循环开始
```

```
B(i,:)=B(i-1,:).*B(2,:);       % 给矩阵 B 的 3~8 行赋值
end;                           % 循环结束
>>B, tr=trace(B)               % 输出矩阵 B 和 tr(B)，结果同上
```

例 3　设

$$A_5=\begin{pmatrix} x & a & a & a & a \\ a & x & a & a & a \\ a & a & x & a & a \\ a & a & a & x & a \\ a & a & a & a & x \end{pmatrix},$$

(1) 在 MATLAB 命令窗口中输入并显示矩阵 $\boldsymbol{A}$；

(2) 计算 $D_5=\det(\boldsymbol{A}_5)$；

(3) 将 D_5 因式分解．

解　(1) 相应的代码及运算结果如下：

```
>>clear;
>>syms x a;                    % 定义符号变量 x a
>>A=[x a a a a; a x a a a; a a x a a; a a a x a; a a a a x]
A=
[x, a, a, a, a]
[a, x, a, a, a]
[a, a, x, a, a]
[a, a, a, x, a]
[a, a, a, a, x]
```

(2) 相应的代码及运算结果如下：

```
>>D5=det(A)
D5=
x^5-10*x^3*a^2+20*x^2*a^3-15*x*a^4+4*a^5
```

(3) 相应的代码及运算结果如下：

```
>>factor(D5)        % D5 因式分解
ans=
(4*a+x)*(a-x)^4
```

例 4　求解矩阵方程 $\boldsymbol{AX}=\boldsymbol{B}$，其中，

$$\boldsymbol{A}=\begin{pmatrix} 5 & 1 & -5 \\ 3 & -3 & 2 \\ 1 & -2 & 1 \end{pmatrix},\ \boldsymbol{B}=\begin{pmatrix} -8 & -5 \\ 6 & 9 \\ 0 & 0 \end{pmatrix}.$$

解 相应的代码及运算结果如下：

```
≫clear;
≫A=[5 1 -5; 3 -3 2; 1 -2 1];
≫B=[-8 -5; 6 9; 0 0];
≫D=det(A)
D=
    19
≫X=sym(inv(A) * B)
X=
    46/19     4
    68/19     5
    90/19     6
```

例 5 用克莱姆法则求解方程组

$$\begin{cases} x_1+\ x_2+x_3=0, \\ 4x_1+2x_2+x_3=3, \\ 9x_1-3x_2+x_3=28. \end{cases}$$

解 相应的代码及运算结果如下：

```
≫clear;
≫B=[1 1 1 0; 4 2 1 3; 9 -3 1 28];      % 生成增广矩阵 B=(a1  a2  a3  b)
≫b=[0 3 28]';
≫A=B(:, [1: 3]);                       % 生成系数矩阵 A
≫D=det(A);
≫D1=A;
≫D1(:, 1)=b;                           %将 D1 的第 1 列元素换成 b，得到
                                         D1=(b  a2  a3)
≫D1=det(D1);
≫D2=A;
≫D2(:, 2)=b;                           %将 D2 的第 2 列元素换成 b，得到
                                         D2=(a1  b  a3)
≫D2=det(D2);
≫D3=A;
≫D3(:, 3)=b;                           %将 D3 的第 3 列元素换成 b，得到
                                         D2=(a1  a3  b)
```

```
≫D3=det(D3);
≫x1=D1/D
x1=
      2
≫x2=D2/D
x2=
      -3
≫x3=D3/D
x3=
      1
```

或输入如下形式：

```
≫clear; B=[1 1 1 0; 4 2 1 3; 9 -3 1 28]; A=B(:, [1: 3]); D=det(A);
≫D1=A; D1(:, 1)=[0 3 28]'; D1=det(D1);
≫D2=A; D2(:, 2)=[0 3 28]'; D2=det(D2);
≫D3=A; D3(:, 3)=[0 3 28]'; D3=det(D3);
≫x1=D1/D, x2=D2/D, x3=D3/D
```

四、练习题

1. 生成一个 7 阶幻方矩阵，并任意选取 4 行 4 列交叉位置上的元素构成一个 4 阶方阵 $\boldsymbol{D}$，研究 $\boldsymbol{D}$ 的可逆性，并计算 $\mathrm{tr}(\boldsymbol{D}^{\mathrm{T}}\boldsymbol{D})$.

2. 设矩阵 $\boldsymbol{A}=\begin{pmatrix}1 & 2 & -1 & 2\\ 1 & 0 & 1 & 3\\ 4 & -4 & 5 & 2\end{pmatrix}$，$\boldsymbol{B}=\begin{pmatrix}1 & 1 & 1 & 1\\ 1 & 1 & 1 & 1\\ 1 & 1 & 1 & 1\end{pmatrix}$，求 $\boldsymbol{A}+5\boldsymbol{B}$.

3. 计算 $f(x)=\begin{vmatrix}2x & x & 1 & 2+x\\ 1 & x & 1 & -1\\ 3x & 2 & x & 1\\ 1 & 1 & 1 & x\end{vmatrix}$ 中 x^4 与 x^3 的系数．

4. 设
$$D_n=\begin{vmatrix}x & a & \cdots & a\\ a & x & \cdots & a\\ \vdots & \vdots & & \vdots\\ a & a & \cdots & x\end{vmatrix},$$

（1）分别计算 D_8，D_{10}；

（2）分别将 D_8，D_{10} 因式分解，并结合例 2 观察 D_n 的规律．

5. 计算行列式

$$D=\begin{vmatrix} a^2+\frac{1}{a^2} & a & \frac{1}{a} & 1 \\ b^2+\frac{1}{b^2} & b & \frac{1}{b} & 1 \\ c^2+\frac{1}{c^2} & c & \frac{1}{c} & 1 \\ d^2+\frac{1}{d^2} & d & \frac{1}{d} & 1 \end{vmatrix}.$$

实验二　向量组的线性相关性与线性方程组的求解

一、实验目的

1. 学会用 MATLAB 软件研究向量组的线性相关性、向量组的秩.

2. 学会用 MATLAB 软件对矩阵进行初等变换、会求向量组的最大线性无关组.

3. 学会用 MATLAB 软件求解线性方程组.

4. 会编简单的 M 文件.

二、实验准备

1. 线性代数中关于矩阵的秩、向量组的线性相关性与线性方程组等知识.

2. MATLAB 的 M 文件:

MATLAB 的程序文件因以“.m”为其扩展名而通常被称为 M 文件.M 文件分为两类：命令文件和函数文件.它们都可以直接在命令窗口中键入文件名进行操作.

命令文件：只需将命令窗口中输入的相关命令按次序存放于一个文件中，构成命令 M 文件.

函数文件：用户为了实现某些特定的功能而编写的文件.一般留有输入和输出，其一般格式如下：

function[输出变量列表]=函数名(输入变量列表).

% 注释部分

函数语句体

注意：当变量列表中的变量多于一个时，用逗号隔开；如果输出变量只有一个时，可以省略中括号；文件编写完以后，必须以文件中指定的函数名作为文件名单独存盘，即可得到一个“函数名.m”的函数文件.

M 文件建立：(1) 单击 MATLAB 主窗口中的“文件”主菜单，再单击

“新建”子菜单下的“Script”选项，打开编辑窗口；（2）在编辑窗口中输入文件内容；（3）单击编辑窗口中的“文件”主菜单下的“Save as...”选项，并单击“保存”即可．如有特别需要，要修改文件名，则可在出现的对话框内输入所要文件名．

3. 矩阵调用与赋值的基本命令与功能注释，如表 2 所示：

表 2　MATLAB 中矩阵调用与赋值的基本命令与功能

序号	命令格式	功　能　注　释
(1)	x(i)	向量 x 的第 i 个分量
(2)	A(i,:)	矩阵 A 的第 i 行
(3)	A(:, j)	矩阵 A 的第 j 列
(4)	A(i, j)	矩阵 A 的(i, j)元素
(5)	A(i)	矩阵 A 作为一维数组的第 i 个元素(例 A=$(a_{ij})_{4\times5}$，则 A(9)=a_{13})
(6)	A(:)	矩阵 A 以一维数组的形式输出
(7)	A(i: k,:)	矩阵 A 的第 i 行到第 k 行元素组成的子矩阵
(8)	A(:, k: j)	矩阵 A 的第 k 列到第 j 列元素组成的子矩阵
(9)	A(:, [i j])	矩阵 A 的第 i 列、第 j 列元素组成的子矩阵(一般形式见下一命令)
(10)	A(:, L)	矩阵 A 的选取 L 中元素指定的列元素组成的子矩阵(L 为索引向量)
(11)	A(L,:)	矩阵 A 的选取 L 中元素指定的行元素组成的子矩阵(L 为索引向量)
(12)	A([i, j],:)=A([j, i],:)	矩阵 A 的第 i 行与第 j 行互换
(13)	A(i,:)=K * A(i,:)	矩阵 A 的第 i 行乘以 K
(14)	A(i,:)=A(i,:)+K * A(j,:)	矩阵 A 的第 i 行加上第 j 行的 K 倍

4. 实验所用相关命令(不含本附录已列出的)，如表 3 所示：

表 3　MATLAB 基本命令(二)

(1)format rat	(5)A(:, jb)
(2)rref(A)	(6)A \ b
(3)rank(A)	(7)null(A,'r')
(4)solve(y)	

注：命令注释在例题中介绍．

三、实验举例

例 1　设 $\boldsymbol{A}=\begin{pmatrix}1&-2&2&-1\\2&-4&8&0\\-2&4&-2&3\\3&-6&0&-6\end{pmatrix}$，求矩阵 $\boldsymbol{A}$ 的行最简形矩阵及其秩．

解 相应的代码及运算结果如下：

```
≫clear
≫A=[1 -2 2 -1; 2 -4 8 0; -2 4 -2 3; 3 -6 0 -6];
≫format rat                        % 有理数格式输出
≫B=rref(A)                         % rref(A): A 的行最简形
B=

        1    -2    0    -2
        0     0    1    1/2
        0     0    0     0
        0     0    0     0

≫RA=rank(A)               % rank(A): A 的秩
RA=

    2
```

或通过建立命令 M 文件得到所要结果．其步骤如下：

(1) 在编辑窗口中输入如图 2 所示的内容；

(2) 单击编辑窗口中的“文件”主菜单下的“Save”选项，在出现的对话框内输入文件名：exp21 后，并单击“保存”，则文件 exp21. m 即被保存到 \ matlab \ work 子目录下．

需要运行该文件时，只要在 MATLAB 的命令窗口的提示符后输入 exp21 并回车，即可得到如上所示的结果．

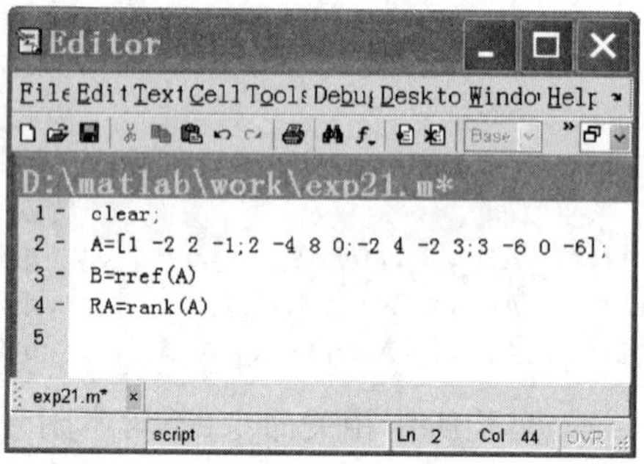

图 2 编辑窗口

例 2 设 $\boldsymbol{A}=\begin{pmatrix}1 & 4 & 2 & a\\ 2 & 6 & b & 3\\ 1 & 2 & 3 & 1\end{pmatrix}$，$R(\boldsymbol{A})=2$，

(1) 求 a，b；

(2) 求矩阵 $\boldsymbol{A}$ 的列向量组的一个最大无关组，并把其余列向量用其最大无关组线性表示．

解 (1) 相应的代码及运算结果如下：

```
≫clear;
≫syms a b;
```

```
≫A=[1 4 2 a; 2 6 b 3; 1 2 3 1];
≫B=A(:, 1: 3);         %A(:, k: j): A的第k列到第j列构成的矩阵
≫b=solve(det(B))       % solve(y): y等于0的根
b=
5
≫C=A(:, [1 2 4]);      % C为由A的1、2、4列构成的矩阵
≫a=solve(det(C))
a=
2
```

(2) 相应的代码及运算结果如下:

```
% 在输入A=[1 4 2 a; 2 6 b 3; 1 2 3 1]的基础上再做如下操作
%记A= [a1 a2 a3 a4]
≫A(1, 4)=2;
≫A(2, 3)=5;
≫rrA=rref(A)
rrA=
[1, 0,     4,    0]
[0, 1, -1/2, 1/2]
[0, 0,     0,    0]
≫syms a1 a2
≫C=[a1 a2 0];
≫a3=C* rrA(:, 3)
a3=
4*a1-1/2*a2
≫a4=C* rrA(:, 4)
a4=
1/2*a2
```

例3 讨论下列向量组的线性相关性，并求其秩.

(1) $\boldsymbol{\alpha}_1=(2, 1, 1, 2)^T$, $\boldsymbol{\alpha}_2=(1, 2, -1, 0)^T$, $\boldsymbol{\alpha}_3=(-2, 3, 0, 1)^T$;

(2) $\boldsymbol{\alpha}_1=(2, 1, 1, 2)^T$, $\boldsymbol{\alpha}_2=(1, 2, -1, 0)^T$, $\boldsymbol{\alpha}_3=(-2, 3, 0, 1)^T$, $\boldsymbol{\beta}=(3, 3, 0, 2)^T$.

要求实验内容用M文件实现.

解 (1) 设$\boldsymbol{A}=(\boldsymbol{\alpha}_1, \boldsymbol{\alpha}_2, \boldsymbol{\alpha}_3)$.

建立exp231.m文件如下:

```
clear;
a1=[2 1 1 2]';
a2=[1 2 -1 0]';
a3=[-2 3 0 1]';
A=[ a1 a2 a3];
rrA=rref(A)
RA=rank(A)
```

在命令行内键入：

```
>>exp231
rrA=

     1     0     0
     0     1     0
     0     0     1
     0     0     0

>>RA=rank(A)
RA=

     3
```

所以 $\boldsymbol{\alpha}_1$，$\boldsymbol{\alpha}_2$，$\boldsymbol{\alpha}_3$ 线性无关．

（2）设 $\boldsymbol{B}=(\boldsymbol{\alpha}_1, \boldsymbol{\alpha}_2, \boldsymbol{\alpha}_3, \boldsymbol{\beta})$，

建立 exp232. m 文件如下：

```
clear;
a1=[2 1 1 2]';
a2=[1 2-1 0]';
a3=[-2 3 0 1]';
A=[a1 a2 a3];
rrA=rref(A);
RA=rank(A);
b=[3 3 0 2]';
B=[A b];
rrB=rref(B)
RB=rank(B)
```

在命令行内键入

```
>>exp232
```

```
rrB

      1     0     0     1
      0     1     0     1
      0     0     1     0
      0     0     0     0

RB=

      3
```

所以 $\boldsymbol{\alpha}_1$，$\boldsymbol{\alpha}_2$，$\boldsymbol{\alpha}_3$，$\boldsymbol{\beta}$ 线性相关.

例 4 求解线性方程组

$$\begin{cases} 2x_1+x_2-5x_3+x_4=8, \\ x_1-3x_2-6x_4=9, \\ 2x_2-x_3+2x_4=-5, \\ x_1+4x_2-7x_3+6x_4=0. \end{cases}$$

解法一 相应的代码及运算结果如下：

```
clear;
≫A=[2 1 -5 1; 1 -3 0 -6; 0 2 -1 2; 1 4 -7 6];
≫b=[8 9 -5 0]'
≫RA=rank(A);
RA=
4
≫x=inv(A)*b
x=
      3
     -4
     -1
      1
```

解法二 相应的代码及运算结果如下：

```
≫syms x1 x2 x3 x4
≫eq1=sym('2*x1+x2-5*x3+x4=8');
≫eq2=sym('x1-3*x2-6*x4=9');
≫eq3=sym('2*x2-x3+2*x4=-5');
≫eq4=sym('x1+4*x2-7*x3+6*x4=0');
≫[x1 x2 x3 x4]=solve(eq1, eq2, eq3, eq4)
```

```
x1=
3
x2=
-4
x3=
-1
x4=
1
```

例 5 判断下列方程组是否有解，在有解的情况下求方程组的通解．

(1) $\begin{cases} x_1-2x_2+3x_3-x_4=1, \\ 3x_1-x_2+5x_3-3x_4=2, \\ 2x_1+x_2+2x_3-2x_4=3; \end{cases}$ (2) $\begin{cases} x_1-x_2-x_3+x_4=0, \\ x_1-x_2+x_3-3x_4=1, \\ x_1-x_2-2x_3+3x_4=-\dfrac{1}{2}. \end{cases}$

解 (1)分别计算系数矩阵与增广矩阵的秩．

相应的 MATLAB 代码及运算结果如下：

```
>>clear
>>A=[1 -2 3 -1; 3 -1 5 -3; 2 1 2 -2];
>>b=[1 2 3]';
>>RA=rank(A)
RA=
     2
>>RB=rank([A b])
RB=
     3
```

由以上计算可知，系数矩阵的秩不等于增广矩阵的秩，所以方程组无解．

(2) **解法一** 相应的代码及运算结果如下：

```
>>A=[1 -1 -1 1; 1 -1 1 -3; 1 -1 -2 3];
>>b=[0 1 -1/2]';
>>RA=rank(A)
RA=
     2
>>RB=rank([A b])
RB=
     2
```

```
≫rrA=rref([A, b])
rrA=

     1     -1     0     -1    1/2
     0      0     1     -2    1/2
     0      0     0      0     0

≫% 取 x2, x4 为自由变量，从而通解为 x1=x2+ x4+1/2, x3=2x4+1/2.
```

解法二　利用解的结构：非齐次线性方程组的通解等于对应齐次线性方程组的通解加上非齐次线性方程组的一个特解．

相应的代码及运算结果如下：

```
≫A=[1 -1 -1 1; 1 -1 1 -3; 1 -1 -2 3];
≫b=[0 1 -1/2]';
≫format rat;
≫RA=rank(A)
RA=
     2
≫RB=rank([A b])
RB=
     2
≫x0=A\b             % 非齐次线性方程组 Ax=b 的一个特解
x0=
     0
   -1/4
     0
   -1/4
≫C=null(A,'r')   %   AX=0 的基础解系
C=

     1     1
     1     0
     0     2
     0     1

≫syms k1 k2;
≫X=k1*C(:, 1)+k2*C(:, 2)+x0
X=
```

```
 k1+k2
 k1-1/4
   2*k2
 k2-1/4
```

即原方程组的通解为

$$\begin{pmatrix}x_1\\x_2\\x_3\\x_4\end{pmatrix}=k_1\begin{pmatrix}1\\1\\0\\0\end{pmatrix}+k_2\begin{pmatrix}1\\0\\2\\1\end{pmatrix}+\begin{pmatrix}0\\-\frac{1}{4}\\0\\-\frac{1}{4}\end{pmatrix}.$$

例 6 当 a 取何值时，线性方程组

$$\begin{cases}ax_1+x_2+x_3=1,\\x_1+ax_2+x_3=a,\\x_1+x_2+ax_3=a^2\end{cases}$$

(1) 有唯一解；(2) 无解；(3) 有无穷多解？

解 相应的代码及运算结果如下：

```
>>clear;
>>syms a;
>>A=[a 1 1; 1 a 1; 1 1 a];
>>b=[1; a; a^2];
>>det(A)
ans=
a^3-3*a+2
>>solve(det(A))
ans=
-2
  1
  1
>>%(1)当a不等于-2且不等于1时：
>>x=A\b
x=
      -(a+1)/(a+2)
```

```
        1/(a+2)
(1+a^2+2*a)/(a+2)
>>%(2)当 a 等于-2 时：
>>a=-2;
>>a=sym(a) ;
>>A=[a 1 1; 1 a 1; 1 1 a] ;
>>b=[1; a; a^2];
>>rref([A b])
ans=
[1, 0, -1, 0]
[0, 1, -1, 0]
[0, 0,  0, 1]
>>% 系数矩阵的秩不等于增广矩阵的秩，故方程组无解.
>>%(3)当 a 等于 1 时：
>>a=1;
>>A=[a 1 1; 1 a 1; 1 1 a];
>>b=[1; a; a^2];
>>rref([A b])
ans=

    1    1    1    1
    0    0    0    0
    0    0    0    0

>>% 取 x2，x3 作自由变量，则方程组的通解为 x1=1-x2-x3.
```

四、练习题

1. 求向量组 $\boldsymbol{\alpha}_1=\begin{pmatrix}2\\1\\3\\0\end{pmatrix}$，$\boldsymbol{\alpha}_2=\begin{pmatrix}0\\2\\-1\\0\end{pmatrix}$，$\boldsymbol{\alpha}_3=\begin{pmatrix}14\\7\\0\\3\end{pmatrix}$，$\boldsymbol{\alpha}_4=\begin{pmatrix}4\\2\\-1\\1\end{pmatrix}$，$\boldsymbol{\alpha}_5=\begin{pmatrix}6\\5\\1\\2\end{pmatrix}$的秩和一个最大无关组.

2. 设 $\boldsymbol{A}=\begin{pmatrix}1&4&2&a\\2&6&b&3\\1&2&3&1\end{pmatrix}$，$R(\boldsymbol{A})=2$，求矩阵 $\boldsymbol{A}$ 的行向量组的一个最大无关组，并把其余行向量用所求的最大无关组线性表示.

3. 求齐次线性方程组 $\begin{cases} x_1-2x_2+3x_3+2x_4=0, \\ 2x_1+4x_2+x_3-x_4=0, \\ 3x_1+2x_2+4x_3+2x_4=0 \end{cases}$ 的基础解系，并写出通解.

4. 当 a 为何值时，线性方程组

$$\begin{cases} ax_1+x_2+x_3=a-3, \\ x_1+ax_2+x_3=-2, \\ x_1+x_2+ax_3=-2 \end{cases}$$

(1) 有唯一解；(2) 无解；(3) 有无穷多组解？并求其通解.

实验三　相似矩阵及其应用

一、实验目的

1. 学会用 MATLAB 软件研究向量组的正交性.
2. 学会用 MATLAB 软件将线性无关的向量组正交规范化.
3. 学会用 MATLAB 软件求方阵的特征值、特征值向量.
4. 学会用 MATLAB 软件实现实对称矩阵的相似对角化.
5. 学会用 MATLAB 软件化二次型为标准形.

二、实验准备

1. 线性代数中向量组的正交性、正交规范化方法、方阵的特征值、特征向量、实对称矩阵与对角矩阵相似、二次型等知识.

2. 实验所用相关命令(不含本附录已列出的)，如表 4 所示：

表 4　MATLAB 基本命令(三)

(1)dot(x, y)	(5)eig(A)
(2)norm(A)	(6)[P, D]=eig(A)
(3)sqrt(c)	(7)schur
(4)size(A)	(8)conj(y)

注：命令注释在例题中介绍.

三、实验举例

例 1　设 $\boldsymbol{x}=(1, 2, 3, 4)^{\mathrm{T}}$，$\boldsymbol{y}=(2, -2, 0, 1)^{\mathrm{T}}$，$\boldsymbol{z}=(0, -2, 0, 1)^{\mathrm{T}}$，

(1) 判别 $\boldsymbol{x}$ 与 $\boldsymbol{y}$、$\boldsymbol{z}$ 是否正交；

(2) 计算 $\|\boldsymbol{x}\|$ 及 $[2\boldsymbol{x}-3\boldsymbol{y}, \boldsymbol{y}]$.

解　相应的代码及运算结果如下：

≫clear;

```
>>x=[1 2 3 4]'; y=[2 -2 0 1]'; z=[0 -2 0 1]';
>>xy=dot(x, y)                % 向量x，y的内积
xy=
     2
>>xz=x'*z                     % 向量x，z的内积
xz=
     0
>>% x与y不正交，x与z正交
>>% 解(2)
>>sym(norm(x))                % norm(x)：向量x的模
ans=
sqrt(30)                      % sqrt：开平方
>>u=2*x-3*y;
>>u'*y
ans=
   -23
```

例 2　用施密特正交化方法，将线性无关向量组 $\boldsymbol{\alpha}_1=(2, 1, 1, 1)^T$，$\boldsymbol{\alpha}_2=(1, 0, 1, 0)^T$，$\boldsymbol{\alpha}_3=(1, 0, 1, 1)^T$ 正交规范化．

解　相应的代码及运算结果如下：

```
>>a1=[2 1 1 1]'; a2=[1 0 1 0]'; a3=[1 0 1 1]';
>>b1=a1
b1=
     2
     1
     1
     1
>>p1=b1/sym(norm(b1))
p1=
     2/7*7^(1/2)
     1/7*7^(1/2)
     1/7*7^(1/2)
     1/7*7^(1/2)
>>b2=a2-(b1'*a2)/(b1'*b1)*b1
b2=
```

```
    1/7
  -3/7
    4/7
  -3/7
>>p2=b2/sym(norm(b2))
p2=
  1/35*35^(1/2)
  -3/35*35^(1/2)
  4/35*35^(1/2)
  -3/35*35^(1/2)
>>b3=a3-(b1'*a3)/(b1'*b1)*b1-(b2'*a3)/(b2'*b2)*b2
b3=
  -1/5
  -2/5
    1/5
    3/5
>>p3=b3/sym(norm(b3))
p3=
  -1/15*15^(1/2)
  -2/15*15^(1/2)
  1/15*15^(1/2)
  1/5*15^(1/2)
```

本题也可以通过建立命令 M 文件求解，如建立 schmidt. m 文件如下：

```
function x=schimdt(A)
% schmidt 正交化
A=input('input A=');              % 输入提示
% 设 b1，b2，…，bn 是 m 维线性无关的列向量，输入时 bi 的转置作为矩阵 A 的第 i 行
A=A';
[m，n]=size(A);                   % 矩阵 A 的维数
B=A；S=zeros(m，1)；
for i=1：n
S=zeros(m，1)；
for j=1：i-1
```

```
S=S+((B(:, j)' * A(:, i))/(B(:, j)' * B(:, j))) * B(:, j);
end
B(:, i)=A(:, i)- S;
C(:, i)=B(:, i)/norm(B(:, i));
end
B=sym(B)                    % B 的列向量组正交
C=sym(C)                    % C 的列向量组规范正交
```

建立 schmidt. m 文件后，在命令窗口输入文件名，出现提示后，将所要正交化的 n 个 m 维线性无关的列向量 b1，b2，…，bn，以 bi 的转置作为矩阵 A 的第 i 行输入．如以下所示：

≫schmidt % 在命令行键入文件名 schmidt 后，出现提示“input A=”，在等号后

% 输入 A 即可的到矩阵 B 和 C. 此方法通用性较强．

```
input A=[2 1 1 1; 1 0 1 0; 1 0 1 1]
B=

  [2, 1/7, -1/5]
  [1, -3/7, -2/5]
  [1, 4/7, 1/5]
  [1, -3/7, 3/5]

C=
[sqrt(4/7),   sqrt(1/35), -sqrt(1/15)]
[sqrt(1/7), -sqrt(9/35), -sqrt(4/15)]
[sqrt(1/7),   sqrt(16/35),  sqrt(1/15)]
[sqrt(1/7), -sqrt(9/35),    sqrt(3/5)]
```

例 3　设方阵 $\boldsymbol{A}=\begin{pmatrix}1 & 2 & -1\\ 1 & 0 & 1\\ 4 & -4 & 5\end{pmatrix}$，求 $\boldsymbol{A}$ 的特征值、特征向量．

解法一　相应的代码及运算结果如下：

```
≫A=[1 2 -1; 1 0 1; 4 -4 5];
≫[P, D]=eig(A)              % 矩阵 P、D 满足 P^-1 AP=D
P=

    -0.4364     -0.2357      0.4082
```

```
    0.2182     0.2357    -0.4082
    0.8729     0.9428    -0.8165
```

% P 的列为对应的特征向量

```
D=

   2.0000      0         0
   0           3.0000    0
   0           0         1.0000
```

% D 的对角线元素为与 P 的 3 个列向量对应的特征值

解法二 相应的代码及运算结果如下：

```
>>syms lamda;
>>format rat;
>>A=[1 2 -1; 1 0 1; 4 -4 5];
>>B=A-lamda * eye(3);
>>x=solve(det(B))          % 或输入 x=eig(A)
x=
1
2
3
>>C1=A-1 * eye(3)
>>rref(C1)
ans=

      1      0     1/2
      0      1    -1/2
      0      0      0
```

取基础解系为 $\boldsymbol{\eta}_1=(-1, 1, 2)^T$，所以对应于特征值 $\lambda_1=1$ 的全部特征向量为 $k_1\boldsymbol{\eta}_1(k_1\neq 0)$.

```
>>C2=A-2 * eye(3);
>>rref(C2)
ans=

      1      0     1/2
      0      1    -1/4
```

```
    0         0          0
```

基础解系为 $\boldsymbol{\eta}_2=(-2, 1, 4)^T$，所以对应于特征值 $\lambda_2=2$ 的全部特征向量为 $k_2\boldsymbol{\eta}_2(k_2\neq 0)$.

```
>>C3=A-3*eye(3);
>>rref(C3)
ans=

    1         0        1/4
    0         1       -1/4
    0         0          0
```

对应于特征值 $\lambda_3=3$ 的全部特征向量为 $k_3\boldsymbol{\eta}_3(k_3\neq 0)$，其中 $\boldsymbol{\eta}_3=(-1, 1, 4)^T$.

例 4　设 $\boldsymbol{A}=\begin{pmatrix}2&0&0&0\\0&1&3&3\\0&3&1&3\\0&3&3&1\end{pmatrix}$，求正交矩阵 $\boldsymbol{P}$，使 $\boldsymbol{P}^T\boldsymbol{A}\boldsymbol{P}=\boldsymbol{\Lambda}$ 是对角矩阵．

解　相应的代码及运算结果如下：

```
>>A=[2 0 0 0; 0 1 3 3; 0 3 1 3; 0 3 3 1];
>>[P, D]=eig(A)
P=

     0              0           1.0000         0
    -0.6407         0.5061      0             -0.5774
    -0.1179        -0.8079      0             -0.5774
     0.7586         0.3019      0             -0.5774

D=

    -2.0000         0           0              0
     0             -2.0000      0              0
     0              0           2.0000         0
     0              0           0              7.0000

>>P'*A*P
ans=

    -2.0000    -0.0000       0            0
    -0.0000    -2.0000       0           -0.0000
```

```
       0            0             2.0000       0
   0.0000      -0.0000       0             7.0000
```

例 5 用正交变换将二次型 $f(x_1, x_2, x_3)=2x_1^2+x_2^2-4x_1x_2-4x_2x_3$ 化为标准形.

解 相应的代码及运算结果如下：

```
≫A=[2 -2 0; -2 1 -2; 0 -2 0];
≫[P, D]=schur(A)                % 正交阵P，使P^T AP=D为对角阵

P=

    -1/3     2/3    -2/3
    -2/3     1/3     2/3
    -2/3    -2/3    -1/3

D=

    -2     0     0
     0     1     0
     0     0     4

≫syms y1 y2 y3;
≫y=[ y1; y2; y3];
≫X=P*y           % 正交变换
X=
-1/3*y1+2/3*y2-2/3*y3
-2/3*y1+1/3*y2+2/3*y3
-2/3*y1-2/3*y2-1/3*y3
≫f=y'*D*y
f=
-2*conj(y1)*y1+conj(y2)*y2+4*conj(y3)*y3
                                          % conj(y)：y的共轭
```

所以 $f=-2y_1^2+y_2^2+4y_3^2$.

四、练习题

1. 求与向量 $\boldsymbol{\alpha}_1=(2, 1, 1)^T$，$\boldsymbol{\alpha}_2=(0, -1, 1)^T$ 都正交的非零单位向量.

2. 设矩阵 $\boldsymbol{A}=\begin{pmatrix} a & a & b \\ a & 2 & 0 \\ b & 0 & -2 \end{pmatrix}$ 的特征值之和为 1，特征值之积为 0，求 a，b

的值及$\boldsymbol{A}$ 的特征值与特征向量．

3．设矩阵$\boldsymbol{A}=\begin{pmatrix} 2 & 2 & -2 \\ 2 & 5 & -4 \\ -2 & -4 & 5 \end{pmatrix}$，求$\boldsymbol{A}^{10}+5\boldsymbol{A}^2$.

4．设矩阵$\boldsymbol{A}=\begin{pmatrix} 1 & -2 & -4 \\ -2 & x & -2 \\ -4 & -2 & 1 \end{pmatrix}$与$\boldsymbol{\Lambda}=\begin{pmatrix} 5 & & \\ & -4 & \\ & & y \end{pmatrix}$相似，

（1）求x，y；

（2）求一个正交阵$\boldsymbol{P}$，使$\boldsymbol{P}^{\mathrm{T}}\boldsymbol{AP}=\boldsymbol{\Lambda}$.

5．某试验性生产线每年一月份进行熟练工和非熟练工的人数统计，然后将$\dfrac{1}{6}$熟练工支援其他生产部门，其缺额由招收新的非熟练工补齐，新、老非熟练工经过培训及实践至年终考核有$\dfrac{2}{5}$成为熟练工，设第n年一月份统计的熟练工和非熟练工所占百分比分别为x_n和y_n，记成向量$(x_n, y_n)^{\mathrm{T}}$.

（1）输出$\begin{pmatrix} x_{n+1} \\ y_{n+1} \end{pmatrix}$与$\begin{pmatrix} x_n \\ y_n \end{pmatrix}$的关系式：$\begin{pmatrix} x_{n+1} \\ y_{n+1} \end{pmatrix}=\boldsymbol{A}\begin{pmatrix} x_n \\ y_n \end{pmatrix}$中的矩阵$\boldsymbol{A}$；

（2）验证$\boldsymbol{\xi}_1=\begin{pmatrix} 4 \\ 1 \end{pmatrix}$，$\boldsymbol{\xi}_2=\begin{pmatrix} -1 \\ 1 \end{pmatrix}$是$\boldsymbol{A}$的两个线性无关的特征向量，并求出相应的特征值；

（3）当$\begin{pmatrix} x_1 \\ y_1 \end{pmatrix}=\begin{pmatrix} \dfrac{1}{2} \\ \dfrac{1}{2} \end{pmatrix}$时，求$\begin{pmatrix} x_{100} \\ y_{100} \end{pmatrix}$.

附录二　补充证明

下面给出第二章关于矩阵的秩的性质的补充证明：

(5) $\max\{R(\boldsymbol{A}), R(\boldsymbol{B})\} \leqslant R(\boldsymbol{A}, \boldsymbol{B}) \leqslant R(\boldsymbol{A})+R(\boldsymbol{B})$；

证　由于 $\boldsymbol{A}$ 的最高阶非零子式总是 $(\boldsymbol{A}, \boldsymbol{B})$ 的非零子式，则

$$R(\boldsymbol{A}) \leqslant R(\boldsymbol{A}, \boldsymbol{B}).$$

同理有 $R(\boldsymbol{B}) \leqslant R(\boldsymbol{A}, \boldsymbol{B})$. 于是有

$$\max\{R(\boldsymbol{A}), R(\boldsymbol{B})\} \leqslant R(\boldsymbol{A}, \boldsymbol{B}).$$

设 $R(\boldsymbol{A})=r$，$R(\boldsymbol{B})=t$. 把 $\boldsymbol{A}$ 和 $\boldsymbol{B}$ 分别作列变换化为列阶梯形 $\widetilde{\boldsymbol{A}}$ 和 $\widetilde{\boldsymbol{B}}$，则 $\widetilde{\boldsymbol{A}}$ 和 $\widetilde{\boldsymbol{B}}$ 中分别含 r 个和 t 个非零列，则可设

$$\boldsymbol{A} \overset{c}{\sim} \widetilde{\boldsymbol{A}}=(\tilde{\boldsymbol{a}}_1, \cdots, \tilde{\boldsymbol{a}}_r, \boldsymbol{0}, \cdots, \boldsymbol{0}),\ \boldsymbol{B} \overset{c}{\sim} \widetilde{\boldsymbol{B}}=(\tilde{\boldsymbol{b}}_1, \cdots, \tilde{\boldsymbol{b}}_t, \boldsymbol{0}, \cdots, \boldsymbol{0}),$$

从而

$$(\boldsymbol{A}, \boldsymbol{B}) \overset{c}{\sim} (\widetilde{\boldsymbol{A}}, \widetilde{\boldsymbol{B}}),$$

因为 $(\widetilde{\boldsymbol{A}}, \widetilde{\boldsymbol{B}})$ 中只含 $r+t$ 个非零列，因此 $R(\widetilde{\boldsymbol{A}}, \widetilde{\boldsymbol{B}}) \leqslant r+t$，而 $R(\boldsymbol{A}, \boldsymbol{B})=R(\widetilde{\boldsymbol{A}}, \widetilde{\boldsymbol{B}})$，则 $R(\boldsymbol{A}, \boldsymbol{B}) \leqslant r+t$，即 $R(\boldsymbol{A}, \boldsymbol{B}) \leqslant R(\boldsymbol{A})+R(\boldsymbol{B})$.

(6) $R(\boldsymbol{A}+\boldsymbol{B}) \leqslant R(\boldsymbol{A})+R(\boldsymbol{B})$；

证　设 $\boldsymbol{A}$，$\boldsymbol{B}$ 为 $m \times n$ 矩阵，对矩阵 $(\boldsymbol{A}+\boldsymbol{B}, \boldsymbol{B})$ 作以下列变换有

$$(\boldsymbol{A}+\boldsymbol{B}, \boldsymbol{B}) \underset{(i=1,\cdots,n)}{\overset{c_i-c_{n+i}}{\sim}} (\boldsymbol{A}, \boldsymbol{B}),$$

则

$$R(\boldsymbol{A}+\boldsymbol{B}) \leqslant R(\boldsymbol{A}+\boldsymbol{B}, \boldsymbol{B})=R(\boldsymbol{A}, \boldsymbol{B}) \leqslant R(\boldsymbol{A})+R(\boldsymbol{B}).$$

(7) $R(\boldsymbol{AB}) \leqslant \min\{R(\boldsymbol{A}), R(\boldsymbol{B})\}$.

证　先证矩阵方程 $\boldsymbol{AX}=\boldsymbol{B}$ 有解的充分必要条件是 $R(\boldsymbol{A})=R(\boldsymbol{A}, \boldsymbol{B})$.

设 $\boldsymbol{A}$ 为 $m \times n$ 矩阵，$\boldsymbol{B}$ 为 $m \times l$ 矩阵，则 $\boldsymbol{X}$ 为 $n \times l$ 矩阵．把 $\boldsymbol{X}$ 和 $\boldsymbol{B}$ 按列分块，记为

$$\boldsymbol{X}=(\boldsymbol{x}_1, \boldsymbol{x}_2, \cdots, \boldsymbol{x}_l),\ \boldsymbol{B}=(\boldsymbol{b}_1, \boldsymbol{b}_2, \cdots, \boldsymbol{b}_l),$$

则矩阵方程 $\boldsymbol{AX}=\boldsymbol{B}$ 等价于 l 个向量方程

$$\boldsymbol{A}\boldsymbol{x}_i=\boldsymbol{b}_i (i=1, 2, \cdots, l).$$

又设 $R(\boldsymbol{A})=r$，且 $\boldsymbol{A}$ 的行最简形为 $\widetilde{\boldsymbol{A}}$，则 $\widetilde{\boldsymbol{A}}$ 有 r 个非零行，且 $\widetilde{\boldsymbol{A}}$ 的后 $m-r$ 行全为零行．再设

$$(\boldsymbol{A}, \boldsymbol{B})=(\boldsymbol{A}, \boldsymbol{b}_1, \boldsymbol{b}_2, \cdots, \boldsymbol{b}_l)\overset{r}{\sim}(\widetilde{\boldsymbol{A}}, \tilde{\boldsymbol{b}}_1, \tilde{\boldsymbol{b}}_2, \cdots, \tilde{\boldsymbol{b}}_l),$$

从而 $$(\boldsymbol{A}, \boldsymbol{b}_i)\overset{r}{\sim}(\widetilde{\boldsymbol{A}}, \tilde{\boldsymbol{b}}_i) \quad (i=1, 2, \cdots, l).$$

于是 $\boldsymbol{AX}=\boldsymbol{B}$ 有解$\Leftrightarrow \boldsymbol{Ax}_i=\boldsymbol{b}_i(i=1, 2, \cdots, l)$有解

$\Leftrightarrow R(\boldsymbol{A}, \boldsymbol{b}_i)=R(\boldsymbol{A})(i=1, 2, \cdots, l)$

$\Leftrightarrow \tilde{\boldsymbol{b}}_i(i=1, 2, \cdots, l)$的后 $m-r$ 个元全为零

$\Leftrightarrow (\tilde{\boldsymbol{b}}_1, \tilde{\boldsymbol{b}}_2, \cdots, \tilde{\boldsymbol{b}}_1)$的后 $m-r$ 行全为零行

$\Leftrightarrow R(\boldsymbol{A}, \boldsymbol{B})=r=R(\boldsymbol{A})$.

令 $\boldsymbol{AB}=\boldsymbol{C}$，由上述结论得

$$R(\boldsymbol{A})=R(\boldsymbol{A}, \boldsymbol{C}), R(\boldsymbol{B})=R(\boldsymbol{B}, \boldsymbol{C}),$$

于是有 $$R(\boldsymbol{AB})\leqslant\min\{R(\boldsymbol{A}), R(\boldsymbol{B})\}.$$

下面给出第四章性质 8 的补充证明：

性质 8 n 阶方阵 $\boldsymbol{A}$ 的特征值 λ 的几何重数 ρ_λ 与代数重数 m_λ 满足关系：

$$1\leqslant\rho_\lambda\leqslant m_\lambda.$$

证 设 n 阶方阵 $\boldsymbol{A}$ 的特征值 λ 的几何重数为 $\rho_\lambda=t$，代数重数为 $m_\lambda=s$，$R(\boldsymbol{A}-\lambda\boldsymbol{E})=r$. 又因为齐次线性方程组$(\boldsymbol{A}-\lambda\boldsymbol{E})\boldsymbol{x}=\boldsymbol{0}$ 的基础解系所含向量的个数为 $n-r$ 且 $n-r=t$，不妨设 n 维列向量 $\boldsymbol{p}_1, \boldsymbol{p}_2, \cdots, \boldsymbol{p}_t$ 为$(\boldsymbol{A}-\lambda\boldsymbol{E})\boldsymbol{x}=\boldsymbol{0}$ 的基础解系.

由于 $\boldsymbol{p}_1, \boldsymbol{p}_2, \cdots, \boldsymbol{p}_t$ 线性无关，总可以找到 r 个 n 维列向量 $\boldsymbol{\alpha}_1, \boldsymbol{\alpha}_2, \cdots, \boldsymbol{\alpha}_r$，使 $\boldsymbol{\alpha}_1, \boldsymbol{\alpha}_2, \cdots, \boldsymbol{\alpha}_r, \boldsymbol{p}_1, \boldsymbol{p}_2, \cdots, \boldsymbol{p}_t$ 线性无关.

令 $\boldsymbol{P}=(\boldsymbol{\alpha}_1, \boldsymbol{\alpha}_2, \cdots, \boldsymbol{\alpha}_r, \boldsymbol{p}_1, \boldsymbol{p}_2, \cdots, \boldsymbol{p}_t)$，则 n 阶方阵 $\boldsymbol{P}$ 可逆，且

$$\begin{aligned}\boldsymbol{P}^{-1}(\boldsymbol{A}-\lambda\boldsymbol{E})\boldsymbol{P}&=\boldsymbol{P}^{-1}(\boldsymbol{A}-\lambda\boldsymbol{E})(\boldsymbol{\alpha}_1, \boldsymbol{\alpha}_2, \cdots, \boldsymbol{\alpha}_r, \boldsymbol{p}_1, \boldsymbol{p}_2, \cdots, \boldsymbol{p}_t)\\&=(\boldsymbol{\beta}_1, \boldsymbol{\beta}_2, \cdots, \boldsymbol{\beta}_r, \boldsymbol{0}, \boldsymbol{0}, \cdots, \boldsymbol{0}),\end{aligned}$$

其中 $\boldsymbol{P}^{-1}(\boldsymbol{A}-\lambda\boldsymbol{E})\boldsymbol{\alpha}_i=\boldsymbol{\beta}_i(i=1, 2, \cdots, r)$.

记$(\boldsymbol{\beta}_1, \boldsymbol{\beta}_2, \cdots, \boldsymbol{\beta}_r, \boldsymbol{0}, \boldsymbol{0}, \cdots, \boldsymbol{0})=\boldsymbol{B}=\begin{pmatrix}\boldsymbol{C}_{r\times r} & \boldsymbol{O}_{r\times t}\\ \boldsymbol{D}_{t\times r} & \boldsymbol{O}_{t\times t}\end{pmatrix}$，则 $\boldsymbol{B}$ 与 $\boldsymbol{A}-\lambda\boldsymbol{E}$ 相似，故 $\boldsymbol{B}$ 与 $\boldsymbol{A}-\lambda\boldsymbol{E}$ 有相同的特征多项式，

$$\begin{aligned}|(\boldsymbol{A}-\lambda\boldsymbol{E})-\mu\boldsymbol{E}|=|\boldsymbol{B}-\mu\boldsymbol{E}|&=\begin{vmatrix}\boldsymbol{C}_{r\times r}-\mu\boldsymbol{E}_{r\times r} & \boldsymbol{O}_{r\times t}\\ \boldsymbol{D}_{t\times r} & -\mu\boldsymbol{E}_{t\times t}\end{vmatrix}\\&=|\boldsymbol{C}_{r\times r}-\mu\boldsymbol{E}_{r\times r}|\,|-\mu\boldsymbol{E}_{t\times t}|=(-1)^t\mu^t|\boldsymbol{C}_{r\times r}-\mu\boldsymbol{E}_{r\times r}|.\end{aligned}$$

记 $\omega=\lambda+\mu$，则由上式有

$$|\boldsymbol{A}-\omega\boldsymbol{E}|=(-1)^t(\omega-\lambda)^t|\boldsymbol{C}_{r\times r}-(\omega-\lambda)\boldsymbol{E}_{r\times r}|,$$

所以，$\boldsymbol{A}$ 的特征值 $\omega=\lambda$ 至少是 t 重特征值，即有 $m_\lambda\geqslant t$，即 $m_\lambda\geqslant\rho_\lambda$.

又由于 λ 是 n 阶方阵 $\boldsymbol{A}$ 的特征值，齐次线性方程组$(\boldsymbol{A}-\lambda\boldsymbol{E})\boldsymbol{x}=\boldsymbol{0}$ 一定有非零解，所以 $\rho_\lambda\geqslant1$. 故 $1\leqslant\rho_\lambda\leqslant m_\lambda$ 成立.

附录三　英文索引

B

半负定二次型(negative semidefinite quadratic form)
半负定矩阵(negative semidefinite matrix)
半正定二次型(positive semidefinite quadratic form)
半正定矩阵(positive semidefinite matrix)
伴随矩阵(adjoint matrix)
标准单位向量(standard unit vector)
标准形矩阵(normal form for a matrix)
标准正交基(orthonormal basis)
不定二次型(indefinite quadratic form)

C

初等矩阵(elementary matrix)

D

代数余子式(algebraic cofactor)
单位矩阵(identity matrix)
单位向量(unit vector)
等价的矩阵(equivalent matrices)
等价向量组(equivalent vector sets)
对称变换(symmetric transformation)
对称矩阵(symmetric matrix)
对换(transposition)
对合矩阵(involutory matrix)
对角矩阵(diagonal matrix)
对角行列式(diagonal determinant)

E

n 阶排列(permutation of order n)

二次型(quadratic form)
二次型的标准形(canonical form of a quadratic form)
二次型的规范标准形(normal form of a quadratic form)
二次型的矩阵(matrix of a quadratic form)
二次型的秩(rank of a quadratic form)

F

反对称矩阵(skew symmetric matrix)
范德蒙行列式(Vandermonde determinant)
方阵(square matrix)
方阵的幂(powers of a matrix)
非齐次线性方程组(system of non-homogeneous linear equations)
非奇异矩阵(nonsingular matrix)
非退化的线性代换(non-degenerate linear substitution)
分块初等矩阵(block elementary matrix)
分块对角矩阵(block diagonal matrix)
分块矩阵(block matrix 或 partitioned matrices)
符号差(signature)
负定二次型(negative definite quadratic form)
负定矩阵(negative definite matrix)
负惯性指数(negative index of inertia)
复矩阵(complex matrix)

G

高斯消元法(Gauss elimination)
格拉姆—施密特正交化方法(Gram—Schmidt orthogonalization process)
共轭矩阵(conjugate matrix)
惯性定理(law of inertia)
规范的阶梯形矩阵(reduced row echelon form)
过渡矩阵(transition matrix)

H

行向量(row vector)
行标(row index)

行矩阵(row matrix)
行列式(determinant)
行列式乘积(multiplication of determinants)
行列式展开式(determinantal expansion)
行列式的主对角线(main diagonal of determinant)
恒等变换(identity transformation)

J

极大线性无关组(maximal linearly independent systems)
阶梯形矩阵(echelon matrix)
基本向量(fundamental vector)
基变换(change of bases)
基础解系(system of fundamental solutions)
矩阵(matrix)
矩阵乘法(multiplication of matrices)
矩阵的初等变换(elementary transformation of matrices)
矩阵的行秩(row rank of matrix)
矩阵的合同(congruence of matrices)
矩阵的迹(trace of a matrix)
矩阵的列秩(column rank of matrix)
矩阵的数乘(scalar multiplication of matrix)
矩阵的秩(rank of a matrix)
矩阵的主对角线(main diagonal of a square matrix)
矩阵加法(addition of matrices)
矩阵的元素(entry of a matrix)
奇排列(odd permutation)

K

柯西—施瓦兹不等式(Cauchy—Schwarz inequality)
可交换矩阵(commutable matrix)
可逆矩阵(invertible matrix)
克拉默法则(Cramer's Rule)
克罗内克符号函数(Kronecker sign function)

L

拉普拉斯展开式(Laplace expansion)

列标(column index)
列矩阵(column matrix)
列向量(column vector)
零变换(null transformation)
零矩阵(null matrix，zero matrix)
零子空间(null subspace)

M

幂零矩阵(nilpotent matrix)
幂等矩阵(idempotent matrix)

N

内积(inner product)
逆矩阵(inverse of a matrix)
逆序(an inversion of a permutation)
逆序数(number of inversions of a permutation)

O

欧几里得空间，欧氏空间(Euclidean space)
偶排列(even permutation)

P

排列(permutation)

Q

齐次线性方程组(system of homogeneous linear equations)
奇异矩阵(singular matrix)

S

三对角行列式(tridiagonal determinant)
三角矩阵(triangular matrix)
上三角行列式(upper triangular determinant)
上三角矩阵(upper triangular matrix)
生成子空间(spanning subspace)

实对称矩阵(real symmetric matrix)
实二次型(real quadratic form)
实矩阵(real matrix)
数乘变换(transformation of scalar multiplication)
数量乘积(scalar multiplication)
数量矩阵(scalar matrix)
数域(number field)
顺序主子式(leading principal minor)

T

特征多项式(characteristic polynomial)
特征方程(characteristic equation)
特征向量(eigenvector，characteristic vector)
特征值(eigenvalue，characteristic value)
特征值的代数重数(algebraic multiplicity of an eigenvalue)
特征值的几何重数(geometric multiplicity of an eigenvalue)
特征空间(eigenspace)
同构(isomorphism)
同类型矩阵(matrices of the same type)
投影变换(projective transformation)

X

下三角行列式(lower triangular determinant)
下三角矩阵(lower triangular matrix)
线性变换(linear transformation)
线性变换的核(kernel of a linear transformation)
线性变换的矩阵(matrix of a linear transformation)
线性变换的零度(nullity of a linear transformation)
线性变换的特征向量(eigenvector of a linear transformation)
线性变换的特征值(eigenvalue of a linear transformation)
线性变换的特征空间(eigenspace of a linear transformation)
线性变换的值域(range of a linear transformation)
线性变换的秩(rank of a linear transformation)
线性表出(linear representation)

线性代换(linear substitution)

线性方程组的初等变换(elementary transformation for system of linear equations)

线性方程组的解集(solution set for simultaneous linear equations)

线性方程组的一般解(general solutions of simultaneous linear equations)

线性方程组的系数矩阵(coefficient matrix of simultaneous linear equations)

线性方程组的增广矩阵(augmented matrix of simultaneous linear equations)

线性空间(linear space)

线性空间的基(basis of linear space)

线性空间的维数(dimension of linear space)

线性无关(linearly independent)

线性相关(linearly dependent)

线性子空间(linear subspace)

相等的矩阵(equal matrices)

相似矩阵(similar matrices)

向量(vector)

向量的夹角(angle between two vectors)

向量的距离(distance between vectors)

向量空间(vector space)

向量的内积(inner product of vectors)

向量的线性组合(linear combination of vectors)

向量组的秩(rank of a vector set)

旋转变换(rotated transformation)

Y

余子式(cofactor)

Z

正定二次型(positive definite quadratic form)

正定矩阵(positive definite matrix)

正惯性指数(positive index of inertia)

正交变换(orthogonal transformation)

正交代换(orthogonal substitution)
正交基(orthogonal basis)
正交矩阵(orthogonal matrix)
正交向量(orthogonal vectors)
正交向量组(orthogonal vector set)
主对角线(main diagonal)
转置矩阵(transposed matrix)
转置行列式(transposed determinant)
子矩阵(submatrix)
子式(minor)
自由未知量(free unknown)
坐标(coordinate)
坐标变换(coordinate transformation)

习题参考答案

习　题　一

1. （1）-4；（2）$3abc-a^2-b^2-c^2$；

（3）$(a-b)(b-c)(c-a)$；（4）$-2(x^3+y^3)$.

2. $\mu=0$ 或 $\lambda=1$.

3. （1）10；（2）36；（3）$\dfrac{n(n-1)}{2}$.

4. （1）负号；（2）负号.

5. $-a_{11}a_{23}a_{32}a_{44}$ 和 $a_{11}a_{23}a_{34}a_{42}$.

6. （1）1；（2）1；（3）1.

7. -28.

8. （1）0；（2）10.

9. （1）2；（2）0；（3）-170；（4）$a^2(a^2-1)$；

（5）$(a+b)(b-a)^3$；（6）$(a_1a_4-b_1b_4)(a_2a_3-b_2b_3)$.

11. （1）$f(x)=(n-2)!(n-3)!\cdots 2!(x-1)(x-2)\cdots[x-(n-1)]$；

（2）$D_n=n!\left(1+\sum\limits_{j=1}^{n}\dfrac{x}{j}\right)$；

（3）$D_n=n+1$（提示：D_n 是等差数列，$D_1=2$，$D_2=3$，$D_3=4$）.

13. （1）$x_1=2$，$x_2=-2$，$x_3=1$；（2）$x_1=1$，$x_2=2$，$x_3=3$，$x_4=-1$.

14. $29x+16y+5z-55=0$.

15. $f(x)=2x^2-4x+3$.

16. $\lambda=1$，-1 或 2.

应用题．$S_{OACB}=\left\|\begin{vmatrix} a_1 & b_1 \\ a_2 & b_2 \end{vmatrix}\right\|$.

习　题　二

1. （1）$\begin{pmatrix} 3 & 2 & -1 & 0 \\ -3 & -2 & 1 & 0 \\ 6 & 4 & -2 & 0 \\ 9 & 6 & -3 & 0 \end{pmatrix}$；（2）$\begin{pmatrix} 5 \\ -3 \\ 4 \end{pmatrix}$；

(3) $a_{11}x_1^2+a_{22}x_2^2+a_{33}x_3^2+2a_{12}x_1x_2+2a_{13}x_1x_3+2a_{23}x_2x_3$；

(4) $\begin{pmatrix}2&5&5\\8&2&8\end{pmatrix}$；(5) $\begin{pmatrix}0&0&0\\0&0&0\\0&0&0\end{pmatrix}$.

2. (1) $\boldsymbol{AB}\neq\boldsymbol{BA}$；(2) $(\boldsymbol{A}+\boldsymbol{B})(\boldsymbol{A}-\boldsymbol{B})\neq\boldsymbol{A}^2-\boldsymbol{B}^2$；

(3) $(\boldsymbol{A}+\boldsymbol{B})^2\neq\boldsymbol{A}^2+2\boldsymbol{AB}+\boldsymbol{B}^2$.

3. (1) $\begin{pmatrix}2&4&2\\4&0&0\\0&2&4\end{pmatrix}$；(2) $\begin{pmatrix}-4&-8&0\\-3&-11&7\\-8&-12&-16\end{pmatrix}$；

(3) $\begin{pmatrix}0&-4&0\\2&-14&6\\-11&-11&-17\end{pmatrix}$；(4) $\begin{pmatrix}4&4&0\\5&-3&-1\\-3&1&-1\end{pmatrix}$.

4. $\boldsymbol{A}^2=\begin{pmatrix}\lambda^2&2\lambda&1\\0&\lambda^2&2\lambda\\0&0&\lambda^2\end{pmatrix}$，$\boldsymbol{A}^3=\begin{pmatrix}\lambda^3&3\lambda^2&3\lambda\\0&\lambda^3&3\lambda^2\\0&0&\lambda^3\end{pmatrix}$.

5. (1) $f(\boldsymbol{A})=\begin{pmatrix}5&1&6\\5&13&1\\13&8&23\end{pmatrix}$；(2) $f(\boldsymbol{A})=\begin{pmatrix}-2&-4\\8&-2\end{pmatrix}$.

6. 4，$\begin{pmatrix}-2&3\\-4&6\end{pmatrix}$，$4^{99}\begin{pmatrix}-2&3\\-4&6\end{pmatrix}$.

8. (1) $\begin{pmatrix}5&-2\\-2&1\end{pmatrix}$；(2) $\begin{pmatrix}1&-2&7\\0&1&-2\\0&0&1\end{pmatrix}$；(3) $\begin{pmatrix}-2&1&0\\-\frac{13}{2}&3&-\frac{1}{2}\\-16&7&-1\end{pmatrix}$；

(4) $\begin{pmatrix}\frac{1}{2}&-\frac{1}{2}&0\\\frac{1}{4}&\frac{1}{4}&0\\0&0&\frac{1}{3}\end{pmatrix}$；(5) $\begin{pmatrix}0&0&4&5\\0&0&1&1\\1&-1&0&0\\-3&4&0&0\end{pmatrix}$.

9. $\begin{pmatrix}x_1\\x_2\\x_3\end{pmatrix}=\begin{pmatrix}2&1&0\\0&-1&0\\1&1&1\end{pmatrix}\begin{pmatrix}z_1\\z_2\\z_3\end{pmatrix}$.

13. (2) $\begin{pmatrix}1&\frac{1}{2}&0\\-\frac{1}{3}&1&0\\0&0&2\end{pmatrix}$.

17. $\frac{1}{3}\begin{pmatrix} 1+2^{13} & 4+2^{13} \\ -1-2^{11} & -4-2^{11} \end{pmatrix}=\begin{pmatrix} 2371 & 2372 \\ -683 & -684 \end{pmatrix}$.

18. $\boldsymbol{B}=\begin{pmatrix} a & b \\ 0 & a \end{pmatrix}$，$a$，$b$ 为任意常数．

19. （1）$\boldsymbol{X}=\begin{pmatrix} 2 & -23 \\ 0 & 8 \end{pmatrix}$；（2）$\boldsymbol{X}=\begin{pmatrix} -2 & 2 & 1 \\ -\frac{8}{3} & 5 & -\frac{2}{3} \\ -\frac{10}{3} & 3 & \frac{5}{3} \end{pmatrix}$；

（3）$\boldsymbol{X}=\begin{pmatrix} 1 & 1 \\ \frac{1}{4} & 0 \end{pmatrix}$；（4）$\boldsymbol{X}=\begin{pmatrix} 2 & -1 & 0 \\ 1 & 3 & -4 \\ 1 & 0 & -2 \end{pmatrix}$.

21. （1）不成立；（2）成立；（3）成立．

22. $\boldsymbol{X}=\frac{1}{4}\begin{pmatrix} 1 & 1 & 0 \\ 0 & 1 & 1 \\ 1 & 0 & 1 \end{pmatrix}$.

23. $\begin{pmatrix} 3 & 0 & 0 \\ 0 & 2 & 0 \\ 0 & 0 & 1 \end{pmatrix}$.

25. $\boldsymbol{B}(\boldsymbol{B}+\boldsymbol{A})^{-1}\boldsymbol{A}$.

26. $\begin{pmatrix} 13 & 0 & 8 & 4 \\ 6 & -4 & 9 & 2 \\ 6 & 3 & 1 & 2 \\ 0 & 2 & -2 & 0 \end{pmatrix}$.

27. 5；$\begin{pmatrix} -2 & 9 & 0 & 0 & 0 & 0 & 0 \\ -3 & 1 & 0 & 0 & 0 & 0 & 0 \\ 0 & 0 & 1 & 0 & 0 & 0 & 0 \\ 0 & 0 & 0 & 1 & 0 & 0 & 0 \\ 0 & 0 & 0 & 0 & 1 & 0 & 0 \\ 0 & 0 & 0 & 0 & 0 & 9 & 25 \\ 0 & 0 & 0 & 0 & 0 & 5 & 14 \end{pmatrix}$；$\begin{pmatrix} \frac{2}{5} & -\frac{3}{5} & 0 & 0 & 0 & 0 & 0 \\ \frac{1}{5} & \frac{1}{5} & 0 & 0 & 0 & 0 & 0 \\ 0 & 0 & 1 & 0 & 0 & 0 & 0 \\ 0 & 0 & 0 & 1 & 0 & 0 & 0 \\ 0 & 0 & 0 & 0 & 1 & 0 & 0 \\ 0 & 0 & 0 & 0 & 0 & 3 & -5 \\ 0 & 0 & 0 & 0 & 0 & -1 & 2 \end{pmatrix}$.

28. (1) $\begin{pmatrix}1&0&0&0\\0&0&1&0\\0&0&0&1\end{pmatrix}$；(2) $\begin{pmatrix}1&0&0&-\frac{14}{13}\\0&1&0&\frac{9}{13}\\0&0&1&-\frac{3}{13}\end{pmatrix}$；

(3) $\begin{pmatrix}1&-1&0&2&-3\\0&0&1&-2&2\\0&0&0&0&0\\0&0&0&0&0\end{pmatrix}$；(4) $\begin{pmatrix}1&0&2&0&-2\\0&1&-1&0&3\\0&0&0&1&4\\0&0&0&0&0\end{pmatrix}$.

29. (1) $\begin{pmatrix}\frac{1}{2}&-\frac{1}{2}&\frac{1}{2}\\\frac{1}{4}&\frac{1}{4}&-\frac{1}{4}\\-\frac{1}{6}&\frac{1}{6}&\frac{1}{6}\end{pmatrix}$；(2) $\begin{pmatrix}1&1&-2&-4\\0&1&0&-1\\-1&-1&3&6\\2&1&-6&-10\end{pmatrix}$.

30. (1) $\begin{pmatrix}-\frac{10}{3}&2\\\frac{17}{3}&-2\\\frac{2}{3}&-1\end{pmatrix}$；(2) $\begin{pmatrix}-\frac{1}{2}&\frac{3}{2}&-3\\-\frac{3}{4}&\frac{1}{4}&3\end{pmatrix}$.

31. $\begin{pmatrix}7&-2&-2\\2&-1&0\\-4&2&3\end{pmatrix}$.

32. (1) 2；(2) 3；(3) 4；(4) 4.

33. (1) $k=1$；(2) $k=-2$；(3) $k\neq-1$ 且 $k\neq-2$.

34. $a=-3$.

35. (1) 不正确；(2) 正确；(3) 正确；(4) 正确.

36. $R(\boldsymbol{B})\leqslant R(\boldsymbol{A})\leqslant R(\boldsymbol{B})+1$.

37. $\begin{pmatrix}1&0&1&1\\1&1&0&0\\0&0&1&0\\0&0&0&0\end{pmatrix}$. 39. $\begin{pmatrix}0&1&1\\1&0&0\\0&0&1\end{pmatrix}$.

应用题. (1) 矩阵表示：$\boldsymbol{A}=\begin{pmatrix}0&1&1&1\\1&0&0&0\\0&1&0&1\\0&0&1&0\end{pmatrix}$；

(2) b_{ij}代表由第 i 个城市经过一次转机(即坐两次航班)能到达第 j 个城市的航线数；

(3) 令 $\boldsymbol{C}=\boldsymbol{A}^3$，则 c_{ij} 给出由第 i 个城市经过 2 次转机能到达第 j 个城市的航线数的信息.

习　题　三

1. (1) 正确；(2) 错误；(3) 错误；(4) 错误.

2. (1) $\begin{pmatrix}x_1\\x_2\\x_3\\x_4\end{pmatrix}=k_1\begin{pmatrix}2\\1\\0\\0\end{pmatrix}+k_2\begin{pmatrix}0\\0\\1\\-2\end{pmatrix}$；(2) $\begin{pmatrix}x_1\\x_2\\x_3\\x_4\end{pmatrix}=k\begin{pmatrix}\frac{1}{5}\\\frac{3}{5}\\1\\0\end{pmatrix}$；

(3) $\begin{pmatrix}x_1\\x_2\\x_3\\x_4\end{pmatrix}=k\begin{pmatrix}\frac{4}{3}\\-3\\\frac{4}{3}\\1\end{pmatrix}$；　(4) $\begin{pmatrix}x_1\\x_2\\x_3\\x_4\end{pmatrix}=k_1\begin{pmatrix}-2\\1\\0\\0\end{pmatrix}+k_2\begin{pmatrix}1\\0\\0\\1\end{pmatrix}$.

3. (1) $x_1=3$，$x_2=1$，$x_3=1$；(2) 无解；

(3) $\begin{pmatrix}x_1\\x_2\\x_3\\x_4\end{pmatrix}=k_1\begin{pmatrix}-11\\-1\\7\\0\end{pmatrix}+k_2\begin{pmatrix}0\\2\\0\\1\end{pmatrix}+\begin{pmatrix}\frac{1}{7}\\\frac{2}{7}\\0\\0\end{pmatrix}$；

(4) $\begin{pmatrix}x_1\\x_2\\x_3\end{pmatrix}=k\begin{pmatrix}-2\\1\\1\end{pmatrix}+\begin{pmatrix}-1\\2\\0\end{pmatrix}$.

4. (1) $a=1$ 或 $a=-2$.

若 $a=1$，通解为 $\begin{pmatrix}x_1\\x_2\\x_3\end{pmatrix}=k_1\begin{pmatrix}1\\-1\\0\end{pmatrix}+k_2\begin{pmatrix}1\\0\\-1\end{pmatrix}$；

若$a=-2$，通解为$\begin{pmatrix}x_1\\x_2\\x_3\end{pmatrix}=k\begin{pmatrix}1\\1\\1\end{pmatrix}$.

（2）$a=2$，通解为$\begin{pmatrix}x_1\\x_2\\x_3\\x_4\end{pmatrix}=k\begin{pmatrix}0\\-2\\1\\0\end{pmatrix}$.

5.（1）$a=10$ 时，无解；$a\neq 1$ 且 $a\neq 10$ 时，有唯一解；$a=1$ 时，有无穷多解，通解为

$$\begin{pmatrix}x_1\\x_2\\x_3\end{pmatrix}=k_1\begin{pmatrix}-2\\1\\0\end{pmatrix}+k_2\begin{pmatrix}2\\0\\1\end{pmatrix}+\begin{pmatrix}1\\0\\0\end{pmatrix}.$$

（2）$b\neq 4$，方程组无解；$a=-1$，$b=4$ 时，通解为

$$\begin{pmatrix}x_1\\x_2\\x_3\\x_4\end{pmatrix}=k_1\begin{pmatrix}1\\-3\\2\\0\end{pmatrix}+k_2\begin{pmatrix}7\\1\\0\\-2\end{pmatrix}+\begin{pmatrix}\frac{1}{2}\\\frac{1}{2}\\0\\0\end{pmatrix};$$

$a\neq -1$，$b=4$ 时，通解为

$$\begin{pmatrix}x_1\\x_2\\x_3\\x_4\end{pmatrix}=k\begin{pmatrix}7\\1\\0\\-2\end{pmatrix}+\begin{pmatrix}\frac{1}{2}\\\frac{1}{2}\\0\\0\end{pmatrix}.$$

6. $\begin{pmatrix}0\\0\\2\end{pmatrix}$；$\begin{pmatrix}3\\2\\7\end{pmatrix}$.　7. $\begin{pmatrix}\frac{4}{3}\\-\frac{1}{3}\\-\frac{1}{2}\\\frac{1}{6}\end{pmatrix}$.

8. $\boldsymbol{\beta}=-\boldsymbol{\alpha}_1-2\boldsymbol{\alpha}_2+4\boldsymbol{\alpha}_3$.

9. (1) 相关；(2) 相关；(3) 无关；(4) 无关.

10. (1) k 取任何值时，都线性无关；

(2) $k=-6$ 时，线性相关，$k\neq-6$ 时，线性无关.

11. $k=2$ 或 $k=-1$.

12. (1) 错误；(2) 错误；(3) 错误；(4) 错误；(5) 错误；(6) 正确.

15. $lm\neq1$.

19. (1) 秩为 2，最大无关组为 $\boldsymbol{\alpha}_1$，$\boldsymbol{\alpha}_2$；

(2) 秩为 4，最大无关组为 $\boldsymbol{\alpha}_1$，$\boldsymbol{\alpha}_2$，$\boldsymbol{\alpha}_3$，$\boldsymbol{\alpha}_4$.

20. (1) 秩为 2，最大无关组为 $\boldsymbol{\alpha}_1$，$\boldsymbol{\alpha}_2$，$\boldsymbol{\alpha}_3=\frac{1}{2}\boldsymbol{\alpha}_1+\boldsymbol{\alpha}_2$，$\boldsymbol{\alpha}_4=\boldsymbol{\alpha}_1+\boldsymbol{\alpha}_2$；

(2) 秩为 3，最大无关组为 $\boldsymbol{\alpha}_1$，$\boldsymbol{\alpha}_2$，$\boldsymbol{\alpha}_4$，$\boldsymbol{\alpha}_3=\boldsymbol{\alpha}_1-5\boldsymbol{\alpha}_2$.

21. $x=2$，$y=5$.

27. (1) $\boldsymbol{B}=\begin{pmatrix}0&0&0\\1&0&3\\0&1&-1\end{pmatrix}$；(2) $|\boldsymbol{A}|=0$.

28. (1) 基础解系为 $\boldsymbol{\xi}=\begin{pmatrix}-14\\5\\8\\0\end{pmatrix}$，通解为 $\boldsymbol{x}=k\begin{pmatrix}-14\\5\\8\\0\end{pmatrix}$；

(2) 基础解系为 $\boldsymbol{\xi}_1=\begin{pmatrix}1\\-2\\1\\0\\0\end{pmatrix}$，$\boldsymbol{\xi}_2=\begin{pmatrix}1\\-2\\0\\1\\0\end{pmatrix}$，$\boldsymbol{\xi}_3=\begin{pmatrix}5\\-6\\0\\0\\1\end{pmatrix}$，

通解为 $\boldsymbol{x}=k_1\begin{pmatrix}1\\-2\\1\\0\\0\end{pmatrix}+k_2\begin{pmatrix}1\\-2\\0\\1\\0\end{pmatrix}+k_3\begin{pmatrix}5\\-6\\0\\0\\1\end{pmatrix}$；

（3）基础解系为$\boldsymbol{\xi}_1=\begin{pmatrix}-2\\1\\0\\\vdots\\0\end{pmatrix}$，$\boldsymbol{\xi}_2=\begin{pmatrix}-3\\0\\1\\\vdots\\0\end{pmatrix}$，…，$\boldsymbol{\xi}_{n-1}=\begin{pmatrix}-n\\0\\0\\\vdots\\1\end{pmatrix}$，

通解为$\boldsymbol{x}=k_1\begin{pmatrix}-2\\1\\0\\\vdots\\0\end{pmatrix}+k_2\begin{pmatrix}-3\\0\\1\\\vdots\\0\end{pmatrix}+\cdots+k_{n-1}\begin{pmatrix}-n\\0\\0\\\vdots\\1\end{pmatrix}$；

（4）基础解系为$\begin{pmatrix}11\\1\\-7\end{pmatrix}$，通解为$\boldsymbol{x}=k\begin{pmatrix}11\\1\\-7\end{pmatrix}$.

29. （1）特解为$\boldsymbol{\eta}^*=\begin{pmatrix}-1\\1\\0\\0\end{pmatrix}$，基础解系为$\boldsymbol{\xi}_1=\begin{pmatrix}8\\-6\\1\\0\end{pmatrix}$，$\boldsymbol{\xi}_2=\begin{pmatrix}-7\\5\\0\\1\end{pmatrix}$，

通解为$\boldsymbol{x}=k_1\begin{pmatrix}8\\-6\\1\\0\end{pmatrix}+k_2\begin{pmatrix}-7\\5\\0\\1\end{pmatrix}+\begin{pmatrix}-1\\1\\0\\0\end{pmatrix}$；

（2）特解为$\boldsymbol{\eta}^*=\begin{pmatrix}-8\\13\\0\\2\end{pmatrix}$，基础解系为$\boldsymbol{\xi}=\begin{pmatrix}-1\\1\\1\\0\end{pmatrix}$，

通解为$\boldsymbol{x}=k\begin{pmatrix}-1\\1\\1\\0\end{pmatrix}+\begin{pmatrix}-8\\13\\0\\2\end{pmatrix}$.

30. 通解为 $\boldsymbol{x}=k\begin{pmatrix}1\\-1\\-4\\0\end{pmatrix}+\begin{pmatrix}0\\2\\3\\2\end{pmatrix}$.

31. 通解为 $\boldsymbol{x}=k\begin{pmatrix}0\\1\\-1\\-1\end{pmatrix}+\begin{pmatrix}1\\-1\\1\\-1\end{pmatrix}$.

32. $\boldsymbol{B}=\begin{pmatrix}-2&-2&0&0\\1&1&0&0\\1&0&0&0\\0&1&0&0\end{pmatrix}$.

33. $\begin{cases}2x_1-x_2+3x_3=0,\\4x_1+4x_3-x_4=0.\end{cases}$

34. (1)(Ⅰ)的基础解系：$\boldsymbol{\xi}_1=\begin{pmatrix}-1\\1\\0\\1\end{pmatrix}$，$\boldsymbol{\xi}_2=\begin{pmatrix}0\\0\\1\\0\end{pmatrix}$；

(Ⅱ)的基础解系：$\boldsymbol{\xi}_1=\begin{pmatrix}1\\1\\0\\-1\end{pmatrix}$，$\boldsymbol{\xi}_2=\begin{pmatrix}0\\1\\1\\0\end{pmatrix}$；

(2) $\boldsymbol{x}=k\begin{pmatrix}-1\\1\\2\\1\end{pmatrix}$.

35. (1) $a=-4$，$b\neq0$；(2) $a\neq-4$；

(3) $a=-4$，$b=0$，$\boldsymbol{\beta}=\boldsymbol{\alpha}_1-(2k+1)\boldsymbol{\alpha}_2+k\boldsymbol{\alpha}_3$.

39. (3).

应用题.(1) 不能配制出饲料 1，但可以配置出饲料 2；

（2）饲料 A、B、C 的用量分别是：75 kg、125 kg、300 kg.

44. V_1 是向量空间，V_2 不是向量空间．

46. $\boldsymbol{\beta}$ 在 $\boldsymbol{\alpha}_1$，$\boldsymbol{\alpha}_2$，$\boldsymbol{\alpha}_3$ 下的坐标为$(2，5，-1)^T$.

47. 过渡矩阵 $\boldsymbol{P}=\begin{pmatrix} 2 & 0 & 5 & 6 \\ 1 & 3 & 3 & 6 \\ -1 & 1 & 2 & 1 \\ 1 & 0 & 1 & 3 \end{pmatrix}$.

习 题 四

1. （1）$\boldsymbol{\beta}_1=\begin{pmatrix}1\\0\end{pmatrix}$，$\boldsymbol{\beta}_2=\begin{pmatrix}0\\2\end{pmatrix}$；

（2）$\boldsymbol{\beta}_1=(1，0，1)^T$，$\boldsymbol{\beta}_2=\left(-\frac{1}{2}，1，\frac{1}{2}\right)^T$，$\boldsymbol{\beta}_3=\left(\frac{1}{3}，\frac{1}{3}，-\frac{1}{3}\right)^T$.

2. （1）不是；（2）是；（3）是．

6. $b^2=\frac{1}{4}$.

7. （1）$\lambda_1=6$，$\lambda_2=-1$；$\boldsymbol{p}_1=\begin{pmatrix}1\\-1\end{pmatrix}$，$\boldsymbol{p}_2=\begin{pmatrix}4\\3\end{pmatrix}$.

（2）$\lambda_1=5$，$\lambda_2=\lambda_3=-1$；$\boldsymbol{p}_1=\begin{pmatrix}1\\1\\1\end{pmatrix}$，$\boldsymbol{p}_2=\begin{pmatrix}-1\\1\\0\end{pmatrix}$，$\boldsymbol{p}_3=\begin{pmatrix}-1\\0\\1\end{pmatrix}$.

（3）$\lambda=a$，$k\boldsymbol{\eta}$，$k\neq0$，其中 $\boldsymbol{\eta}=(1，0，0，0，0)^T$.

8. $\lambda_1=4$，$\lambda_2=\lambda_3=\lambda_4=0$，对应于 $\lambda_1=4$ 的特征向量为 $k_1\boldsymbol{\eta}_1(k_1\neq0)$，其中 $\boldsymbol{\eta}_1=(1，1，1，1)^T$.

9. （1）方阵 $\boldsymbol{A}$ 的特征值为 $\lambda_1=1$，$\lambda_2=2$，$\lambda_3=3$，其代数重数 $m_{\lambda_i}=1$，$i=1，2，3$. 对应于特征值 $\lambda_1=1$ 的全部特征向量为 $k_1\boldsymbol{\eta}_1(k_1\neq0)$，其中 $\boldsymbol{\eta}_1=(-1，1，2)^T$，$\rho_1=1$；对应于特征值 $\lambda_2=2$ 的全部特征向量为 $k_2\boldsymbol{\eta}_2(k_2\neq0)$，其中 $\boldsymbol{\eta}_2=(-2，1，4)^T$，$\rho_2=1$；对应于特征值 $\lambda_3=3$ 的全部特征向量为，$k_3\boldsymbol{\eta}_3(k_3\neq0)$，其中 $\boldsymbol{\eta}_3=(-1，1，4)^T$，$\rho_3=1$.

（2）方阵 $\boldsymbol{A}$ 的特征值为 $\lambda_1=-1$，$\lambda_2=\lambda_3=2$，代数重数 $m_{-1}=1$，$m_2=2$.

对应于 $\lambda_1=-1$ 的全部特征向量为 $k_1\boldsymbol{\eta}_1(k_1\neq0)$，其中 $\boldsymbol{\eta}_1=\begin{pmatrix}1\\0\\1\end{pmatrix}$，$\rho_{-1}=1$；

对应于$\lambda_2=\lambda_3=2$的全部特征向量为$k_2\boldsymbol{\eta}_2+k_3\boldsymbol{\eta}_3$（$k_2$，$k_3$不全为零），其中

$$\boldsymbol{\eta}_2=\begin{pmatrix}0\\1\\-1\end{pmatrix},\ \boldsymbol{\eta}_3=\begin{pmatrix}1\\0\\4\end{pmatrix},\ \rho_2=2.$$

10. （1）错；（2）错；（3）错；（4）对．

11. $(-2, 4, -4)^{\mathrm{T}}$.

12. 4；2.

13. $2\left(\dfrac{|\boldsymbol{A}|}{\lambda_i}\right)^2+\dfrac{3}{\lambda_i}-1$，$i=1, 2, \cdots, n$.

15. $a=6$，$\lambda_1=0$，$\lambda_2=-1$，$\lambda_3=9$.

19. $a=-3$，$b=-4$，$\lambda=3$.

21. 24.

22. 存在，$\boldsymbol{P}=\begin{pmatrix}1&-2&2\\2&-1&-2\\2&2&1\end{pmatrix}$，$\boldsymbol{P}^{-1}\boldsymbol{AP}=\begin{pmatrix}-2&0&0\\0&1&0\\0&0&4\end{pmatrix}$.

23. $x=4$，$y=5$.

24. $a=-3$，$b=0$，$\lambda=-1$；$\boldsymbol{A}$不能相似于对角矩阵，不存在3个线性无关的特征向量．

25. $\boldsymbol{A}=\dfrac{1}{3}\begin{pmatrix}-1&0&2\\0&1&2\\2&2&0\end{pmatrix}$.

26. （1）可以对角化；（2）不可以对角化．

27. （1）$\boldsymbol{x}=\boldsymbol{Py}$，$\boldsymbol{P}=\begin{pmatrix}\frac{1}{\sqrt{2}}&\frac{1}{\sqrt{3}}&\frac{1}{\sqrt{6}}\\-\frac{1}{\sqrt{2}}&\frac{1}{\sqrt{3}}&\frac{1}{\sqrt{6}}\\0&-\frac{1}{\sqrt{3}}&\frac{2}{\sqrt{6}}\end{pmatrix}$使$\boldsymbol{P}^{-1}\boldsymbol{AP}=\begin{pmatrix}-1&0&0\\0&0&0\\0&0&9\end{pmatrix}$；

（2）$\boldsymbol{x}=\boldsymbol{Py}$，$\boldsymbol{P}=\begin{pmatrix}0&\frac{4}{3\sqrt{2}}&\frac{1}{3}\\\frac{1}{\sqrt{2}}&-\frac{1}{3\sqrt{2}}&\frac{2}{3}\\\frac{1}{\sqrt{2}}&\frac{1}{3\sqrt{2}}&-\frac{2}{3}\end{pmatrix}$使$\boldsymbol{P}^{-1}\boldsymbol{AP}=\begin{pmatrix}1&0&0\\0&1&0\\0&0&10\end{pmatrix}$.

28. $\begin{pmatrix} -2 & -2 \\ -2 & -2 \end{pmatrix}$.

应用题．$\begin{pmatrix} a_{10} \\ b_{10} \end{pmatrix}=\begin{pmatrix} 4^{11}+1 \\ 4^{11}-2 \end{pmatrix}$.

习 题 五

1. (1) $f=(x_1, x_2)\begin{pmatrix} 1 & -3 \\ -3 & 4 \end{pmatrix}\begin{pmatrix} x_1 \\ x_2 \end{pmatrix}$;

(2) $f=(x_1, x_2, x_3)\begin{pmatrix} 0 & 1 & 2 \\ 1 & 0 & -3 \\ 2 & -3 & 0 \end{pmatrix}\begin{pmatrix} x_1 \\ x_2 \\ x_3 \end{pmatrix}$.

2. (1) $f(x_1, x_2, x_3)=x_1^2+2x_1x_2+4x_2x_3-x_2^2$;

(2) $f(x_1, x_2, x_3)=-x_1^2+2x_1x_2-6x_1x_3-\sqrt{2}x_2^2+4x_3^2$.

3. (1) $f(x_1, x_2, x_3)=2y_1^2+2y_2^2-7y_3^2$, $\begin{pmatrix} x_1 \\ x_2 \\ x_3 \end{pmatrix}=\begin{pmatrix} -\frac{2}{\sqrt{5}} & \frac{2}{3\sqrt{5}} & \frac{1}{3} \\ \frac{1}{\sqrt{5}} & \frac{4}{3\sqrt{5}} & \frac{2}{3} \\ 0 & \frac{5}{3\sqrt{5}} & -\frac{2}{3} \end{pmatrix}\begin{pmatrix} y_1 \\ y_2 \\ y_3 \end{pmatrix}$;

(2) $f(x_1, x_2, x_3)=3y_1^2-3y_2^2$, $\begin{pmatrix} x_1 \\ x_2 \\ x_3 \end{pmatrix}=\begin{pmatrix} \frac{\sqrt{2}}{2} & \frac{\sqrt{6}}{6} & \frac{\sqrt{3}}{3} \\ -\frac{\sqrt{2}}{2} & \frac{\sqrt{6}}{6} & \frac{\sqrt{3}}{3} \\ 0 & -\frac{2\sqrt{6}}{6} & \frac{\sqrt{3}}{3} \end{pmatrix}\begin{pmatrix} y_1 \\ y_2 \\ y_3 \end{pmatrix}$.

4. $a=0$, $b=-1$, $\boldsymbol{P}=\begin{pmatrix} \frac{\sqrt{2}}{2} & \frac{\sqrt{6}}{6} & -\frac{\sqrt{3}}{3} \\ \frac{\sqrt{2}}{2} & -\frac{\sqrt{6}}{6} & \frac{\sqrt{3}}{3} \\ 0 & \frac{2\sqrt{6}}{6} & \frac{\sqrt{3}}{3} \end{pmatrix}$.

5. (1) $f(x_1, x_2, x_3)=y_1^2-2y_2^2-3y_3^2$, $\begin{pmatrix} x_1 \\ x_2 \\ x_3 \end{pmatrix}=\begin{pmatrix} 1 & -2 & 0 \\ 0 & 1 & 1 \\ 0 & 0 & 1 \end{pmatrix}\begin{pmatrix} y_1 \\ y_2 \\ y_3 \end{pmatrix}$;

(2) $f(x_1, x_2, x_3)=2y_1^2-2y_2^2+6y_3^2$，$\begin{pmatrix}x_1\\x_2\\x_3\end{pmatrix}=\begin{pmatrix}1&1&3\\1&-1&-1\\0&0&1\end{pmatrix}\begin{pmatrix}y_1\\y_2\\y_3\end{pmatrix}$.

6. $9y_1^2-9y_2^2+9y_3^3=1$，$\begin{pmatrix}x_1\\x_2\\x_3\end{pmatrix}=\begin{pmatrix}\frac{\sqrt{2}}{2}&\frac{\sqrt{2}}{6}&\frac{2}{3}\\0&-\frac{4\sqrt{2}}{6}&\frac{1}{3}\\-\frac{\sqrt{2}}{2}&\frac{\sqrt{2}}{6}&\frac{2}{3}\end{pmatrix}\begin{pmatrix}y_1\\y_2\\y_3\end{pmatrix}$.

7. (1) 是；(2) 不是；(3) 不是.

8. (1) $-\sqrt{2}<m<\sqrt{2}$；(2) $m>29$.

12. (1) $\lambda_1=\lambda_2=5$，$\lambda_3=0$；(2) $\lambda>0$.

应用题. $f=3y_1^2+7x_2^2$，椭圆.

习　题　六

1. (1) 构成线性空间；(2) 构成线性空间；(3) 不构成线性空间，因为两个次数不低于 n 的多项式之和的次数可能低于 n.

2. (1) $\boldsymbol{\xi}$ 在基 $\boldsymbol{\xi}_1$，$\boldsymbol{\xi}_2$，$\boldsymbol{\xi}_3$，$\boldsymbol{\xi}_4$ 的坐标为 $(1, 0, -1, 0)^{\mathrm{T}}$；(2) $\boldsymbol{\xi}$ 在基 $\boldsymbol{\xi}_1$，$\boldsymbol{\xi}_2$，$\boldsymbol{\xi}_3$，$\boldsymbol{\xi}_4$ 的坐标为 $\left(\frac{6}{13}, \frac{10}{13}, \frac{9}{13}, \frac{7}{13}\right)^{\mathrm{T}}$.

3. (1) 基 $\boldsymbol{\xi}_1$，$\boldsymbol{\xi}_2$，$\boldsymbol{\xi}_3$，$\boldsymbol{\xi}_4$ 到基 $\boldsymbol{\eta}_1$，$\boldsymbol{\eta}_2$，$\boldsymbol{\eta}_3$，$\boldsymbol{\eta}_4$ 的过渡矩阵为

$$\begin{pmatrix}0&0&1&1\\0&1&1&1\\1&1&1&0\\1&1&0&1\end{pmatrix};$$

向量 $\boldsymbol{\xi}=(1, 0, 0, 0)^{\mathrm{T}}$ 在基 $\boldsymbol{\eta}_1$，$\boldsymbol{\eta}_2$，$\boldsymbol{\eta}_3$，$\boldsymbol{\eta}_4$ 下的坐标为 $\left(\frac{1}{8}, 0, \frac{1}{8}, \frac{1}{8}\right)^{\mathrm{T}}$.

(2) 基 $\boldsymbol{\xi}_1$，$\boldsymbol{\xi}_2$，$\boldsymbol{\xi}_3$，$\boldsymbol{\xi}_4$ 到基 $\boldsymbol{\eta}_1$，$\boldsymbol{\eta}_2$，$\boldsymbol{\eta}_3$，$\boldsymbol{\eta}_4$ 的过渡矩阵为

$$\begin{pmatrix}2&0&5&6\\1&3&3&6\\-1&1&2&1\\1&0&1&3\end{pmatrix};$$

向量$\boldsymbol{\xi}=(x_1, x_2, x_3, x_4)^{\mathrm{T}}$在基$\boldsymbol{\eta}_1$，$\boldsymbol{\eta}_2$，$\boldsymbol{\eta}_3$，$\boldsymbol{\eta}_4$下的坐标为

$$\begin{pmatrix} x'_1 \\ x'_2 \\ x'_3 \\ x'_4 \end{pmatrix}=\begin{pmatrix} \frac{4}{9} \\ \frac{1}{27} \\ \frac{1}{3} \\ -\frac{7}{27} \end{pmatrix}x_1+\begin{pmatrix} \frac{1}{3} \\ \frac{4}{9} \\ 0 \\ -\frac{1}{9} \end{pmatrix}x_2+\begin{pmatrix} -1 \\ -\frac{1}{3} \\ 0 \\ \frac{1}{3} \end{pmatrix}x_3+\begin{pmatrix} -\frac{11}{9} \\ -\frac{23}{27} \\ -\frac{2}{3} \\ \frac{26}{27} \end{pmatrix}x_4.$$

4.（1）不是；（2）不是；（3）是；（4）是；（5）是；

（6）不是；（7）是；（8）是.

5.（1）$(T_1+T_2)(x_1, x_2, x_3)^{\mathrm{T}}=(2x_1-2x_2-x_3, 2x_2, -x_2)^{\mathrm{T}}$；

$(T_1-T_2)(x_1, x_2, x_3)^{\mathrm{T}}=(x_3, 2x_2, 2x_1+3x_2)^{\mathrm{T}}$；

$(3T_1)(x_1, x_2, x_3)^{\mathrm{T}}=(3x_1-3x_2, 6x_2, 3x_1+3x_2)^{\mathrm{T}}$.

（2）$(2T_1T_2)(x_1, x_2, x_3)^{\mathrm{T}}=(2x_1-2x_2-2x_3, 0, 2x_1-2x_2-2x_3)^{\mathrm{T}}$；

$(-T_2T_1)(x_1, x_2, x_3)^{\mathrm{T}}=(4x_2, 0, x_1+3x_2)^{\mathrm{T}}$；

$T_1^3(x_1, x_2, x_3)^{\mathrm{T}}=(x_1-7x_2, 8x_2, x_1+x_2)^{\mathrm{T}}$.

6.（1）$\begin{pmatrix} 2 & -1 & 0 \\ 0 & 1 & 1 \\ 1 & 0 & 0 \end{pmatrix}$；（2）$\begin{pmatrix} -1 & 1 & -2 \\ 2 & 2 & 0 \\ 3 & 0 & 2 \end{pmatrix}$.

参 考 文 献

陈怀柔．2014. 实用大众线性代数（MATLAB 版）．西安：西安电子科技大学出版社．
陈怀琛、龚杰民．2009. 线性代数实践及 MATLAB 入门．第 2 版．北京：电子工业出版社．
邓泽清．2006. 线性代数及其应用．第 2 版．北京：高等教育出版社．
李世栋，等．2000. 线性代数．北京：科学出版社．
刘剑平，等．2008. 线性代数及其应用．第 2 版．上海：华东理工大学出版社．
同济大学应用数学系．2003. 线性代数．第 4 版．北京：高等教育出版社．
王萼芳．1997. 高等代数教程(上册). 北京：清华大学出版社．
许莆华．2006. 线性代数典型题精讲．第 3 版．大连：大连理工大学出版社．
严守权．2007. 线性代数教程学习指导．北京：清华大学出版社．
杨刚，等．2002. 线性代数．北京：北京理工大学出版社．
杨子胥．2004. 高等代数习题解(修订版)(下). 济南：山东科学技术出版社．
[美] David C. Lay. 2004. Linear Algebra and Its Applications. 3rd ed. 北京：电子工业出版社．

参考文献

图书在版编目（CIP）数据

线性代数 / 周志坚，甄苓主编．—2 版．—北京：中国农业出版社，2015.2（2024.8 重印）

普通高等教育农业部“十二五”规划教材　全国高等农林院校“十二五”规划教材

ISBN 978－7－109－20026－5

Ⅰ.①线…　Ⅱ.①周…　②甄…　Ⅲ.①线性代数-高等学校-教材　Ⅳ.①O151.2

中国版本图书馆 CIP 数据核字（2015）第 000593 号

中国农业出版社出版

（北京市朝阳区麦子店街 18 号楼）

（邮政编码 100125）

责任编辑　朱　雷　魏明龙

文字编辑　魏明龙

北京中兴印刷有限公司印刷　　新华书店北京发行所发行

2009 年 8 月第 1 版　　2015 年 8 月第 2 版

2024 年 8 月第 2 版北京第 7 次印刷

开本：720mm×960mm　1/16　　印张：16.25

字数：285 千字

定价：30.00 元